はじめて学ぶ　改訂2版

enchant.js ゲーム開発

RPG
シューティング
アクション
パズル etc...

HTML5+JavaScriptベースのゲームエンジンで
PC&スマートフォンゲームを作る!

蒲生 睦男 ● 著

C&R研究所

■権利について

- 本書に記述されている社名・製品名などは、一般に各社の商標または登録商標です。
- 本書では™、©、®は割愛しています。

■本書の内容について

- 本書は著者·編集者が実際に操作した結果を慎重に検討し、著述·編集しています。ただし、本書の記述内容に関わる運用結果にまつわるあらゆる損害・障害につきましては、責任を負いませんのであらかじめご了承ください。
- 本書で紹介している操作の画面は、Windows 10(日本語版)を基本にしています。他の環境では、画面のデザインや操作が異なる場合がございますので、あらかじめご了承ください。
- 本書は2018年1月現在の情報で記述しております。enchant.jsや開発ツール、紹介しているURLなどは、その性質上、変更になる場合がありますので、あらかじめご了承ください。

■サンプルについて

- 本書で紹介しているサンプルは、C&R研究所のホームページ(http://www.c-r.com)からダウンロードすることができます。ダウンロード方法については、4ページを参照してください。
- サンプルデータの動作などについては、著者・編集者が慎重に確認しております。ただし、サンプルデータの運用結果にまつわるあらゆる損害・障害につきましては、責任を負いませんのであらかじめご了承ください。
- サンプルデータの著作権は、著者およびC&R研究所が所有します。許可なく配布・販売することは堅く禁止します。

●本書の内容についてのお問い合わせについて

この度はC&R研究所の書籍をお買いあげいただきましてありがとうございます。本書の内容に関するお問い合わせは、FAXまたは郵送で「書名」「該当するページ番号」「返信先」を必ず明記の上、次の宛先までお送りください。お電話や電子メール、または本書の内容とは直接的に関係のない事柄に関するご質問にはお答えできませんので、あらかじめご了承ください。

〒950-3122 新潟県新潟市北区西名目所4083-6　株式会社 C&R研究所　編集部
FAX 025-258-2801
「改訂2版 はじめて学ぶ enchant.jsゲーム開発」サポート係

PROLOGUE

「enchant.js」は、ゲームエンジンとして非常に人気があるオープンソース(MIT/GPLのデュアルラインセンス)のJavaScriptライブラリです。PC、Mac、iPhone、iPad、Androidのすべてで動作するクロスプラットフォームなゲームやアプリケーションを開発することができます。「enchant.js」を使うと、プログラムの初心者でも理解しやすいJavaScriptを使って、昔懐かしいファミコン(任天堂ファミリーコンピュータ)で遊んだようなゲームを容易に開発することができます。

本書では、「enchant.js」の概要から開発環境の構築、基本的なテクニックを解説しています。基本を解説した後は、ミニゲームからシューティングゲームやパズルゲーム、アクションゲーム、シミュレーションゲーム、ロールプレイングゲーム(RPG)、アドベンチャーゲームの開発など、具体的なサンプルを通じて、ゲームプログラミングを学ぶことができる内容になっています。

本書のサンプルコード内には、プログラムの解説を丁寧に記述しています。特に基本を解説しているCHAPTER 02とCHAPTER 03では、より丁寧に解説していますので、プログラミングの初心者、未経験者でも理解しやすい内容になっています。また、ゲームプログラミングの基本となるアルゴリズムはもちろん、パズル、シューティング、アクション、シミュレーション、RPG、アドベンチャーなど、幅広いジャンルのゲームのアルゴリズムとプログラミングテクニックを網羅していますので、中級以上の読者にも役立つ内容になっています。また、付録にて、PhoneGapでアプリ化にする方法も紹介していますので、作ったゲームを公開して、友達に遊んでもらうこともできます。

なお、本書のサンプルコードはダウンロードすることができますが、初心者の方は、本書を読み進めながら、自分でコードを入力し、実際に動作を確認しながら学習を進めいただければと思います。「自分で打ったコードを実際に動かし、うまく動かなかったらミスを探して修正し、動いたときの感動を味わう」、この一連の作業を繰り返していくことで、最後にはオリジナルのゲームを開発する力が身に付くはずです。

最後に、本書の執筆・制作に当たって、お世話になったスタッフや関係者の方々に心から感謝を申し上げます。そして本書が、読者の皆様のゲームアプリの制作や、ゲームプログラミングの学習に少しでもお役に立てれば幸いです。

2018年1月

C&R研究所ライティングスタッフ
蒲生 睦男

本書について

開発環境について

本書では、次の環境でゲームの作成を行っています。

- OS：Windows 10、macOS
- 統合開発環境：Aptana Studio 3
- ブラウザ：Firefox、Chrome

動作環境について

本書では、次の環境で動作確認を行っています。

- Windows 10：Microsoft Edge、Internet Explorer、Firefox、Chrome
- macOS：Firefox、Chrome、Safari
- Android：標準ブラウザ

注意点

本書のサンプルコードは、「enchant.js v0.6.0」以降に対応しています。enchant.js v0.5.2以前では動作しないので注意してください。

サンプルコードの中の▼について

本書に記載したサンプルコードは、誌面の都合上、1つのサンプルコードがページをまたがって記載されていることがあります。その場合は▼の記号で、1つのコードであることを表しています。

サンプルファイルのダウンロードについて

本書のサンプルデータは、C&R研究所のホームページからダウンロードすることができます。本書のサンプルを入手するには、次のように操作します。

❶「http://www.c-r.com/」にアクセスします。

❷トップページ左上の「商品検索」欄に「239-6」と入力し、[検索]ボタンをクリックします。

❸検索結果が表示されるので、本書の書名のリンクをクリックします。

❹書籍詳細ページが表示されるので、[サンプルデータダウンロード]ボタンをクリックします。

❺下記の「ユーザー名」と「パスワード」を入力し、ダウンロードページにアクセスします。

❻「サンプルデータ」のリンク先のファイルをダウンロードし、保存します。

サンプルのダウンロードに必要な
ユーザー名とパスワード

ユーザー名 **k2ench**

パスワード **6ts9w**

※ユーザー名・パスワードは、半角英数字で入力してください。また、「J」と「j」や「K」と「k」などの大文字と小文字の違いもありますので、よく確認して入力してください。

CONTENTS

CHAPTER 01

「enchant.js」の基礎知識

CHAPTER 02

「enchant.js」ゲームプログラミングの基礎

CHAPTER 03
ミニゲームの作成

CHAPTER 04
バトルゲームの作成

CHAPTER 05

シューティングゲームの作成

CHAPTER 06

アクションゲームの作成

CHAPTER 07

バトルシミュレーションゲームの作成

CHAPTER 08

シミュレーションゲームの作成

CHAPTER 09

ロールプレイングゲームの作成

CHAPTER 10

アドベンチャーゲームエンジンの作成

APPENDIX
アプリ化と簡易リファレンス

COLUMN

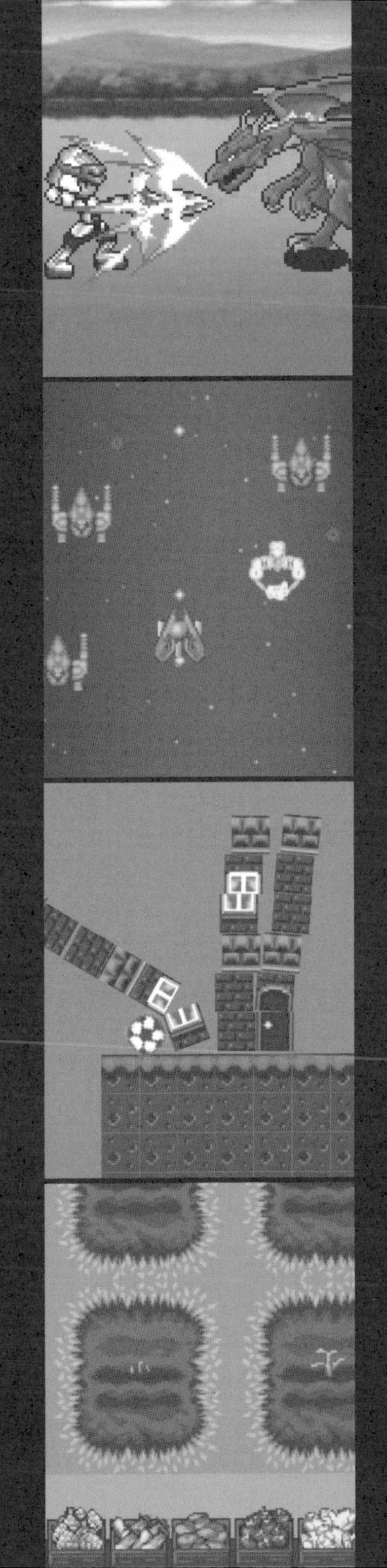

CHAPTER

01

「enchant.js」の基礎知識

SECTION-001

「enchant.js」の概要

「enchant.js」について

「enchant.js」は、株式会社ユビキタスエンターテインメント(UEI)で開発された、HTML5+JavaScriptベースのゲームエンジンです。主な特徴は、次の通りです。

◆マルチプラットフォーム

「enchant.js」は、ほぼすべてのOSとブラウザで動作するので、Windows、Mac、iPhone/iPad、Androidのすべてで動作するマルチプラットフォームなアプリケーションを作成することができます。

◆オブジェクト指向

「enchant.js」では、画面に表示するすべての要素(画像や文字列など)をオブジェクトとして扱います。また、クラスの作成・継承がサポートされているので、オブジェクト指向的にプログラミングすることができます。

◆イベントドリブン型プログラミング

「enchant.js」は、ユーザーや他のプログラムが実行した操作(イベント)に対応して処理を行うイベントドリブン(イベント駆動)型プログラミングをサポートしています。イベントは、非同期に処理されます。

◆プラグインによる拡張

「enchant.js」は、プラグインと呼ばれるライブラリを使って、機能を拡張することができます(14ページ参照)。

◆オープンソースライセンス

「enchant.js」のライセンスは、MITライセンスとGPL2のデュアルライセンスです。利用者は、どちらか好きな方のライセンスを選択して、作成したアプリやゲームのコードを公開したり、配布したりすることができます。

「enchant.js」の入手先

「enchant.js」は、公式サイトやgithub.comからダウンロードして入手します。

- 「enchant.js」公式サイト

  URL http://enchantjs.com/ja/

- github.com

  URL https://github.com/wise9/enchant.js

公式サイトからダウンロードするには、ブラウザで「http://enchantjs.com/ja/」にアクセスして、「Download」ボタンをクリックし、次に表示されるページの「Download latest version of enchant.js」ボタンをクリックします。

●「enchant.js」公式サイト

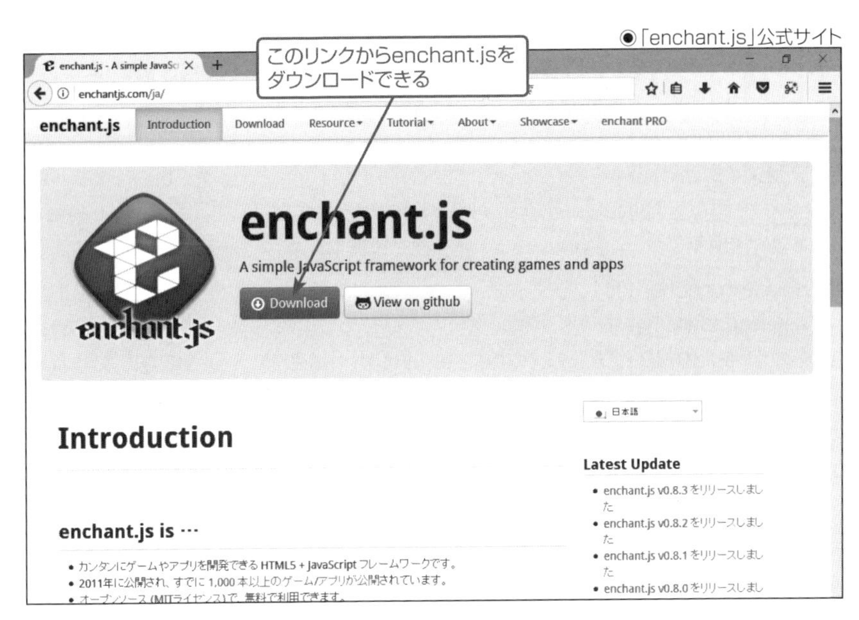

github.comから最新の「enchant.js」のアーカイブ(ZIP形式の圧縮ファイル)をダウンロードするには、[Clone or download]ボタンをクリックし、表示されるメニューから「Download ZIP」をクリックます。なお、旧バージョンの「enchant.js」のアーカイブをダウンロードするには、「21 releases」(数字は変わる可能性がある)のリンクをクリックし、目的のバージョンの「zip」をクリックします。

●github.com

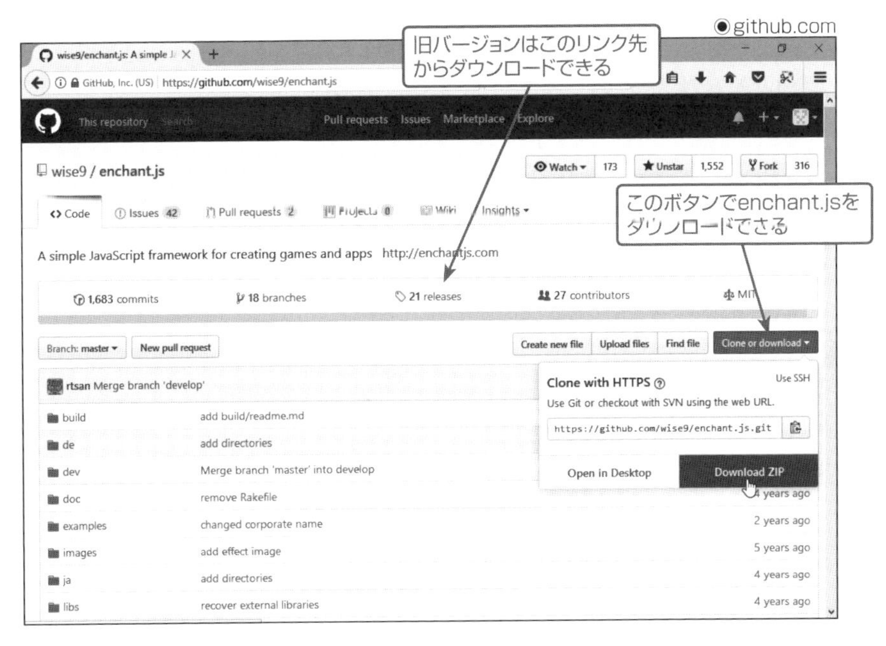

SECTION-002

プラグインについて

プラグインとは

プラグインとは、「enchant.js」の機能を拡張するためのライブラリです。プラグインを利用することで、より簡単にゲームを作成できます。本書で利用するプラグインは、次の通りです。

◆「nineleap.enchant.js」プラグイン

「nineleap.enchant.js」プラグインは、ゲームスタート/ゲームオーバー画面の表示機能と、9leapのランキングにスコアを登録する機能(9leapにゲームを投稿している場合のみ)を提供するプラグインです。「nineleap.enchant.js」を利用する際には、「start.png」と「end.png」が必要になります。

◆「ui.enchant.js」プラグイン

「ui.enchant.js」プラグインは、バーチャルパッド(十字キーパッド、アナログパッド)の機能や、グラフィックフォントを使用したラベル(スコア、ライフ、タイム)などの機能を提供するプラグインです。「ui.enchant.js」を利用する際には、「pad.png」「apad.png」「icon0.png」「font0.png」が必要になります。「font1.png」「font2.png」のいずれかを「font0.png」にリネームして利用することもできます。

◆「memory.enchant.js」プラグイン

「memory.enchant.js」プラグインは、セーブ機能を提供するプラグインです。9leapにゲームを投稿している場合、ゲームのデータを9leapのデータベースに保存することができます。デバック機能を使って、ブラウザのローカルストレージに保存することもできます。「memory.enchant.js」を利用する際には、「indicator.png」が必要になります。また、「nineleap.enchant.js」と合わせて組み込む必要があります。

◆「avatar.enchant.js」プラグイン

「avatar.enchant.js」プラグインは、ユビキタスエンターテインメント(UEI)が過去に商用サービスで提供していたゲーム「メルルーの秘宝」の画像素材の一部を使って、キャラクターを作成する機能を提供するプラグインです。モンスターを作成する際には、「monster1.gif」〜「monster7.gif」と「bigmonster1.gif」、「bigmonster2.gif」が必要になります。背景を作成する際には、「avatarBg1.png」〜「avatarBg3.png」が必要になります。

◆「box2d.enchant.js」プラグイン

「box2d.enchant.js」プラグインは、2D物理シミュレーションの機能を提供するプラグインです。「box2d.enchant.js」プラグインの利用には、「Box2dWeb-2.1.a.3.js」(「-」以降の番号と英文字はバージョンによって異なる)が必要になります。

プラグインの利用方法

プラグインを利用するには、「src」属性にプラグインのパスを指定した「script」要素を、HTMLファイル「index.html」の「head」要素内に記述します。たとえば、「nineleap.enchant.js」プラグインを利用する場合は、次のように記述します。

```
<!DOCTYPE html>
<html>
  <head>
    <meta charset="utf-8">
    <meta name="viewport" content="width=device-width, user-scalable=no">
    <meta name="apple-mobile-web-app-capable" content="yes">
    <meta name="apple-mobile-web-app-status-bar-style" content="black-translucent">
    <title>enchant</title>
    <script type="text/javascript" src="enchant.js"></script>
    <script type="text/javascript" src="nineleap.enchant.js"></script>
    <script type="text/javascript" src="game.js"></script>
    <style type="text/css">
      body {margin: 0;}
    </style>
  </head>
  <body>
  </body>
</html>
```

SECTION-003

「enchant.js」のオブジェクトについて

「enchant.js」のオブジェクトの種類

「enchant.js」のオブジェクトの種類は、次の通りです。

◆Label(ラベル)

Label(ラベル)は、文字列を表示する描画オブジェクトです。

◆Sprite(スプライト)

Sprite(スプライト)は、画像を表示する描画オブジェクトです。

◆Map(マップ)

Map(マップ)は、タイル(小さな画像)を並べて作った画像を、1つの大きな画像として扱う描画オブジェクトです。

◆Entity(エンティティ)

Entity(エンティティ)は、DOM上で表示する実体を持ったオブジェクトです。ラベル、スプライト、マップの基底のオブジェクトです。

◆Scene(シーン)

Scene(シーン)は、描画オブジェクト(ラベル、スプライト、マップ、グループなど)を貼り付けることのできる画面オブジェクトです。シーンは、表示オブジェクトツリーのルートになります。

◆Group(グループ)

Group(グループ)は、複数の描画オブジェクト(ラベル、スプライト、マップなど)を1つの描画オブジェクトにまとめるオブジェクトです。

◆Surface(サーフィス)

Surface(サーフィス)は、画像や図形のデータを保持するオブジェクトです。

◆Node(ノード)

Node(ノード)は、表示オブジェクトツリーに属するオブジェクトの基底のオブジェクトです。

◆Core(コア)

Core(コア)は、ゲームの画面やメインループ、シーンを管理するオブジェクトです。

◆EventTarget(イベントターゲット)

EventTarget(イベントターゲット)は、イベントリスナを管理するオブジェクトです。

◆Sound(サウンド)

Sound(サウンド)は、サウンドを管理するオブジェクトです。

オブジェクトの継承ツリーについて

「enchant.js」のオブジェクトの継承ツリーは、次のようになります。

◉オブジェクトの継承ツリー

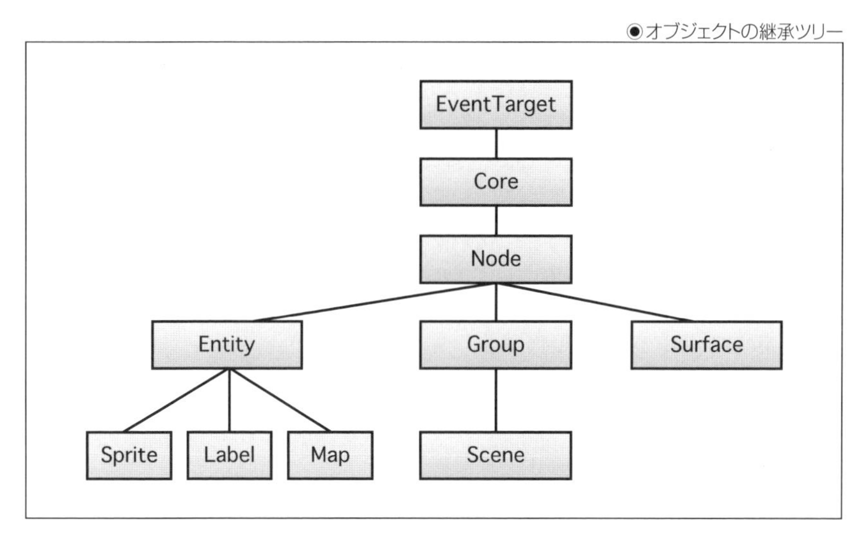

オブジェクトは、ツリーの上から下へ継承されていきます。上にある方が親オブジェクト、下にあるほうが子オブジェクトになります。子オブジェクトは、親オブジェクトのメソッドやプロパティを利用することができます。

表示オブジェクトツリーについて

「enchant.js」では、描画オブジェクト(ラベル、スプライト、マップ、グループなど)の表示順番をツリー構造で管理しています。このツリー構造を「表示オブジェクトツリー」といいます。表示オブジェクトツリーは、シーンがルートになります。ゲームの中で最初に表示するシーンが「ルートシーン」(rootScene)です。なお、ゲームの中には、複数のシーンを追加することができます(70ページ参照)。

◉表示オブジェクトツリー

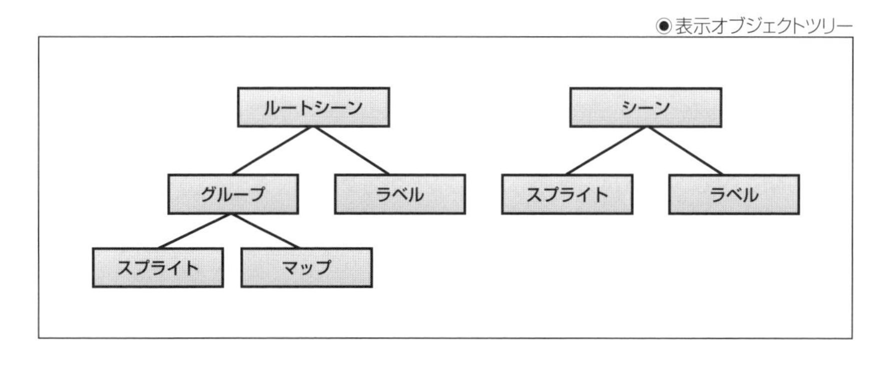

SECTION-004

開発環境の準備

「Aptana Studio 3」について

「enchant.js」のゲームはテキストエディタがあれば開発できますが、統合開発環境(IDE)を使うと、効率よく開発することができます。ここでは、「Aptana Studio 3」のセットアップについて解説します。

「Aptana Studio 3」は、Webアプリケーション向けの統合開発環境です。「HTML5」「CSS3」「JavaScript」「Ruby」「Rails」「PHP」「Python」などの言語をサポートし、Windows、Mac、Linuxに対応しています。「Aptana Studio 3」のベースはEclipseで、スタンドアロンバージョンとEclipse用のプラグインが提供されています。

Windowsへのインストール

ここでは、Windows 10に「Aptana Studio 3」のスタンドアロンバージョンをインストールし、日本語化する方法を解説します。

◆JDK(32-bit)のインストールとパスの設定

「C:¥Program Files(x86)¥JAVA」に、「jdk」で始まる名前のフォルダがあるかどうかを確認します。フォルダがない場合は、次のように操作してJDKをインストールします。

❶ ブラウザで「http://www.oracle.com/technetwork/java/javase/downloads/」を表示し、「Java Platform (JDK) 8u144」(末尾の数字はバージョンによって異なる)の「DOWNLOAD」ボタンをクリックします。

❷ 「Accept License Agreement」をONにし、「jdk-8u1144-windows-i586.exe」をクリックします。Safari、Chromeでは、ここでダウンロードが始まります。

❸ Internet Explorerは[保存(S)]ボタンを、Microsoft Edgeは[保存]ボタンを、Firefoxは[ファイルを保存]ボタン(または[ファイルを保存する]をON→[OK])をクリックします。

❹ ダウンロードしたファイルを実行し、[次へ(N)]→[次へ(N)]→[次へ(N)]をクリックします。

❺ [閉じる(C)]選択します。

◆「Aptana Studio 3」のダウンロード

「Aptana Studio 3」(Aptana Studio 3.6.1)をダウンロードするには、次のように操作します。

❶ ブラウザで「http://www.aptana.com/」を表示します。

❷ [DOWNLOAD APTANA STUDIO 3]ボタンをクリックします。

❸ [Standalone Version]をONにし、[Customize Your Download]をクリックします。

❹ [Windows]をON、[32-bit]をONにします。

❺ [DOWNLOAD APTANA STUDIO 3]ボタンをクリックします。メールアドレスの入力は必須ではありません。なお、Chromeでは、ここでダウンロードが始まります。

❻ Internet Explorerは[保存(S)]を、Microsoft Edgeは[保存]ボタンを、Firefoxは[ファイルを保存]ボタン(または[ファイルを保存する(S)]をON→[OK]ボタン)をクリックします。

◆「Aptana Studio 3」のインストール

「Aptana Studio 3」をインストールするには、次のように操作します。

❶ エクスプローラで「ダウンロード」フォルダを開き、[ファイル]メニューから[Windows PowerShellを開く(R)]を選択します。

❷「.¥Aptana_Studio_3_Setup_3.6.1 /passive /norestart」と入力し、「Enter」キーを押します。

◆ Pleiadesプラグインのダウンロード

日本語化を行うには、Pleiadesプラグイン(ファイル名「pleiades-win.zip」)が必要になります。Pleiadesプラグインをダウンロードするには、次のように操作します。

❶ ブラウザで「http://mergedoc.sourceforge.jp/」にアクセスします。

❷「Pleiadesプラグイン・ダウンロード」の「Windows」をクリックします。Chromeは、ここでダウンロードが始まります。

❸ Internet Explorerは[保存(S)]を、Microsoft Edgeは[保存]ボタンを、Firefoxは[ファイルを保存]ボタン(または[ファイルを保存する]をON→[OK])をクリックします。

❹ ダウンロードしたPleiadesプラグインの圧縮ファイル「pleiades-win.zip」を展開します。展開すると、「pleiades-win」フォルダができます。

◆「Aptana Studio 3」の日本語化

「Aptana Studio 3」を日本語化するには、次のように操作します。

❶「pleiades-win」フォルダを開いて、「setup.exe」をダブルクリックし、インストーラを実行します。

❷[選択]ボタンをクリックし、「ファイル名(N)」に「¥Users¥ユーザー名¥AppData¥Roaming¥Appcelerator¥Aptana Studio¥AptanaStudio3.exe」(「ユーザー名」には、Windowsにログインする際のユーザー名を入力)と入力し、[開く(O)]ボタンをクリックします。

❸[日本語化する]ボタンをクリックします。「日本語化が完了しました。」とメッセージが表示されるので、[OK]ボタンをクリックします。

❹[終了]ボタンをクリックします。

Macへのインストール

ここでは、Macに「Aptana Studio 3」のスタンドアロンバージョンをインストールする方法を解説します。

※macOSのバージョンによっては、Aptana Studio 3を新規インストールした場合、正常に動作しない場合があります。また、Mac用に提供されているPleiadesプラグイン(ファイル名「pleiades-mac.zip」)を使って、日本語化することもできません。

◆「Aptana Studio 3」のダウンロード

「Aptana Studio 3」をダウンロードするには、次のように操作します。

❶ ブラウザで「http://www.aptana.com/」を表示します。

❷[DOWNLOAD APTANA STUDIO 3]ボタンをクリックします。

❸ [Standalone Version]をONにし、[DOWNLOAD APTANA STUDIO 3]ボタンをクリックします。名前とメールアドレスの入力は必須ではありません。Safariでは、ここでダウンロードが始まります。

❹ Chromeは[保存]ボタンを、Firefoxは[ファイルを保存]ボタン(または[ファイルを保存する]をON→[OK]ボタン)をクリックします。

◆「Aptana Studio 3」のインストール

「Aptana Studio 3」をインストールするには、次のように操作します。

❶ ダウンロードしたセットアップファイル「Aptana_Studio_3_Setup_3.6.0.dmg」(「Setup」以降の数字はバージョンによって異なる)を実行します。

❷「Aptana Studio 3」「Application」フォルダにドラッグします。

❸「Application」フォルダの「Aptana Studio 3」フォルダの「Aptana Studio 3」アイコンをダブルクリックし、[開く]ボタンをクリック(初回起動時にみ)します。

❹「Java SE 6ランタイム」のインストールを促すダイアログボックスが表示されたら、[インストール]ボタンをクリックします。

❺ [OK]ボタンをクリックします。

プログラムの作成

「Aptana Studio 3」で「enchant.js」のゲームプログラムを作成するには、次のように操作します。

◆プロジェクトの作成

最初にプロジェクトを作成します。プロジェクトを作成するには、次のように操作します。

※ここでは、日本語化した場合のボタンやコマンドの表記で解説しています。

❶「Aptana Studio 3」を起動し、ワークスペース(Workspace)を選択して、[OK]ボタンをクリックします。ここでは、ワークスペースに既定のフォルダを選択することとします。なお、Windowsを利用している場合、「Windowsセキュリティの重要な警告」ダイアログボックスが表示されることがあります。その場合は、[プライベートネットワーク(ホームネットワークや社内ネットワークなど)(R)]をONにして[アクセスを許可する(A)]ボタンをクリックします。

❷ [ファイル(F)]メニューから[新規(N)]→[プロジェクト(R)]を選択します。

❸「一般」の「プロジェクト」を選択し、[次へ]ボタンをクリックします。

❹ [プロジェクト名]にプロジェクトの名前入力し、[完了]ボタンをクリックします。

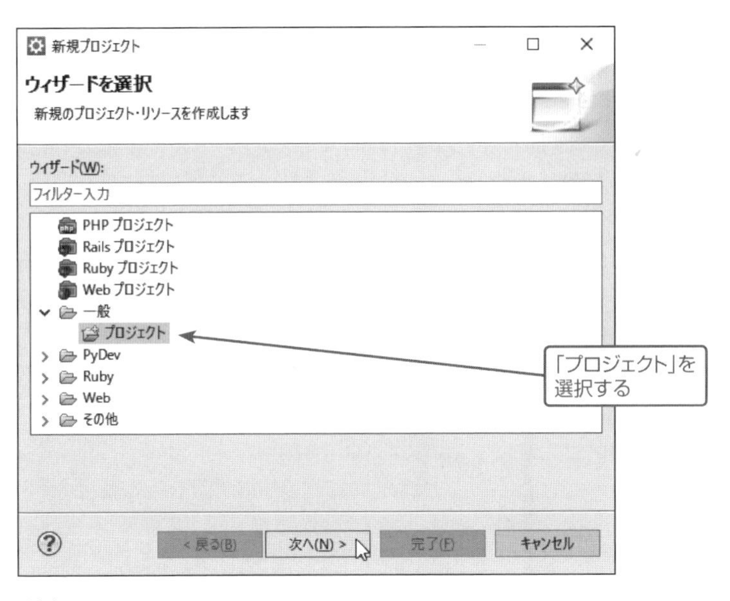

◆ ファイルの追加

次に、「enchant.js」やプラグイン、画像ファイルなど、必要なファイルをプロジェクトに追加します。ファイルをプロジェクトに追加するには、次のように操作します。

❶「プロジェクト・エクスプローラー」タブを選択します。

❷ プロジェクトのフォルダ(プロジェクト名と同じ名前のフォルダ)に、「enchant.js」やプラグインのファイル、画像ファイルをドラッグします。

❸ [ファイルをコピー(C)]をONにし、[OK]ボタンをクリックします。

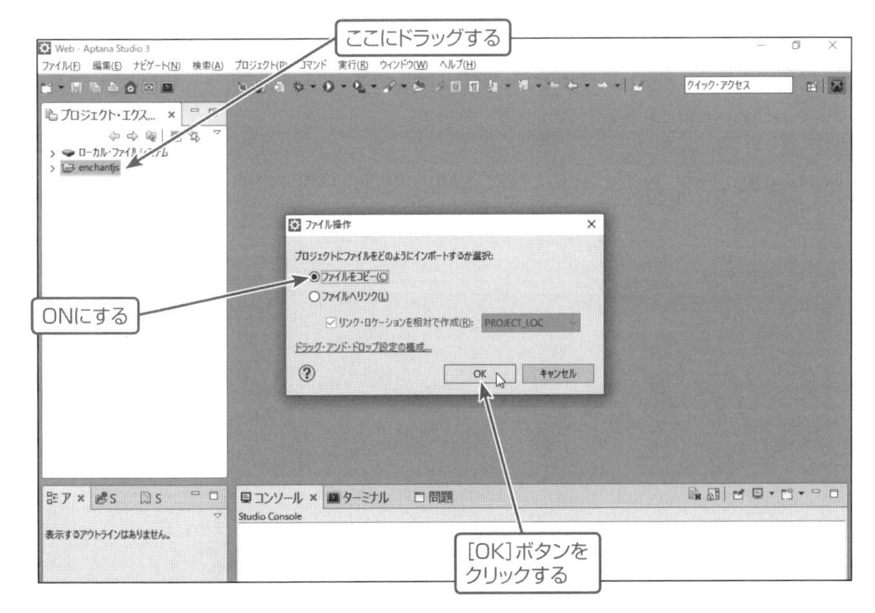

◆HTMLファイルの作成

次に、HTMLファイルの「index.html」を作成します。「index.html」を作成するには、次のように操作します。

❶ ファイルを作成するプロジェクトのフォルダを選択し、[ファイル(F)]メニューから[新規(N)]→[ファイル]を選択します。

❷ [ファイル名]に「index.html」と入力し、[完了]ボタンをクリックします。

❸ エディタで「index.html」のコードを入力します。

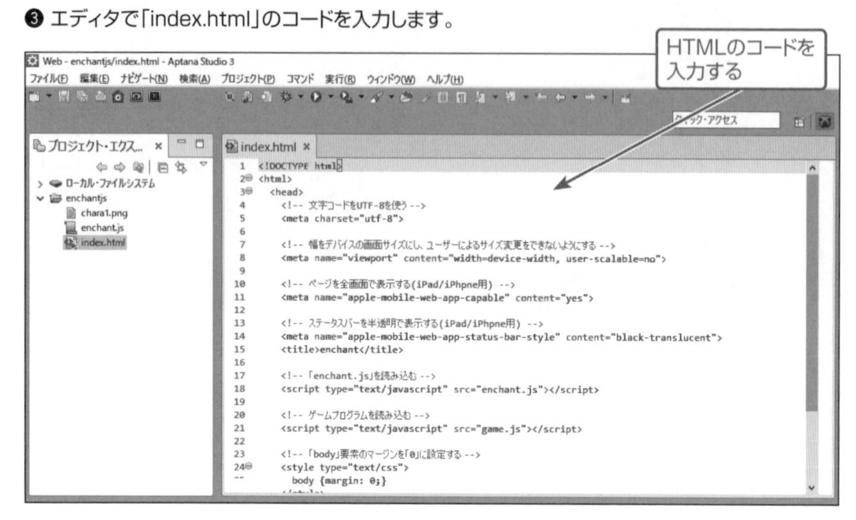

❹ 入力が終わったら、[ファイル(F)]メニューから[保管(S)]を選択して保存します。

◆JavaScriptファイルの作成

最後に、JavaScriptファイルを作成します。本書では、ゲームプログラムのJavaScriptファイルを「game.js」という名前で作成します。「game.js」を作成するには、次のように操作します。

❶ ファイルを作成するプロジェクトのフォルダを選択し、[ファイル(F)]メニューから[新規(N)]→[ファイル]を選択します。

❷ [ファイル名]に「game.js」と入力し、[完了]ボタンをクリックします。

❸ エディタで「game.js」のコードを入力します。

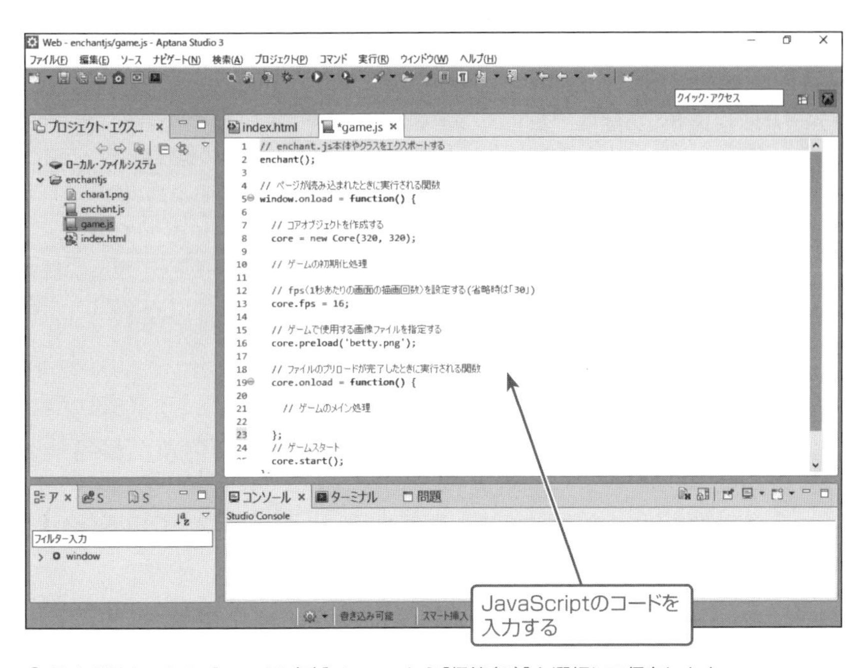
JavaScriptのコードを
入力する

❹ 入力が終わったら、[ファイル(F)]メニューから[保管(S)]を選択して保存します。

◆プログラムの実行

作成したプログラムを実行するには、「App Explorer」タブの「index.html」を選択し、[実行]ボタンをクリック(または[実行(R)]メニューから[実行(R)]を選択)します。

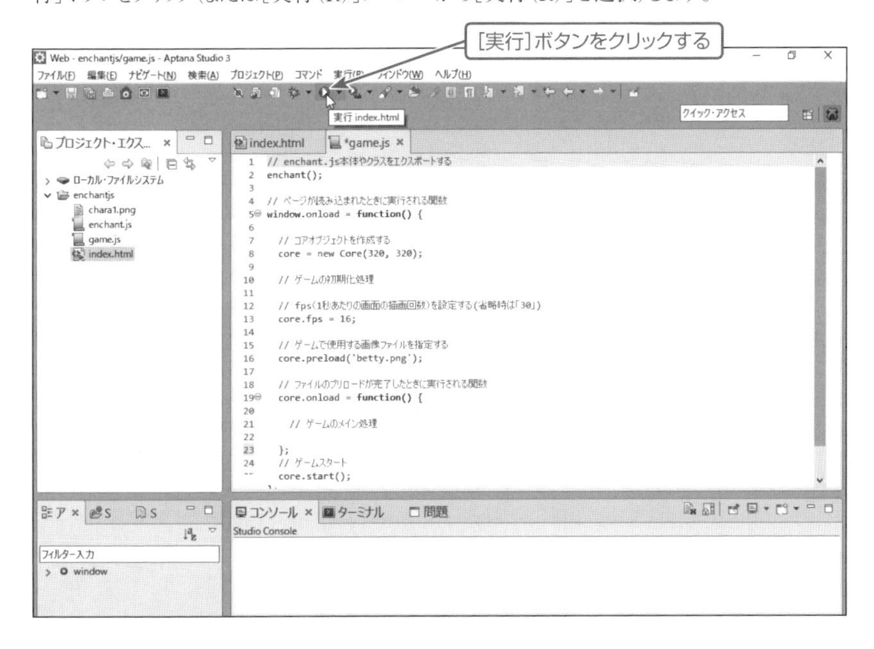
[実行]ボタンをクリックする
実行 index.html

プログラムを実行すると、ブラウザが起動して実行されます。ブラウザは、既定の環境ではWindowsはMicrosoft Edge、MacはSafariが起動しますが、Firefoxがインストールされている場合は、Firefoxが起動します。

なお、作成したファイルは、プロジェクトの作成(20〜21ページ参照)の操作❹のダイアログボックスの[ロケーション]に表示されているディレクトリ(フォルダ)に保存されます。

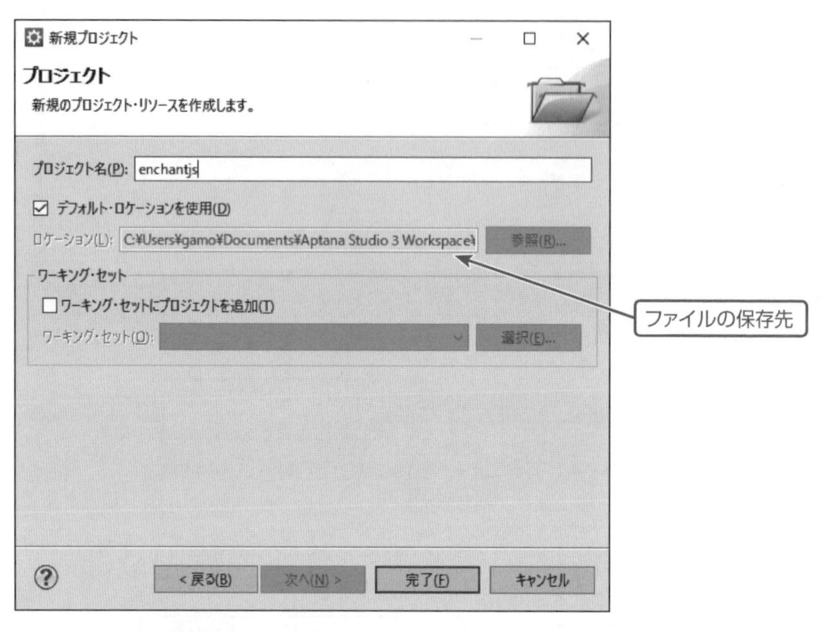

ファイルの保存先を変更するには、[デフォルト・ロケーションを使用(D)]をOFFにし、[ロケーション]に任意の保存先を設定します。

COLUMN 開発用のブラウザ選定

「Aptana Studio 3」は、Firefox、またはInternet Explorerと連携して高度なデバッグを行うことができます。筆者は、Firebugを組み込んだFirefoxをメインの開発用に使用し、補助的にChromeを使用してデバッグなどを行っています。

SECTION-005

オンライン開発環境の利用について

「jsdo.it」について

「jsdo.it」は、オンラインでコードを共有できる開発支援サイト(コードコミュニティ)です。ブラウザ上で動作するコードエディタにJavaScriptやJSX、CoffeeScriptのコードを入力し、その場で実行することができます。「jsdo.it」は、「enchant.js」の利用や9leapの投稿をサポートしているので、作ったゲームをすぐに投稿することができます。

ゲームの作成

「jsdo.it」で、「enchant.js」を使ったゲームを作成するには、次のように操作します。

❶ ブラウザで「http://jsdo.it/」を表示し、[Start coding]ボタンをクリックします。

❷ 自分の使用しているサービスを1つ選択し、アカウントとパスワードを入力してログインします。

❸ コードエディタが表示されたら、[+]ボタン(ポイントすると[+ Add Library]になる)をクリックします。

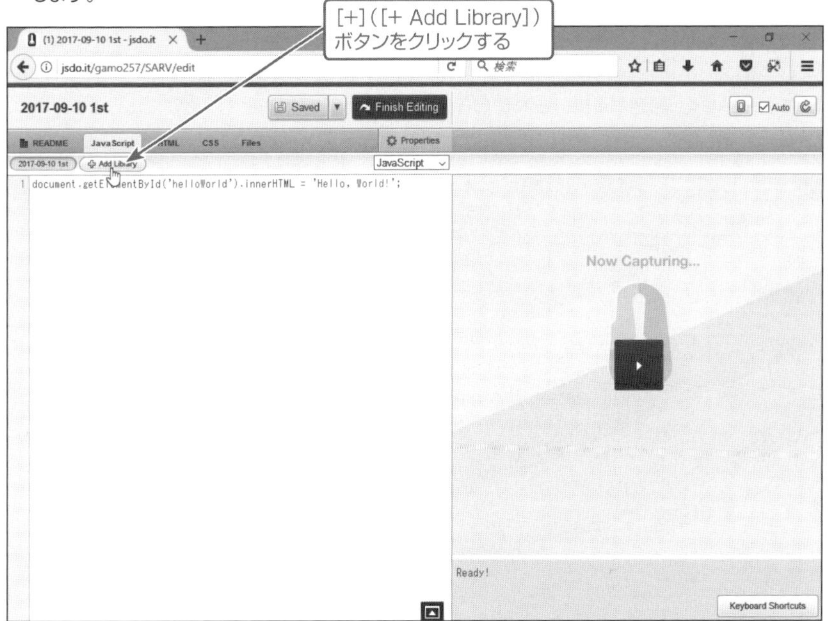

❹ 「Major Library」ドロップダウンリストから「enchant.js v0.8.0-js」(バージョンは変更される場合があります)を選択し、[Add]ボタンをクリックします。なお、この操作後にコードエディタで入力できない現象が発生した場合、いったん、別のタブに切り替えて、元のタブに切り替えてみてください。

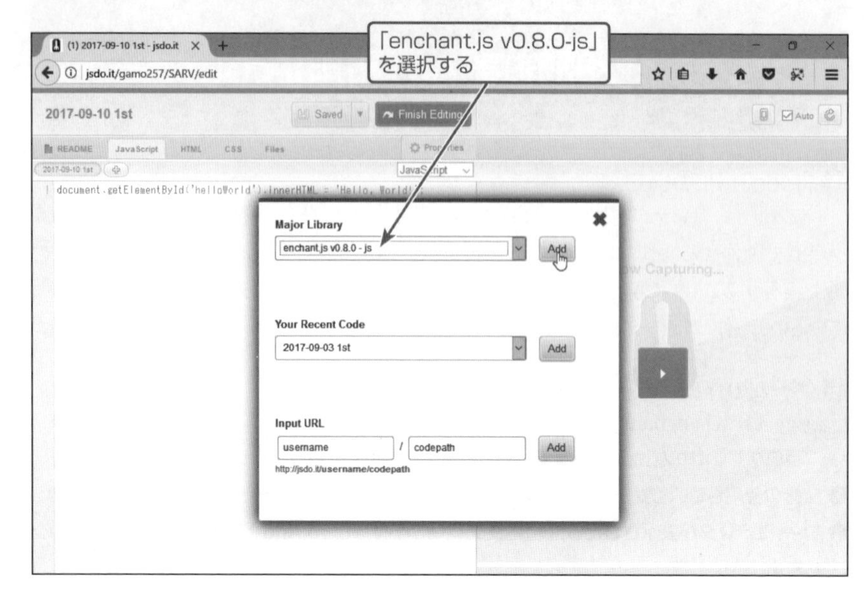

❺「JavaScript」タブを選択して、コードを入力します。

❻「CSS」タブを選択し、「body {margin: 0;}」と入力し、[Save]ボタンをクリックします。

❼ エラーがなく、問題なく実行されたなら、[Properties]をクリックし、必要に応じてタイトル、サムネイル画像、タグ、URL、ライセンス情報、表示などの情報を設定します。

❽ [Finish Editing]ボタンをクリックします。

プラグインを利用する場合は、使用するプラグインをフォーク(Fork)するか、自分のコードとしてあらかじめ登録しておき、❹のタイミングで「Your Recent Code」ドロップダウンリストから、プラグインを選択して[Add]ボタンをクリックします。「Your Recent Code」ドロップダウンリストに目的のプラグインが表示されない場合は、「Input URL」にコードのURL(コード閲覧画面のURL)を入力し、[Add]ボタンをクリックします。

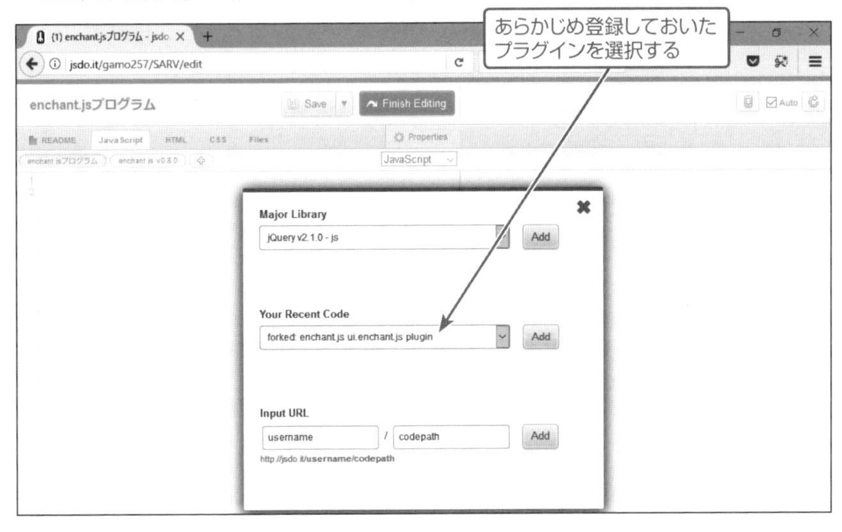

画像の追加

画像を追加するには、次のように操作します。

❶ コードエディタの「Files」タブを選択します。

❷ 「ここにファイルをドラッグ&ドロップしてください。」に画像ファイルをドラッグ&ドロップします。

❸ 画像のアップロードが完了すると、画像のURLが表示されます。画像を使用する際には、このURLをコードに入力します(「core.preload」メソッドや「core.assets」プロパティなど)。

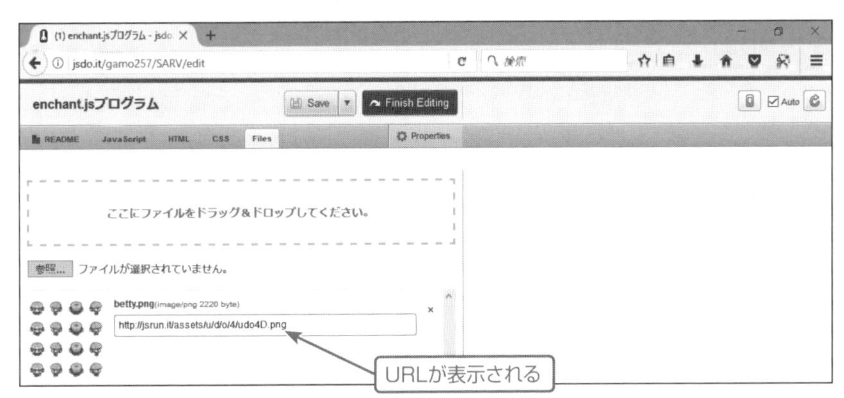

なお、画像を削除するには、一覧の右端に表示される「×」をクリックし、[OK]ボタンをクリックします。

9leapへのゲームの投稿

「jsdo.it」以外のオフライン開発環境などで作成したゲームを9leapに投稿するには、次のように操作します。

※「9leap」にゲームを投稿するには、Twitterのアカウントが必要です。

❶ ゲーム本体(ゲームを構成するファイル群)をzip形式(10Mバイト以内)に圧縮しておきます。

❷ ゲームのスクリーンショット(jpg/png/gif形式で1Mバイト以内の画像ファイル)を用意しておきます。

❸ ブラウザで「http://9leap.net/」を表示します。

❹ [ログイン]ボタンをクリックし、ユーザー名とパスワードを入力(Twitterログイン済みの場合は不要)して、[連携アプリを認証]ボタンをクリックします。

❺ 画面上の「投稿・編集画面」のリンクをクリックします。

❻ [新規投稿]ボタンをクリックします。

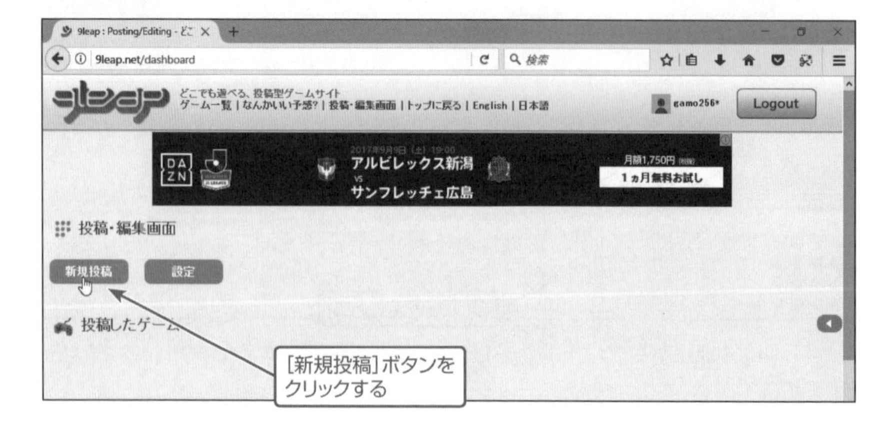

❼「ゲーム本体」の欄の[参照]ボタン(Macでは[ファイル選択]ボタンなど)をクリックし、ゲーム本体の圧縮ファイルを選択して、[開く(O)]ボタン(Macは[選択]ボタン)をクリックします。

❽「スクリーンショット」の欄の[参照]ボタン([ファイル選択]ボタンなど)をクリックし、スクリーンショットの画像ファイルを選択し、[開く(O)]ボタン(Macは[選択]ボタン)をクリックします。

❾その他の必要項目を入力し、[投稿する]ボタンをクリックします。

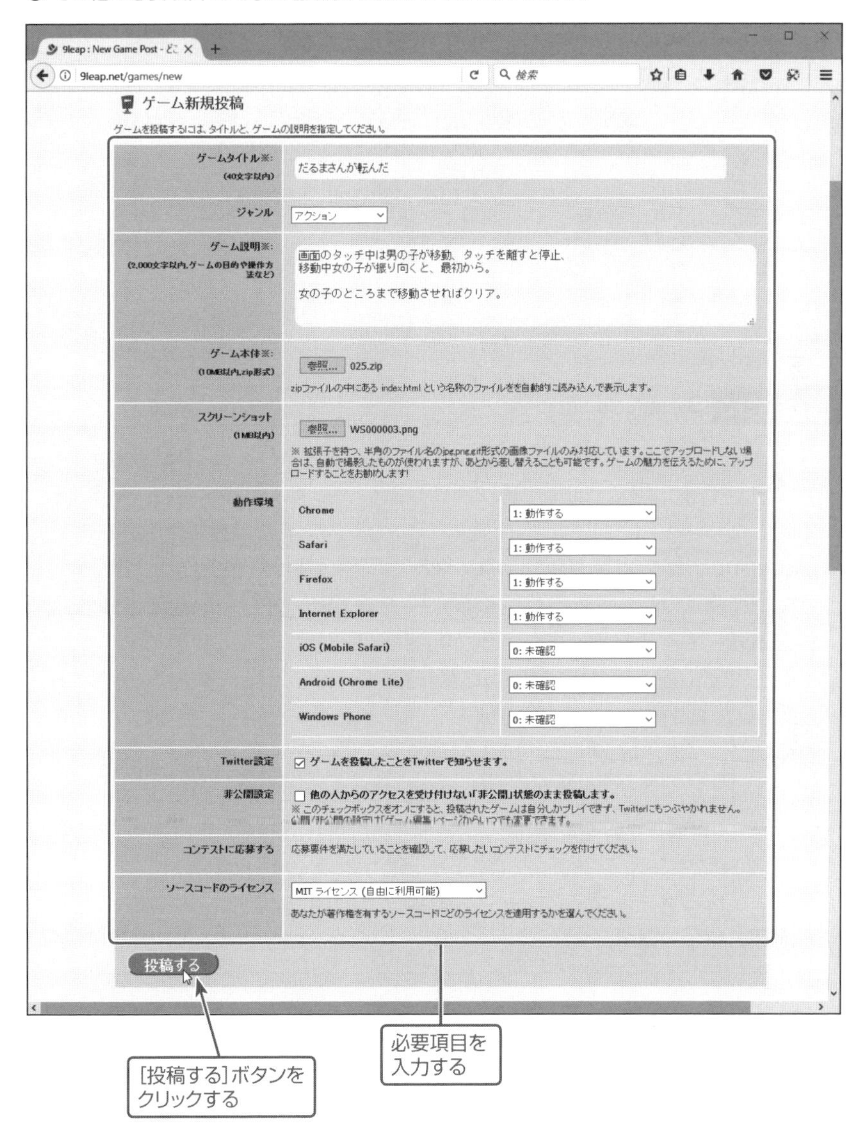

COLUMN 9leapについて

「9leap」(ナインリープ)は、株式会社ユビキタスエンターテインメントと株式会社ディーツーコミュニケーションズが主催する、若手プログラマーの育成とプログラミングの普及を目的としたスマートフォン向けゲーム開発コンテストです。コンテストは前期(5月1日〜8月31日)と後期(9月1日〜12月31日)に分かれており、それぞれの期間で優秀作品の発表が行われます。受賞作品の開発者には、豪華賞品(最新モデルのPC、「Game Developers Conference」への視察旅行ツアーなど)が用意されています。

また、「9leap.net」は、コンテストへの応募作品を受け付け、展示、審査するサイトであると同時に、自分の作ったゲームを公開して、他の人に遊んでもらったり、他のユーザーが作ったゲームを自由に楽しんだりすることができる「投稿型ゲームサイト」としての側面も持っています。このため、26歳以上、学生以外でも自由にゲームを投稿することはできます。ただし、投稿者が応募要件を満たしているかどうかは、投稿時に確認され、コンテストに受賞された方には、学生証などで生年月日や学籍の確認が行われます。

- 9leap : トップページ - どこでも遊べる、投稿型ゲームサイト

  URL http://9leap.net/

COLUMN ファイルの圧縮

ファイルやフォルダをZip形式に圧縮するには、Windows 10では、圧縮するファイル、またはフォルダを右クリックして、[送る]→[圧縮(zip形式)フォルダー]を選択します。macOSでは、「Control」キーを押しながら圧縮するファイル、またはフォルダをクリックし、["XXXX"を圧縮](「XXXX」は選択したファイル、またはフォルダ名)を選択します。

SECTION-006

JavaScriptの基礎知識

JavaScriptについて

JavaScriptは、オブジェクト指向機能を備えたインタプリタ型の言語です。「enchant.js」の中身はJavaScriptで書かれており、「enchant.js」のゲームプログラムもJavaScriptで書きます。このため、JavaScriptの知識は必須になります。ここでは、JavaScript未経験の読者や初心者を対象に、JavaScriptの基本文法について解説します。

JavaScriptのリテラル

リテラルとは、プログラムに直接、記述するデータ値のことです。JavaScriptのリテラルには、次のような種類があります。

◆数値

数値は、整数、16進と8進の整数、浮動小数点数を使用することができます。8進数は「0」を、16進数は「0x」を数の前に付けます。浮動小数点数は、小数点以下の数値を持つ数値(実数)です。科学記法で表した数値は、浮動小数点数になります。

```
5           // 整数
-8          // 負の整数
0123        // 8進数(10進数の83と等価)
0x1A        // 16進数(10進数の26と等価)
1.235       // 小数点を付けると浮動小数点数(実数)
1.2e3       // 浮動小数点数(1200)
7E-10       // 浮動小数点数(0.0000000007)
```

◆文字列

文字列は、「'」(シングルクォーテーション)、または、「"」(ダブルクォーテーション)で囲んで表します。また、文字列は、「+」演算子を使って連結することができます。文字列と数値を連結した場合、その型は文字列となります。

```
// シングルクォーテーションで囲んで指定する
'Hello!'

// ダブルクォーテーションで囲んで指定する
"JavaScript"

// 文字列の連結
'Hello ! ' + "JavaScript"  // Hello!JavaScript

// 文字列と数値の連結
'JavaScript' + 321         // JavaScript321
```

◆論理値
論理値は、真偽の値を表します。値は「true」か「false」です。

◆null
ある変数は値を持たないことを表します。値は「null」です。

◆undefined
変数が定義されていないことを表します。値は「undefined」です。

◆配列
配列リテラルは、全体を「[]」(角カッコ)で囲み、その中の値を「,」(カンマ)で区切って記述します。配列リテラルは、配列イニシャライザとも呼ばれ、配列を生成して初期化する場合に使用します。

```
[1, 2, 3]                // 配列リテラル
[[1, 2, 3], [4, 6, 7]]   // 入れ子にした配列リテラル
var num = [1, 2, 3]      // 配列を生成して初期化
```

◆オブジェクト(JSONオブジェクト)
オブジェクトリテラルは、全体を「{}」(波カッコ)で囲み、その中の値を「,」(カンマ)で区切って記述します。オブジェクトリテラルは、オブジェクイニシャライザとも呼ばれ、オブジェクトを生成して初期化する場合に使います。

```
// オブジェクトリテラル
{ x : 5, y : 8 }

// 入れ子にしたオブジェクトリテラル
{ left : { x : 1, y : 3 }, right : { x : 4, y : 7 } }

// オブジェクトを生成して初期化
var point = { x : 5, y : 8 }
```

JavaScriptの変数
変数は、値を格納しておくことができる場所です。変数を明示的に宣言するには、「var」キーワードの後ろに続けて、変数名を指定します。変数は、複数の変数を「,」(カンマ)で区切って、まとめて宣言することもできます。

```
var x;          // 変数「x」を宣言
var x, y, z;    // 変数「x」「y」「z」を宣言
```

なお、変数名は、大文字と小文字を区別します。有効な変数名は、文字、または、「_」(アンダースコア)から始まり、任意の数の文字、数字、アンダースコアが続きます。

◆代入
変数への値の代入は、「=」演算子を使用します。「,」(カンマ)で区切って、まとめて代入することもできます。

```
z = 'Hello!';     // 変数「z」に文字列「Hello!」を代入
x = 0, y = 5;     // 変数「x」に「0」、変数「y」に「5」を代入
```

◆スコープ

スコープとは、変数の有効範囲のことです。JavaScriptのスコープには、スクリプト内のどこでも有効な「グローバルスコープ」と、関数内だけ有効な「ローカルスコープ」の2種類があります。関数の中で宣言された変数は「ローカルスコープ」、それ以外で宣言された変数は「グローバルスコープ」になります。グローバルスコープな変数を「グローバル変数」、ローカルスコープな変数を「ローカル変数」といいます。

```
var scope = 'global'; // グローバル変数

function test(){
  var scope = "local"; // ローカル変数
  // ローカル変数が使われる
  document.write(scope);
}

test();                    // 「local」を出力する

document.write(scope);  // 「global」を出力する
```

JavaScriptの演算子

演算子は、演算を行う記号です。演算子には、優先順位があります。優先順位を変更するには、優先させたい部分を「()」で囲みます。JavaScriptの演算子には、次のような種類があります。

◆加算子/減算子

加算子は、変数の値をインクリメント(「1」増やす)します。減算子は、変数の値をデクリメント(「1」減らす)します。前置の場合は演算後に結果を返し、後置の場合は演算前の値を返した後に演算を実行します。

演算子	説明
++	インクリメント
--	デクリメント

◆論理演算子

論理演算子は、2つの値についての論理値を求めます。「!」(否定)は単項演算子で、後ろに続けて指定された1つの値だけを評価します。結果は「true」か「false」で返されます。この演算子は、条件分岐などに使用します。

演算子	説明
!	値が「false」の場合に「true」、「true」の場合に「false」を返す(否定)
&&	2つの値がともに「true」の場合に「true」を返す(論理積)
||	2つの値のどちらかが「true」の場合に「true」を返す(論理和)

◆代数演算子

代数演算子は、四則演算を行います。一般的な基礎代数と同様に、「乗算」「除算」「剰余」は、「加算」「減算」より優先されます。なお、「-」演算子を変数名や値、式の手前に付けると、符号が反転します。

演算子	説明
*	乗算
/	除算
%	剰余
+	加算
−	減算

◆ビット演算子

ビット演算子は、値を2進数にしてビット単位での演算を行います。特定のビットを評価したり、操作したりするために使います。

演算子	説明
~	NOT(否定)
<<	左ビットシフト
<<<	符号付き左ビットシフト
>>	右ビットシフト
>>>	符号付き右ビットシフト
&	AND(ビット積)
^	XOR(排他的論理和)
		OR(ビット和)

◆比較演算子

比較演算子は、2つの値を比較します。結果は「true」か「false」で返されます。この演算子は、条件分岐などに使用します。論理演算子と組み合わせることで複雑な条件を指定できます。

演算子	説明
<	左辺値が右辺値より小さい場合に「true」を返す
<=	左辺値が右辺値以下の場合に「true」を返す
>	左辺値が右辺値より大きい場合に「true」を返す
>=	左辺値が右辺値以上の場合に「true」を返す
==	左辺値が右辺値に等しい場合に「true」を返す
===	左辺値が右辺値に等しく、同じ型である場合に「true」を返す
!=	左辺値が右辺値に等しくない場合に「true」を返す
!==	左辺値が右辺値に等しくないか、同じ型でない場合に「true」を返す

◆三項演算子

三項演算子は、条件式の真偽に応じた値を設定するための演算子です。三項演算子の構文は、次の通りです。

```
(式1) ? (式2) : (式3)
```

「式1」が「true」の場合に「式2」を値とし、「式1」が「false」の場合は「式3」を値とします。

◆複合演算子

複合演算子は、演算と代入の式を省略形で表すための演算子です。式の中の値を使用し、その値をその式の結果とすることができます。複合演算子は、すべての演算子に関して使用することできます。複合演算子の主な例は、次の通りです。

演算子	説明	例	省略前の式
+=	加算代入	a += b	a = a + b
−=	減算代入	a −= b	a = a − b
&=	AND代入	a &= b	a = a & b
|=	OR代入	a |= b	a = a | b

JavaScriptのコメント

コメントは、プログラムの実行中に無視される部分です。ユーザー定義の関数や特定の命令についての説明をコメントとして記述しておくと、プログラムの可読性が向上し、デバッグやメンテナンスが容易になります。JavaScriptは、2つの形式のコメントをサポートしています。

形式	説明
C/C++	「//」から行末までをコメントとする(単一行用)
C/C++	「/*」から「*/」までをコメントとする(複数行用)

コメントの例は、次のようになります。

```
a = 'Hello'; // C/C++型の単一行用のコメント

/*
  C/C++型の複数行用のコメント

  この中の行はすべてコメントとして無視される

 */



/*
 * C/C++型の複数行用のコメント
 *
 * 行頭を揃えるために、「*」を付けて記述する場合もある
 *
 */
```

JavaScriptの条件分岐の種類

条件分岐は、すべてのプログラミング言語において最も重要な機能の1つです。JavaScriptには、「if」文と「switch」文を使った条件分岐があります。

◆「if」文による条件分岐

「if」文は、条件の真偽によって実行する処理を変化させる条件分岐です。次のような構文で使用します。

```
if (条件式1) {
  条件式1が「真」(true)のときに実行されるコード
} else if (条件式2) {
  条件式2が「真」(true)のときに実行されるコード
} else {
  条件式1と条件式2のどちらも「偽」(false)のときに実行されるコード
}
```

「else if」や「else」は省略することができます。また、「else if」は複数、使用することができます。

◆「switch」文による条件分岐

「switch」文は、変数(または式)の結果の値に応じて、異なる処理を実行させる条件分岐です。次のような構文で使用します。

```
switch (変数) {
  case 値1;
    変数が値1に等しいときに実行されるコード
    break;
  case 値2;
    変数が値2に等しいときに実行されるコード
    break;
  case 値3;
    変数が値3に等しいときに実行されるコード
    break;
  default:
    変数が「case」に指定したどの値にも一致しないときに実行されるコード
}
```

最後の「default」節は省略することができます。条件は上から順に評価され、変数(または式)の値と一致する値を持つ「case」節の処理を実行し、最初の「break」文まで実行を続けます。このため、「case」節の終わりに「break」文を書かなかった場合、次の「case」節が実行されるので注意が必要です。

JavaScriptのループの種類

JavaScriptのループ(繰り返し処理)には、「while」「do...while」「for」「for...in」の4種類の構文があります。

◆「while」文

「while」文は、条件式が真(true)である間、入れ子の文を繰り返し実行します。このループは、繰り返す回数は不明な場合に使います。

```
while (条件式) {
  繰り返すコード
}
```

◆「do...while」文

「do...while」文は、条件式の評価を最後に行うこと以外は、「while」文と同じです。「do...while」文は、最低1回の実行が保証されています。一方、「while」文は、最初に条件式を評価するため、繰り返し処理を一度も実行せずにループを終了する場合があります。

```
do {
  繰り返すコード
} while (条件式);
```

◆「for」文

「for」文は、初期化式、条件式、増減式の3つを一度に指定できるループです。このループは、繰り返す回数が決まっている場合に使います。

```
for (初期化式; 条件式; 増減式) {
  繰り返すコード
}
```

◆「for...in」文

「for...in」文は、オブジェクトや配列の要素に対して繰り返し処理を実行します。

```
for (変数 in オブジェクト) {
  繰り返すコード
}
```

ループからの脱出とスキップ

ループから脱出するには、「break」文を使います。ループの途中の処理をスキップするには、「continue」文を使います。

◆「break」文を使ったループからの脱出

「break」文は、現在実行中の「for」「for...in」「while」「do...while」「switch」文の実行を終了します。

◆「continue」文を使ったループ処理のスキップ

「continue」文は、現在の繰り返しループの残りの処理をスキップし、次の繰り返しループの処理に進みます。

JavaScriptの関数の定義

JavaScriptでは、他のプログラミング言語を同様に、自分で関数を定義することができます。自分で定義した関数を「ユーザー定義関数」といいます。

◆定義方法

関数は、次のような構文で定義します。

```
// 値を返さない関数
function 関数名 (引数1, 引数2,…引数n) {
   処理コード
```

```
}

// 値を返す関数
function 関数名 (引数1, 引数2,…引数n) {
  処理コード
  return 返り値;
}
```

引数は、必要な数だけ「,」(カンマ)で区切って指定します。不要な場合は、省略することもできます。また、関数は、必要に応じて「return」文によって値を返すことができます。

◆関数の呼び出し

関数の呼び出しは、次のような構文で行います。

```
// 値を返さない関数
関数名(引数1, 引数2,…引数n);

// 値を返す関数
変数 = 関数名(引数1, 引数2,…引数n);
```

無名関数について

無名関数は、関数名も持たない関数で、「関数リテラル」や「クロージャ」とも呼ばれます。

◆定義方法

無名関数の呼び出しは、次のような構文で行います。

```
// コールバック、リスナに使用する場合
function (引数1, 引数2,…引数n) {
  処理コード
  return 返り値; // 省略化
}

// 変数へ代入する場合
変数 = function(引数1, 引数2,…引数n){
   処理コード
}


// イベントのリスナとして使用する
this.addEventListener('enterframe', function(e) {
  this.x = e.x;
});

// 変数への代入する
var square = function(x) {
  return x * x;
}
```

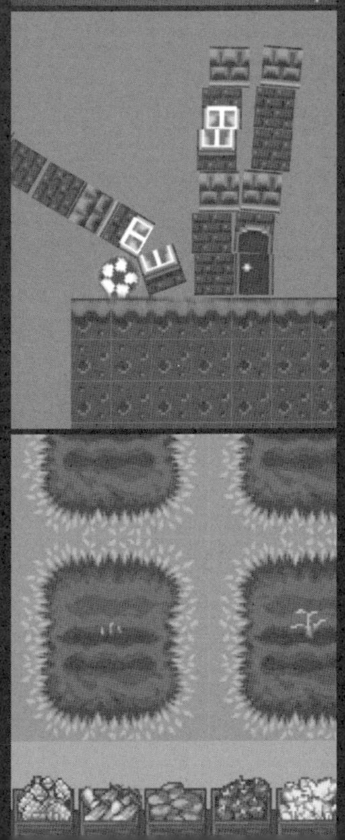

CHAPTER

02

「enchant.js」ゲームプログラミングの基礎

SECTION-007

「enchant.js」の使い方

このCHAPTERについて

このCHAPTERでは、1つのサンプルに機能を追加していくステップアップ方式で、「enchant.js」とプラグインの基本的な使い方を解説していきます。前半では、スプライトやラベル、マップ、シーンなど、「enchant.js」でゲームを作成するために必要な要素について解説します。後半では、「ui.enchant.js」「nineleap.enchant.js」「memory.enchant.js」プラグインや、アニメーションエンジンについて解説します。

「enchant.js」ゲームプログラムのひな型について

「enchant.js」ゲームプログラムのHTMLファイルとJavaScriptファイルのひな型は、次のように入力します。

SOURCE CODE 「index.html」のコード

```
<!DOCTYPE html>
<html>
  <head>
    <!-- 文字コードにUTF-8を使う -->
    <meta charset="utf-8">

     <!-- 幅をデバイスの画面サイズにし、ユーザーによるサイズ変更をできないようにする -->
    <meta name="viewport" content="width=device-width, user-scalable=no">

    <!-- ページを全画面で表示する(iPad/iPhpne用) -->
    <meta name="apple-mobile-web-app-capable" content="yes">

    <!-- ステータスバーを半透明で表示する(iPad/iPhpne用) -->
    <meta name="apple-mobile-web-app-status-bar-style" content="black-translucent">
    <title>enchant</title>

    <!-- 「enchant.js」を読み込む -->
    <script type="text/javascript" src="enchant.js"></script>

    <!-- ゲームプログラムを読み込む -->
    <script type="text/javascript" src="game.js"></script>

    <!-- 「body」要素のマージンを「0」に設定する -->
    <style type="text/css">
      body {margin: 0;}
    </style>
  </head>
```

```
    <!-- 「body」要素は必須 -->
    <body>
    </body>
</html>
```

SOURCE CODE 「game.js」のコード

```
// enchant.js本体やクラスをエクスポートする
enchant();

// ページが読み込まれたときに実行される関数
window.onload = function() {

  // ゲームオブジェクトを作成する
  core = new Core(320, 320);

  // ゲームの初期化処理

  // fps(1秒あたりの画面の描画回数)を設定する(省略時は「30」)
  core.fps = 16;

  // ゲームで使用する画像ファイルを指定する
  core.preload('betty.png');

  // ファイルのプリロードが完了したときに実行される関数
  core.onload = function() {

    // ゲームのメイン処理

  }
  // ゲームスタート
  core.start();
}
```


◆HTMLの内容

HTMLファイルでは、<script>タグで「enchant.js」と自分の作ったゲームプログラム(ここでは「game.js」)を読み込むように指定します。また、必要に応じて、<script>タグでプラグインのファイルを読む込みように指定します。

<meta>タグの「viewport」はスマートフォンの画面設定で、幅をデバイスの画面サイズにし、ユーザーによるサイズ変更をできないように指定しています。

<meta>タグの「apple-mobile-web-app-capable」「apple-mobile-web-app-status-bar-style」は、iPhone/iPadのSafari向けの設定で、ページを全画面、ステータスバーを半透明で表示するように指定しています。

「body」要素のマージンは「0」に設定します。「enchant.js」の「Core」オブジェクトは「body」要素に出力されるので、<body>タグが存在しないとエラーになるので注意してください。

◆ゲームプログラムの基本構造

「enchant.js」ゲームプログラム(JavaScriptプログラム)の基本構造は、次のようになります。

1 「enchant」メソッドで「enchant.js」本体やクラスをエクスポートします。
2 「window.onload」イベントのリスナ(関数)の中に実行する処理(3 4)を記述します。
3 「Core」オブジェクトを作成し、ゲームの初期化処理(fpsの設定や使用する画像の読み込みなど)を記述します。
4 「core.onload」イベントのリスナの中にゲームのメイン処理を記述します。
5 「core.start」メソッドでゲームを開始します。

「window.onload」イベントのリスナは、ページが読み込まれたときに実行されます。「core.onload」イベントのリスナは、「core.preload」メソッドで指定したファイル(画像やサウンド)の読込みが完了した直後に実行されます。

◆「Core」オブジェクトの作成

「Core」オブジェクトは、ゲームの状態、画面サイズ、フレームレート、シーンなどを管理するオブジェクトです。「Core」オブジェクトを作成するには、「Core」コンストラクタでオブジェクトを生成します。引数には、ゲームの画面サイズの幅と高さを指定します。

◆フレームレートの設定

フレームレートは、1秒間当たりの画面の更新回数です。フレームレートは、「Core」オブジェクトの「fps」プロパティ(core.fps)で設定します(「fps」は「frame per second」の略)。なお、ゲームスタートの時点からのフレーム数は、「Core」オブジェクトの「frame」プロパティで取得することができます。

素材について

このCHAPTERで使用する素材(画像やサウンド)は、次の通りです。

◆「enchant.js」に含まれる素材

使用する素材で、「enchant.js」に含まれる素材は、次のようになります。

種類	ファイル名
画像ファイル	apad.png
	end.png
	font0.png
	icon0.png
	indicator.png
	map1.png
	pad.png
	start.png
Flash素材	sound.as
	sound.swf

Flash素材は、ブラウザにFirefox、Operaを使用する場合に必要になります。その以外のブラウザでは不要です。

◆ その他の素材

その他の素材は、次のようになります。なお、これらの素材は、本書のダウンロードサンプルに収録しています。

種類	ファイル名
画像ファイル	betty.png
	flowers.png
	piece.png
サウンドファイル	one_0.mp3
	Ready.wav

COLUMN オブジェクト指向プログラミングでよく出てくる用語について

ここでは、オブジェクト指向プログラミングでよく出てくる用語について解説します。

● コンストラクタ

コンストラクタとは、クラスからオブジェクトを作成したときに自動的に実行されるメソッドです。主にクラスのプロパティの初期化を行います。

● メソッド

メソッドとは、オブジェクト自身を操作するための手続き(関数)です。

● プロパティ

プロパティとは、オブジェクトが保持しているデータ(変数)です。

● イベントリスナ

イベントリスナとは、何らかの事象(イベント)が発生したときに、実行される関数やメソッドです。たとえば、マウスをクリックしたときに起動する関数・メソッドを「マウスイベントに対応するイベントリスナ(または単に「リスナ」)」といいます。

● 関数

関数とは、定められて処理を実行して結果を返す一連の命令群のことです。関数に渡す値を「引数」、関数が返してくれる値を「返り値」(戻り値)といいます。なお、引数や返り値を持たない関数もあります。

SECTION-008

画像を表示する

画像を表示するには

画像を表示するには、「Sprite」オブジェクト(以下、スプライト)を使います。画面上に画像を表示するには、「game.js」に、次のように入力します。

SOURCE CODE ||「game.js」のコード

```
// enchant.js本体やクラスをエクスポートする
enchant();

// ページが読み込まれたときに実行される関数
window.onload = function() {

  // ゲームオブジェクトを作成する
  core = new Core(320, 320);

  // 1秒あたりの画面の描画回数を設定する(省略時は「30」)
  core.fps = 16;

  // ゲームで使用する画像ファイルを読み込む
  core.preload('betty.png');

  // ファイルのプリロードが完了したときに実行される関数
  core.onload = function() {

    // スプライトを作成する
    var player = new Sprite(48, 48);
    // スプライトで表示する画像を設定する
    player.image = core.assets['betty.png'];
    // 表示するフレームの番号を設定する
    player.frame = 3;
    // 表示位置のx座標を設定する
    player.x = 120;
    // 表示位置のy座標を設定する
    player.y = 50;

    // rootSceneにスプライトを追加する
    core.rootScene.addChild(player);


  }
  // ゲームスタート
  core.start();
}
```

◆画像を表示する手順

画像(スプライト)を表示する手順は、次のようになります。

1. 「core.preload」メソッドでスプライトに使用する画像ファイルを読み込みます。
2. 「Sprite」コンストラクタでスプライトを作成します。
3. スプライトの「image」プロパティに表示する画像を設定します。
4. 必要に応じて、表示するフレームや表示位置を指定するプロパティを設定します。
5. rootScene(ルートシーン)にスプライトを追加します。

◆画像ファイルのプリロード

ゲーム中で使用する画像ファイルをプリロードする(事前に読み込む)には、「Core」オブジェクトの「preload」メソッド(「core.preload」メソッド)を使います。引数には、画像ファイルのパスを指定します。複数の場合は、「,」(カンマ)で区切って列挙します。なお、「enchant.js」で使用できる画像形式は、「png」「jpg」「gif」です。

◆スプライトの作成

スプライトを作成するには、まず、「Sprite」コンストラクタでオブジェクトを生成します。引数には、スプライトの幅と高さを指定します。次に、「image」プロパティに表示する画像を「Core」オブジェクトの「assets」プロパティ(「core.assets」プロパティ)で取得して設定します。

スプライトの画像は、指定した高さと幅の「フレーム」という領域で分割されます。どのフレームを表示するかは、「frame」プロパティに番号(インデックス)で指定します。フレームの番号は、左上から右下に「0」から順に数えます。

たとえば、サンプルでは192×192ピクセルの画像(betty.png)を48×48の領域で分割しているので、フレーム番号は次のようになります。

◉フレームの番号

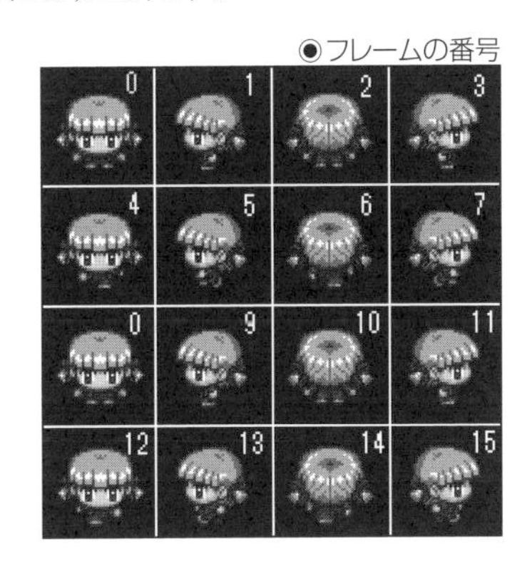

◆スプライトのプロパティ

スプライトの主なプロパティは、次の通りです。

プロパティ	設定値
frame	表示するフレームの番号
image	表示する画像
rotation	回転角度
scaleX	x方向の倍率

プロパティ	設定値
scaleY	y方向の倍率
x	x座標
y	y座標

◆スプライトの表示

スプライトを実際の画面上に表示するには、表示オブジェクトツリー（17ページ参照）にスプライトを追加します。ここでは、ルートシーンにスプライトを追加しています。ルートシーンにスプライトを追加するには、「Core」オブジェクトの「rootScene」プロパティでルートシーンを参照し、「addChild」メソッドを実行します。「addChild」メソッドの引数には、スプライトを指定します。

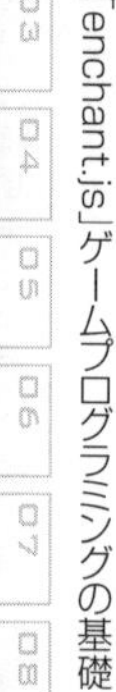

▶動作の確認

ブラウザで「index.html」を表示します。画面上にキャラクターの画像が表示されます。

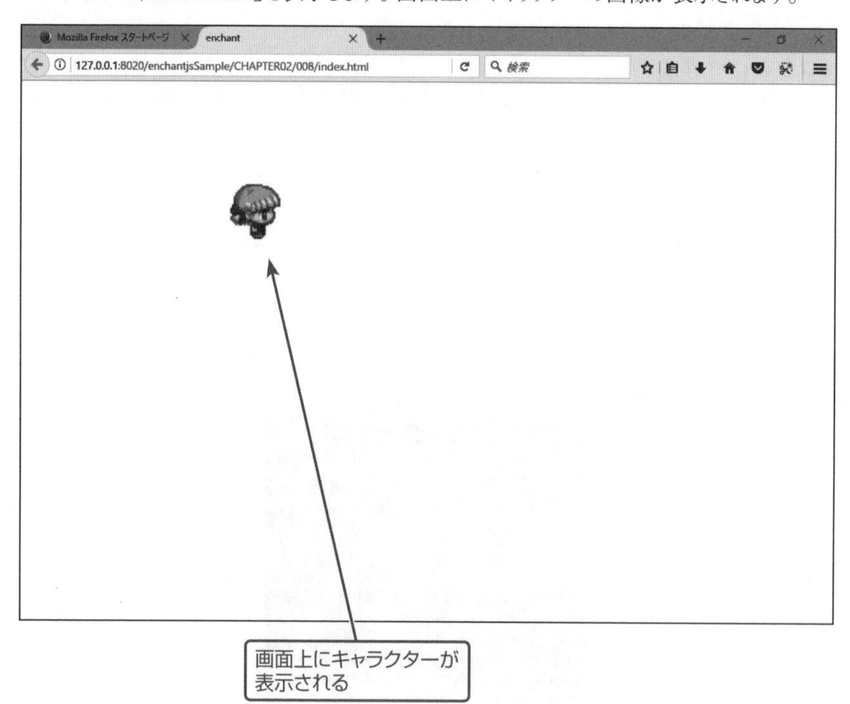

SECTION-009

キー入力を検出する

キー入力を検出するには

キー入力を検出するには、「Core」オブジェクトの「input」プロパティを使います。方向キーでキャラクター（スプライト）を操作できるようにするには、「game.js」を次のように修正します。

SOURCE CODE ｜「game.js」のコード

```
// ... 省略 ...

    // rootSceneにスプライトを追加する
    core.rootScene.addChild(player);

    // 「enterframe」イベントが発生したときに実行するリスナを登録する
    player.addEventListener('enterframe', function(e) {

      // 左ボタンが押されたら、スプライトをx方向に「-4」ピクセル移動する
      if (core.input.left) this.x -= 4;

      // 右ボタンが押されたら、スプライトをx方向に「4」ピクセル移動する
      if (core.input.right) this.x += 4;

      // 上ボタンが押されたら、スプライトをy方向に「-4」ピクセル移動する
      if (core.input.up) this.y -= 4;

      // 下ボタンが押されたら、スプライトをy方向に「4」ピクセル移動する
      if (core.input.down) this.y += 4;

    });

  }
  // ゲームスタート
  core.start();
}
```

◆「enchant.js」がサポートする入力

「enchant.js」のサポートする入力は、「左」「右」「上」「下」「a」「b」ボタンの6つです。それぞれのボタンに対応するプロパティとキーは、次の通りです。

ボタン	プロパティ	キー
左	core.input.left	「←」キー、または、任意
右	core.input.right	「→」キー、または、任意
上	core.input.up	「↑」キー、または、任意
下	core.input.down	「↓」キー、または、任意
a	core.input.a	任意
b	core.input.b	任意

◆スプライトの定期処理

キー入力は、定期処理の中で検出するようにします。ここでは、スプライトの定期処理の中でキー入力を検出しています。スプライトの定期処理を行うには、「addEventListener」メソッドの引数に「enterframe」（イベントタイプ）と、リスナ（イベント発生時に実行される関数）を指定します。「enterframe」イベントは、新しいフレームが描画される前に発生するイベントで、1秒間に「Core」オブジェクトの「fps」プロパティで指定した回数、発生します。

◆任意のキーへの割り当て

ボタンを任意のキーへ割り当てるには、「Core」オブジェクトの「keybind」メソッドを使います。引数には、キーコード、割り当てるボタンを指定します。たとえば、スペースキーに「a」ボタンを割り当てるには、次のように記述します。

```
core.keybind(32, 'a')
```

▶動作の確認

ブラウザで「index.html」を表示します。方向キーでキャラクターのスプライトが上下左右に移動します。

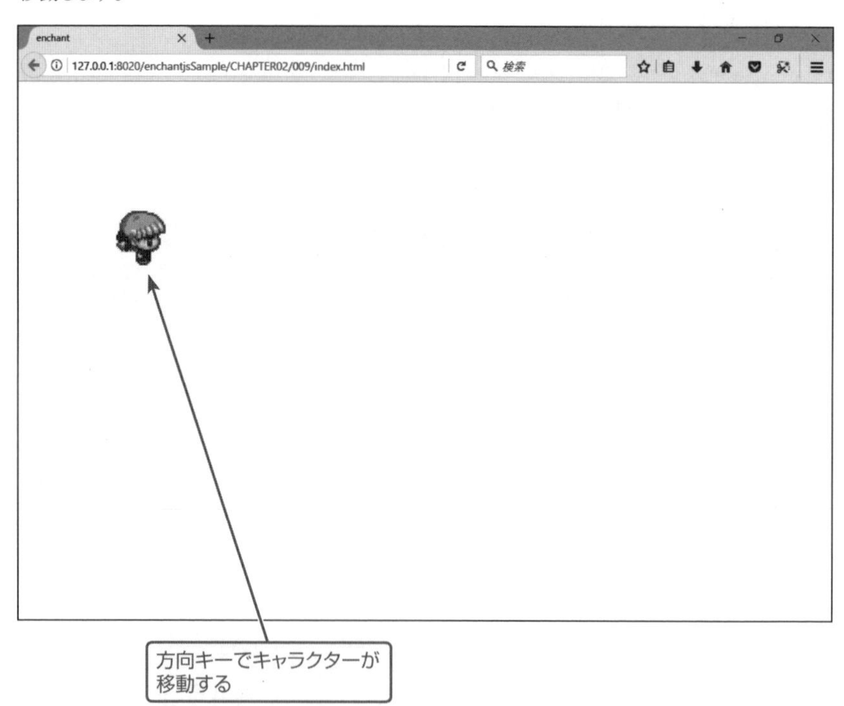

SECTION-010

イベントを検出して処理を実行する

イベントを検出して処理を実行するには

イベントを検出して処理を実行するには、イベントリスナ(イベント発生時に実行される関数)を使います。

タッチイベントを検出して、キャラクター(スプライト)をタッチ移動(またはドラッグ)で移動できるようにするには、「game.js」を次のように修正します。

SOURCE CODE 「game.js」のコード

```
// ... 省略 ...
      // 下ボタンが押されたら、スプライト2をy方向に「4」ピクセル移動する
      if (core.input.down) this.y += 4;

    });

    // 「touchmove」イベントが発生したときに実行するリスナを登録する
    player.addEventListener('touchmove', function(e) {
      // スプライトをタッチして移動した場所、またはドラッグした場所に移動する
      this.x = e.x - this.width / 2;
      this.y = e.y - this.height / 2;
    });

  }
  // ゲームスタート
  core.start();
}
```

◆イベントリスナの登録

イベントリスナを登録するには、「EventTarget」オブジェクトの「addEventListener」メソッドを使います。引数には、イベントタイプとリスナ(イベント発生時に実行される関数)を指定します。ここでは、スプライトの「touchmove」イベントに対するリスナを登録しています。イベントタイプには、多くの種類があります。また、イベントを発行するオブジェクトは、イベントタイプごとに異なります。主なイベントタイプは、次の通りです。

イベントタイプ	発生タイミング	発行するオブジェクト
abuttondown	「a」ボタンが押されたとき	Core、Scene
abuttonup	「a」ボタンが離されたとき	Core、Scene
bbuttondown	「b」ボタンが押されたとき	Core、Scene
bbuttonup	「b」ボタンが離されたとき	Core、Scene
enterframe	新しいフレーム開始されたとき	Core、Node
touchend	タッチが終了したとき	Node
touchmove	タッチが移動したとき	Node
touchstart	タッチが開始されたとき	Node

動作の確認

ブラウザで「index.html」を表示します。キャラクターのスプライトをタッチ移動(またはドラッグ)すると、その場所に移動します。

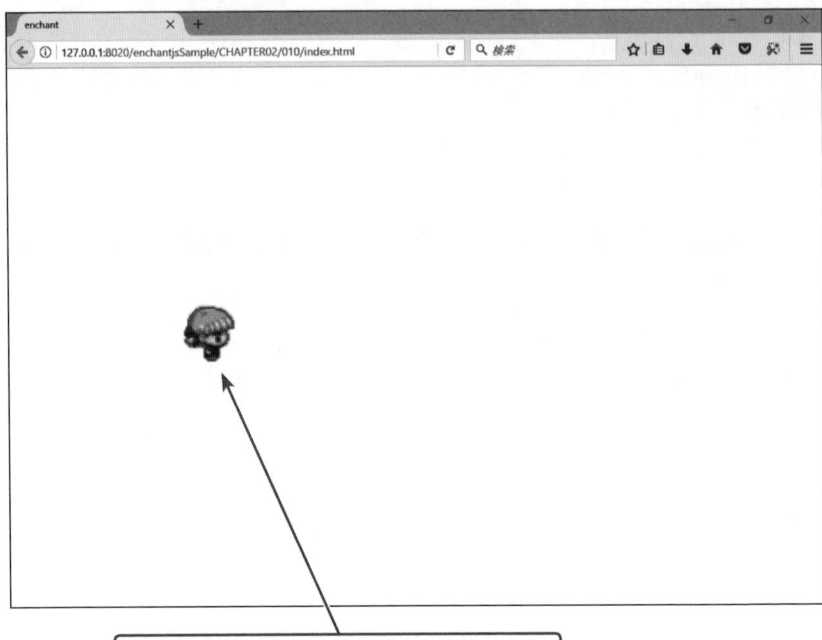

キャラクターをタッチ移動(またはドラッグ)すると、その位置に移動する

SECTION-011

画像をアニメーション表示する

画像をアニメーション表示するには

画像(スプライト)をアニメーション表示するには、フレームを切り替え表示します。

キャラクターのスプライトを移動方向に応じた歩行アニメーションで表示するには、「game.js」を次のように修正します。

SOURCE CODE 「game.js」のコード

```
// ... 省略 ...

    // フレーム数をカウントするプロパティを追加する
    player.tick = 0;

    // rootSceneにスプライトを追加する
    core.rootScene.addChild(player);

    // 「enterframe」イベントが発生したときに実行するリスナを登録する
    player.addEventListener('enterframe', function(e) {

      // 左ボタンが押されたら、スプライトをx方向に「-4」ピクセル移動する
      if (core.input.left) {
        this.x -= 4;
        // スプライトのフレーム番号を切り替えてアニメーション表示する
        this.frame = this.tick % 4 * 4 + 1;
        // フレーム数をインクリメントする
        this.tick ++;
      }

      // 右ボタンが押されたら、スプライトをx方向に「4」ピクセル移動する
      if (core.input.right) {
        this.x += 4;
        this.frame = this.tick % 4 * 4 + 3;
        this.tick ++;
      }

      // 上ボタンが押されたら、スプライトをy方向に「-4」ピクセル移動する
      if (core.input.up) {
        this.y -= 4;
        this.frame = this.tick % 4 * 4 + 2;
        this.tick ++;
      }

      // 下ボタンが押されたら、スプライトをy方向に「4」ピクセル移動する
      if (core.input.down) {
```

```
        this.y += 4;
        this.frame = this.tick % 4 * 4;
        this.tick ++;
      }

    });

    // 「touchmove」イベントが発生したときに実行するリスナを登録する

// ... 省略 ...
```


◆スプライトのフレームの切り替え処理

スプライトをアニメーション表示する際のフレームの切り替え順番は、画像により異なります。ここで使用しているキャラクターの画像で歩行アニメーションを表示するには、次の順番でフレームを切り替える必要があります。

移動方向	フレームの切り替え順番
左	1、5、9、13
右	3、7、11、15
上	2、6、10、14
下	0、4、8、12

◉フレームの番号

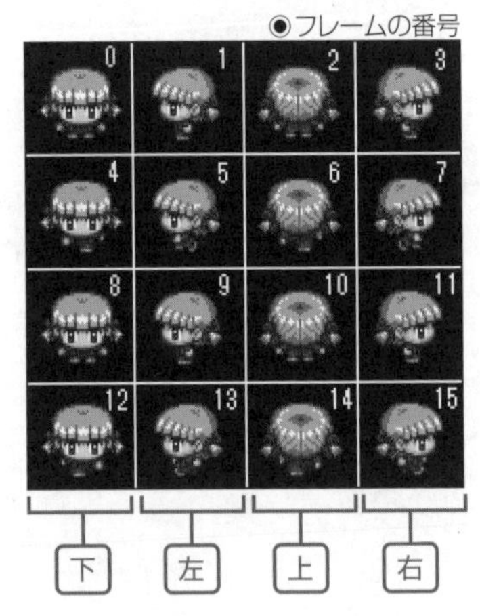

順番の通りに切り替えるには、まず、フレーム数をカウントする「tick」プロパティを追加します。このプロパティは、移動操作を行った際にフレーム数をカウントします。なお、「tick」プロパティは独自に定義したプロパティ(ユーザー定義のプロパティ)で、ゲーム自体のフレーム数(「core.frame」プロパティ)とは異なるので注意してください。

次に、各方向の移動処理の中で、「tick」プロパティの値を「4」で割った余り(「0」「1」「2」「3」を繰り返し取得)を4倍し、各移動方向の最初のフレーム番号を足した値を、「frame」プロパティに代入します。この処理の流れを時系列(タイムライン)で表すと、次にようになります。

ゲーム開始 → フレームの経過

「tick」プロパティの値		0	1	2	3	4	5	6	7	8	9	9	9	9	10	11	12	13	13	13	13
「tick % 4」の値		0	1	2	3	0	1	2	3	0	1	1	1	1	2	3	0	1	1	1	1
「frame」プロパティの値	3	1	5	9	13	1	5	9	13	1	5	5	5	5	11	15	3	7	7	7	7

初期状態　左キーを押す　キーを離す　右キーを押す　キーを離す

動作の確認

ブラウザで「index.html」を表示します。方向キーでキャラクター（スプライト）を移動すると、移動方向に応じた歩行アニメーションで表示されます。

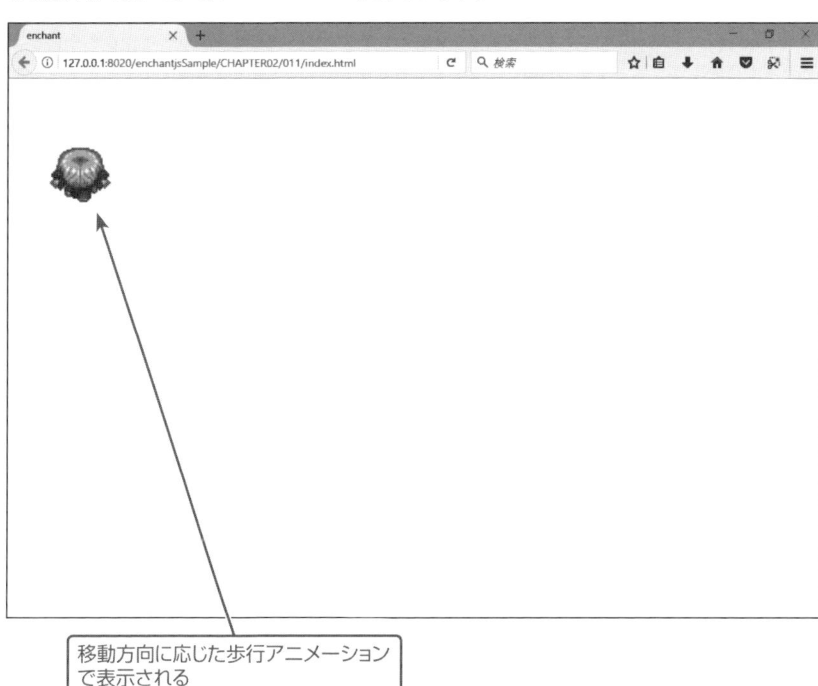

移動方向に応じた歩行アニメーションで表示される

SECTION-012

文字を表示する(ラベル)

文字を表示するには

文字を表示するには、「Label」オブジェクト(以下、ラベル)を使います。

画面上に「「enchant.js サンプル」という文字列を表示するには、「game.js」を次のように修正します。

SOURCE CODE ｜「game.js」のコード

```
// ... 省略 ...


      this.y = e.y - this.height / 2;
    });


    // ラベルを作成する
    var infoLabel = new Label('enchant.js サンプル');
    // 表示位置のx座標を設定する
    infoLabel.x = 16;
    // 表示位置のy座標を設定する
    infoLabel.y = 0;
    // 文字色を設定する
    infoLabel.color = '#0000FF';
    // フォントサイズとフォントの種類を指定する
    infoLabel.font ='14px sens-serif';

    // rootSceneにラベルを追加する
    core.rootScene.addChild(infoLabel);


  }
  // ゲームスタート
  core.start();
}
```

◆文字を表示する手順

文字(ラベル)を表示する手順は、次のようになります。

1 「Label」コンストラクタでラベルを作成します。

2 必要に応じて、表示する文字色やフォント、表示位置を指定するプロパティを設定します。

3 表示オブジェクトツリー(ここではルートシーン)にラベルを追加します。

◆ラベルの作成

ラベルを作成するには、「Label」コンストラクタでオブジェクトを生成します。引数には、表示するテキストを指定します。引数は省略可能です。表示するテキストは、後から「text」プロパティで設定することもできます。

◆文字色とフォントの設定

ラベルの文字色は、「color」プロパティで設定します。設定値は、次の5つ書式で指定することができます。

書式	説明	例(青色に設定)
#RGB	RGBの各値を16進数(0~F)で指定する	#00F
#RRGGBB	RGBの各値を16進数(00~FF)で指定する	#0000FF
rgb(R, G, B)	RGBの各値を10進数(0~255)で指定する	rgb(0, 0, 255)
rgb(R%, G%, B%)	RGBの各値をパーセンテージ(0%~100%)で指定する	rgb(0, 0, 100%)
rgb(R, G, B, A)	RGBの各値を0~255、透過率を0.0~1.0で指定する	rgb(0, 0, 255, 1.0)
色名	色の名前で指定する	blue

また、ラベルのフォントは、「font」プロパティで設定します。設定値は、フォントサイズとフォント名をスペースで区切って指定します。フォントサイズはピクセル単位で指定します。

◆ラベルのプロパティ

ラベルの主なプロパティは、次の通りです。

プロパティ	設定値
color	文字色
font	フォント
text	表示するテキスト
textAlign	テキストの水平位置
x	x座標
y	y座標

動作の確認

ブラウザで「index.html」を表示します。画面の左上に「enchant.js サンプル」と表示されます。

SECTION-013

画像を切り取って新しい画像を作成する

画像を切り切り取って新しい画像を作成するには

画像の任意の範囲を切り取って、新しい画像を作成するには、「Surface」オブジェクト(以下、サーフィス)を使います。

「flowers.png」の指定領域の画像を画面の背景に表示するには、「game.js」を次のように修正します。

SOURCE CODE ｜「game.js」のコード

```
// ... 省略 ...

  // ゲームで使用する画像ファイルを読み込む
  core.preload('betty.png', 'flowers.png');

  // ファイルのプリロードが完了したときに実行される関数
  core.onload = function() {

    // サーフィスを作成する
    var image = new Surface(320, 320);
    // 「flowers.png」の(0, 96)の位置から幅「126」ピクセル、高さ「64」ピクセルの領域を
    // サーフィスの(64, 64)の位置に幅「126」ピクセル、高さ「64」ピクセルで描画する
    image.draw(core.assets['flowers.png'], 0, 96, 126, 64, 64, 64, 126, 64);

    // サーフィスを表示するためのスプライト(背景)を作成する
    var bg = new Sprite(320, 320);
    // スプライトにサーフィスを設定する
    bg.image = image;

    core.rootScene.addChild(bg);

    // スプライトを作成する

    // ... 省略 ...
```

◆サーフィスの作成

サーフィスを作成するには、まず、「Surface」コンストラクタでオブジェクトを生成します。引数には、幅と高さを指定します。次に、「draw」メソッドの引数で指定した画像(サーフィス)を描画します。「draw」メソッドの引数の指定方法には、次の4つがあります。

引数の指定	説明
draw(image)	imageをサーフィスの(0, 0)の位置に描画する
draw(image, dx, dy)	imageをサーフィスの(dx, dy)の位置に描画する

引数の指定	説明
draw(image, dx, dy, dw, dh)	imageをサーフィスの(dx, dy)の位置に幅dwピクセル、高さdhピクセルで描画する
draw(image, sx, sy, sw, sh, dx, dy, dw, dh)	imageの(sx, sy)の位置から幅sw、高さshピクセルの領域を、サーフィスの(dx, dy)の位置に幅dw、高さdhピクセルで描画する

サンプルでは「draw(core.assets['flowers.png'], 0, 96, 126, 64, 64, 64, 126, 64)」と指定し、「flowers.png」の(0,96)の位置から幅126ピクセル、高さ64ピクセルの領域を、サーフィスの(64,64)の位置に幅126ピクセル、高さ64ピクセルで描画しています。

動作の確認

ブラウザで「index.html」を表示します。「flowers.png」から切り取った画像が背景に表示されます。

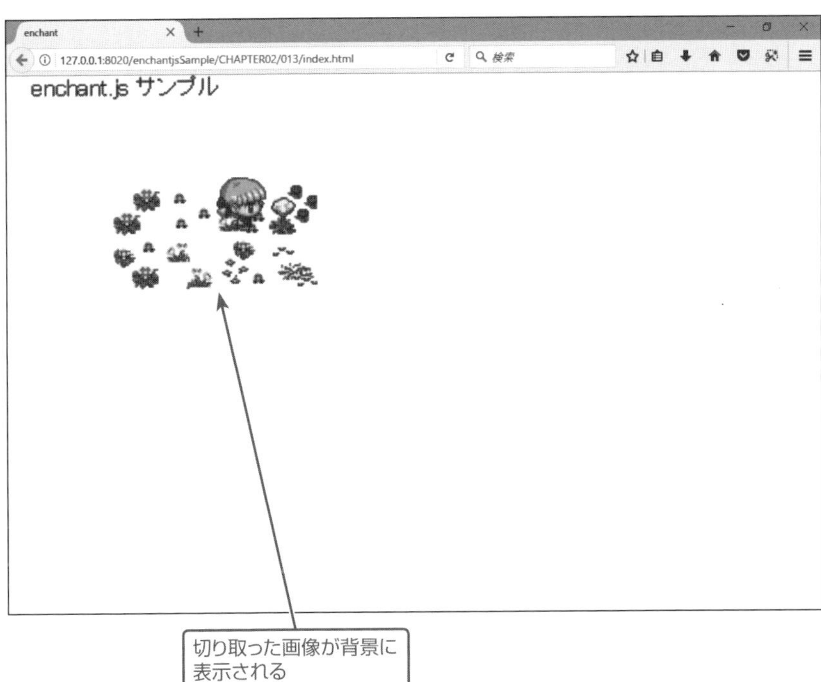

SECTION-014

音を鳴らす

音を鳴らすには

音を鳴らすには、「Sound」オブジェクトを使います。

ゲーム開始直後に、BGMとSE(効果音)を鳴らすには、「game.js」を次のように修正します。

SOURCE CODE ||「game.js」のコード

```
// ... 省略 ...

  // ゲームで使用する画像ファイル、サウンドファイルを読み込む
  // mp3形式のサウンドファイルはプリロードする(Firefox,Safari対応)
  core.preload('betty.png', 'flowers.png', 'one_0.mp3','Ready.wav');

  // BGM用のサウンドファイルを読み込む
  core.bgm = Sound.load('one_0.mp3');
  // SE用のサウンドファイルを読み込む
  core.se = Sound.load('Ready.wav');

  // ファイルのプリロードが完了したときに実行される関数
  core.onload = function() {
    // BGMのボリュームを設定する(0〜1)
    core.bgm.volume = 0.5;
    // BGMを再生する
    core.bgm.play();
    // SEを再生する
    core.se.play();

    // サーフィスを作成する

    // ... 省略 ...
```

◆音を再生する手順

音(サウンド)を再生するには、まず、「Sound」オブジェクトの「load」メソッドでサウンドファイルを読み込みます。引数には、「mp3」形式、または、「wav」形式のサウンドファイルのパスとMIME Type(省略可)を指定します。次に、必要に応じて「volume」プロパティで音量を設定し、「play」メソッドで再生します。ただし、環境によっては再生できない場合があります(COLUMN参照)。

◆サウンドファイルのプリロード

Firefox、および、Safariでmp3形式のサウンドを再生する場合、「Core」オブジェクトの「preload」メソッドでサウンドファイルをプリロードするようにします。ただし、Safariでは、プリロードしても再生できないときがあります。その場合、何度かリロードすると再生できることがあります。また、wav形式でもビットレートによっては、プリロードしないと再生できない場合もあります。

なお、FirefoxとOperaでmp3を再生するには、「sound.as」と「sound.swf」が必要になります。「sound.as」と「sound.swf」は、「enchant.js」のアーカイブに含まれています。

◆「Sound」オブジェクトのプロパティとメソッド

「Sound」オブジェクトのプロパティとメソッドは、次の通りです。

メソッド	機能
pause()	再生を中断する
play()	再生を開始する
stop()	再生を停止する

プロパティ	設定値
currentTime	現在の再生位置(秒)
duration	再生時間(秒)。mp3は取得不可
volume	音量。0(無音)～1(最大)

動作の確認

ブラウザで「index.html」を表示します。BGMとSEが再生されます。

COLUMN BGMのリピート

BGMをリピート(ループ再生)するには、「currentTime」プロパティ(現在の再生位置)の値と、「duration」プロパティ(サウンドの再生時間)の値を比較し、等しくなったタイミングで「currentTime」プロパティの値を「0」にします。なお、mp3形式のサウンドは、「duration」プロパティの値を取得できないので、サウンドの再生時間を秒単位の数値(実際より少し短い時間)で指定し、比較演算子には「>=」を使います。具体的なコードについては、274ページを参照してください。

COLUMN サウンドの再生状況

筆者のWindows 10、Android環境下でのサウンドの再生状況は、次のようになっています。なお、Androidは、PhoneGapでゲームをアプリ化し、PhoneGap Developer上で実行して確認しています(438ページ参照)。

ブラウザ	mp3	wav
Chrome	○	○
Firefox	○	○
Internet Explorer	○	×
Microsoft Edge	○	○
Android 5.0.2	○	○

SECTION-015

ロールプレイングゲームのマップを作る

ロールプレイングゲームのマップを作るには

ロールプレイングゲーム(RPG)のマップは、「タイル」と呼ばれる小さな画像を並べて作ります。マップを作成して表示するには、「game.js」を次のように修正します。

SOURCE CODE ｜ 「game.js」のコード

```
// ... 省略 ...

  // ゲームで使用する画像ファイル、サウンドファイルを読み込む
  // mp3形式のサウンドファイルはプリロードする(Firefox,Safari対応)
  core.preload('betty.png', 'map1.png', 'flowers.png', 'one_0.mp3');

    // ... 省略 ...

    core.se.play();

    // マップを作成する
    var map = new Map(16, 16);
    // マップで使用するタイルセット画像を設定する
    map.image = core.assets['map1.png'];

    // マップデータ(タイルの並びを表す2次元配列)
    map.loadData([
      [1,1,1,1,1,1,1,1,1,1,1,1,1,1,1,1,1,1,1,1],
      [1,1,1,1,1,1,1,1,1,1,1,1,1,1,1,1,1,1,1,1],
      [1,1,1,1,1,1,1,1,1,1,1,1,1,1,1,1,1,1,1,1],
      [1,1,1,1,1,1,1,1,83,84,84,84,84,84,84,84,84,84,84,84],
      [1,1,1,1,1,1,1,1,99,100,116,116,116,116,116,116,116,116,116,116],
      [1,1,1,1,1,16,17,18,99,101,1,1,1,1,1,1,1,1,1,1],
      [1,1,1,1,1,32,33,34,99,101,1,1,1,1,1,1,1,1,1,1],
      [1,1,1,1,1,48,49,50,99,101,1,1,1,1,1,1,1,1,1,1],
      [1,1,1,1,1,1,1,1,99,101,1,1,1,1,1,20,20,1,1,1],
      [1,1,1,1,1,1,1,1,99,101,1,1,1,1,1,1,1,1,1,1],
      [1,1,1,1,1,1,1,1,99,101,1,1,1,1,1,1,1,1,1,1],
      [1,1,1,1,1,1,1,1,99,101,1,1,16,18,1,1,1,1,1,1],
      [1,1,1,1,1,1,1,1,99,101,1,1,48,50,1,1,1,1,1,1],
      [1,1,1,1,1,1,1,1,99,101,1,1,1,1,1,1,1,1,1,1],
      [1,1,1,1,1,1,1,1,99,101,1,1,1,1,1,1,1,1,1,1],
      [1,1,1,1,1,1,1,1,99,101,1,1,1,1,1,1,1,1,1,1],
      [1,1,1,1,1,1,1,1,99,101,1,1,1,1,1,1,1,1,1,1],
      [1,1,1,1,1,1,1,1,99,101,1,1,1,1,1,1,1,1,1,1],
      [1,1,1,1,1,1,1,1,99,101,1,1,1,1,1,1,1,1,1,1],
      [1,1,1,1,1,1,1,1,99,101,1,1,1,1,1,1,1,1,1,1]
```

```
],
[
  [-1,-1,-1,-1,-1,-1,-1,-1,-1,-1,-1,-1,-1,-1,-1,-1,-1,-1,-1,-1],
  [-1,-1,28,-1,-1,-1,-1,-1,-1,-1,-1,-1,-1,-1,-1,28,-1,-1,-1,-1],
  [-1,-1,-1,-1,-1,-1,-1,-1,-1,28,-1,-1,-1,-1,-1,-1,-1,-1,-1,-1],
  [-1,-1,-1,-1,-1,-1,-1,-1,-1,-1,-1,-1,-1,-1,-1,-1,-1,-1,-1,-1],
  [-1,-1,-1,-1,-1,-1,-1,-1,-1,-1,-1,-1,-1,-1,-1,-1,-1,-1,-1,-1],
  [-1,-1,-1,28,-1,-1,-1,-1,-1,-1,-1,-1,-1,-1,-1,28,-1,-1,-1,-1],
  [-1,-1,-1,-1,-1,-1,-1,-1,-1,-1,-1,7,-1,-1,-1,-1,-1,-1,-1,-1],
  [-1,-1,-1,-1,-1,-1,-1,-1,-1,-1,-1,7,-1,-1,-1,-1,-1,-1,-1,-1],
  [-1,-1,-1,-1,-1,-1,-1,-1,-1,-1,-1,23,23,23,23,23,23,-1,-1,-1],
  [-1,23,23,23,7,-1,-1,-1,-1,-1,-1,-1,-1,-1,-1,-1,-1,-1,-1,-1],
  [-1,-1,-1,-1,7,-1,-1,-1,-1,-1,-1,-1,-1,-1,-1,-1,28,-1,-1,-1],
  [-1,-1,-1,-1,23,-1,-1,-1,-1,-1,-1,-1,-1,-1,-1,-1,-1,-1,-1,-1],
  [-1,-1,-1,-1,-1,-1,-1,-1,-1,-1,-1,-1,-1,-1,-1,-1,-1,-1,-1,-1],
  [-1,-1,-1,-1,-1,-1,-1,-1,-1,-1,-1,-1,-1,-1,-1,-1,-1,-1,-1,-1],
  [-1,-1,-1,-1,-1,28,-1,-1,-1,-1,-1,-1,-1,-1,28,-1,-1,-1,-1,-1],
  [-1,-1,-1,-1,-1,-1,-1,-1,-1,-1,-1,-1,-1,-1,-1,-1,-1,-1,-1,-1],
  [-1,-1,-1,-1,-1,-1,-1,-1,-1,-1,-1,-1,-1,-1,-1,-1,-1,-1,-1,-1],
  [-1,-1,-1,-1,-1,-1,-1,-1,-1,-1,-1,-1,-1,-1,-1,-1,-1,-1,28,-1],
  [-1,28,-1,-1,-1,-1,-1,-1,-1,-1,-1,-1,-1,-1,-1,-1,-1,-1,-1,-1],
  [-1,-1,-1,-1,-1,-1,-1,-1,-1,-1,-1,-1,-1,-1,-1,-1,-1,-1,-1,-1]
]);
// マップの当たり判定データ(タイルが当たり判定を持つかを表す2次元配列)
map.collisionData = [
  [0,0,0,0,0,0,0,0,0,0,0,0,0,0,0,0,0,0,0,0],
  [0,0,0,0,0,0,0,0,0,0,0,0,0,0,0,0,0,0,0,0],
  [0,0,0,0,0,0,0,0,0,0,0,0,0,0,0,0,0,0,0,0],
  [0,0,0,0,0,0,0,0,0,0,0,0,0,0,0,0,0,0,0,0],
  [0,0,0,0,0,0,0,0,0,0,0,0,0,0,0,0,0,0,0,0],
  [0,0,0,0,0,1,1,1,0,0,0,0,0,0,0,0,0,0,0,0],
  [0,0,0,0,0,1,1,1,0,0,0,1,0,0,0,0,0,0,0,0],
  [0,0,0,0,0,1,1,1,0,0,0,1,0,0,0,0,0,0,0,0],
  [0,0,0,0,0,0,0,0,0,0,0,1,1,1,1,1,1,0,0,0],
  [0,1,1,1,1,0,0,0,0,0,0,0,0,0,0,0,0,0,0,0],
  [0,0,0,0,1,0,0,0,0,0,0,0,0,0,0,0,0,0,0,0],
  [0,0,0,0,1,0,0,0,0,0,0,1,1,0,0,0,0,0,0,0],
  [0,0,0,0,0,0,0,0,0,0,0,1,1,0,0,0,0,0,0,0],
  [0,0,0,0,0,0,0,0,0,0,0,0,0,0,0,0,0,0,0,0],
  [0,0,0,0,0,0,0,0,0,0,0,0,0,0,0,0,0,0,0,0],
  [0,0,0,0,0,0,0,0,0,0,0,0,0,0,0,0,0,0,0,0],
  [0,0,0,0,0,0,0,0,0,0,0,0,0,0,0,0,0,0,0,0],
  [0,0,0,0,0,0,0,0,0,0,0,0,0,0,0,0,0,0,0,0],
  [0,0,0,0,0,0,0,0,0,0,0,0,0,0,0,0,0,0,0,0],
  [0,0,0,0,0,0,0,0,0,0,0,0,0,0,0,0,0,0,0,0]
 ]
```

```
    // rootSceneにマップを追加する
    core.rootScene.addChild(map);

/* サーフィスの部分はコメントアウトまたは削除してください。
    // サーフィスを作成する

// ... 省略 ...

    core.rootScene.addChild(bg);
*/

    // ... 省略 ...

    // 「enterframe」イベントが発生したときに実行するリスナを登録する
    player.addEventListener('enterframe', function(e) {

      // 左ボタンが押されたら、スプライトをx方向に「-4」ピクセル移動する
      if (core.input.left) {
        this.x -= 4
        // マップ上に当たり判定がある場合は移動しない
        if(map.hitTest(this.x + 16, this.y + 40)) this.x += 4;
        // スプライトのフレーム番号を切り替えてアニメーション表示する
        this.frame = this.tick % 4 * 4 + 1;
        // フレーム数をインクリメントする
        this.tick ++;
      }

      // 右ボタンが押されたら、スプライトをx方向に「4」ピクセル移動する
      if (core.input.right) {
        this.x += 4;
        if(map.hitTest(this.x + 24 , this.y + 40)) this.x -= 4;
        this.frame = this.tick % 4 * 4 + 3;
        this.tick ++;
      }

      // 上ボタンが押されたら、スプライトをy方向に「-4」ピクセル移動する
      if (core.input.up) {
        this.y -= 4;
        if(map.hitTest(this.x + 24, this.y + 40)) this.y += 4;
        this.frame = this.tick % 4 * 4 + 2;
        this.tick ++;
      }

      // 下ボタンが押されたら、スプライトをy方向に「4」ピクセル移動する
      if (core.input.down) {
        this.y += 4;
        if(map.hitTest(this.x + 24, this.y + 40)) this.y -= 4;
```

```
        this.frame = this.tick % 4 * 4;
        this.tick ++;
      }

    });

    // 「touchmove」イベントが発生したときに実行するリスナを登録する

    // ... 省略 ...
```

◆ マップの作成手順

マップを作成する手順は、次の通りです。

1. 「Map」コンストラクタで「Map」オブジェクトを生成します。引数には、タイルの幅と高さを指定します。
2. 「image」プロパティにマップで使用するタイルセット画像を設定します。
3. 「loadData」メソッドでマップデータを読み込みます。
4. 「collisionData」プロパティにマップの当たり判定データを設定します。
5. 表示オブジェクトツリー(ここではルートシーン)にマップを追加します。

◆ マップデータの構造

マップデータは、タイルの並びを表す2次元配列です。値にはタイルセットのフレーム番号を指定します。タイルを配置しない部分には「-1」を指定します。複数のマップデータを指定することで、重ね合わせて表示することができます。ここでは、2つのマップを重ねて表示しています。

◆ 当たり判定データの構造とマップの当たり判定

当たり判定データは、タイルが当たり(衝突)判定を持つかを表す2次元配列です。「1」で当たり判定あり、「0」で当たり判定なしを表します。

このデータが設定されたマップ上の任意の座標に当たり判定があるかどうかを調べるには、「hitTest」メソッドを使います。引数には、x座標とy座標を指定します。当たり判定がある場合は「true」、ない場合は「false」を返します。

操作例では、プレイヤーキャラクターの移動時に当たり判定を行い、当たったときには移動しないようにしています。

動作の確認

ブラウザで「index.html」を表示します。画面上にマップが表示されます。また、キャラクターを移動し、当たり判定を設定した場所(ブロックや池)は通過できないことを確認します。

▶マップデータの作成

マップデータを作成する場合、マップエディタ「EnchantMapEditor」を使うと便利です。「EnchantMapEditor」は、次のURLからダウンロードすることができます。

- EnchantMapEditor

  URL https://github.com/wise9/enchantMapEditor

EnchantMapEditorは、Safari、または、Chrome（ただし、マップ拡張を無効にする必要がある）で動作します。他のブラウザでは、正常に動作しないので注意してください。

たとえば、ChromeでEnchantMapEditorを使って320×320のRPGマップを作成するには、次のように操作します。

◆マップの設定

まず、マップのサイズやタイプを設定します。

❶ Chromeで「mapeditor.html」を表示します。

❷「横幅（Width）」と「縦幅（Height）」に「20」と入力します。「この値×タイルサイズ」がマップ全体の幅になります。タイルサイズは16×16なので、320×320のマップを作成する場合、「20」になります。

❸「画像（Image）」の「RPG」を選択します。

❹「マップ拡張を有効にする（Enable Map Extension）」をOFFにし、［作成（Create）］ボタンをクリックします。

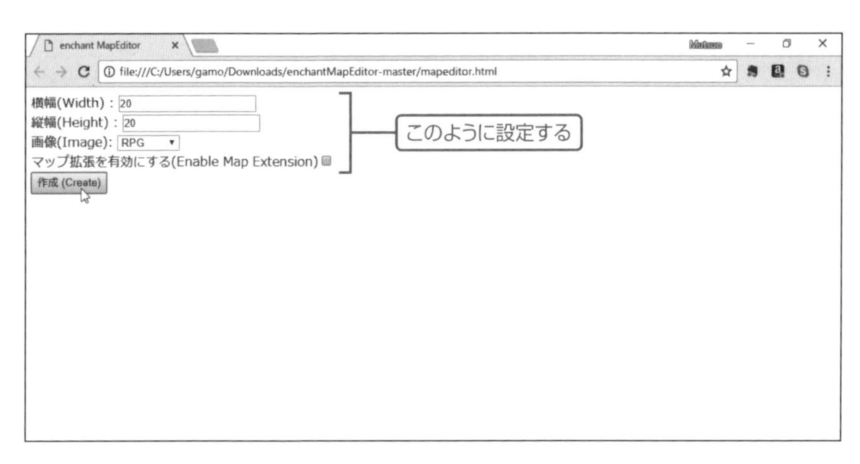

◆ マップの作成

編集画面が表示されたら、右側のパレットからタイルを選択して、マップに配置していきます。編集画面の構成は、次の通りです。

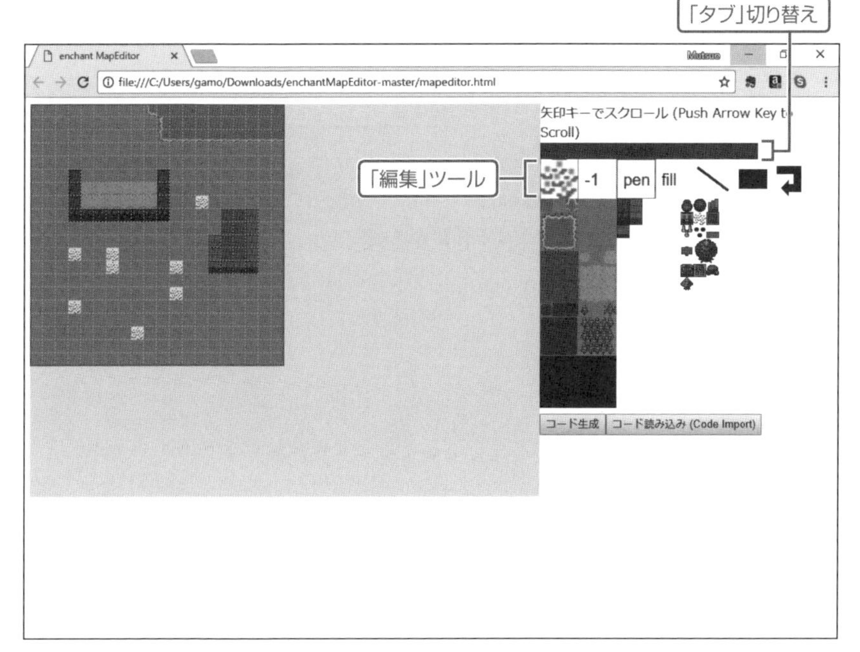

タブは、バックグラウンドマップのタイルを配置するときは「tab1」を、フォアグランドマップのタイルを配置するときは「tab2」を、当たり判定は設定するときは「判定」を選択します。「編集」ツールは、左から「選択中のタイル」「削除」「ペン（タイルを1個ずつ配置）」「塗りつぶし」「ライン」「矩形」「取り消し」になります。

マップの作成が完了したら、［コード生成］ボタンをクリックします。コードが別ウィンドウに生成されるので、コピーしてプログラムのコードに貼り付けます。

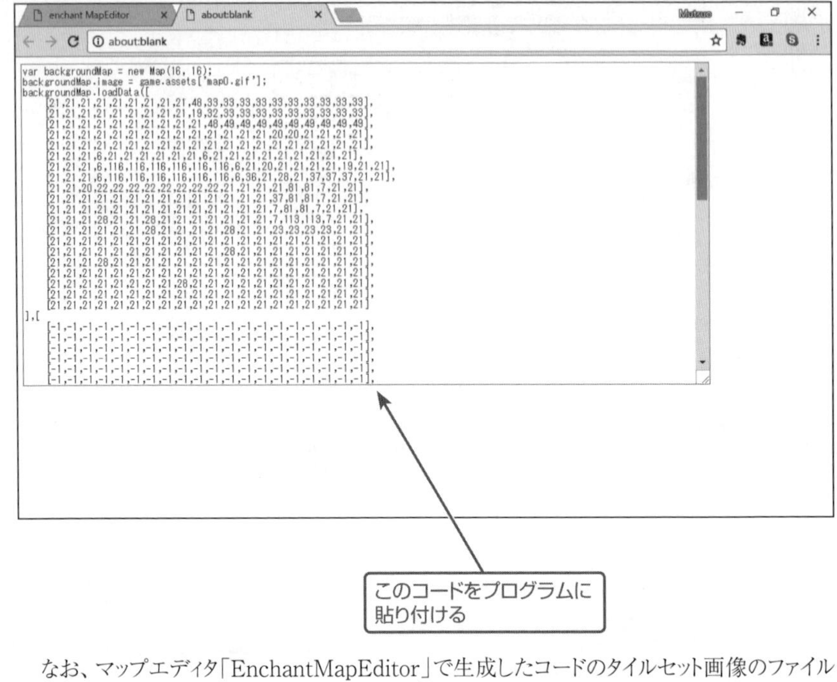

なお、マップエディタ「EnchantMapEditor」で生成したコードのタイルセット画像のファイル名は、「RPG」を選択した場合は「map0.gif」を「map1.png」に、「2D Scroll」を選択した場合は「map1.gif」を「map2.png」に変更する必要があります。

SECTION-016

クラスを継承して新しいクラスを定義する

クラスを継承して新しいクラスを定義するには

クラスを継承して新しいクラスを定義するには、「Class」クラスの「create」メソッドを使います。

キャラクターのスプライトを作成する処理を「Sprite」クラスを継承したクラスに定義し直してキャラクターのスプライトを作成するには、「game.js」を次のように修正します。

SOURCE CODE | 「game.js」のコード

```
// enchant.js本体やクラスをエクスポートする
enchant();

// プレイヤーキャラクターを作成するクラス
// 「Sprite」クラスを継承
var Player = enchant.Class.create(enchant.Sprite, {
  initialize: function(x, y, map) {
    // 「Sprite」クラスのコンストラクタをコール
    enchant.Sprite.call(this, 48, 48);

    // スプライトで表示する画像を設定する
    this.image = core.assets['betty.png'];
    // 表示するフレームの番号を設定する
    this.frame = 3;
    // 表示位置のx座標を設定する
    this.x = x;
    // 表示位置のy座標を設定する
    this.y = y;
    // フレーム数をカウントするプロパティを追加する
    this.tick = 0;
    // プレイヤーのHP(ヒットポイント)を格納するプロパティを追加する
    this.hp = 1000;

    // 「enterframe」イベントが発生したときに実行するリスナを登録する
    this.addEventListener('enterframe', function(e) {

      // 左ボタンが押されたら、スプライトをx方向に「-4」ピクセル移動する
      if (core.input.left) {
        this.x -= 4
        // マップ上に当たり判定がある場合は移動しない
        if(map.hitTest(this.x + 16, this.y + 40)) this.x += 4;
        // スプライトのフレーム番号を切り替えてアニメーション表示する
        this.frame = this.tick % 4 * 4 + 1;
        // フレーム数をインクリメントする
        this.tick ++;
      }
```

```
        // 右ボタンが押されたら、スプライトをx方向に「4」ピクセル移動する
        if (core.input.right) {
          this.x += 4;
          if(map.hitTest(this.x + 24 , this.y + 40)) this.x -= 4;
          this.frame = this.tick % 4 * 4 + 3;
          this.tick ++;
        }

        // 上ボタンが押されたら、スプライトをy方向に「-4」ピクセル移動する
        if (core.input.up) {
          this.y -= 4;
          if(map.hitTest(this.x + 24, this.y + 40)) this.y += 4;
          this.frame = this.tick % 4 * 4 + 2;
          this.tick ++;
        }

        // 下ボタンが押されたら、スプライトをy方向に「4」ピクセル移動する
        if (core.input.down) {
          this.y += 4;
          if(map.hitTest(this.x + 24, this.y + 40)) this.y -= 4;
          this.frame = this.tick % 4 * 4;
          this.tick ++;
        }

      });

      // 「touchmove」イベントが発生したときに実行するリスナを登録する
      this.addEventListener('touchmove', function(e) {
        // スプライトをタッチして移動した場所、またはドラッグした場所に移動する
        this.x = e.x - this.width / 2;
        this.y = e.y - this.height / 2;
      });
    }
});

// ページが読み込まれたときに実行される関数
window.onload = function() {

    // ... 省略 ...

    // プレイヤーのスプライトを作成する
    var player = new Player(120, 50, map);
    // rootSceneにプレイヤーのスプライトを追加する
    core.rootScene.addChild(player);
```

```
// ラベルを作成する
var infoLabel = new Label('enchant.js サンプル');

// ... 省略 ...
```

◆クラスの作成と継承

「Class」クラスの「create」メソッドは、クラスを作成したり、クラスを継承したクラスを作成したりするためのメソッドです。クラスを定義する場合は、引数にクラスの定義（JSONオブジェクト）を指定します。クラスを継承する場合は、第1引数に継承するクラスを、第2引数にクラスの定義（コンストラクタをオーバーライドする場合）を指定します。なお、コンストラクタをオーバーライド（上書き）する場合は、継承元のコンストラクタを明示的にコールする必要があります。

クラスを定義したり、クラスを継承したりすることで、よりオブジェクト指向的な手法を使ってプログラミングすることができるようになります。

◆「Player」クラスの定義

「Player」クラスのコンストラクタの中身（クラスの定義）は、変更前のプレイヤーキャラクターの作成処理とほぼ同じです。変わっている点は、次の3つです。

- 表示位置のxy座標を引数として受け取り、それを「x」「y」プロパティに代入している。
- 「var player = new Sprite(48, 48)」が「enchant.Sprite.call(this, 48, 48)」に置き換わっている。
- プロパティのメソッドを参照するときに使用したオブジェクト名（player）が、「this」キーワードになっている。

▶動作の確認

ブラウザで「index.html」を表示します。66ページまでと同じ画面で、同じ動作になることを確認します。

SECTION-017

画面を切り替える

画面を切り替えるには

画面を別の画面に切り替えるには、「Scene」オブジェクト(以下、シーン)を使います。

新しいシーンに2つ目のマップ画面を作成して2つのマップ画面を切り替えられるようにするには、「game.js」を次のように修正します。

SOURCE CODE 「game.js」のコード

```
// ... 省略 ...

    // rootSceneにラベルを追加する
    core.rootScene.addChild(infoLabel);

    // rootSceneの「enterframe」イベントが発生したときに実行するリスナ
    core.rootScene.addEventListener('enterframe', function(e) {
      // プレイヤーキャラのx座標が「300」以上なら、シーンを切り替える
      if (player.x > 300) {
        core.pushScene(core.field(player.x, player.y));
        // pop時のためにx座標を少し戻しておく
        player.x = 280;
      }
    });

  }

  // 新しいシーンを作成する関数
  core.field = function(px, py){

    // 新しいシーンを作成する
    var scene = new Scene();

    // マップを作成する
    var map = new Map(16, 16);
    map.image = core.assets['map1.png'];
    map.loadData([
      [37,37,37,37,37,37,37,37,37,19,19,19,32,33,33,33,33,33,33,33],
      [37,37,37,37,37,37,37,37,37,20,20,20,48,49,49,49,49,49,49,49],
      [37,37,23,23,23,23,23,23,23,23,7,37,37,37,37,37,37,37,37,37],
      [84,84,84,84,84,84,84,84,84,84,7,37,37,37,37,37,37,37,37,37],
      [116,116,116,116,116,116,116,116,100,100,7,37,37,20,37,37,37,37,37,37],
      [37,37,23,23,23,23,23,7,100,100,7,37,37,37,37,37,37,37,37,37],
      [37,37,37,37,37,37,37,7,100,100,7,37,37,37,37,37,37,37,37,37],
      [37,37,37,37,37,37,37,7,100,100,7,37,37,37,37,37,37,37,37,37],
      [37,37,37,37,37,37,37,7,100,100,7,37,37,37,37,37,37,37,37,37],
```

```
  [37,37,37,37,37,37,37,7,100,100,23,23,23,23,23,23,23,23,37,37],
  [37,37,37,37,37,37,37,7,100,100,84,84,84,84,84,84,84,84,84,84],
  [37,37,37,23,23,23,23,23,100,100,116,116,116,116,116,116,116,116,116,116],
  [37,37,37,37,37,37,37,37,100,100,37,37,37,37,37,37,37,37,37,37],
  [37,37,37,37,37,37,37,37,100,100,37,37,37,37,37,37,37,37,37,37],
  [37,37,23,23,23,23,23,7,100,100,37,37,37,37,37,37,37,37,37,37],
  [37,37,37,37,37,37,37,7,100,100,37,37,37,37,37,37,37,37,37,37],
  [37,37,37,37,37,37,37,7,100,100,37,37,37,37,37,37,37,37,37,37],
  [37,37,37,37,37,37,37,7,100,100,37,37,37,37,37,37,37,37,37,37],
  [37,37,37,37,37,37,37,23,100,100,37,37,37,37,37,37,37,37,37,37],
  [37,37,37,37,37,37,37,37,100,100,37,37,37,37,37,37,37,37,37,37]
]);

map.collisionData = [
  [0,0,0,0,0,0,0,0,0,0,0,0,1,1,1,1,1,1,1,1],
  [0,0,0,0,0,0,0,0,0,0,0,0,1,1,1,1,1,1,1,1],
  [0,0,1,1,1,1,1,1,1,1,1,0,0,0,0,0,0,0,0,0],
  [0,0,0,0,0,0,0,0,0,0,1,0,0,0,0,0,0,0,0,0],
  [0,0,0,0,0,0,0,0,0,0,1,0,0,0,0,0,0,0,0,0],
  [0,0,1,1,1,1,1,1,0,0,1,0,0,0,0,0,0,0,0,0],
  [0,0,0,0,0,0,0,1,0,0,1,0,0,0,0,0,0,0,0,0],
  [0,0,0,0,0,0,0,1,0,0,1,0,0,0,0,0,0,0,0,0],
  [0,0,0,0,0,0,0,1,0,0,1,0,0,0,0,0,0,0,0,0],
  [0,0,0,0,0,0,0,1,0,0,1,1,1,1,1,1,1,1,0,0],
  [0,0,0,0,0,0,0,1,0,0,0,0,0,0,0,0,0,0,0,0],
  [0,0,0,1,1,1,1,1,0,0,0,0,0,0,0,0,0,0,0,0],
  [0,0,0,0,0,0,0,0,0,0,0,0,0,0,0,0,0,0,0,0],
  [0,0,0,0,0,0,0,0,0,0,0,0,0,0,0,0,0,0,0,0],
  [0,0,1,1,1,1,1,1,0,0,0,0,0,0,0,0,0,0,0,0],
  [0,0,0,0,0,0,0,1,0,0,0,0,0,0,0,0,0,0,0,0],
  [0,0,0,0,0,0,0,1,0,0,0,0,0,0,0,0,0,0,0,0],
  [0,0,0,0,0,0,0,1,0,0,0,0,0,0,0,0,0,0,0,0],
  [0,0,0,0,0,0,0,1,0,0,0,0,0,0,0,0,0,0,0,0],
  [0,0,0,0,0,0,0,0,0,0,0,0,0,0,0,0,0,0,0,0]
];

// シーンにマップを追加する
scene.addChild(map);

// プレイヤーキャラを作成する
var player = new Player(0, py, map);
// シーンにプレイヤーのスプライトを追加する
scene.addChild(player);

// シーンの「enterframe」イベントが発生したときに実行するリスナ
scene.addEventListener('enterframe', function(e) {
```

```
      // プレイヤーキャラのx座標が「-20」以下なら、前のシーンに切り替える
      if (player.x < -20) core.popScene();

    });

    return scene; // シーンを返す
  }
  // ゲームスタート
  core.start();
}
```

◆シーンの作成

シーンを作成するには、まず、新しいシーンを作成するための関数を定義します。次に、その関数の中で「Scene」コンストラクタでシーンを生成し、スプライトやラベル、マップなどの描画オブジェクトを追加します。最後に「return」文で作成したシーンを呼び出し元に返すようにします。

◆シーンの切り替え

あるシーンから別のシーンに切り替えるには、「Core」オブジェクトの「pushScene」メソッドを使います。引数には、新しいシーンを作成する関数を指定します。また、元のシーンに戻るには、「Core」オブジェクトの「popScene」メソッドを使います。

シーンは、ルートシーンをベースにしたスタック構造になっており、新しいシーンを「push」すると上に積み重ねられていき、「pop」すると上から順に削除される仕組みになっています。

なお、指定したシーンを削除するには「Core」オブジェクトの「removeScene」メソッドを使います。現在のシーンを別のシーンに置き換えるには「Core」オブジェクトの「replaceScene」メソッドを使います。

動作の確認

ブラウザで「index.html」に表示します。キャラクターを最初のマップの右端まで移動すると、次のマップに切り替わり、次のマップの左端にキャラクターを移動すると元のマップに戻ります。

最初のマップで右端まで移動すると、
次のマップに切り替わる

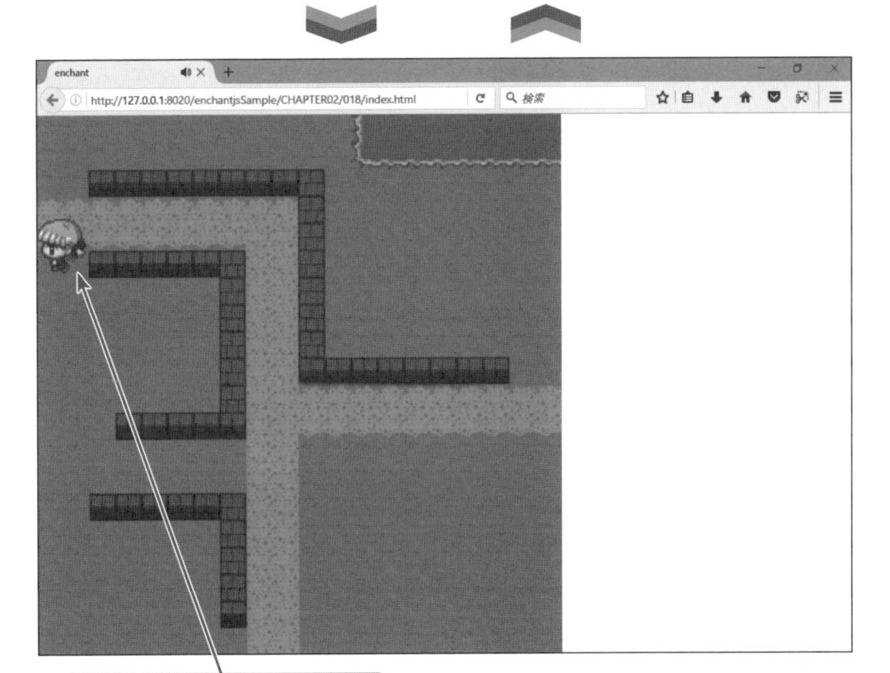

次のマップで左端まで移動すると、
元のマップに戻る

SECTION-018

スコアをグラフィカルなフォントで表示する

スコアをグラフィックフォントで表示するには

スコアをグラフィックフォントで表示するには、「ui.enchant.js」プラグインの「ScoreLabel」オブジェクト（以下、スコアラベル）を使います。

スコアを表示して、マップ上のコインを取得するとスコアが加算されるようするには、「index.html」と「game.js」を次のように修正します。

SOURCE CODE 「index.html」のコード

```
// ... 省略 ...


    <script type="text/javascript" src="enchant.js"></script>
    <script type="text/javascript" src="ui.enchant.js"></script>
    <script type="text/javascript" src="game.js"></script>

// ... 省略 ...
```

SOURCE CODE 「game.js」のコード

```
// enchant.js本体やクラスをエクスポートする
enchant();

// コインを作成するクラス
var Coin = enchant.Class.create(enchant.Sprite, {
  initialize: function(x, y) {
    enchant.Sprite.call(this, 32, 32);
    this.x = x;
    this.y = y;
    this.image = core.assets['piece.png'];
    this.tick = 0;
    // アニメーションパターン
    this.anime = [8, 9, 10, 11];
    // アニメーション表示する処理
    this.addEventListener('enterframe', function() {
      if (this.tick <= 8) {
        this.frame = this.tick;
      } else {
        this.frame = this.anime[this.tick % 4];
      }
      this.tick++;
    });
  }
});
```

```
// プレイヤーキャラクターを作成するクラス

// ... 省略 ...

  // スコアを保持するプロパティを追加する
  core.score = 0;

  // ゲームで使用する画像ファイル、サウンドファイルを読み込む
  // mp3形式のサウンドファイルはプリロードする(Firefox,Safari対応)
  // 「piece.png」を追加
  core.preload('betty.png', 'map1.png',  'piece.png', 'flowers.png', 'one_0.mp3');

  // ... 省略 ...

}

  core.field = function(px, py){

  // ... 省略 ...

    // シーンにマップを追加する
    scene.addChild(map);

    // コイン生成処理
    var coins = [];
    for (var i = 0; i < 10; i++) {
      var coin = new Coin(128, 80 + 16 *i);
      scene.addChild(coin);
      coins[i] = coin;
    }

    // プレイヤーキャラを作成する

    // ... 省略 ...

    // シーンの「enterframe」イベントが発生したときに実行するリスナ
    scene.addEventListener('enterframe', function(e) {
      // プレイヤーキャラのx座標が「-20」以下なら、前のシーンに切り替える
      if (player.x < -20) core.popScene();
      // プレイヤーキャラとコインの当たり判定
      for (var i in coins) {
        if (player.within(coins[i], 16)) {
          // コインを取ったスコアを加算して更新する
          core.score = scoreLabel.score += 100;
          // 取ったコインを削除する
          scene.removeChild(coins[i]);
          delete coins[i];
```

```
            }
        }
    });

    // スコアをフォントで表示するラベルを作成する
    // 引数はラベル表示位置のxy座標
    var scoreLabel = new ScoreLabel(16, 0);
    // 初期値セット
    scoreLabel.score = core.score;
    // シーンにラベルを追加する
    scene.addChild(scoreLabel);

    return scene; // 作成したシーンを返す
  }
  // ゲームスタート
  core.start();
}
```


◆スコアラベルの作成と更新処理

スコアラベルを作成するには、まず、「ScoreLabel」コンストラクタでオブジェクトを生成します。引数には、x座標とy座標を指定します。次に、「score」プロパティにスコアの初期値を設定します。最後に定期処理（ここではシーンの「enterframe」イベントリスナ）の中で、スコアラベルを更新しています。

◆スコアの保持

スコアの表示と加算する処理は、2つ目のマップ（シーン）で行っています。このため、最初にマップに戻ったときに、スコアラベルは削除されるので、スコアを保持できません。そこで、「Core」オブジェクトの「score」プロパティに、スコアラベルの「score」プロパティの値を代入して、スコアを保持するようにしています。このように、ゲーム全体で保持しておきたい値は、「Core」オブジェクトのプロパティに保存しておくのがポイントです。

◆スコアラベルのプロパティ

スコアラベルのプ主なロパティは、次の通りです。

プロパティ	設定値
easing	イージングの間隔、「0」でイージングなし
label	ラベル文字列（既定は「SCORE:」）
score	点数

動作の確認

ブラウザで「index.html」に表示します。最初のマップで右端に移動し、マップを切り替えるとスコアが表示されます。そのマップ上でキャラクターがコインを取得すると、スコアが加算されます。

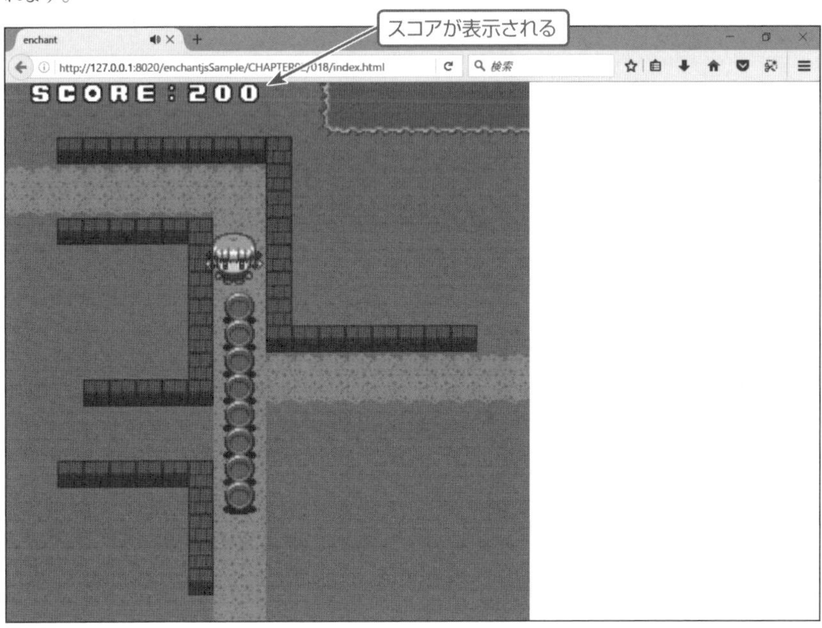

COLUMN 「ui.enchant.js」を使用する際の注意点

「ui.enchant.js」プラグインを使用する場合には、「pad.png」「apad.png」「icon0.png」「font0.png」の4つの画像が必要になります。これらの画像は、「enchant.js」のアーカイブの「images」フォルダの中にあります。「font1.png」「font2.png」のいずれか使用したいフォント画像を「font0.png」にリネームして利用することもできます。

SECTION-019

時間をグラフィックフォントで表示する

時間をグラフィックフォントで表示するには

時間をグラフィックフォントで表示するには、「ui.enchant.js」プラグインの「TimeLabel」オブジェクト(以下、タイムラベル)を使います。

2つ目のマップ画面にタイムラベルを追加し、経過時間を表示するには、「game.js」を次のように修正します。

SOURCE CODE ｜「game.js」のコード

```
  // ... 省略 ...

  // スコアを保持するプロパティを追加する
  core.score = 0;

  // 経過時間を保持するプロパティを追加する
  core.time = 0;

  // ... 省略 ...

    // シーンの「enterframe」イベントが発生したときに実行するリスナ
    scene.addEventListener('enterframe', function(e) {
      // 「core.time」プロパティに「timeLabel.time」プロパティを代入する
      core.time = timeLabel.time;

    // ... 省略 ...

    // スコアをフォントで表示するラベルを作成する

    // ... 省略 ...

    scene.addChild(scoreLabel);

    // 経過時間をフォントで表示するラベルを作成する
    var timeLabel = new TimeLabel(16, 304);
    // 初期値セット
    timeLabel.time = core.time;
    // シーンにラベルを追加する
    scene.addChild(timeLabel);

    return scene; // 作成したシーンを返す
  }
  // ゲームスタート
  core.start();
}
```

◆ タイムラベルの作成

タイムラベルを作成するには、まず、「TimeLabel」コンストラクタでオブジェクトを生成します。引数(省略可)には、x座標、y座標、カウントタイプを指定します。次に、「time」プロパティにカウント時間の初期値を設定します。

◆ カウント時間の保持

タイムラベルの処理は、2つ目のマップ(シーン)で行っています。このため、最初にマップに戻ったときに、タイムラベルは削除されるので、カウント時間を保持できません。このため、「Core」オブジェクトの「time」プロパティにタイムラベルの「time」プロパティの値を代入して、カウント時間を保持するようにしています。

◆ タイムラベルのプロパティ

タイムラベルのプ主なロパティは、次の通りです。

プロパティ	設定値
counttype	countdoup(既定値)、countdown
time	カウント時間

動作の確認

ブラウザで「index.html」を表示します。2つ目のマップ画面の左下に経過時間が表示されます。

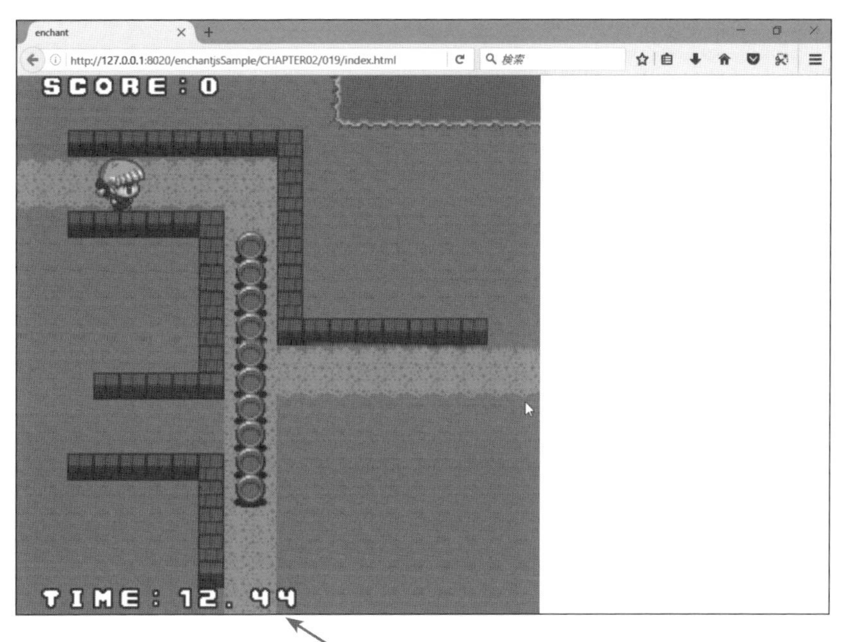

SECTION-020

ライフをアイコンで表示する

ライフをアイコンで表示するには

ライフ(プレイ可能な回数)をアイコンで表示するには、「ui.enchant.js」プラグインの「LifeLabel」オブジェクト(以下、ライフラベル)を使います。

ライフを表示して、マップ上のトラップを踏むと、ライフが1つずつ減るようにするには、「game.js」を次のように修正します。

SOURCE CODE 「game.js」のコード

```
// ... 省略 ...

  // ライフを保持するプロパティを追加する
  core.life = 3;

  // ゲームで使用する画像ファイル、サウンドファイルを読み込む

    // ... 省略 ...

    // トラップのスプライトを作成する
    var trap = new Sprite(16, 16);
    trap.image = core.assets['map1.png'];
    trap.frame = 43;
    trap.x = 136;
    trap.y = 152;
    core.rootScene.addChild(trap);

    // プレイヤーのスプライトを作成する

    // ... 省略 ...

    // rootSceneの「enterframe」イベントが発生したときに実行するリスナ
    core.rootScene.addEventListener('enterframe', function(e) {
      // プレイヤーのx座標が「300」以上なら、シーンを切り替える
      if (player.x > 300) {
      core.pushScene(core.field(player.x, player.y));
        // pop時のためにx座標を少し戻しておく
        player.x = 280;
      }
      // トラップに当たったら、
      if (player.within(trap, 30)) {
        // ライフを1つ減らして、表示を更新する
        lifeLabel.life = -- core.life;
        // プレイヤーは初期位置に移動する
        player.x = 120;
```

```
      player.y = 50;
      // ライフが「0」になったらゲームストップ
      if (core.life == 0) core.stop();
    }
  });

  // ライフをアイコンで表示するラベルを作成する
  // 引数はラベル表示位置のxy座標とライフ数の初期値
  var lifeLabel = new LifeLabel(180, 0, core.life);
  // rootSceneにライフラベルを追加する
  core.rootScene.addChild(lifeLabel);

}

core.field = function(px, py){

// ... 省略 ...
```

◆ライフラベルの作成と更新

ライフラベルを作成するには、「LifeLabel」コンストラクタでオブジェクトを生成します。引数（省略可）には、x座標、y座標、最大ライフ数を指定します。ライフ数を更新するには、ライフラベルの「life」プロパティに新しい値を代入します。

動作の確認

ブラウザで「index.html」を表示します。画面の右上にライフがアイコンで表示されます。中央付近のトラップを踏むとライフが減少し、ライフが「0」になると、ゲームが停止します。

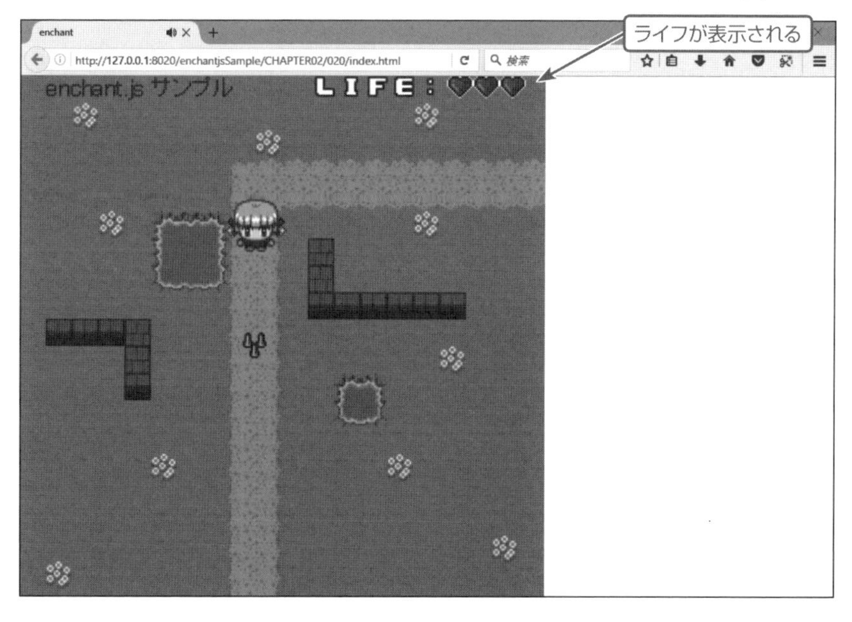

SECTION-021

十字キーのバーチャルパッドを表示する

十字キーのバーチャルパッドを表示するには

十字キーのバーチャルパッド(以下、バーチャルパッド)を表示するには、「ui.enchant.js」プラグインの「Pad」オブジェクトを使います。

バーチャルパッドを表示し、キャラクターをバーチャルパッドで操作できるようするには、「game.js」を次のように修正します。

SOURCE CODE 「game.js」のコード

```
// ... 省略 ...

core.onload = function() {

  // ... 省略 ...

  // rootSceneにライフラベルを追加する
  core.rootScene.addChild(lifeLabel);

  // バーチャルパッドを作成する
  var pad = new Pad();
  pad.x = 220; // 表示位置のx座標を設定する
  pad.y = 220; // 表示位置のy座標を設定する
  // rootSceneにバーチャルパッドを追加する
  core.rootScene.addChild(pad);

}

core.field = function(px, py){

  // ... 省略 ...

  // シーンにラベルを追加する
  scene.addChild(scoreLabel);

  // バーチャルパッドを作成する
  var pad = new Pad();
  pad.x = 220;
  pad.y = 220;
  // シーンにバーチャルパッドを追加する
  scene.addChild(pad);

  return scene; // 作成したシーンを返す
}
```

```
  // ゲームスタート
  core.start();
}
```

◆バーチャルパッドの作成

バーチャルパッドを作成するには、まず、「Pad」コンストラクタでオブジェクトを生成します。次に、「x」プロパティに表示位置のx座標、「y」プロパティに表示位置のy座標を設定します。最後に表示オブジェクトツリーに、バーチャルパッドパッドを追加します。ここでは、2つのシーン（マップ画面）ごとにバーチャルパッドパッドを追加しています。

バーチャルパッドは、上下左右ボタンの入力に対応しているので、これまでのキャラクター移動処理を変更することなく、キャラクターを移動することができます。

動作の確認

ブラウザで「index.html」を表示します。バーチャルパッドでキャラクターが移動します。

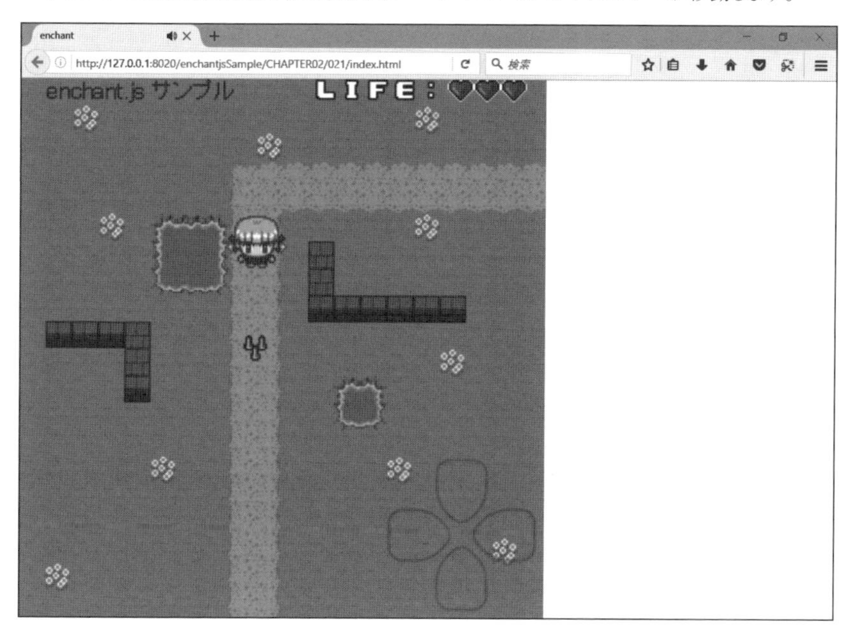

COLUMN アナログパッドの利用

バーチャルパッドには十字キーとは別に、もう1つxy軸方向の傾きを取得するアナログパッドがあります。アナログパッドを表示するには、「ui.enchant.js」プラグインの「APad」オブジェクトを使います。アナログパッドの使用方法については、CHAPTER 05やCHAPTER 06を参照してください。

SECTION-022

スプライトのアニメーションを簡単に設定する

スプライトのアニメーションを設定するには

スプライトのアニメーションを設定するには、アニメーションエンジンを使います。アニメーションエンジンを使って、トラップを踏むとキャラクターが点滅し、ライフが「0」になるとキャラクターが回転・縮小しながら消えるようするには、「game.js」を、次のように修正します。

SOURCE CODE 「game.js」のコード

```
// ... 省略 ...

    // トラップに当たったら、
    if (player.within(trap, 30)) {
      // ライフを1つ減らして、表示を更新する
      lifeLabel.life = -- core.life;

      // プレイヤーは初期位置に移動する
      player.x = 120;
      player.y = 50;
      // 点滅表示する
      player.tl.fadeOut(1).fadeIn(5).fadeOut(1).fadeIn(5);

      if (core.life == 0) {
        // 30フレームでフェードアウトしながら回転、縮小する
        player.tl.rotateBy(360, 30)
                 .and().fadeOut(30)
                 .and().scaleTo(0.2, 30, enchant.Easing.BOUNCE_EASEOUT)
      }
    }
  });
// ... 省略 ...
```

◆アニメーションエンジンの使い方

「enchant.js」のアニメーションエンジンはActionScriptのトゥイーン制御ライブラリ「Tweener」ライクな機能を提供しており、簡単な命令でスプライトの動きを制御することができます。アニメーションエンジンのメソッドを利用するには、スプライトのオブジェクトの後ろに「.tl」を付けてメソッドを呼び出します。メソッドは、いくつでもつなげて記述することができます。

主なメソッドは、次の通りです。

メソッド([]内はオプション)	機能
fadeIn(time[, easing])	フェードインする
fadeOut(time[, easing])	フェードアウトする
scaleTo(scaleX, scaleY, time[, easing])	スケールを変更する
delay(time)	指定時間(フレーム)待つ

メソッド([]内はオプション)	機能
rotateBy(deg, time[, easing])	回転する
and()	並列に実行する
loop()	繰り返す

引数	説明
time	フレーム数、
scaleX	変更後の幅
scaleY	変更後の高さ
deg	角度
easing	イージング

動作の確認

ブラウザで「index.html」を表示します。トラップを踏むとキャラクターが点滅し、ライフが「0」になったらキャラクターが回転・縮小しながら消えます。

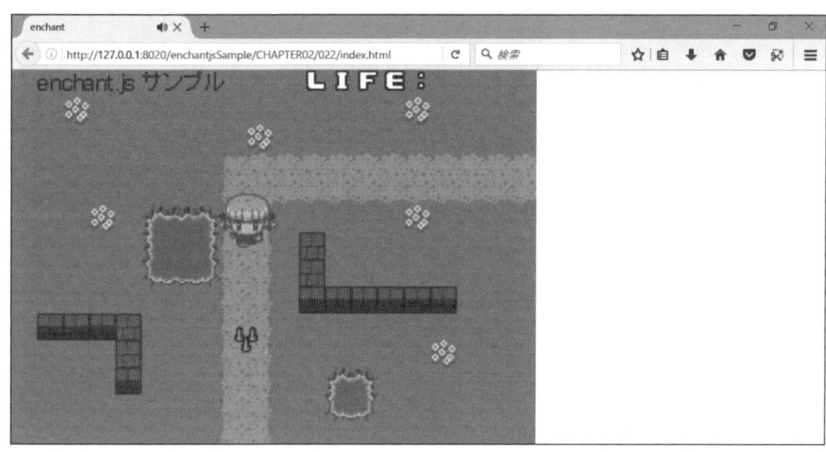

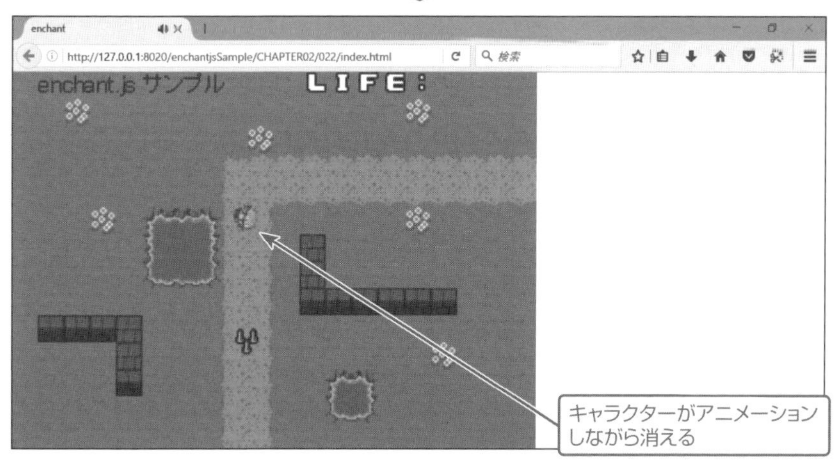

SECTION-023

ゲームスタート/ゲームオーバー画面を表示する

ゲームスタート/ゲームオーバー画面を表示するには

ゲームスタートとゲームオーバーの画面を表示するには、「nineleap.enchant.js」プラグインを使います。

ページを読み込んだときにゲームスタート画面を表示し、ライフが「0」になったときにゲームオーバー画面を表示するには、「index.html」と「game.js」を次のように修正します。

SOURCE CODE 「index.html」のコード

```
// ... 省略 ...

    <script type="text/javascript" src="enchant.js"></script>
    <script type="text/javascript" src="ui.enchant.js"></script>
    <script type="text/javascript" src="nineleap.enchant.js"></script>
    <script type="text/javascript" src="game.js"></script>

// ... 省略 ...
```

SOURCE CODE 「game.js」のコード

```
// ... 省略 ...

      // トラップに当たったら、
      if (player.within(trap, 30)) {
        // ライフを1つ減らして、表示を更新する
        lifeLabel.life = -- core.life;

        // プレイヤーは初期位置に移動する
        player.x = 120;
        player.y = 50;
        // 点滅表示する
        player.tl.fadeOut(1).fadeIn(5).fadeOut(1).fadeIn(5);

        if (core.life == 0) {
          // 30フレームでフェードアウトしながら回転、縮小する
          player.tl.rotateBy(360, 30)
                   .and().fadeOut(30)
                   .and().scaleTo(0.2, 30, enchant.Easing.BOUNCE_EASEOUT)
                   // 10フレーム後にゲームオーバー画面を表示する
                   .cue({10: function(){
                         // ゲームオーバー
                         core.end();
                         // 9leapのデータベースに保存する場合は、以下のように記述する
                         // core.end(score, result);
```

```
                }});
            }
        }
    });
```

◆ゲームスタート/ゲームオーバー画面を表示方法

ゲームスタートの画面は、「nineleap.enchant.js」プラグインを読み込むだけで、表示されるようになります。ゲームオーバー画面を表示するには、「Core」オブジェクトの「end」メソッドを実行します。

◆スコアや結果のアップロード

9leapに投稿したゲームは、ゲームのスコアや結果をアップロードすることができます。スコアや結果をアップロードするには、「end」メソッドの第1引数にスコア、第2引数に結果を渡します。

◆ゲームオーバー画像の変更

ゲームの種類によっては、「GAME OVER」ではなく、「GAME CLEAR」や「TIME UP」と表示させたい場合があります。ゲームオーバー画像を変更するには、「end」メソッドの第3引数に画像を指定します。たとえば、「clear.png」を表示するには、次のように記述します。

```
core.end(null, null, core.assets['clear.png']);
```

◆関数の遅延実行

指定した関数を、指定したフレーム後に遅延させて実行するには、アニメーションの「cue」メソッドを使います。「cue」メソッドには、実行したい関数をフレーム数をキーとした連想配列(オブジェクト)で複数指定して追加することができます。

```
sprite.tl.cue({
    10: function(){ 10フレーム経過した後に実行される関数 },
    20: function(){ 20フレーム経過した後に実行される関数 },
    30: function(){ 30フレーム経過した後に実行される関数 }
});
```

ここでは、30フレームでフェードアウトしながら回転、縮小するアニメーションの10フレーム後(つまりライフが「0」になってから40フレーム後)に「Core」オブジェクトの「end」メソッドが実行されるように指定しています。

動作の確認

ブラウザで「index.html」を表示します。最初にゲームスタート画面が表示され、ライフが「0」になったときにゲームオーバー画面が表示されます。

enchant.js サンプル　LIFE:

START

最初にゲームスタート画面が表示される

COLUMN 「nineleap.enchant.js」を使用する際の注意点

「nineleap.enchant.js」プラグインを使用する場合、「start.png」と「end.png」の2つの画像が必要になります。これらの画像は、「enchant.js」のアーカイブの「images」フォルダの中にあります。

SECTION-024

ゲームデータを保存する

ゲームデータを保存するには（セーブ機能の実装）

ゲームデータを保存するには、「memory.enchant.js」プラグインを使います。

「memory.enchant.js」プラグインのデバック機能を使って、ローカルストレージ（LocalStorage）にスコアとライフのデータを保存するには、「index.html」と「game.js」を次のように修正します。なお、2012年12月現在、「memory.enchant.js」にはバグがあるため、「memory.enchant.js」のコードを修正する必要があります（93ページ参照）。

SOURCE CODE ｜「index.html」のコード

```
// ... 省略 ...

    <script type="text/javascript" src="nineleap.enchant.js"></script>
    <script type="text/javascript" src="memory.enchant.js"></script>
    <script type="text/javascript" src="game.js"></script>

// ... 省略 ...
```

SOURCE CODE ｜「game.js」のコード

```
// ... 省略 ...

  // ライフを保持するプロパティを追加する
  core.life = 3;

  // ブラウザのLocalStorageにデータを保存するデバック機能を有効にする
  // 9leapのデータベースに保存する場合は、「false」
  enchant.nineleap.memory.LocalStorage.DEBUG_MODE = true;

  // ゲームIDを設定する
  // 9leapのデータベースに保存する場合は、
  // 9leapの「ゲームID」(9leapにアップロードしたゲームのURLの末尾の数字)を設定する
  enchant.nineleap.memory.LocalStorage.GAME_ID = 'sample001';

  // 自分のデータを読み込む
  core.memory.player.preload();

  // ゲームで使用する画像ファイル、サウンドファイルを読み込む

  // ... 省略 ...

  // ファイルのプリロードが完了したときに実行される関数
  core.onload = function() {
```

```
// メモリの初期化
if (core.memory.player.data.score == null) {
  core.memory.player.data.score = core.score;
}
if (core.memory.player.data.life == null) {
  core.memory.player.data.life = core.life;
}

// データ復元( 読み込んだデータを各プロパティに代入する)
core.score = core.memory.player.data.score; // スコア
core.life = core.memory.player.data.life ;  // ライフ

// BGMのボリュームを設定する(0〜1)

// ... 省略 ...

               // 10フレーム後にゲームオーバー画面を表示する
               .cue({10: function(){
                   // ゲームオーバー
                   core.end();
                   // 9leapのデータベースに保存する場合は、以下のように記述する
                   // core.end(score, result);
                 }});
      }
    }
  // セーブラベルの文字列をセットする
  savelabel.text = 'SAVE';
});

// セーブラベル(タッチでセーブを実行するラベル)を作成する
var savelabel = new MutableText(16, 320 -16);
// セーブラベルの「touchstart」イベントリスナ
savelabel.addEventListener('touchstart', function(e) {
  this.backgroundColor = '#F0F0F0';
});
// セーブラベルの「touchend」イベントリスナ
savelabel.addEventListener('touchend', function(e) {
  this.backgroundColor = '';

  // データの保存処理

  // ライフをとスコアをメモリに書き込む
  core.memory.player.data.life = core.life;
  core.memory.player.data.score = core.score;
  // 保存を実行する
  core.memory.update();
```

```
});

// 「rootScene」にセーブラベルを追加する
core.rootScene.addChild(savelabel);


// ライフをアイコンで表示するラベルを作成する

// ... 省略 ...
```

◆ 保存先の設定

保存先(デバッグモードの設定)は、「enchant.nineleap.memory.LocalStorage.DEBUG_MODE」に設定します。LocalStorageにデータを保存する場合は「true」を、9leapのデータベースに保存する場合は「false」を設定します。なお、9leapのデータベースに保存するには、ゲームが投稿されている必要があります。

◆ ゲームIDの設定

ゲームIDは、「enchant.nineleap.memory.LocalStorage.GAME_ID」に設定します。LocalStorageにデータを保存する場合は任意の文字列を、9leapのデータベースに保存する場合は9leapの「ゲームID」(9leapにアップロードしたゲームのURLの末尾の数字)を設定します。

◆ ゲームデータの復元手順

ゲームデータを復元する手順は、次の通りです。

1. 「core.memory.player.preload()」メソッドで自分のデータを読み込みます。この処理は、「core.onload」関数の前に行います。
2. 初回のみ、データが空なのでメモリ(「core.memory.player.data」のプロパティ)を初期化します。ここで、「score」と「life」プロパティを初期化しています。
3. メモリから読み込んだデータを、ゲーム内のプロパティ(「Core」オブジェクトのプロパティ)に代入します。

◆ ゲームデータの保存

ゲームデータを保存するには、まず、データ(ゲーム内のプロパティの値)をメモリ(「core.memory.player.data」のプロパティ)に書き込みます。次に、「core.memory.update()」メソッドで保存を実行します。ここでは、この処理をセーブラベルの「touchend」イベントリスナに定義しています。

動作の確認

ブラウザで「index.html」を表示します。「SAVE」ラベルをクリックすると、現在のスコアとライフが保存されます。保存後にページをリロードしてゲームを開始すると、スコアとライフが保存時の状態に復元されます。

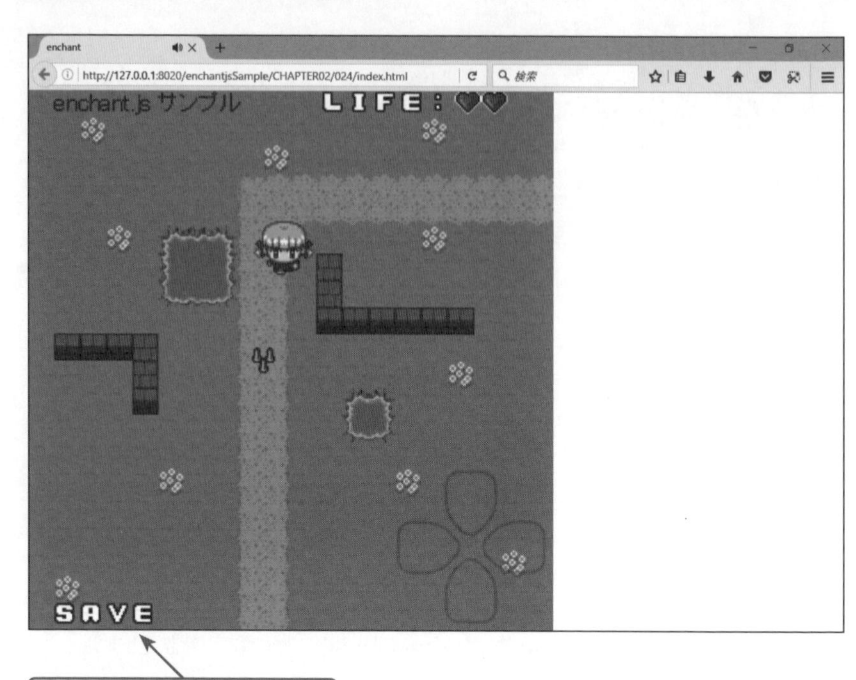

「SAVE」をクリックすると、スコアとライフが保存される

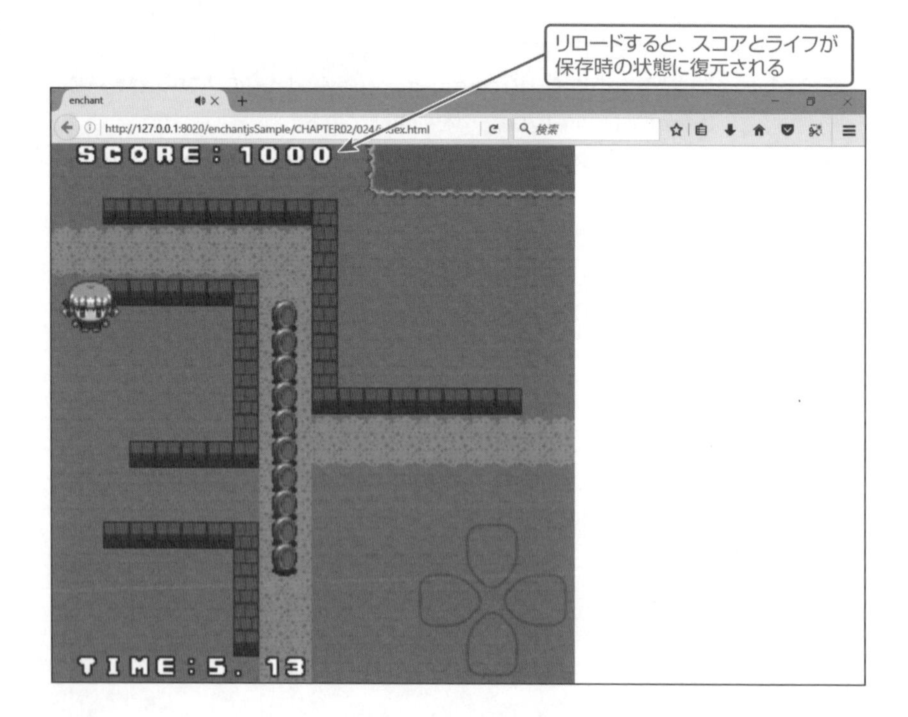

COLUMN 「memory.enchant.js」を使用する際の注意点

「memory.enchant.js」プラグインを使用する場合、「nineleap.enchant.js」プラグインを組み込む必要があります。また、「indicator.png」が必要になります。「indicator.png」は、「enchant.js」のアーカイブの「images」フォルダの中にあります。

ただし、旧バージョンの「enchant.js v0.6.x」に含まれる「memory.enchant.js」は、バグにより正しく動作しないため、33行目のコードを次のように修正する必要があります。

◉修正前

```
} else if (enchant.nineleap === undefined &&
```

◉修正後

```
} else if (enchant.nineleap !== undefined &&
```

なお、本書のダウンロードサンプルに収録されている「memory.enchant.js」は修正済みです。また、「enchant.js v0.7.0」以降では、この問題は修正されています。

COLUMN ローカルストレージの確認

Chromeを使うと、ローカルストレージの中身を簡単にチェックすることができます。たとえば、ローカルストレージの中身を確認するには、次のように操作します。

❶ [Google Chromeの設定]ボタンをクリックし、[その他のツール(L)]→[デベロッパーツール(D)]を選択します。

❷「Application」タブを選択し、「Local Storage」を展開([▼]をクリック)し、階層下のアドレス(URLのドメイン部分)が表示されているアイコンをクリックします。

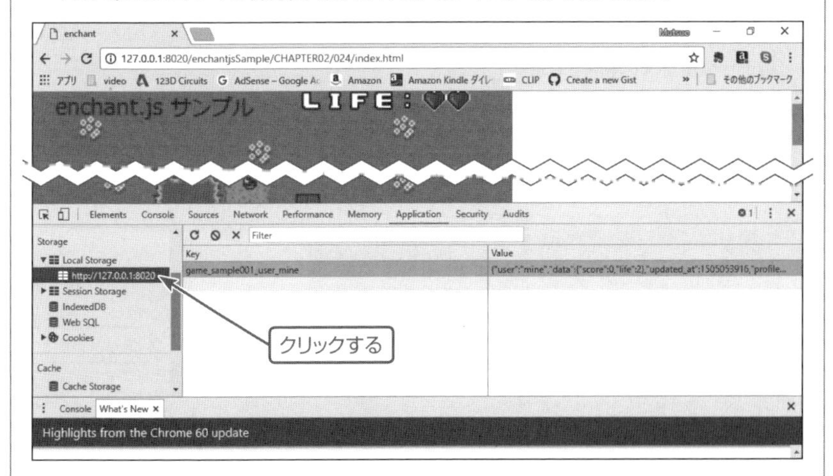

アドレスは、ローカルサーバーの場合、WebサーバーのIPアドレス(IPアドレスはWebサーバーの設定によって異なる)になります。Webサーバーを使わずに「index.htm」を直接、表示した場合は「file://」になります。

また、ローカルストレージのデータを削除する場合は、一覧の削除したい「Key」を選択し、キーボードの「Delete」キーを押します。

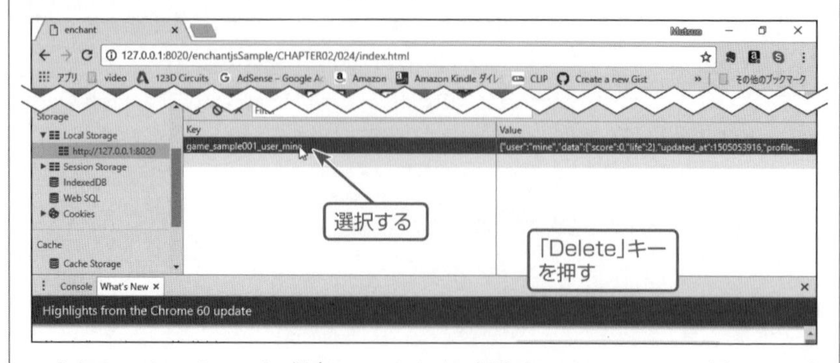

なお、ローカルストレージの保存データをすべて削除するには、コンソール(「Console」タブを選択)に「localStorage.clear()」と入力して、「Enter」キーを押します。

COLUMN Chromeい外でのローカルストレージのデータの削除

Chrome以外で、ローカルストレージのデータを削除するには、次のように操作します。

● Firefox + Firebug

FirefoxのFirebugで、ローカルストレージのデータを削除するには、次のように操作します。

❶ Firebugを起動し、[コンソール]を選択します。

❷ コンソールに「localStorage」と入力して[実行]をクリックし、このタイミングで「localStorage.clear()」と入力して、[実行]クリックすると、ローカルストレージの保存データがすべて削除されます。

❸「ストレージにn項目～」(「n」はローカルストレージ保存さているデータ数)というリンクをクリックします。

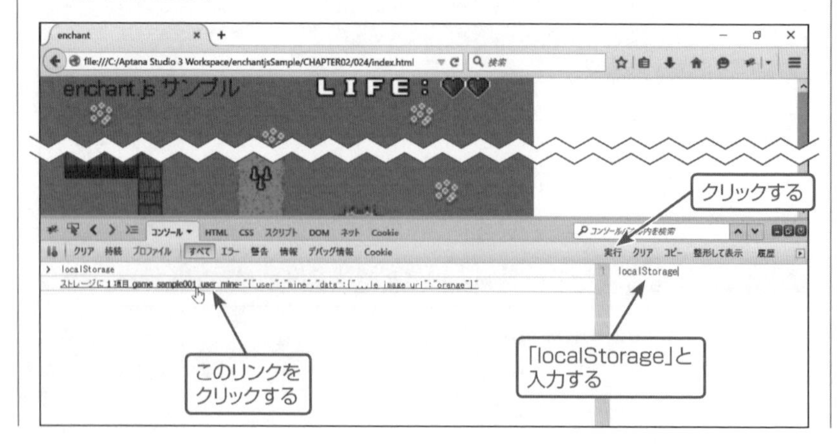

❹ 削除したいデータを右クリックして、[プロパティを削除]を選択します。

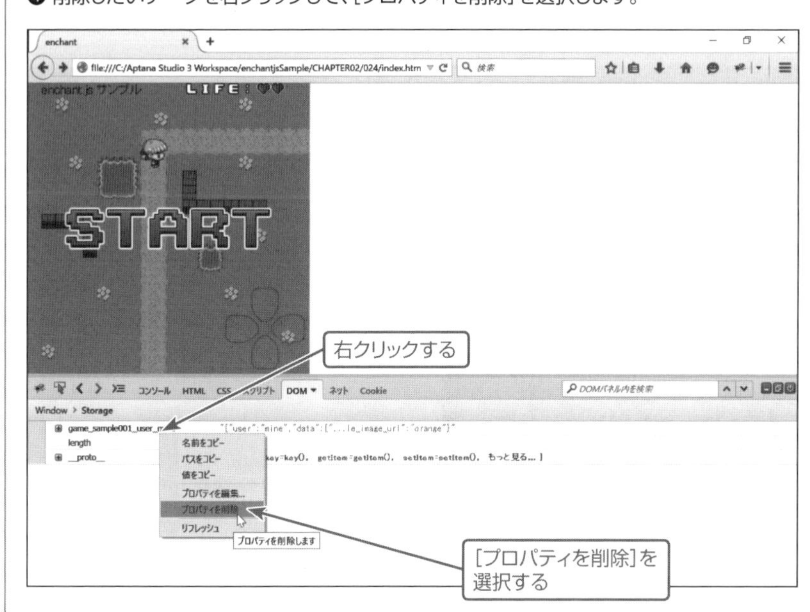

● Safari(Mac版)

Mac版のSafariで、ローカルストレージのデータを確認したり、削除したりするには、Webインスペクタを使います。Webインスペクタを表示するには、次のように操作します。

❶ [Safari]メニューの[環境設定]を選択します。

❷ 「詳細」をクリックし、「メニューバーに"開発"メニューを表示」をONにし、「詳細」ウィンドウを閉じます。

❸ [開発]メニューから[Webインスペクタを表示]を選択します。

Webインスペクタからローカルストレージの中身を確認するには、「ストレージ」をクリックして、「ローカルストレージ」をクリックします。

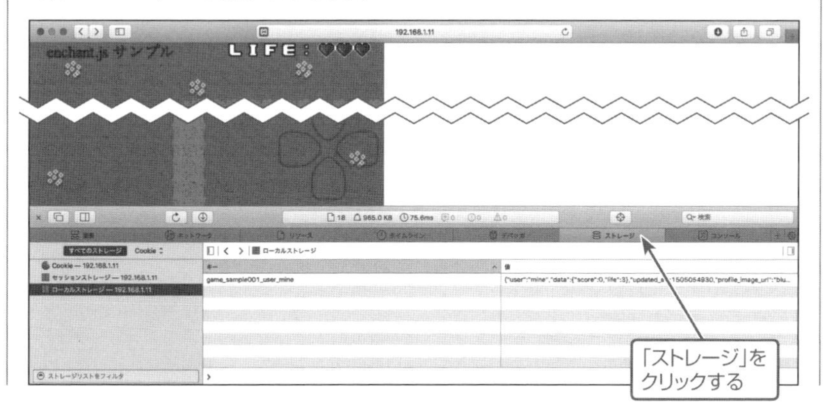

また、ローカルストレージのデータを削除する場合は、一覧の削除したい「Key」を「Control」キーを押しながらクリックして[削除]を選択します。

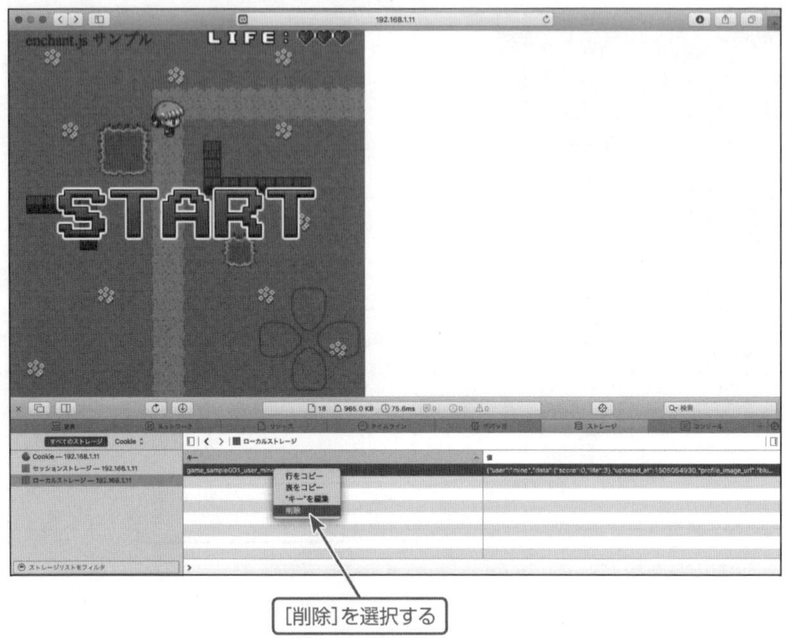

なお、「ローカルストレージ」に続くアドレスは、ローカルサーバーの場合、WebサーバーのIPアドレス（IPアドレスはWebサーバーの設定によって異なる）になります。Webサーバーを使わずに「index.htm」を直接、表示した場合、アドレスは表示されません。

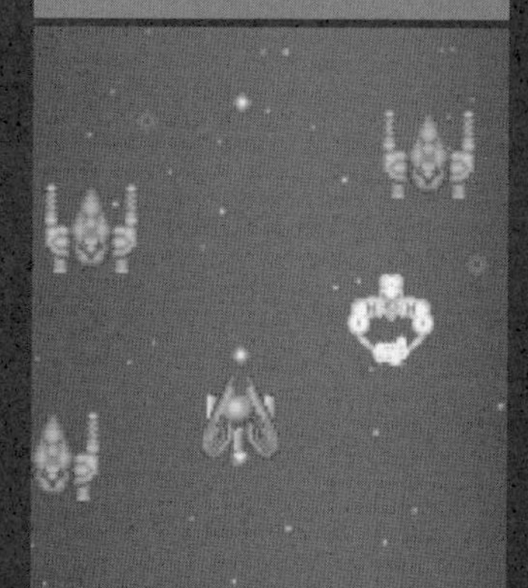
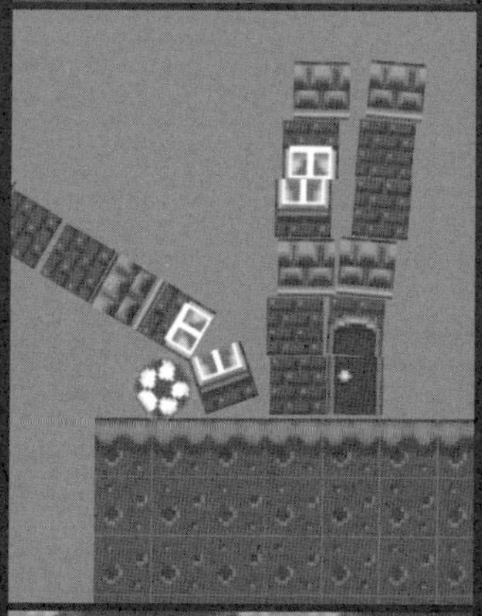
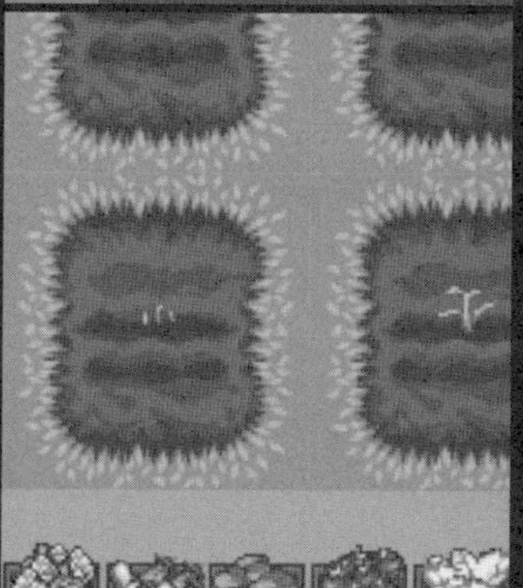

CHAPTER 03
ミニゲームの作成

SECTION-025

「ダルマさんが転んだ」ゲームを作成する

作成するゲームについて

ここでは、「だるまさんがころんだ」をモチーフにしたゲームを作成します。作成するゲームの仕様は、次の通りです。

1. 画面タッチ中(マウスのボタンを押している最中)は男の子(プレイヤー)が移動、タッチ(マウスのボタン)を離すと男の子が停止する。
2. 移動中に女の子(NPC)が振り向くと、最初の場所からやり直し。
3. 男の子を女の子の所まで移動させればゲームクリア。
4. クリアするまでの時間をカウントし、クリア時間を競う。

なお、NPCとは、「Non Player Character」の略で、プログラムで制御するキャラクターのことです。

素材について

このゲームで使用する素材(画像やサウンド)は、次の通りです。

◆「enchant.js」に含まれる素材

使用する素材で、「enchant.js」に含まれる素材は、次のようになります

種類	ファイル名
画像ファイル	apad.png
	chara0.png
	clear.png
	end.png
	font0.png
	icon0.png
	map2.png
	pad.png
	start.png

「index.html」の作成

「ダルマさんが転んだ」ゲームでは、「ui.enchant.js」と「nineleap.enchant.js」の2つのプラグインを使います。

「index.html」には、次のように入力します。

SOURCE CODE 「index.html」のコード

```
<!DOCTYPE html>
<html>
  <head>
    <meta charset="utf-8">
    <meta name="viewport" content="width=device-width, user-scalable=no">
```

```
    <meta name="apple-mobile-web-app-capable" content="yes">
    <meta name="apple-mobile-web-app-status-bar-style" content="black-translucent">
    <title>enchant</title>
    <script type="text/javascript" src="enchant.js"></script>
    <script type="text/javascript" src="ui.enchant.js"></script>
    <script type="text/javascript" src="nineleap.enchant.js"></script>
    <script type="text/javascript" src="game.js"></script>
    <style type="text/css">
      body {margin: 0;}
    </style>
  </head>
  <body>
  </body>
</html>
```

ゲームプログラムの作成

「ダルマさんが転んだ」ゲームのプログラムを作成します。

「game.js」には、次のように入力します。

SOURCE CODE 「game.js」のコード

```
enchant();

window.onload = function() {

  core = new Core(320, 320);
  core.fps = 16;
  // ゲームで使用する画像ファイルを読み込む
  core.preload('chara0.png', 'map2.png', 'clear.png');

  core.onload = function() {

    // バックグラウンドのスプライトを作成する
    var bg = new Sprite(320, 320);
    bg.backgroundColor = "#4abafa";
    // サーフィスを作成する
    var image = new Surface(320, 320);
    // 「map2.png」の(0, 0)の位置から縦横16ピクセル幅の領域を、
    // そのままのサイズで(0, 192)から(320, 192)の範囲に16ピクセル間隔で20個描画する
    for (var i = 0; i < 20; i++) {
      image.draw(core.assets['map2.png'], 0, 0, 16, 16, 16 * i, 16 * 12 , 16, 16);
    }
    // サーフィスをスプライトの画像に設定する
    bg.image = image;
    // バックグラウンドの「touchstart」イベントリスナ
    bg.addEventListener('touchstart', function(e) {
```

```
    // プレイヤーの移動フラグを「true」にする
    player.moving = true;
  });
  // バックグラウンドの「touchend」イベントリスナ
  bg.addEventListener('touchend', function(e) {
    // プレイヤーの移動フラグを「false」にする
    player.moving = false;
  });
  core.rootScene.addChild(bg);

  // プレイヤーのスプライトを作成する
  var player = new Sprite(32, 32);
  // サーフィスを作成する
  var image = new Surface(96, 128);
  // 「chara0.png」の(0, 0)の位置から幅96ピクセル、高さ128ピクセルの領域を、
  // (0, 0)の位置に幅96ピクセル、高さ128ピクセルで描画する
  image.draw(core.assets['chara0.png'], 0, 0, 96, 128, 0, 0, 96, 128);
  // サーフィスをスプライトの画像に設定する
  player.image = image;
  // その他のプロパティの初期設定
  player.x = 16;          // x座標
  player.y = 16 * 10;     // y座標
  player.frame = 7;       // スプライトのフレーム番号
  player.vx = 2;          // 1フレームあたりの移動量
  player.moving = false; // 移動フラグ
  // プレイヤーの「enterframe」イベントリスナ
  player.addEventListener('enterframe', function(e) {
    // プレイヤーを移動させる処理
    // 移動フラグが「true」なら
    if (this.moving) {
      // 「vx」プロパティの値ずつ移動させる
      this.x += this.vx;
      // 移動中は、フレーム番号を「6」「7」「8」と順に切り替えてアニメーションする
      this.frame = core.frame % 3 + 6;
      // NPCが振り向いた(NPCのフレーム番号が「4」)なら
      if (npc.frame == 4) {
        // プレイヤーを最初の場所に戻す
        this.x = 16;
        this.frame = 7;
      }
    }
    // ゲームクリア処理
    if (this.within(npc, 16)) {
      // プレイヤーとNPCの当たり判定を行い、プレイヤーとNPCのスプライトの中心距離が
      // 16ピクセル以下ならゲームクリアの画像を表示して終了
      core.end(null, null, core.assets['clear.png']);
    }
```

```
    });

    // プレイヤーのスプライトをrootSceneに追加して、スプライトを表示する
    core.rootScene.addChild(player);

    // NPC(Non Player Character)のスプライトを作成する
    var npc = new Sprite(32, 32);
    // サーフィスを作成する
    var image = new Surface(96, 128);
    // 「chara0.png」の(192, 0)の位置から幅96ピクセル、高さ128ピクセルの領域を、
    // (0, 0)の位置に幅96ピクセル、高さ128ピクセルで描画する
    image.draw(core.assets['chara0.png'], 192, 0, 96, 128, 0, 0, 96, 128);
    // サーフィスをスプライトの画像に設定する
    npc.image = image;
    // その他のプロパティの初期設定
    npc.x = core.width - 64; // x座標
    npc.y = 16 * 10;         // y座標
    npc.frame = 7;           // フレーム番号
    // NPCの「enterframe」イベントリスナ
    npc.addEventListener('enterframe', function(e) {
      // 「0」から「499の乱数を生成し、その値が10以下なら、
      // NPCの向きを切り替える(フレーム番号を「7」から「4」、または「4」から「7」に切り替える)
      if (rand(500) < 10 ) this.frame = this.frame == 7 ? 4 : 7;
    });
    core.rootScene.addChild(npc);

    // 経過時間を表示するラベルを作成する
    var timeLabel = new TimeLabel(160, 0);
    core.rootScene.addChild(timeLabel);

  }
  core.start();
}
```

◆キャラクターのスプライトの作成

キャラクター用の画像「chara0.png」には、3キャラ分の画像が含まれています。このため、それぞれのキャラクターの部分だけをサーフィスに切り出して、スプライトの画像に設定しています。

このゲームでは、男の子の右向きの歩行アニメーションと、女の子(リボン)の右向きと左向きを1つずつしか利用していないので、キャラクターを個別に切り出して使用する必要性はあまりありませんが、それぞれのキャラクターを歩行アニメーションで表示する場合に処理を単純化することができます。

◆ゲームクリアの判定

ゲームクリアの判定は、男の子(player)と女の子(npc)のスプライトが当たり判定を行い、当たっていたらゲームクリアにしています。当たり判定には「within」メソッドを使っています。「within」メソッドは、スプライト同士の中心の距離で当たりを判定します。ここでは、16ピクセル(第2引数の値)を指定しています。

動作の確認

ブラウザで「index.html」を表示します。画面をクリック(タッチ)するか、任意のキーを押すと、ゲームが始まります。マウスのボタンを押している間(または画面のタッチ中)は、男の子(プレイヤー)が移動し、ボタン(またはタッチ)を離すと停止します。移動中に女の子(NPC)が振り向くと最初からになります。男の子(プレイヤー)を女の子(NPC)のところまで移動させれば、クリアとなります。

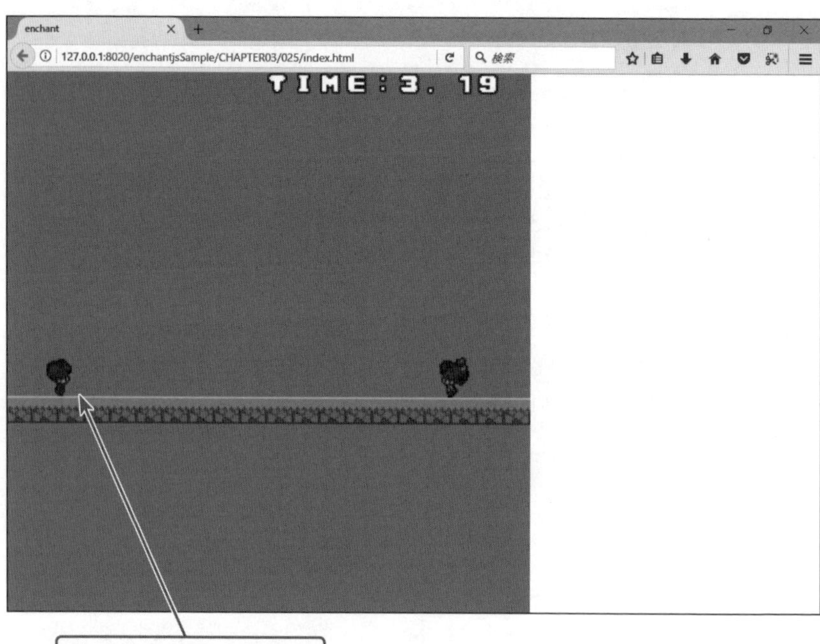

男の子を女の子のところまで
移動させるとクリアとなる

SECTION-026

「トマトタッチ」ゲームを作成する

作成するゲームについて

ここでは、画面上のランダムに現れるトマトをタッチで収穫するゲームを作成します。作成するゲームの仕様は、次の通りです。

1. 画面上のランダムな位置に出現するトマトをタッチして収穫する。
2. トマトは赤、橙、緑の3種類がランダムに出現する。赤は10点、橙はマイナス1点、緑はマイナス10点。
3. 制限時間(60秒)を設け、制限時間「0」でゲーム終了。

素材について

このゲームで使用する素材(画像やサウンド)は、次の通りです。

◆「enchant.js」に含まれる素材

使用する素材で、「enchant.js」に含まれる素材は、次のようになります。

種類	ファイル名
画像ファイル	apad.png
	end.png
	font0.png
	icon0.png
	pad.png
	start.png

◆その他の素材

その他の素材は、次のようになります。これらの素材は、本書のダウンロードサンプルに収録しています。

種類	ファイル名
画像ファイル	emotion.png
	timeup.png
	tomato.png

ゲームプログラムの作成

「トマトタッチ」ゲームのプログラムを作成します。このゲームは「ui.enchant.js」と「nineleap.enchant.js」の2つのプラグインを使います。「index.html」には、98ページのコードを入力してください。

SOURCE CODE 「game.js」のコード

```
enchant();

window.onload = function() {
```

```
core = new Core(320, 320);
core.fps = 30;
// ゲームで使用する画像ファイルを指定する
core.preload('tomato.png', 'emotion.png', 'timeup.png');
// スコアを格納するプロパティを設定する
core.score = 0;
// 制限時間を管理するプロパティを設定する
core.limitTime = 60;

core.onload = function() {

  // バックグラウンドのスプライトを作成する
  var bg = new Sprite(320, 320);
  // バックグラウンドの背景色を水色に設定する
  bg.backgroundColor = "#4abafa";
  core.rootScene.addChild(bg);

  // rootSceneの「enterframe」イベントリスナ
  core.rootScene.addEventListener('enterframe', function(e) {
    // スコアを更新する
    scoreLabel.score = core.score;
    // 1秒間隔で実行する処理
    if (core.frame % core.fps == 0) {
      // 制限時間を1秒ずつカウントダウンする
      core.limitTime --;
      timeLabel.text = 'TIME:' + core.limitTime;
      if (core.limitTime == 0) {
        // 制限時間が「0」ならタイムアップの画像を表示して終了
        core.end(null, null, core.assets['timeup.png'])
      }
    }
    // ランダム(「10」か「20」か「30」フレームごと)にトマトのスプライトを作成する
    if (core.frame % ((rand(3) + 1) * 10) == 0) {
      // 表示位置のxy座標は0～320(32ピクセル刻み)の範囲でランダム
      var tomato = new Tomato(rand(10) * 32, rand(10) * 32);
    }
  });

  // スコアをフォントで表示するラベルを作成する
  // 引数はラベル表示位置のxy座標
  var scoreLabel = new ScoreLabel(160, 0);
  // スコアの初期値
  scoreLabel.score = 0;
  // イージング表示なしに設定する
  scoreLabel.easing = 0;
  core.rootScene.addChild(scoreLabel);
```

```
    // 制限時間(残り時間)をフォントで表示するラベルを作成する
    // 引数はラベル表示位置のxy座標
    var timeLabel = new MutableText(10, 0);
    // 表示する文字列の初期設定
    timeLabel.text = 'TIME:' + core.limitTime;
    core.rootScene.addChild(timeLabel);
  }
  core.start();
}

// トマトのスプライトが消滅する秒数を設定する定数
SPPED = 2;

// トマトのスプライトを作成するクラス
var Tomato = enchant.Class.create(enchant.Sprite, {
  // 「initialize」メソッド(コンストラクタ)
  initialize: function(x, y) {
    // 継承元をコール
    enchant.Sprite.call(this, 32, 32);
    // スプライトの画像に「tomato.png」を設定する
    this.image = core.assets['tomato.png'];
    this.x = x;           // x座標
    this.y = y;           // y座標
    this.frame = rand(3); // フレーム番号
    this.tick = 0;        // 経過秒数
    // 「enterframe」イベントリスナ
    this.addEventListener('enterframe', function(e) {
      // 1秒間隔で実行する処理
      if (core.frame % core.fps == 0) {
        // 経過秒数をカウントする
        this.tick ++;
        // 2秒経過したなら、「remove」メソッドを実行する
        if (this.tick > SPPED) this.remove();
      }
    });
    // 「touchstart」イベントリスナ
    this.addEventListener('touchstart', function(e) {
      // 赤いトマト(フレーム番号が「2」)にタッチ
      if (this.frame == 2) {
        core.score += 10; // スコア + 10点
        // ウィンクのエモーションを作成する
        var emotion = new Emotion(this.x, this.y);
        emotion.frame = 1;
      }
      // 橙色のトマト(フレーム番号が「1」)にタッチ
      if (this.frame == 1) {
        core.score -= 1; // スコア - 1点
```

```
        // 怒り顔エモーションを作成する
        var emotion = new Emotion(this.x, this.y);
        emotion.frame = 3;
      }
      //  緑色のトマト(フレーム番号が「0」)にタッチ
      if (this.frame == 0) {
        core.score -= 10; // スコア - 10点
        // 泣き顔のエモーションを作成する
        var emotion = new Emotion(this.x, this.y);
        emotion.frame = 4;
      }
      // 「remove」メソッドを実行して、このスプライトを削除する
      this.remove();
    });
    // このスプライトをrootSceneに追加する
    core.rootScene.addChild(this);
  },
  // 「remove」メソッド
  remove: function() {
    // このスプライトをrootSceneから削除する
    core.rootScene.removeChild(this);
    // このスプライトを削除する
    delete this;
  }
});

// エモーションのスプライトを作成するクラス
var Emotion = enchant.Class.create(enchant.Sprite, {
  // 「initialize」メソッド(コンストラクタ)
  initialize: function(x, y) {
    // 継承元をコール
    enchant.Sprite.call(this, 32, 32);
    // スプライトの画像に「emotion.png」を設定する
    this.image = core.assets['emotion.png'];
    this.x = x; // x座標
    this.y = y; // y座標
    // 「enterframe」イベントリスナ
    this.addEventListener('enterframe', function(e) {
      // このスプライトの移動処理
      this.frame <= 2 ? this.y -= 4 : this.y += 4;
      // このスプライトが画面の上下端まで移動したら、「remove」メソッドを実行して削除する
      if (this.y < 0 || this.y > 320) this.remove();
    });
    // このスプライトをrootSceneに追加する
    core.rootScene.addChild(this);
  },
```

```
    // 「remove」メソッド
    remove: function() {
        // このスプライトをrootSceneから削除する
        core.rootScene.removeChild(this);
        // このスプライトを削除する
        delete this;
    }
});
```

◆制限時間のカウントダウン

1秒間は、ゲームフレーム数をfpsで割った余りが「0」(「core.frame % core.fps == 0」が「true」)になるタイミングです。このタイミングをカウントすることで、時間を計測することができます。ここでは、このタイミングで「core.limitTime」プロパティの値をデクリメントすることで、制限時間をカウントダウンしています。

なお、「ui.enchant.js」プラグインのタイムラベル(78ページ参照)をカウントダウンで使用した場合、「0」になったときのタイミングでの表示がちょうど「0」にはならないため、自前のカウントダウン処理を実装しています。

動作の確認

ブラウザで「index.html」にアクセスします。画面をクリック(タッチ)するか、任意のキーを押すと、ゲームが始まります。画面上にランダムにトマトが表示されます。赤いトマトをクリック(タッチ)すると、スコアに10点が加算されます。橙色のトマトは-1点、緑色のトマトは-10点となります。

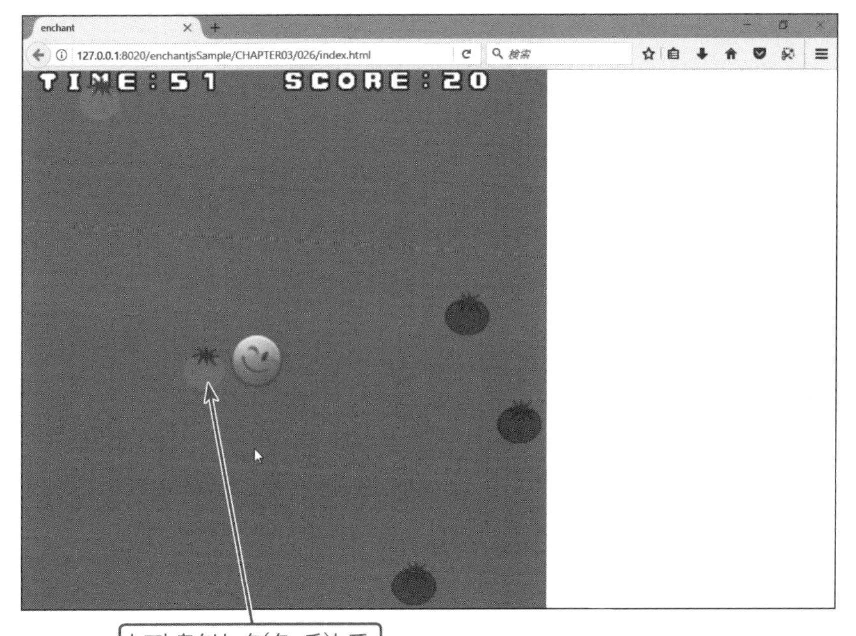

SECTION-027

「タッチで登れ!」ゲームを作成する

作成するゲームについて

ここでは、タッチ操作でロボットがハシゴを登るゲームを作成します。作成するゲームの仕様は、次の通りです。

1. 画面の連続タッチでロボット(プレイヤー)が上空を目指してハシゴを登る。
2. タッチした回数に応じてスコアを加算する。
3. 制限時間(60秒)を設け、制限時間「0」でゲーム終了。

素材について

このゲームで使用する素材(画像やサウンド)は、次の通りです。

◆「enchant.js」に含まれる素材

使用する素材で、「enchant.js」に含まれる素材は、次のようになります。

種類	ファイル名
画像ファイル	apad.png
	end.png
	font0.png
	icon0.png
	pad.png
	start.png

◆その他の素材

その他の素材は、次のようになります。これらの素材は、本書のダウンロードサンプルに収録しています。

種類	ファイル名
画像ファイル	bg.png
	ladder.png
	player.png
	timeup.png

ゲームプログラムの作成

「タッチで登れ!」ゲームのプログラムを作成します。このゲームは「ui.enchant.js」と「nineleap.enchant.js」の2つのプラグインを使います。「index.html」には、98ページのコードを入力してください。

SOURCE CODE 「game.js」のコード

```
enchant();

window.onload = function() {
```

```
core = new Core(320, 320);
core.fps = 16;
// ゲームで使用する画像ファイルを指定する
core.preload('player.png', 'ladder.png', 'bg.png', 'timeup.png');
// スコアを格納するプロパティを設定する
core.score = 0;
// 制限時間を管理するプロパティを設定する
core.limitTime = 30;

core.onload = function() {
  // バックグラウンド画像を表示するスプライトを作成する
  var bg = new Sprite(320, 640);
  // バックグラウンドの画像に「bg.png」を設定する
  bg.image = core.assets['bg.png'];
  bg.y = -320; // y座標
  core.rootScene.addChild(bg);

  // ハシゴ画像のスプライトを6つ作成して縦方向に並べる
  for (var i = 0; i < 6; i++) {
    var ladder = new Sprite(32, 64);
    // ハシゴの画像に「ladder.png」を設定する
    ladder.image = core.assets['ladder.png'];
    ladder.x = 160 - 16;      // x座標
    ladder.y = 320 - i * 64; // y座標
    core.rootScene.addChild(ladder);
  }

  // プレイヤーの画像を表示するスプライトを作成する
  var player = new Sprite(64, 64);
  // プレイヤーの画像に「player.png」を設定する
  player.image = core.assets['player.png'];
  player.frame = 8;    // フレーム番号
  player.x = 160 - 32; // x座標
  player.y = 160;      // y座標
  core.rootScene.addChild(player);

  // rootSceneの「touchstart」イベントリスナ
  core.rootScene.addEventListener('touchstart', function(e) {
    // プレイヤーのスプライトのフレーム番号を「9」に設定する
    player.frame = 9;
    // バックグラウンドを下方向にスクロールする
    bg.y += 2;
    if (bg.y > 0) bg.y = -320;
    core.score ++; // スコア加算
  });
```

```
    // rootSceneの「touchend」イベントリスナ
    core.rootScene.addEventListener('touchend', function(e) {
      // プレイヤーのスプライトのフレーム番号を「11」に設定する
      player.frame = 11;
      // バックグラウンドを下方向にスクロールする
      bg.y += 2;
      if (bg.y > 0) bg.y = -320;
      core.score ++; // スコア加算
    });

    // rootSceneの「enterframe」イベントリスナ
    core.rootScene.addEventListener('enterframe', function(e) {
      // 制限時間が「0」ならタイムアップ
      if (core.limitTime == 0) {
        core.end(null, null, core.assets['timeup.png'])
      }
      // 1秒間隔で実行する処理
      if (core.frame % core.fps == 0) {
        // 制限時間をカウントダウンして更新する
        core.limitTime --;
        timeLabel.text = 'TIME:' + core.limitTime;
        // スコアを更新する
        scoreLabel.score = core.score;
      }
    });

    // 制限時間(残り時間)をフォントで表示するラベルを作成する
    // 引数はラベル表示位置のxy座標
    var timeLabel = new MutableText(10, 0);
    // 表示する文字列の初期設定
    timeLabel.text = 'TIME:' + core.limitTime;
    core.rootScene.addChild(timeLabel);

    // スコアをフォントで表示するラベルを作成する
    // 引数はラベル表示位置のxy座標
    var scoreLabel = new ScoreLabel(160, 0);
    // スコアの初期値
    scoreLabel.score = 0;
    // イージング表示なしに設定する
    scoreLabel.easing = 0;
    core.rootScene.addChild(scoreLabel);

  }
  core.start();
}
```

◆背景のスクロール

このゲームでは、ロボット(プレイヤー)の動きにあわせて、背景(バックグラウンド)をスクロールさせることで、ハシゴを登っているように見せています。背景をスクロールするには、ゲームの画面サイズより、大きいサイズの画像を背景に設定し、スクロールしたい方向に移動させます。

ここでは、縦方向(y方向)にスクロールさせたいので、縦が640ピクセルの画像の初期位置をスクロール量(-320)だけズラして、背景に設定しています。そして、ロボットの動きにあわせて、背景画像をy方向に2ピクセルずつ動かし、「0」になったら、初期位置(-320)に戻す処理を繰り返すことで、スクロールさせています。

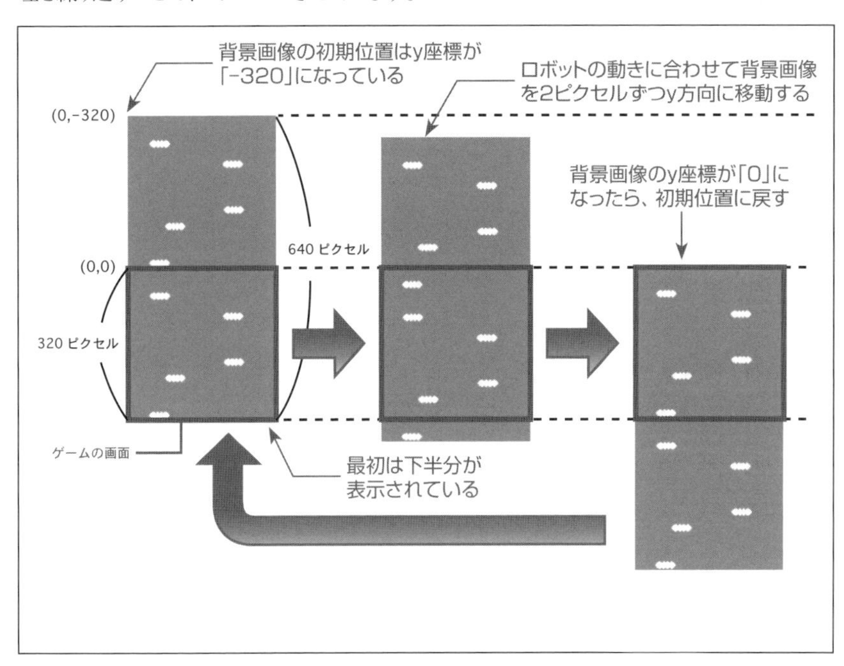

動作の確認

ブラウザで「index.html」を表示します。画面をクリック(タッチ)するか、任意のキーを押すと、ゲームが始まります。クリック(またはタッチ)を繰り返すことでロボットがハシゴを登ります。

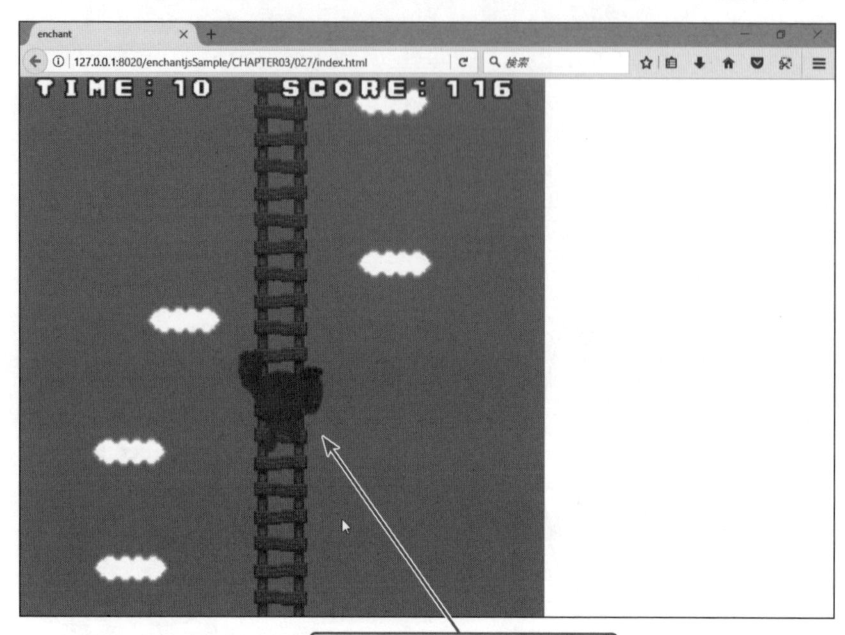

SECTION-028

「クマさんジャンプ」ゲームを作成する

作成するゲームについて

ここでは、自走するクマさんをジャンプさせて、爆弾を避けるゲームを作成します。作成するゲームの仕様は、次の通りです。

1. スコアは、1秒ごとにプラス10点。
2. 画面タッチ、または、「a」ボタン(「X」キー)で、クマさん(プレイヤー)をジャンプ。
3. 爆弾をランダムに出現させ、爆弾に触れるとマイナス50点。
4. 制限時間(60秒)を設け、制限時間「0」でゲーム終了。

素材について

このゲームで使用する素材(画像やサウンド)は、次の通りです。

◆「enchant.js」に含まれる素材

使用する素材で、「enchant.js」に含まれる素材は、次のようになります。

種類	ファイル名
画像ファイル	apad.png
	chara1.png
	clear.png
	end.png
	font0.png
	icon0.png
	map2.png
	pad.png
	start.png

◆その他の素材

その他の素材は、次のようになります。なお、この素材は、本書のダウンロードサンプルに収録しています。

種類	ファイル名
画像ファイル	timeup.png

ゲームプログラムの作成

「クマさんジャンプ」ゲームのプログラムを作成します。このゲームは「ui.enchant.js」と「nineleap.enchant.js」の2つのプラグインを使います。「index.html」には、98ページのコードを入力してください。

SOURCE CODE ‖ 「game.js」のコード

```
enchant();

window.onload = function() {
```

```
core = new Core(320, 320);
core.fps = 16;
// ゲームで使用する画像ファイルを指定する
core.preload('chara1.png', 'map2.png', 'timeup.png');
// スコアを格納するプロパティを設定する
core.score = 0;
// 制限時間を管理するプロパティを設定する
core.limitTime = 60;
// 「X」キーに「a」ボタンを割り当てる
core.keybind(88, 'a');

core.onload = function() {

  // バックグラウンド画像を表示するスプライトを作成する
  bg = new Sprite(640, 320);
  // バックグラウンドの背景色を水色に設定する
  bg.backgroundColor = "#4abafa";
  // バックグラウンドのボタンモードに「a」ボタンを設定する
  bg.buttonMode ='a';

  // サーフィスを作成する
  var image = new Surface(320, 320);
  // 「map2.png」の(0, 0)の位置から縦横16ピクセル幅の領域を、
  // そのままのサイズで(0, 192)から(320, 192)の範囲に16ピクセル間隔で20個描画する
  for (var i = 0; i < 20; i++) {
    image.draw(core.assets['map2.png'], 0, 0, 16, 16, i * 16, 16 * 12 , 16, 16);
  }
  // サーフィスをスプライトの画像に設定する
  bg.image = image;

  // バックグラウンドの「enterframe」イベントリスナ
  bg.addEventListener('enterframe', function() {
    // バックグラウンド左方向にスクロールする
    this.x -= 4;
    if (this.x < -320) this.x = 0;
  });

  core.rootScene.addChild(bg);

  // プレイヤーの画像を表示するスプライトを作成する
  player = new Sprite(32, 32);
  // プレイヤーの画像に「chara1.png」を設定する
  player.image = core.assets['chara1.png'];
  player.x = 120;    // x座標
  player.y = 160;    // y座標
  player.frame = 0; // フレーム番号
```

```
// ジャンプフラグ
player.isJump = false;
// ジャンプ時の高さ、または下降時のグラビティを設定するプロパティ
player.vy = 0;

// プレイヤーの「enterframe」イベントリスナ
player.addEventListener('enterframe', function(e) {
  // アニメーション表示する処理
  this.frame =core.frame % 3;

  // 「a」ボタンが押されたら
  if (core.input.a) {
    this.vy = -64;      // 「vy」プロパティを「-64」にする
    this.isJump = true; // 「true」でジャンプしたことを表す
  }
  // ジャンプしたなら
  if (this.y < 160) {
    // 「vy」プロパティを「4」、ジャンプフラグを「false」にする
    this.vy = 4;         // gravity
    this.isJump = false;
  }
  // 着地したなら、ジャンプの高さを「0」にする
  if (this.isJump == false && this.y == 160) this.vy = 0
  // y座標に「vy」プロパティを足して、ジャンプ、または下降させる
  this.y += this.vy;
});

core.rootScene.addChild(player);

// rootSceneの「enterframe」イベントリスナ
core.rootScene.addEventListener('enterframe', function(e) {
  // 制限時間が「0」なら
  if (core.limitTime == 0) {
    core.end(null, null, core.assets['timeup.png']);
  }

  // 1秒間隔で実行する処理
  if (core.frame % core.fps == 0) {
    core.score += 10; // スコア加算
    // 制限時間をカウントダウンして更新する
    core.limitTime --;
    timeLabel.text = 'TIME:' + core.limitTime;
    // スコアを更新する
    scoreLabel.score = core.score;
  }
```

```
      //「36」フレームごとに実行する処理
      if (core.frame % 36 == 0) {
        // ランダムな確率で爆弾を生成する
        if (rand(100) <  50) {
          var obstacle = new Obstacle(384, 176);
        }
      }
    });

    // 制限時間(残り時間)をフォントで表示するラベルを作成する
    // 引数はラベル表示位置のxy座標
    var timeLabel = new MutableText(10, 0);
    // 表示する文字列の初期設定
    timeLabel.text = 'TIME:' + core.limitTime;
    core.rootScene.addChild(timeLabel);

    // スコアをフォントで表示するラベルを作成する
    // 引数はラベル表示位置のxy座標
    var scoreLabel = new ScoreLabel(160, 0);
    // スコアの初期値
    scoreLabel.score = 0;
    // イージング表示なしに設定する
    scoreLabel.easing = 0;
    core.rootScene.addChild(scoreLabel);

  }
  core.start();
}

// 障害物(爆弾)のスプライトを作成するクラス
var Obstacle = enchant.Class.create(enchant.Sprite, {
  //「initialize」メソッド(コンストラクタ)
  initialize: function(x, y, mode) {
    // 継承元をコール
    enchant.Sprite.call(this, 16, 16);
    // 画像に「icon0.png」を設定する
    this.image = core.assets['icon0.png'];
    this.x = x;       // x座標
    this.y = y;       // y座標
    this.frame = 24; // フレーム番号
    //「enterframe」イベントリスナ
    this.addEventListener('enterframe', function(e) {
      // 爆弾の移動
      this.x -= 4;
      if (this.x < -16) this.remove();
      // このスプライトとプレイヤーの当たり判定
      if (this.within(player, 16)) {
```

```
        // 当たったら「スコア - 50点」
        core.score -= 50;
        // 「remove」メソッドを実行して、このスプライトを消す
        this.remove();
      }
    });
    core.rootScene.addChild(this);
  },
  // 「remove」メソッド
  remove: function() {
    // このスプライトをrootSceneから削除する
    core.rootScene.removeChild(this);
    // このスプライトを削除する
    delete this;
  }
});
```

◆ボタンモードの設定

スプライトやラベルなど、「Entity」オブジェクトを継承しているオブジェクトには、「buttonMode」プロパティでボタンの機能を割り当てることができます。このゲームでは、バックグラウンドのスプライト(bg)に「a」ボタンを割り当てています。これにより、画面をタッチしたときに「a」ボタンを押したときの処理が実行され、クマさん(プレイヤー)がジャンプします。

◆プレイヤーのジャンプ処理

ゲーム画面のy座標は、上が「0」、下が「320」になっています。このため、クマさん(プレイヤー)をジャンプさせるには、クマさんのy座標をマイナス方向に動かせばよいことになります。ここでは「a」ボタン(「X」キー)が押されたら、クマさんのy座標をマイナス64することでジャンプさせ、その後、y座標を4ずつ加算して、元の位置まで下降させています。

動作の確認

ブラウザで「index.html」に表示します。画面をクリック(タッチ)するか、任意のキーを押すと、ゲームが始まります。「X」キーを押すとクマさん(プレイヤー)がジャンプし、1秒ごとに10点が加算されます。また、爆弾に触れると爆弾が消え、スコアが−50点となります。

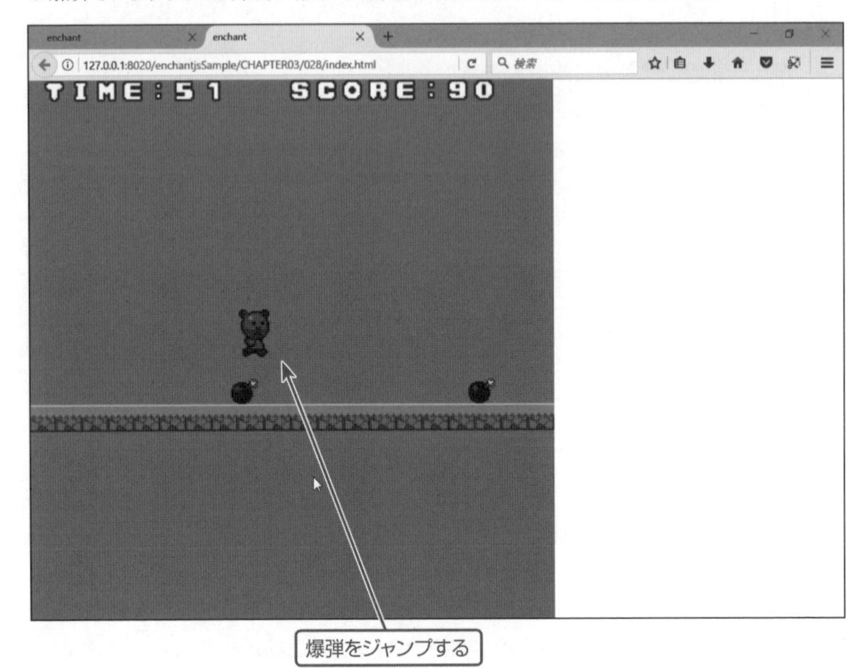

SECTION-029

「ブロックくずし」を作成する

作成するゲームについて

ここでは、懐かしの「ブロックくずし」を作成します。作成するゲームの仕様は、次の通りです。

1. ブロックは5行5列の25個、プレイヤーの所持ボール数は3個とする。
2. 跳ね返ってくるボールを打ち返し、ブロックを消すとスコアアップ(+100)する。
3. ボールをパドルで打ち返すたびにボールのスピードがアップする。
4. コンボ(ブロックの連続消去)で、ボーナス(100×コンボ数)。
5. ブロックをすべて消すと次の面へ、ボールを使い切るとゲームオーバー。

素材について

このゲームで使用する素材(画像やサウンド)は、次の通りです。

◆「enchant.js」に含まれる素材

使用する素材で、「enchant.js」に含まれる素材は、次のようになります。

種類	ファイル名
画像ファイル	apad.png
	end.png
	font0.png
	icon0.png
	pad.png
	start.png

ゲームプログラムの作成

「ブロックくずし」のプログラムを作成します。このゲームは「util.enchant.js」と「nineleap.enchant.js」の2つのプラグインを使います。「index.html」には、98ページのコードを入力してください。

「game.js」には、次のように入力します。

SOURCE CODE 「game.js」のコード

```
enchant();

// 定数
SPEED_UP = 0.5; // ボールのスピードアップ量
BALL_SX = 0;     // ボールの出現位置のx座標
BALL_SY = 108;  // ボールの出現位置の y 座標

window.onload = function() {


  core = new Core(320, 320);
  core.fps = 16;
```

```
// ライフ数(ボール数)を格納するプロパティ
core.life = 3;
// スコアを格納するプロパティ
core.score = 0;

// 面クリアフラグ(1面をクリアしたかどうかの状態を表す)
core.clear = true;
// コンボ数を格納するプロパティ
core.combo = 1;

core.onload = function() {

  // バックグラウンドのスプライトを作成する
  var bg = new Sprite(320, 320);
  // バックグラウンドの背景色を灰色に設定する
  bg.backgroundColor = "#707070";
  core.rootScene.addChild(bg);

  // ブロックを格納する配列を定義する
  blocks = [];

  // ボールのスプライトを作成する
  // 引数は、ボールの出現位置のxy座標
  var ball = new Ball(BALL_SX, BALL_SY);

  // パドルを作成する
  // 引数は、パドルの初期位置のxy座標
  var paddle = new Paddle(160 -16, 320 - 32);

  // rootSceneの「enterframe」イベントリスナ
  core.rootScene.addEventListener('enterframe', function(e) {
    var key; // ブロックを格納する配列のインデックスキー
    // ブロックの色を定義した配列
    var colorptn =['#0000ff', '#00ff00', '#ff0000', '#00ffff'];

    // 面クリアフラグが「true」(1面をクリアした)なら、ブロックを生成して画面に配置する

    if (core.clear) {
      key = 0; // インデックスキーを「0」にする
      // 5行5列でブロックを配置する
      for (var i = 0; i < 5; i++) {
        for ( var j = 0; j < 5; j++) {
          // ブロックを作成する
          var block = new Block(i * 64, j * 14 + 30, colorptn[i % 4]);
          // 「key」プロパティにインデックスキーを代入する
          block.key = key;
```

```
        // ブロックを配列に格納する
        blocks[key] = block;
        // インデックスキーをインクリメントする
        key ++;
      }
    }

    // 「blockCount」プロパティにインデックスキーの最終値(ブロックの総数)を代入する
    core.blockCount = key;
    // 面クリアフラグを「false」にする
    core.clear = false;

    // ボールのxy方向の移動量を初期化する
    ball.vx = Math.abs(ball.vx);
    ball.vy = Math.abs(ball.vy);
  }

  // ボールとパドルの当たり判定
  if (ball.intersect(paddle)) {

    // ボールがパドルの左半分側に当たったなら
    if (ball.x >= paddle.x && (ball.x + ball.width /2 ) <= (paddle.x + paddle.width/2) ) {
      // 左斜め上方向にボールを打ち返えされるようにする
      if (ball.vx > 0 ) ball.vx *= -1;

    // ボールがパドルの右半分側に当たったなら
    } else {
      // 右斜め上方向にボールが打ち返えされるようにする
      if (ball.vx < 0 ) ball.vx *= -1;
    }

    // ボールのスピードをアップ
    ball.vy += SPEED_UP;
    if (ball.vx > 0) ball.vx += SPEED_UP;
    if (ball.vx < 0) ball.vx -= SPEED_UP;

    // ボールを打ち返す
    ball.vy *= -1;

    // コンボ数を初期化する
    core.combo = 1;

  }

  // ボールとブロックの当たり判定
```

```
// 残っているブロックの数だけ繰り返す
for (var i in blocks) {
  // ブロックにボールが当たったなら
  if (blocks[i].intersect(ball)) {
    // スコアを加算する
    core.score += 100 * core.combo;
    // 当たったブロックのを消す
    blocks[i].remove();
    // ボールを打ち返す
    ball.vy *= -1;
    // ブロックの総数をデクリメントする
    core.blockCount --;
    // コンボ数(連続して消去されたブロック数)をカウントする
    core.combo ++;
    // スコアの表示を更新する
    scoreLabel.score  = core.score;
  }
}

// 面クリア処理

// 全ブロックを消去した(「blockCount」プロパティの値が「0」以下)なら
if (core.blockCount <= 0) {
  // 面クリアフラグを「true」にする
  core.clear = true;
  // ボールのxy座標を初期化する
  ball.x = BALL_SX;
  ball.y = BALL_SY;
}

// 空振りの処理

// 画面下より先に移動したなら
if (ball.y > 320) {
  // ライフを1つ減らす
  lifeLabel.life = -- core.life;
  // ライフが残っているなら
  if (core.life > 0) {
    // ボールを初期位置から発射する
    ball.x = BALL_SX;
    ball.y = BALL_SY;
    ball.vx = ball.vy = 4;
  } else {
    // ライフが残っていないならゲームオーバー
    core.end();
  }
}
```

```
    });

    // スコアをフォントで表示するラベルを作成する
    // 引数はラベル表示位置のxy座標
    var scoreLabel = new ScoreLabel(5, 0);
    scoreLabel.score = 0;  // 初期値
    scoreLabel.easing = 0; // イージング設定
    core.rootScene.addChild(scoreLabel);

    // ライフをアイコンで表示するラベルを作成する
    // 引数はラベル表示位置のxy座標とライフ数の初期値
    var lifeLabel = new LifeLabel(180, 0, 3);
    // 各ライフに使用するアイコン画像のフレーム番号を設定する
    lifeLabel.heart[0].frame = 31;
    lifeLabel.heart[1].frame = 31;
    lifeLabel.heart[2].frame = 31;
    core.rootScene.addChild(lifeLabel);

  }
  core.start();
}

// ボールのスプライトを作成するクラス
var Ball = enchant.Class.create(enchant.Sprite, {
  // 「initialize」メソッド(コンストラクタ)
  initialize: function(x, y) {
    // 継承元をコール
    enchant.Sprite.call(this, 8, 8);
    this.backgroundColor = "#FFFFFF"; // 背景色
    this.x = x;  // x座標
    this.y = y;  // y座標
    this.speed;  // スピード
    this.vx = 4; // x方向の移動量
    this.vy = 4; // y方向の移動量
    // 「enterframe」イベントリスナ
    this.addEventListener('enterframe', function(e) {
      // ボールの移動処理
      this.x += this.vx;
      this.y += this.vy;
      // 左右の壁に当たったなら、x方向の移動量の符号を反転する
      if (this.x > 320 - 8 || this.x < 0) this.vx *= -1;
      // 天井に当たったら、y方向の移動量の符号を反転する
      if (this.y < 0) this.vy *= -1;
    });
    core.rootScene.addChild(this);
  },
```

```
  // 「remove」メソッド
  remove: function() {
    // このスプライトを削除する
    delete this;
  }
});

// パドルのスプライトを作成するクラス
var Paddle = enchant.Class.create(enchant.Sprite, {
  // 「initialize」メソッド(コンストラクタ)
  initialize: function(x, y) {
    // 継承元をコール
    enchant.Sprite.call(this, 48, 8);
    this.backgroundColor = "#FFFFFF"; // 背景色
    this.x = x;       // x座標
    this.y = y;       // y座標
    this.speed = 8; // スピード
    // 「enterframe」イベントリスナ
    this.addEventListener('enterframe', function(e) {
      // 左ボタンで左方向にパドルを移動する
      if (core.input.left && this.x > 0 - this.width /2) {
        this.x -= this.speed;
      }
      // 右ボタンで右方向にパドルを移動する
      if (core.input.right && this.x < 320 -this.width /2) {
        this.x += this.speed;
      }
    });
    // タッチムーブでパドルを移動する
    this.addEventListener(Event.TOUCH_MOVE, function(e) {
      this.x = e.x;
    });
    core.rootScene.addChild(this);
  }
});

// ブロックのスプライトを作成するクラス
var Block = enchant.Class.create(enchant.Sprite, {
  // 「initialize」メソッド(コンストラクタ)
  initialize: function(x, y ,color) {
    // 継承元をコール
    enchant.Sprite.call(this, 60, 10);
    this.backgroundColor = color; // 背景色
    this.x = x; // x座標
    this.y = y; // y座標
    core.rootScene.addChild(this);
  },
```

```
  // 「remove」メソッド
  remove: function() {
    // このスプライトをrootSceneから削除する
    core.rootScene.removeChild(this);
    // このキーのブロックを配列から削除する
    delete blocks[this.key];
    // このブロックを削除する
    delete this;
  }
});
```

◆ ボールの挙動の制御

ボールは、側面に当たった場合はx方向を反転し、天井やブロックに当たった場合、y方向を反転しています。

ボールが左方向から来て、パドルの左半分に当たった場合は、x方向とy方向を反転し、パドルの右半分に当たった場合はy方向を反転しています。

ボールが右方向から来て、パドルの右半分に当たった場合は、x方向とy方向を反転し、パドルの左半分に当たった場合はy方向を反転しています。

◆ ライフラベルのアイコンの変更

「LifeLabel」オブジェクトで作成したライフラベルのアイコンを変更するには、ライフラベルの「heart[]」(配列)の「frame」プロパティにアイコン画像のフレーム番号を設定します。ここでは、王冠のアイコン(フレーム番号「31」)に変更しています。

動作の確認

ブラウザで「index.html」を表示します。画面をクリック(タッチ)するか、任意のキーを押すと、ゲームが始まります。ボールをパドルで跳ね返し、ブロックを消していきます。3回、ミスをするとゲームオーバーです。

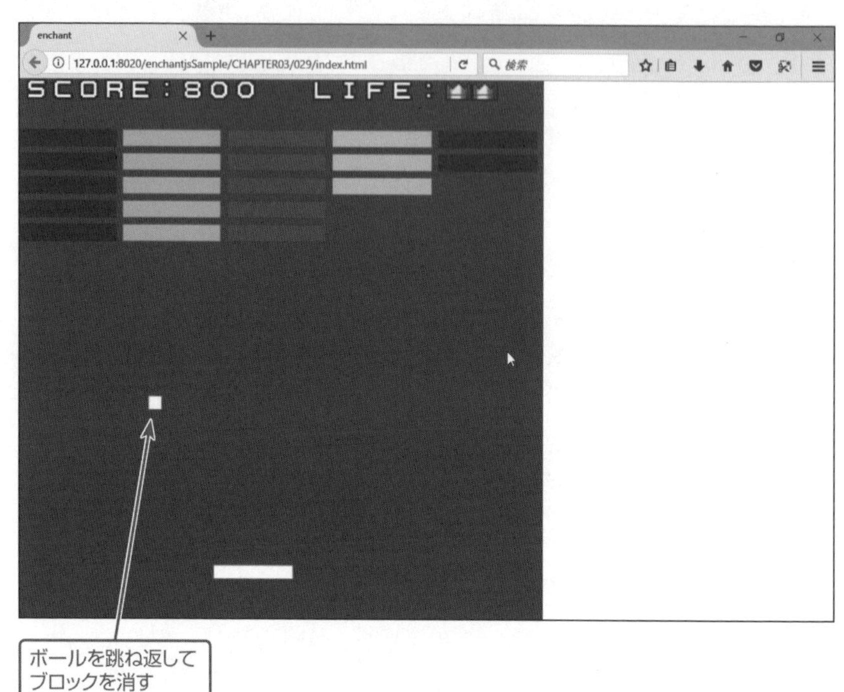

SECTION-030

「スイッチオン!」パズルを作成する

作成するゲームについて

ここでは、スイッチをオン/オフして全点灯させるパズルゲームを作成します。作成するゲームの仕様は、次の通りです。

1. スイッチは3行3列の9個。スイッチをすべて点灯状態(青色)にするとクリア。
2. スイッチを押すとオン/オフが反転。ただし、上下左右のスイッチのオン/オフも反転する。

素材について

このゲームで使用する素材(画像やサウンド)は、次の通りです。

◆「enchant.js」に含まれる素材

使用する素材で、「enchant.js」に含まれる素材は、次のようになります。

種類	ファイル名
画像ファイル	apad.png
	clear.png
	font0.png
	icon0.png
	pad.png

◆その他の素材

その他の素材は、次のようになります。なお、この素材は、本書のダウンロードサンプルに収録しています。

種類	ファイル名
画像ファイル	Switch01.png

「index.html」の作成

「スイッチオン!」パズルでは、「ui.enchant.js」プラグインを使います。

「index.html」には、次のように入力します。

SOURCE CODE ‖ 「index.html」のコード

```
<!DOCTYPE html>
<html>
  <head>
    <meta charset="utf-8">
    <meta name="viewport" content="width=device-width, user-scalable=no">
    <meta name="apple-mobile-web-app-capable" content="yes">
    <meta name="apple-mobile-web-app-status-bar-style" content="black-translucent">
    <title>enchant</title>
    <script type="text/javascript" src="enchant.js"></script>
    <script type="text/javascript" src="ui.enchant.js"></script>
    <script type="text/javascript" src="game.js"></script>
```

```
    <style type="text/css">
      body {margin: 0;}
    </style>
  </head>
  <body>
  </body>
</html>
```


ゲームプログラムの作成

「スイッチオン!」パズルのプログラムを作成します。

「game.js」には、次のように入力します。

SOURCE CODE 「game.js」のコード

```
enchant();

// パズルの問題を定義したJSONオブジェクト
// 「0」はスイッチオフ(消灯)、「1」はスイッチオン(点灯)を表す
var Questions =
  {
    0: [[0, 1, 0], [0, 1, 0], [0, 1, 0]],  // 1問目
    1: [[1, 0, 0], [0, 1, 1], [0, 1, 1]],  // 2問目
    2: [[0, 1, 1], [1, 0, 1], [1, 1, 0]],  // 3問目
    3: [[0, 1, 0], [1, 0, 1], [0, 1, 0]],  // 4問目
    4: [[0, 0, 0], [0, 0, 0], [0, 0, 0]],  // 5問目
  }

window.onload = function() {

  core = new Core(160, 160);
  core.preload('Switch01.png', 'clear.png');

  // スイッチを押した数をカウントするプロパティ
  core.count = 0;
  // 何問目を出題するかを指定するプロパティ
  core.cursor = 0;
  // 「questions」プロパティに問題の総数を代入する
  for(core.questions in Questions);
  // スイッチの数を保持するプロパティ
  core.switches = 0;

  core.onload = function() {

    // バックグラウンド画像を表示するスプライトを作成する
    var bg = new Sprite(160, 160);
    // バックグラウンドの背景色を黒色に設定する
    bg.backgroundColor = "#000000";
```

```
core.rootScene.addChild(bg);

// 「puzzle」グループを作成する
puzzle = Group();
// rootSceneに「puzzle」グループを追加する
core.rootScene.addChild(puzzle);

// スイッチのスプライトを格納する配列を定義する
switches = [];
// パズルを作成する関数を実行する(引数には何問目かを指定)
makePuzzle(core.cursor);

// rootSceneの「enterframe」ベントリスナ
core.rootScene.addEventListener('enterframe', function(e) {

  // すべてのスイッチが点灯しているかどうかを確認する処理

  // スイッチのカウンタ(点灯しているスイッチの数を格納する変数)をクリア
  var check = 0;
  // すべてのスイッチの点灯状態をチェックする
  for (var i in switches) {
    // 点灯しているなら、カウンタをインクリメントする
    if (switches[i].isON == true) check++;
  }
  // スイッチが全点灯なら
  if (check == core.switches) {
    // クリア画像のスプライトを表示する
    clear.x = 14;
    clear.y = 68;
  }
});

// クリア画像を表示するスプライトを作成する
var clear = new Sprite(132, 24);
// サーフィスを作成する
var image = new Surface(132, 24);
// 「clear.png」の横幅を132ピクセル、高さを24ピクセルに縮小する
image.draw(core.assets['clear.png'], 0, 0, 267, 48, 0, 0, 132, 24);
// クリア画像にサーフィスの画像を設定する
clear.image = image;
// クリア画像を画面外の見えない位置に移動する
clear.y = -68;

// クリア画像の「touchstart」イベントリスナ
clear.addEventListener('touchstart', function(e) {
  // 現在の問題をクリア
  for (var i in switches) {
```

```
        puzzle.removeChild(switches[i]);
        delete switches[i];
      }

      // 次の問題を表示する処理

      // クリア画像を画面外の見えない位置に移動する
      clear.y = -68;
      // 「cursor」プロパティをインクリメントする
      core.cursor ++;
      // 次の問題があるなら
      if (core.cursor <= core.questions) {
        // 次の問題の番号を表示する
        info.text = 'QUESTION ' + (core.cursor + 1);
        // 次の問題を作成して表示する
        makePuzzle(core.cursor);
      } else {
        // 次の問題がないなら、スコアを計算して表示する
        var score = 500 - core.count * 10;
        info.text = 'SCORE:' + score;
      }
    });
    core.rootScene.addChild(clear);

    // 問題番号とスコアをフォントで表示するラベルを作成する
    // 引数はラベル表示位置のxy座標
    var info = new MutableText(0, 0);
    // 表示する文字列の初期設定
    info.text = 'QUESTION ' + (core.cursor + 1);
    core.rootScene.addChild(info);

  }
  core.start();
}

// パズルを作成する関数
// 引数には、問題の番号を指定する
var makePuzzle = function(no) {
  var count = 0;
  // 行列の数だけ処理を繰り返し、スイッチを画面上に並べる
  var f = Questions[no].length;
  for (var j = 0; j < f ; j++) {
    var c =  Questions[no][j].length;
    for (var i = 0; i < c ; i++) {
      // スイッチのスプライトを作成する
      var sw = new Switch(i*32+32, j*32+32);
```


01 02 CHAPTER 03 ミニゲームの作成 04 05 06 07 08 09 10 付録

```
      //「Questions」の配列データの内容に従って、スイッチの状態を設定する
      //「0」はスイッチオフ(消灯)、「1」はスイッチオン(点灯)を表す
      sw.isON = Questions[no][j][i];
      // 表示するスプライトのフレーム番号(オフ :3、オン :0)を設定する
      sw.mode = sw.isON ? 0 : 3;
      sw.frame = sw.mode;
      // スイッチを配列に格納する
      switches[[i, j]] = sw;
      sw.row = i; // 行番号
      sw.column = j;  // 列番号
      // スイッチの数をカウント
      count ++;
    }
  }
  // スイッチの数を保持
  core.switches = count;
}

// スイッチのスプライトを作成するクラス
var Switch = enchant.Class.create(enchant.Sprite, {
  //「initialize」メソッド(コンストラクタ)
  initialize: function(x, y) {
    // 継承元をコール
    enchant.Sprite.call(this, 32, 32);
    this.x = x; // x座標
    this.y = y; // y座標
    // 画像に「Switch01.png」を設定する
    this.image = core.assets['Switch01.png'];
    // アニメーションのパターンを設定する
    this.animePat =[0, 4, 8, 12 , 8, 4, 0];
    // タッチ状態を管理するフラグ
    this.touch = false;
    // フレーム数をカウントするプロパティ
    this.tick = 0;

    //「touchstart」イベントリスナ
    this.addEventListener('touchstart', function() {

      // スイッチを押した回数をカウントする
      core.count ++;
      //「touch」プロパティを「true」にする
      this.touch = true;

      // スイッチの状態を反転する
      this.isON = !this.isON;
      this.mode = this.isON ? 0 : 3;
      this.frame = this.mode;
```

```
    // 押したスイッチの上下左右のスイッチの状態も反転する処理
    var r = this.row;
    var c = this.column;
    // 左右上下の順にスイッチの位置を一時配列(バッファ)に格納
    var keys = [[r - 1, c], [r + 1, c], [r, c - 1], [r, c + 1]];
    // 「keys」配列の要素数(4)だけ処理を繰り返す
    for (var i in keys) {
      // スイッチのオブジェクト(スプライト)を一時変数に代入する
      var sw = switches[keys[i]];
      // 「sw」変数が空でないなら、
      if (sw) {
        // スイッチの状態を反転する
        sw.isON = !sw.isON;
        sw.mode = sw.isON ? 0 : 3;
        sw.frame = sw.mode;
      }
    }
  });

  // 「enterframe」イベントリスナ
  this.addEventListener('enterframe', function() {

    // スイッチをアニメーション表示する処理

    // スイッチが押されたらアニメーション開始
    if (this.touch && this.tick < 7)  {
      // フレーム番号を切り替えて、アニメーション表示する
      this.frame = this.animePat[this.tick % 8] + this.mode;
      this.tick ++;
    } else {
      // アニメーション終了時の処理
      this.tick = 0;
      this.touch = false;
    }
  });
  puzzle.addChild(this);
 }
});
```

◆パズルのデータ構造

パズルで出題する問題は、JSON形式のデータ(JSONオブジェクト)で定義します。問題のデータは、2次元配列で定義し、スイッチオフ(消灯)を「0」、スイッチオン(点灯)を「1」で表します。

問題の番号 ― 1行目 ― 2行目 ― 3行目

```
0: [[0, 1, 0], [0, 1, 0], [0, 1, 0]]
```

1列目 ― 2列目 ― 3列目

上のデータを元に作成されるパズルは、次のようになります。

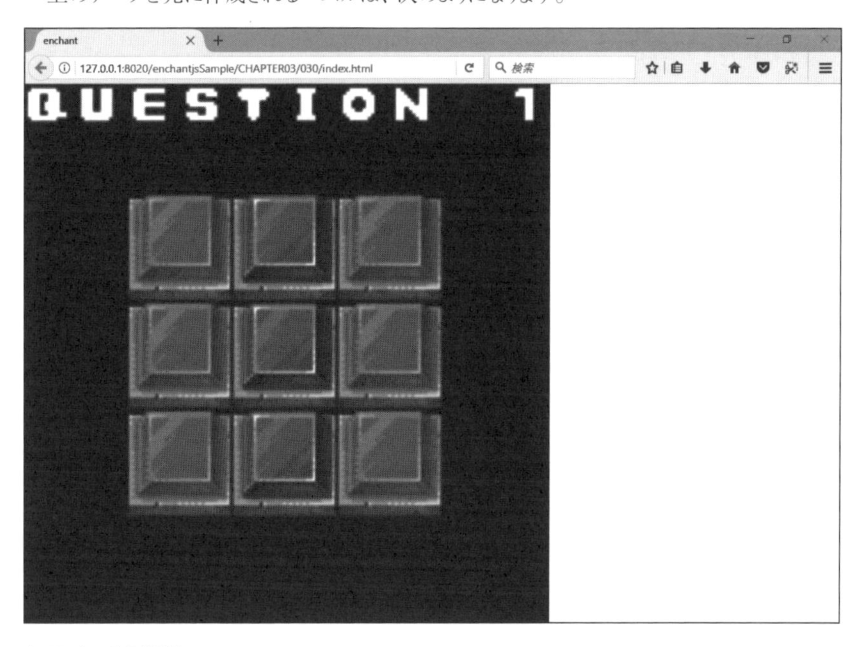

◆スイッチの管理

このゲームでは、拡張性を考慮して、スイッチの配置を行（row）と列（column）で表す2次元の座標系で管理するようにしています。

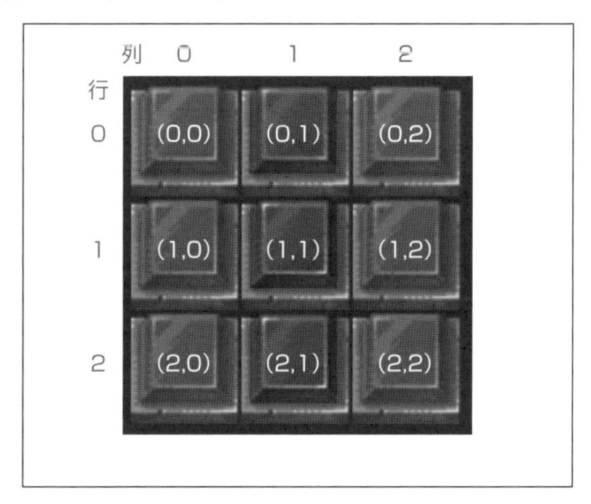

この場合、押したスイッチの座標を(R, C)とした場合、上下左右のスイッチの位置は、次のような座標で表すことができます。

スイッチの位置	座標
上	(R, C − 1)
下	(R, C + 1)
左	(R − 1, C)
右	(R + 1, C)

この法則は、スイッチの数が増えても変わることはありません。これにより、ゲームのメインの処理を変更することなく、「Questions」に問題を定義するだけで、スイッチの数を増やしたパズルを作成することができます(COLUMN参照)。

◆グループの作成

グループとは、複数の描画オブジェクトを1つの描画オブジェクトにまとめるオブジェクトです。グループを作成するには、「Group」コンストラクタでオブジェクトを生成し、そのグループにまとめたい描画オブジェクトを追加します。

このゲームでは、スイッチのスプライトを問題ごとに作り直すため、「puzzle」グループにスイッチのスプライト(Switch)をまとめています。これによって描画オブジェクトの順番は、下からルートシーン(背景)、「puzzle」グループ、クリア画像となり、クリア画像が常に一番手前に表示されるようになります。

「puzzle」グループを使わない場合、最初は、ルートシーン、スイッチ、クリア画像の順になります。しかし、次に進んだときには、ルートシーン、クリア画像、スイッチのスプライトの順になるため、クリア画像がスイッチに背後に表示され、隠れてしまいます。

動作の確認

ブラウザで「index.html」を表示します。スイッチをクリックすると、オンとオフが切り替わります。そのとき、クリックしたスイッチの上下左右のスイッチもオンとオフが切り替わります。すべてのスイッチをオンにしてパズルをクリアすると、「CLEAR!」と表示され、その画像をクリックすると、次の問題に進みます。

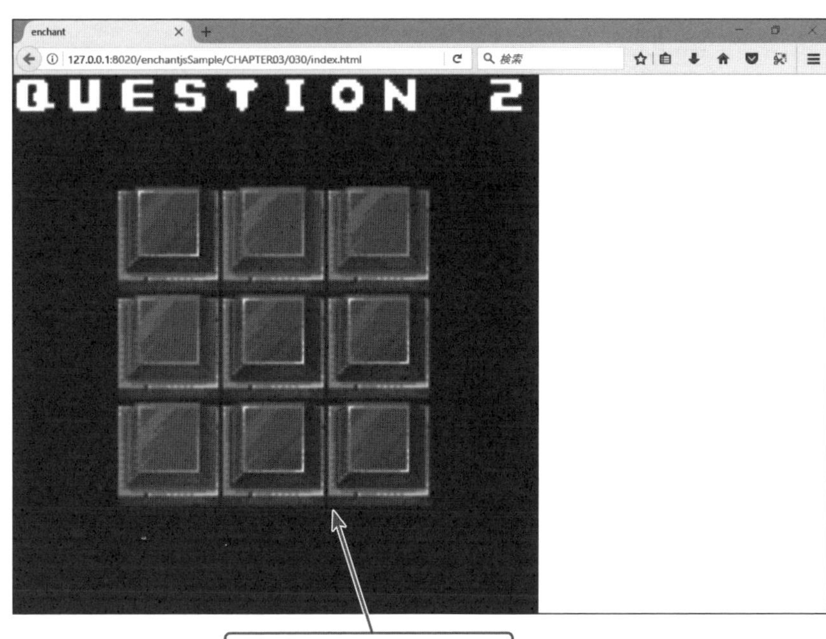

スイッチをクリックしてすべてのスイッチをオンにするとクリア

COLUMN スイッチ数を増やしたパズルの作成

スイッチ数を増やしたパズルを作成するには、「Questions」データの配列要素の数を変更します。たとえば、「4×4」のパズルを作成するには、次のように定義します。

```
var Questions =
  {
    0: [[0, 1, 0, 0], [0, 1, 0, 0], [1, 0, 1, 0], [0, 1, 1, 0]],  // 1問目
  }
```

なお、ゲーム画面のサイズは、「3×3」パズル用にデザインしているため、スイッチ数を増やす場合は、ゲーム画面(「core」オブジェクトと「puzzle」グループ)のサイズを変更する必要があります。

SECTION-031

「滑ってエスケープ!」パズルを作成する

作成するゲームについて

ここでは、凍りついてツルツル滑るフィールドから、外に脱出するパズルゲームを作成します。作成するゲームの仕様は、次の通りです。

1 上下左右ボタン(カーソルキー)、または、バーチャルパッドを押した方向に、プレイヤーキャラクターを移動する。ただし、プレイヤーキャラクターは壁や障害物に当たるまで止まらない。
2 出口から脱出するとクリアとし、次のフィールド(問題)に移行する。
3 水たまり(水色のタイル)に落ちると、最初の場所からやり直し。

素材について

このゲームで使用する素材(画像やサウンド)は、次の通りです。

◆「enchant.js」に含まれる素材

使用する素材で、「enchant.js」に含まれる素材は、次のようになります。

種類	ファイル名
画像ファイル	apad.png
	chara0.png
	clear.png
	font0.png
	icon0.png
	map1.png
	pad.png

◆その他の素材

その他の素材は、次のようになります。なお、この素材は本書のダウンロードサンプルに収録しています。

種類	ファイル名
画像ファイル	map3.png

ゲームプログラムの作成

「滑ってエスケープ!」パズルのプログラムを作成します。このゲームは、「ui.enchant.js」プラグインを使います。「index.html」には、127ページのコードを入力してください。

「game.js」には、次のように入力します。

SOURCE CODE 「game.js」のコード

```
enchant();

window.onload = function() {

  core = new Core(320, 320);
```

```
  core.fps = 15;

  // ゲームで使用する画像ファイルを指定する
  core.preload('map1.png', 'map3.png', 'chara0.png', 'clear.png');

  // ステージ(何問目か?)を管理するプロパティ
  core.stage = 0;
  // ステージクリアフラグ(問題を解いたか?を管理するプロパティ)
  core.stageClear = false;
  // 「questions」プロパティに問題の総数を代入する
  for (core.questions in Q);

  core.onload = function() {

    // 「makePuzzle」関数でパズルを作成する
    makePuzzle();

    // rootSceneの「enterframe」イベントリスナ
    core.rootScene.addEventListener('enterframe', function(e) {

      // ステージクリア(問題を解いた)なら、クリア画像のスプライトを表示する
      if (core.stageClear == true) clear.y = 100;
    });
  }
  core.start();
}

// パズルを作成する関数
var makePuzzle = function() {

  // 「foreground」プロパティにフォアグラウンドのデータの有(true)、無(false)を代入する
  core.foreground = Q[core.stage].foreground;

  // タイル(1ブロック)のサイズが16x16ピクセルのマップを作成する
  map = new Map(16, 16);
  // マップで使用するタイルセット画像に「map3.png」を設定する
  map.image = core.assets['map3.png'];
  // マップデータを読み込む
  map.loadData(Q[core.stage].tile1);
  // マップの衝突判定のデータを設定する
  map.collisionData = Q[core.stage].collision1;



  // 「stage」グループを作成する
  stage = new Group();
  // マップを「stage」グループに追加する
  stage.addChild(map);
```

```
// フォアグラウンドのデータがあるなら、
if (core.foreground) {
  // フォアグラウンド用のマップを作成する
  foregroundMap = new Map(16, 16);
  foregroundMap.image = core.assets['map1.png'];
  foregroundMap.loadData(Q[core.stage].tile2);
  foregroundMap.collisionData = Q[core.stage].collision2;
  stage.addChild(foregroundMap);
}
core.rootScene.addChild(stage);

// プレイヤーを表示するスプライトを作成する
var player =new Player(Q[core.stage].px, Q[core.stage].py);
// プレイヤーを「stage」グループに追加する
stage.addChild(player);

// 問題番号とスコアをフォントで表示するラベルを作成する
// 引数はラベル表示位置のxy座標
var info = new MutableText(110, 320 - 16);
// 表示する文字列の初期設定
info.text = 'QUESTION No' + (core.stage + 1);
stage.addChild(info);

// クリア画像を表示するスプライトを作成する
clear = new Sprite(267, 48);
// 画像に「clear.png」を設定する
clear.image = core.assets['clear.png'];
clear.x = 30;   // x座標
clear.y = -100; // y座標
// クリア画像の「touchstart」イベントリスナ
clear.addEventListener('touchstart', function(e) {

  // クリア画像を画面外の見えない位置に移動する
  clear.y = -68;

  // 次の問題を作成する処理

  core.stageClear = false;
  core.stage ++;
  // 次の問題があるなら
  if (core.stage <= core.questions) {
    // 次の問題の番号を表示する
    info.text = 'QUESTION No' + (core.stage + 1);
    // 現在のステージを削除する
    core.rootScene.removeChild(stage);
    delete stage;
```

```
      // 新しいパズルを作成する
      makePuzzle();
    }
  });
  core.rootScene.addChild(clear);

  // バーチャルパッドを作成する
  var pad = new Pad();
  pad.x = 0;   // x座標
  pad.y = 220; // y座標
  core.rootScene.addChild(pad);

}

// プレイヤーのスプライトを作成するクラス
var Player = enchant.Class.create(enchant.Sprite, {
  // 「initialize」メソッド(コンストラクタ)
  initialize: function(x, y) {
    // 継承元をコール
    enchant.Sprite.call(this, 32, 32);
    this.x = x; // x座標
    this.y = y; // y座標

    // サーフィスを作成する(サイズ320x320)
    var image = new Surface(96, 128);
    // 「chara0.png」の(0, 0)の位置から幅96ピクセル、高さ128ピクセルの領域を、
    // (0, 0)の位置に幅96ピクセル、高さ128ピクセルで描画する
    image.draw(core.assets['chara0.png'], 0, 0, 96, 128, 0, 0, 96, 128);
    // サーフィスをスプライトの画像に設定する
    this.image = image;

    // 移動フラグ(移動中なら「true」、停止中なら「false」)
    this.isMoving = false;
    // プレイヤーの向きを設定するプロパティ
    this.direction = 0;
    // 「enterframe」イベントリスナ
    this.addEventListener('enterframe', function() {

      // プレイヤーの移動処理

      // 向きに応じたスプライト画像を表示する
      this.frame = this.direction * 3;

      // 当たり判定を行うマップのxy座標を求める
      var x = this.x + (this.vx ? this.vx / Math.abs(this.vx) * 16 : 0) + 16;
      var y = this.y + (this.vy ? this.vy / Math.abs(this.vy) * 16 : 0) + 24;
```

```
// マップ上の(x, y)地点の当たり判定の有無をチェックする
if (map.hitTest(x, y)) {
  // 当たり判定があったら、1マス移動しきってから
  if ((this.vx && (this.x-8) % 16 == 0) || (this.vy && this.y % 16 == 0)) {
    // 移動を停止する
    this.isMoving = false;
  }
}

// フォアグラウンドのマップがあるなら
if (core.foreground) {
  // フォラグラウンドマップ上の(x, y)地点に当たり判定をの有無をチェックする
  if (foregroundMap.hitTest(x,y)) {
    // 当たり判定があったら、プレイヤーを停止する
    this.isMoving = false;
    // プレイヤーを初期位置に戻す
    this.x = Q[core.stage].px;
    this.y = Q[core.stage].py;
    this.direction = 0;
  }
}

// 移動中なら
if (this.isMoving) {
  // 座標(this.vx, this.vy)にプレイヤーを移動する
  this.moveBy(this.vx, this.vy);

  // ステージクリアの処理

  // 出口から外に出たなら
  if (x < 0 || x > 320 || y < 0 || y > 320) {
    // プレイヤーを停止する
    this.isMoving = false;
    // ステージクリアフラグを「true」にする
    core.stageClear = true;
  }
// 停止中なら
} else {

  // キー入力に応じて移動方向と設定する処理

  // xとy方向の移動量を「0」にする
  this.vx = this.vy = 0;
  // 左ボタンが押されたら、左方向に移動するように設定する
  if (core.input.left) {
    this.direction = 1;
    this.vx = -4;
```

```
        }
        // 右ボタンが押されたら、右方向に移動するように設定する
        if (core.input.right) {
          this.direction = 2;
          this.vx = 4;
        }
        // 上ボタンが押されたら、上方向に移動するように設定する
        if (core.input.up) {
          this.direction = 3;
          this.vy = -4;
        }
        // 下ボタンが押されたら、下方向に移動するように設定する
        if (core.input.down) {
          this.direction = 0;
          this.vy = 4;
        }
        // xとy方向の移動量が設定されたら、移動中にする
        if (this.vx || this.vy) this.isMoving = true;
      }
    });
  }
});


// パズルの問題を定義したJSONオブジェクト
var Q =
{
  // 1問目
  0: {
    px: 32 * 2, // プレイヤーの初期位置のx座標
    py: 32 * 2, // プレイヤーの初期位置のy座標
    foreground: false, // フォアグラウンドマップの有無
    tile1: [ // マップのタイルデータ
      [7,7,7,7,7,7,7,7,7,7,7,7,7,7,7,7,7,7,7,7],
      [7,7,7,0,0,0,0,0,0,0,0,0,0,0,0,0,0,7,7,7],
      [7,7,7,0,16,16,16,16,16,16,16,16,16,16,16,16,0,7,7,7],
      [7,7,7,0,16,16,16,16,16,16,16,16,16,16,16,16,0,7,7,7],
      [7,7,7,0,16,16,16,16,16,16,16,16,16,16,16,16,0,7,7,7],
      [7,7,7,0,16,16,16,16,16,16,16,16,16,16,16,16,0,7,7,7],
      [7,7,7,0,16,16,16,16,16,16,16,16,16,16,16,0,0,7,7,7],
      [7,7,7,0,16,16,16,16,16,16,16,16,16,16,16,16,16,7,7,7],
      [7,7,7,0,16,16,16,16,16,16,16,16,16,16,16,16,16,7,7,7],
      [7,7,7,0,16,16,16,16,16,16,16,16,16,16,16,16,0,7,7,7],
      [7,7,7,0,16,16,16,16,16,16,16,16,16,16,16,16,0,7,7,7],
      [7,7,7,0,16,16,16,16,16,16,16,16,16,16,16,16,0,7,7,7],
      [7,7,7,0,0,0,0,0,0,0,0,0,0,0,0,0,0,7,7,7],
      [7,7,7,7,7,7,7,7,7,7,7,7,7,7,7,7,7,7,7,7],
```

```
      [7,7,7,7,7,7,7,7,7,7,7,7,7,7,7,7,7,7,7,7],
      [7,7,7,7,7,7,7,7,7,7,7,7,7,7,7,7,7,7,7,7],
      [7,7,7,7,7,7,7,7,7,7,7,7,7,7,7,7,7,7,7,7],
      [7,7,7,7,7,7,7,7,7,7,7,7,7,7,7,7,7,7,7,7],
      [7,7,7,7,7,7,7,7,7,7,7,7,7,7,7,7,7,7,7,7],
      [7,7,7,7,7,7,7,7,7,7,7,7,7,7,7,7,7,7,7,7]
    ],
    collision1: [ // マップの当たり判定データ
      [0,0,0,0,0,0,0,0,0,0,0,0,0,0,0,0,0,0,0,0],
      [0,0,0,1,1,1,1,1,1,1,1,1,1,1,1,1,1,0,0,0],
      [0,0,0,1,0,0,0,0,0,0,0,0,0,0,0,0,1,0,0,0],
      [0,0,0,1,0,0,0,0,0,0,0,0,0,0,0,0,1,0,0,0],
      [0,0,0,1,0,0,0,0,0,0,0,0,0,0,0,0,1,0,0,0],
      [0,0,0,1,0,0,0,0,0,0,0,0,0,0,0,0,1,0,0,0],
      [0,0,0,1,0,0,0,0,0,0,0,0,0,0,0,1,1,0,0,0],
      [0,0,0,1,0,0,0,0,0,0,0,0,0,0,0,0,0,0,0,0],
      [0,0,0,1,0,0,0,0,0,0,0,0,0,0,0,0,0,0,0,0],
      [0,0,0,1,0,0,0,0,0,0,0,0,0,0,0,0,1,0,0,0],
      [0,0,0,1,0,0,0,0,0,0,0,0,0,0,0,0,1,0,0,0],
      [0,0,0,1,0,0,0,0,0,0,0,0,0,0,0,0,1,0,0,0],
      [0,0,0,1,1,1,1,1,1,1,1,1,1,1,1,1,1,0,0,0],
      [0,0,0,0,0,0,0,0,0,0,0,0,0,0,0,0,0,0,0,0],
      [0,0,0,0,0,0,0,0,0,0,0,0,0,0,0,0,0,0,0,0],
      [0,0,0,0,0,0,0,0,0,0,0,0,0,0,0,0,0,0,0,0],
      [0,0,0,0,0,0,0,0,0,0,0,0,0,0,0,0,0,0,0,0],
      [0,0,0,0,0,0,0,0,0,0,0,0,0,0,0,0,0,0,0,0],
      [0,0,0,0,0,0,0,0,0,0,0,0,0,0,0,0,0,0,0,0],
      [0,0,0,0,0,0,0,0,0,0,0,0,0,0,0,0,0,0,0,0]
    ]
},
  // 2問目
  1: {
    px: 32 * 2,
    py: 32 * 3,
    foreground: false,
    tile1: [
      [7,7,7,7,7,7,7,7,7,7,7,7,7,7,7,7,7,7,7,7],
      [7,7,7,0,0,0,0,0,0,16,16,0,0,0,0,0,0,7,7,7],
      [7,7,7,0,16,16,16,16,0,16,16,0,16,16,16,16,0,7,7,7],
      [7,7,7,0,16,16,16,16,0,16,16,0,16,16,16,16,0,7,7,7],
      [7,7,7,0,16,16,16,16,16,16,16,16,16,16,16,16,0,7,7,7],
      [7,7,7,0,16,16,16,16,16,16,16,16,16,16,16,16,0,7,7,7],
      [7,7,7,0,16,16,16,16,16,16,16,16,16,16,16,16,0,7,7,7],
      [7,7,7,0,16,16,16,16,16,16,16,16,16,16,16,16,0,7,7,7],
      [7,7,7,0,16,16,16,16,17,16,16,16,16,16,16,16,0,7,7,7],
      [7,7,7,0,16,16,16,16,16,16,16,17,16,16,16,16,0,7,7,7],
      [7,7,7,0,16,16,16,16,16,16,16,16,16,16,16,16,0,7,7,7],
```

```
      [7,7,7,0,16,16,16,17,16,16,16,16,16,16,16,16,0,7,7,7],
      [7,7,7,0,0,0,0,0,0,0,0,0,0,0,0,0,7,7,7],
      [7,7,7,7,7,7,7,7,7,7,7,7,7,7,7,7,7,7,7,7],
      [7,7,7,7,7,7,7,7,7,7,7,7,7,7,7,7,7,7,7,7],
      [7,7,7,7,7,7,7,7,7,7,7,7,7,7,7,7,7,7,7,7],
      [7,7,7,7,7,7,7,7,7,7,7,7,7,7,7,7,7,7,7,7],
      [7,7,7,7,7,7,7,7,7,7,7,7,7,7,7,7,7,7,7,7],
      [7,7,7,7,7,7,7,7,7,7,7,7,7,7,7,7,7,7,7,7],
      [7,7,7,7,7,7,7,7,7,7,7,7,7,7,7,7,7,7,7,7]
    ],
    collision1: [
      [0,0,0,0,0,0,0,0,0,0,0,0,0,0,0,0,0,0,0,0],
      [0,0,0,1,1,1,1,1,1,0,0,1,1,1,1,1,1,0,0,0],
      [0,0,0,1,0,0,0,0,1,0,0,1,0,0,0,0,1,0,0,0],
      [0,0,0,1,0,0,0,0,1,0,0,1,0,0,0,0,1,0,0,0],
      [0,0,0,1,0,0,0,0,0,0,0,0,0,0,0,0,1,0,0,0],
      [0,0,0,1,0,0,0,0,0,0,0,0,0,0,0,0,1,0,0,0],
      [0,0,0,1,0,0,0,0,0,0,0,0,0,0,0,0,1,0,0,0],
      [0,0,0,1,0,0,0,0,0,0,0,0,0,0,0,0,1,0,0,0],
      [0,0,0,1,0,0,0,0,1,0,0,0,0,0,0,0,1,0,0,0],
      [0,0,0,1,0,0,0,0,0,0,0,1,0,0,0,0,1,0,0,0],
      [0,0,0,1,0,0,0,0,0,0,0,0,0,0,0,0,1,0,0,0],
      [0,0,0,1,0,0,0,1,0,0,0,0,0,0,0,0,1,0,0,0],
      [0,0,0,1,1,1,1,1,1,1,1,1,1,1,1,1,1,0,0,0],
      [0,0,0,0,0,0,0,0,0,0,0,0,0,0,0,0,0,0,0,0],
      [0,0,0,0,0,0,0,0,0,0,0,0,0,0,0,0,0,0,0,0],
      [0,0,0,0,0,0,0,0,0,0,0,0,0,0,0,0,0,0,0,0],
      [0,0,0,0,0,0,0,0,0,0,0,0,0,0,0,0,0,0,0,0],
      [0,0,0,0,0,0,0,0,0,0,0,0,0,0,0,0,0,0,0,0],
      [0,0,0,0,0,0,0,0,0,0,0,0,0,0,0,0,0,0,0,0],
      [0,0,0,0,0,0,0,0,0,0,0,0,0,0,0,0,0,0,0,0]
    ]
  },
  // 3問目
  2: {
    px: 32 * 5,
    py: 32 * 4,
    foreground: true,
    tile1: [
      [0,0,0,0,0,0,0,0,0,16,16,0,0,0,0,0,0,0,0],
      [0,16,16,16,16,0,16,16,16,16,16,16,16,16,0,16,16,16,0],
      [0,16,16,16,16,0,16,16,16,16,16,16,16,16,0,16,16,16,0],
      [0,16,16,16,16,16,16,16,16,17,16,16,16,16,16,16,16,16,0],
      [0,16,16,16,16,16,16,16,16,17,16,16,16,16,16,16,16,16,0],
      [0,16,16,16,17,16,16,16,16,17,17,17,17,16,16,16,16,16,0],
      [0,16,16,16,16,16,16,16,16,16,16,16,16,16,16,16,16,16,0],
      [0,16,16,16,16,16,16,16,16,16,16,16,16,16,16,16,16,16,0],
```

```
    [0,16,16,16,16,16,16,16,16,17,16,16,17,16,16,16,16,16,16,0],
    [0,16,16,16,16,16,16,16,16,17,16,16,17,16,16,16,16,16,16,0],
    [0,0,0,0,16,16,16,16,16,17,17,17,17,16,16,16,16,16,16,0],
    [0,16,16,16,16,16,16,16,16,16,16,16,16,16,16,16,16,16,16,0],
    [0,16,16,16,16,16,16,16,16,16,16,16,16,16,16,16,16,16,16,0],
    [0,16,16,16,16,16,16,16,16,16,16,16,16,16,16,16,16,16,16,0],
    [0,16,16,16,16,16,16,16,16,16,16,16,16,16,16,16,16,16,16,0],
    [0,16,16,16,16,16,16,16,16,16,16,16,16,16,16,16,17,16,16,0],
    [0,16,16,16,16,16,17,16,16,16,16,16,16,16,16,16,16,16,16,0],
    [0,16,16,16,16,16,16,16,16,16,16,16,16,16,16,16,16,16,16,0],
    [0,16,16,16,16,16,16,16,16,16,16,16,16,16,16,16,16,16,16,0],
    [0,0,0,0,0,0,0,0,0,0,0,0,0,0,0,0,0,0,0,0]
  ],
  collision1: [
    [1,1,1,1,1,1,1,1,1,1,0,0,1,1,1,1,1,1,1,1],
    [1,0,0,0,0,1,0,0,0,0,0,0,0,0,0,1,0,0,0,1],
    [1,0,0,0,0,1,0,0,0,0,0,0,0,0,0,1,0,0,0,1],
    [1,0,0,0,0,0,0,0,0,1,0,0,0,0,0,0,0,0,0,1],
    [1,0,0,0,0,0,0,0,0,1,0,0,0,0,0,0,0,0,0,1],
    [1,0,0,0,1,0,0,0,0,1,1,1,1,0,0,0,0,0,0,1],
    [1,0,0,0,0,0,0,0,0,0,0,0,0,0,0,0,0,0,0,1],
    [1,0,0,0,0,0,0,0,0,0,0,0,0,0,0,0,0,0,0,1],
    [1,0,0,0,0,0,0,0,0,1,0,0,1,0,0,0,0,0,0,1],
    [1,0,0,0,0,0,0,0,0,1,0,0,1,0,0,0,0,0,0,1],
    [1,1,1,1,0,0,0,0,0,1,1,1,1,0,0,0,0,0,0,1],
    [1,0,0,0,0,0,0,0,0,0,0,0,0,0,0,0,0,0,0,1],
    [1,0,0,0,0,0,0,0,0,0,0,0,0,0,0,0,0,0,0,1],
    [1,0,0,0,0,0,0,0,0,0,0,0,0,0,0,0,0,0,0,1],
    [1,0,0,0,0,0,0,0,0,0,0,0,0,0,0,0,0,0,0,1],
    [1,0,0,0,0,0,0,0,0,0,0,0,0,0,0,0,1,0,0,1],
    [1,0,0,0,0,0,1,0,0,0,0,0,0,0,0,0,0,0,0,1],
    [1,0,0,0,0,0,0,0,0,0,0,0,0,0,0,0,0,0,0,1],
    [1,0,0,0,0,0,0,0,0,0,0,0,0,0,0,0,0,0,0,1],
    [1,1,1,1,1,1,1,1,1,1,1,1,1,1,1,1,1,1,1,1]
  ],
  tile2: [ // フォアグラウンドマップのタイルデータ
    [-1,-1,0,0,0,-1,-1,-1,-1,-1,-1,-1,-1,-1,-1,-1,-1,-1,-1,-1],
    [-1,-1,-1,-1,-1,-1,-1,-1,-1,-1,-1,-1,-1,-1,-1,-1,0,0,0,-1],
    [-1,-1,-1,-1,-1,-1,-1,-1,-1,-1,-1,-1,-1,-1,-1,-1,0,0,0,-1],
    [-1,-1,-1,-1,-1,-1,-1,-1,-1,-1,-1,-1,-1,-1,-1,-1,-1,0,0,-1],
    [-1,-1,-1,-1,-1,-1,-1,-1,-1,-1,-1,-1,-1,-1,-1,-1,-1,-1,-1,-1],
    [-1,-1,-1,-1,-1,-1,-1,-1,-1,-1,-1,-1,-1,-1,-1,-1,-1,-1,-1,-1],
    [-1,-1,-1,-1,-1,-1,-1,-1,-1,-1,-1,-1,-1,-1,-1,-1,-1,-1,-1,-1],
    [-1,-1,-1,-1,-1,-1,-1,-1,-1,-1,-1,-1,-1,-1,-1,-1,-1,-1,-1,-1],
    [-1,-1,-1,-1,-1,-1,-1,-1,-1,-1,-1,-1,-1,-1,-1,-1,-1,-1,-1,-1],
    [-1,-1,-1,-1,-1,-1,-1,-1,-1,-1,-1,-1,-1,-1,-1,-1,-1,-1,-1,-1],
    [-1,-1,-1,-1,-1,-1,-1,-1,-1,-1,-1,-1,-1,-1,-1,-1,-1,-1,-1,-1],
```

```
      [-1,-1,-1,-1,-1,-1,-1,-1,-1,-1,-1,-1,-1,-1,-1,-1,-1,-1,-1,-1],
      [-1,-1,-1,-1,-1,-1,-1,-1,-1,-1,-1,-1,-1,-1,-1,-1,-1,-1,-1,-1],
      [-1,-1,-1,-1,-1,-1,-1,-1,-1,-1,-1,-1,-1,-1,-1,-1,-1,-1,-1,-1],
      [-1,-1,-1,-1,-1,-1,-1,-1,-1,-1,-1,-1,-1,-1,-1,-1,-1,-1,-1,-1],
      [-1,-1,-1,-1,-1,-1,-1,-1,-1,-1,-1,-1,-1,-1,-1,-1,-1,-1,-1,-1],
      [-1,-1,-1,-1,-1,-1,-1,-1,-1,-1,-1,-1,-1,-1,-1,-1,0,0,0,-1],
      [-1,-1,-1,-1,-1,-1,-1,-1,-1,-1,-1,-1,-1,-1,-1,0,0,0,0,-1],
      [-1,-1,-1,-1,-1,-1,-1,-1,-1,-1,-1,-1,-1,0,0,0,0,0,0,-1],
      [-1,-1,-1,-1,-1,-1,-1,-1,-1,-1,-1,-1,-1,-1,-1,-1,-1,-1,-1,-1]
    ],
    collision2: [ // フォアグラウンドマップの当たり判定データ
      [0,0,1,1,1,0,0,0,0,0,0,0,0,0,0,0,0,0,0,0],
      [0,0,0,0,0,0,0,0,0,0,0,0,0,0,0,0,1,1,1,0],
      [0,0,0,0,0,0,0,0,0,0,0,0,0,0,0,0,1,1,1,0],
      [0,0,0,0,0,0,0,0,0,0,0,0,0,0,0,0,0,1,1,0],
      [0,0,0,0,0,0,0,0,0,0,0,0,0,0,0,0,0,0,0,0],
      [0,0,0,0,0,0,0,0,0,0,0,0,0,0,0,0,0,0,0,0],
      [0,0,0,0,0,0,0,0,0,0,0,0,0,0,0,0,0,0,0,0],
      [0,0,0,0,0,0,0,0,0,0,0,0,0,0,0,0,0,0,0,0],
      [0,0,0,0,0,0,0,0,0,0,0,0,0,0,0,0,0,0,0,0],
      [0,0,0,0,0,0,0,0,0,0,0,0,0,0,0,0,0,0,0,0],
      [0,0,0,0,0,0,0,0,0,0,0,0,0,0,0,0,0,0,0,0],
      [0,0,0,0,0,0,0,0,0,0,0,0,0,0,0,0,0,0,0,0],
      [0,0,0,0,0,0,0,0,0,0,0,0,0,0,0,0,0,0,0,0],
      [0,0,0,0,0,0,0,0,0,0,0,0,0,0,0,0,0,0,0,0],
      [0,0,0,0,0,0,0,0,0,0,0,0,0,0,0,0,0,0,0,0],
      [0,0,0,0,0,0,0,0,0,0,0,0,0,0,0,0,0,0,0,0],
      [0,0,0,0,0,0,0,0,0,0,0,0,0,0,0,0,1,1,1,0],
      [0,0,0,0,0,0,0,0,0,0,0,0,0,0,0,1,1,1,1,0],
      [0,0,0,0,0,0,0,0,0,0,0,0,0,1,1,1,1,1,1,0],
      [0,0,0,0,0,0,0,0,0,0,0,0,0,0,0,0,0,0,0,0]
    ]
  }
}
```

◆パズルのデータ構造

パズルで出題する問題は、JSON形式のデータ(JSONオブジェクト)で定義します。データ構造は、次の通りです。

```
番号: { px: プレイヤーの初期位置のx座標,
    py: y, プレイヤーの初期位置のy座標
    foreground: 前面(フォアグラウンド)マップ有無(true/false),
    tile1: [背面マップデータ],
    collision1: [背面マップの当たり判定データ],
    tile2: [前面マップデータ(foregroundを「true」とした場合)],
    collision2: [前面マップの当たり判定データ(foregroundを「true」とした場合)]
  }
```

「[]」で囲まれているデータは、2次元配列で定義します。

◆プレイヤーの移動処理

プレイヤーは、入力に応じた方向に1マス単位(タイルサイズの16×16が1マス)で動かしています。次の移動先のマスに障害物(当たり判定が設定されているタイル)がある場合は、プレイヤーを停止させます。

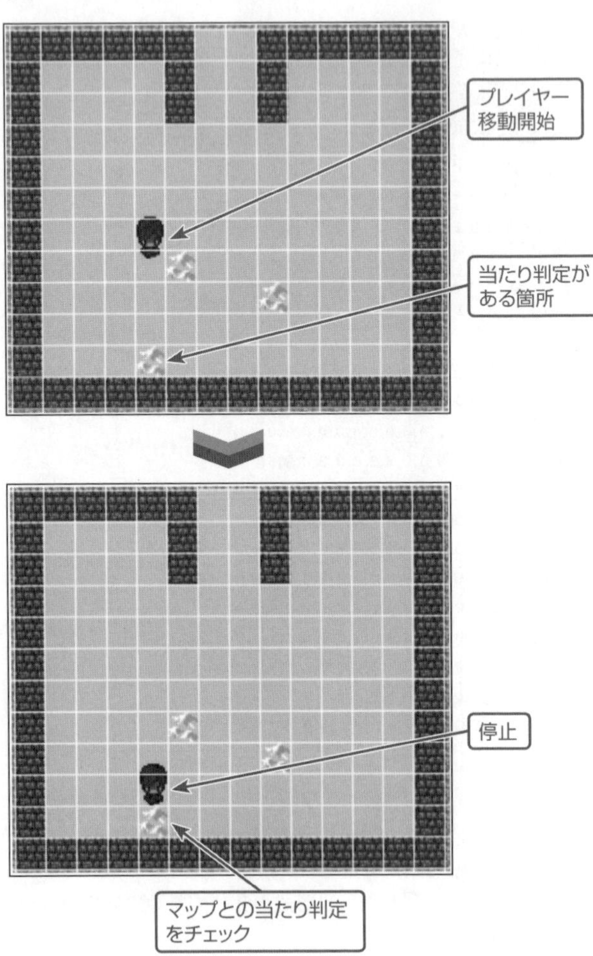

動作の確認

ブラウザで「index.html」を表示します。カーソルキー、または、バーチャルパッドでプレイヤーが移動し、障害物にぶつかるまで移動します。出口に到着すると、クリアです。水たまり(水色のタイル)に入ると最初の位置に移動します。クリアすると、「CLEAR!」と表示され、その画像をクリックすると、次の問題に進みます。

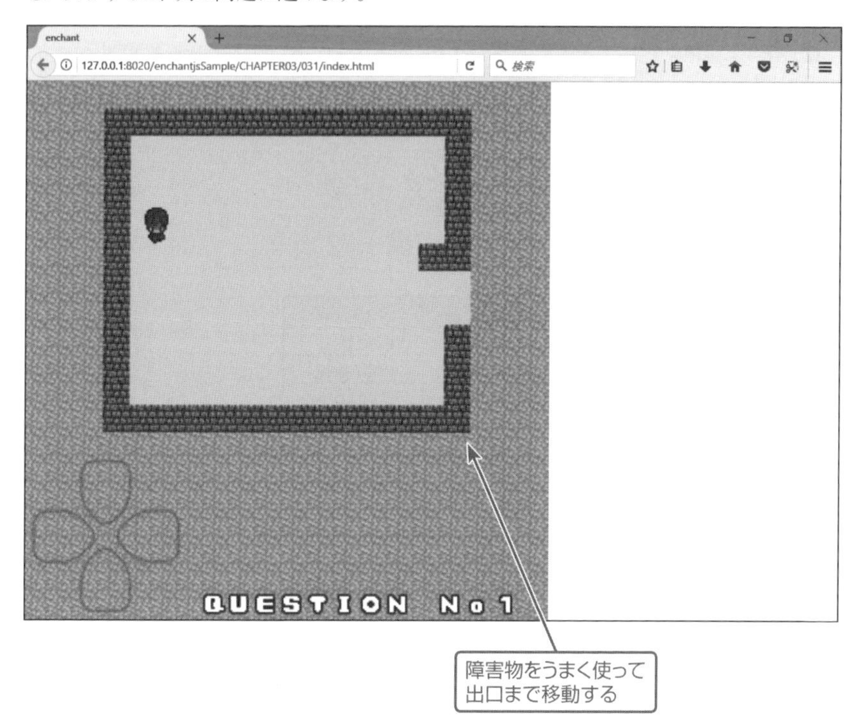

SECTION-032

ビジュアルノベルを作成する

作成するゲームについて

ここでは、ビジュアルノベルを作成します。作成するゲームの仕様は、次の通りです。

1. 表示する画像やテキストを簡素なデータ(JSONオブジェクト)で定義できるようにする。
2. 左右ボタン(カーソルキーの左右)、または、フリック操作でページをめくれるようにする。

素材について

このゲームで使用する素材(画像やサウンド)は、次の通りです。

◆「enchant.js」に含まれる素材

使用する素材で、「enchant.js」に含まれる素材は、次のようになります。

種類	ファイル名
画像ファイル	apad.png
	font0.png
	icon0.png
	pad.png

◆その他の素材

その他の素材は、次のようになります。なお、これらの素材は、本書のダウンロードサンプルに収録しています。

種類	ファイル名
画像ファイル	Chat.png
	prairie.png
	wood.png
	woods.png

なお、「prairie.png」「wood.png」「woods.png」の3つは、「bg」フォルダに入れておきます。

ゲームプログラムの作成

ビジュアルノベルのプログラムを作成します。なお、ビジュアルノベルでは、「ui.enchant.js」プラグインを使います。「index.html」には、127ページのコードを入力してください。

「game.js」には、次のように入力します。

SOURCE CODE 「game.js」のコード

```
enchant();

// ページが読み込まれたときに実行される関数
window.onload = function() {

  core = new Core(320, 320);
  core.fps = 16;
```

```
// ゲームで使用する画像ファイルを指定する
core.preload('bg/prairie.png', 'bg/wood.png', 'bg/woods.png', 'Chat.png');

core.onload = function() {

  // 1ページ目

  // ページデータ(ページの中身を設定するためのJSON形式のデータ)
  var data = {
    bgImage: 'bg/wood.png',    // 背景画像
    nextFunc: 'core.page2',    // 次のページを作成する関数名
    pageNo: 1,                 // ページ番号
    textX: 80,                 // テキスト表示位置のx座標
    textY: 120,                // テキスト表示位置のy座標
    textColor: '#FFFFFF',      // テキストの文字色
    text: {                    // 表示するテキスト
      1: 'ここはどこだろう？',                  // 1行目
      2: 'どうやら道にまよってしまったようだ。' // 2行目
    }
  }

  // 「makeScene」関数を実行して、ページ(シーン)を作成する
  // 第1引数にデータ、1ページ目を作成する場合は第2引数に「true」を渡す
  var scene = makeScene(data, true);

}

// 2ページ目を作成する関数
core.page2 = function() {

  // 2ページ目

  // ページデータ
  var data = {
    bgImage:'bg/woods.png',
    nextFunc: 'core.page3',
    pageNo: 2,
    textX: 20,
    textY: 10,
    textColor: '#FFFFFF',
    text: {
      1: 'あてもなく先に進むと',
      2: 'さらに深い森の中に・・・。',
      3: 'ぼくは そこで不思議なウサギに出会った。'
    }
  }
```

```
    // 「makeScene」関数を実行して、ページ(シーン)を作成する
    var scene = makeScene(data);

    // ページ(シーン)にキャラを追加する

    // キャラのスプライトを作成する(サイズ128x128)
    var chara = new Sprite(128, 128);
    // 画像に「Chat.png」を設定する
    chara.image = core.assets['Chat.png'];
    chara.x = 100; // x座標
    chara.y = 100; // y座標
    // シーンにキャラを追加する
    scene.addChild(chara);

    // 作成したページ(シーン)を返す
    return scene;
  }

  // 3ページ目を作成する関数
  core.page3 = function() {

    // 3ページ目

    // ページデータ
    var data = {
      bgImage: 'bg/prairie.png',
      pageNo: 3,
      textX: 80,
      textY: 120,
      textColor: '#FFFFFF',
      text: {
        1: '彼(ウサギ)についていくと・・',
        2: 'そこは----------',
      }
    }

    // 「makeScene」関数を実行して、ページ(シーン)を作成する
    var scene = makeScene(data);
    // 作成したページ(シーン)を返す
    return scene;
  }
  core.start();
}

// ページ(シーン)を作成するための関数
// 第1引数：ページ(シーン)のデータ(JSON)
```

```
// 第2引数 : rootSceneを作成する場合に「true」を指定する
var makeScene = function(data, isRoot) {
  // シーンを格納する変数
  var scene;
  // rootSceneなら
  if (isRoot) {
    // 「scene」変数にルートシーンを設定する
    scene  = core.rootScene;
  // rootSceneでないなら、新しいシーンを作成する
  } else scene = new Scene();

  // バックグラウンドに画像を画面に表示する処理

  // バックグラウンドを作成する
  // 引数に画像ファイル名を指定する
  var bg = new Background(data.bgImage);
  // バックグラウンドをシーンに追加する
  scene.addChild(bg);

  // テキストを画面に表示する処理

  // データに含まれるテキスト行だけ処理を繰り返す
  for (var i in data.text) {
    // テキストのラベルを作成する
    // 引数には、テキスト、x座標、y座標、文字色の順に指定する
    var putText = new makeText(data.text[i], data.textX, data.textY + i* 16, '#FFFFFF');
    // テキストのラベルをシーンに追加する
    scene.addChild(putText);
  }

  // ページ番号を画面に表示する処理

  // ページ番号のラベルを作成する
  var pageNo = new makeText(String(data.pageNo), 100, 300, '#FFFFFF');
  // ページ番号のラベルをシーンに追加する
  scene.addChild(pageNo);

  var func = data.nextFunc;

  // 「rightbuttondown」イベントリスナ
  scene.addEventListener('rightbuttondown', function(e) {
    // 右ボタンが押され、かつ「func」引数が「null」でないなら次のページ(シーン)に進む
    if (func != null) core.pushScene(eval(func)());
  });
  // 「leftbuttondown」イベントリスナ
  scene.addEventListener('leftbuttondown', function(e) {
```

```
    // 左ボタンが押されたなら、前のページ(シーン)に戻る
    core.popScene();
  });

  // 「touchstart」イベントリスナ
  scene.addEventListener('touchstart', function(e) {
    // タッチ開始した場所のx座標を「sx」プロパティに取得する
    this.sx = e.x;
  });

  // 「touchend」イベントリスナ
  scene.addEventListener('touchend', function(e) {
    // 右方向にフリックされ、かつ「func」引数(次のページを作成する関数名)が
    // 「null」でないなら、次のページ(シーン)に進む
    if (this.sx < e.x && func != null) core.pushScene(eval(func)());
    // 左方向にフリックされたなら、前のページ(シーン)に戻る
    if (this.sx > e.x) core.popScene();
  });

  // バーチャルパッドを画面に表示する処理

  // 「makePad」関数を実行して、パッドを追加する
  makePad(scene);

  // 作成したシーンを返す
  return scene;
}

// テキストのラベルを作成するクラス
var makeText = enchant.Class.create(enchant.Label, {
  // 「initialize」メソッド(コンストラクタ)
  initialize: function(text, x, y, color) {
    // 継承元をコール
    enchant.Label.call(this, text);
    this.x = x; // x座標
    this.y = y; // y座標
    this.color = color; // 文字色
    // フォントサイズとフォントの種類を指定する
    this.font ='14px sens-serif';
  }
});

// バーチャルパッドをシーンに追加する関数
var makePad = function(scene) {
  // バーチャルパッドを作成する
  var pad = new Pad();
  pad.x = 220; // x座標
```

```
  pad.y = 220; // y座標

  // シーンにバーチャルパッドを追加する
  scene.addChild(pad);
}

// バックグラウンドのスプライトを作成する関数
var Background = enchant.Class.create(enchant.Sprite, {
  // 「initialize」メソッド(コンストラクタ)
  initialize: function(image) {
    // 継承元をコール
    enchant.Sprite.call(this, 320, 320);
    // 画像に 引数「image」を設定する
    this.image = core.assets[image];
  }
});
```

◆ページデータの構造

ビジュアルノベルの1ページ(シーン)の中身を設定するためのページデータの構造は、次の通りです。

```
変数名 = {
      bgImage: '背景画像のパス',
      pageNo: ページ番号,
      nextFunc: '次のページを作成する関数名',
      textX: テキスト表示位置のx座標,
      textY: テキスト表示位置のy座標,
      textColor: 'テキストの文字色',
      text: {
        1: '表示するテキストの1行目',
        2: '表示するテキストの1行目',
                  .
                  .
        n: '表示するテキストのn行目',
      }
    }
```

定義したページデータを「makeScene」関数に渡すと、ページが作成されます。1ページ目(ルートシーン)を作成する場合のみ、「makeScene」関数の第2引数に「true」を指定する必要があります。

◆フリック操作の判断

フリック操作は、タッチ開始した場所のx座標(「sx」とする)と、タッチ終了した場所のx座標を比較し、「sx」が小さかったら右方向のフリック、「sx」が大きかったら左方向のフリックと判断しています。

◆テキスト(ラベル)のフォントの指定

表示するテキスト(ラベル)のフォントの指定は、「font」プロパティで指定します。設定値は、フォントサイズとフォント名をスペースで区切って指定します。フォントサイズはピクセル単位で指定します。フォント名には、「MS ゴシック」のように具体的なフォント名を指定できますが、指定したフォントがない機種では表示できないため、次のようなファミリー名で指定するようにします。

フォントファミリー名	説明
serif	明朝体のフォント
sans-serif	ゴシック体のフォント
monospace	等幅系のフォント

動作の確認

ブラウザで「index.html」を表示します。左右ボタン(カーソルキーの左右)、または、フリック操作でページがめくれます。

SECTION-033

「ボールキャッチ!」ゲームを作成する

作成するゲームについて

ここでは、2D物理シミュレーションを再現する「box2d.enchant.js」プラグインを使って、落下してくるボールをキャッチするゲームを作成します。作成するゲームの仕様は、次の通りです。

1. 左右ボタン(カーソルキーの左右)でプレイヤーキャラクターを操作する。
2. 落下してくるボールをキャッチするとスコアを加算。
3. 制限時間(60秒)を設け、制限時間「0」でゲーム終了。

素材について

このゲームで使用する素材(画像やサウンド)は、次の通りです。

◆「enchant.js」に含まれる素材

使用する素材で、「enchant.js」に含まれる素材は、次のようになります。

種類	ファイル名
画像ファイル	apad.png
	end.png
	font0.png
	icon0.png
	icon1.png
	pad.png
	start.png

◆ その他の素材

その他の素材は、次のようになります。なお、これらの素材は、本書のダウンロードサンプルに収録しています。

種類	ファイル名
画像ファイル	betty.png
	bricks.png
	timeup.png

「index.html」の作成

「ボールキャッチ!」ゲームは、「ui.enchant.js」「nineleap.enchant.js」「「box2d.enchant.js」の3つのプラグインと、「Box2dWeb-2.1.a.3.js」ライブラリを使います。

「index.html」には、次のように入力します。

SOURCE CODE ||「index.html」のコード

```
<!DOCTYPE html>
<html>
  <head>
```

```
    <meta charset="utf-8">
    <meta name="viewport" content="width=device-width, user-scalable=no">
    <meta name="apple-mobile-web-app-capable" content="yes">
    <meta name="apple-mobile-web-app-status-bar-style" content="black-translucent">
    <title>enchant</title>
    <script type="text/javascript" src="enchant.js"></script>
    <script type="text/javascript" src="ui.enchant.js"></script>
    <script type="text/javascript" src="nineleap.enchant.js"></script>
    <script type="text/javascript" src="Box2dWeb-2.1.a.3.js"></script>
    <script type="text/javascript" src="box2d.enchant.js"></script>
    <script type="text/javascript" src="game.js"></script>
    <style type="text/css">
      body {margin: 0;}
    </style>
  </head>
  <body>
  </body>
</html>
```


ゲームプログラムの作成

「ボールキャッチ!」ゲームのプログラムを作成します。

「game.js」には、次のように入力します。

SOURCE CODE ||「game.js」のコード

```
enchant();

window.onload = function() {

  core = new Core(320, 320);
  core.fps = 30;

  // スコアを格納するプロパティを設定する
  core.score = 0;
  // 制限時間を管理するプロパティを設定する
  core.limitTime = 60;

  // ゲームで使用する画像ファイルを指定する
  core.preload('icon1.png', 'bricks.png', 'betty.png', 'timeup.png');

  core.onload = function() {

    // 物理シミュレーションを行うための仮想世界を作成する
    physicsWorld = new PhysicsWorld(0, 9.8);

    // バックグラウンド画像を表示するスプライトを作成する
    var bg = new Sprite(320, 320);
```

```
// バックグラウンドの背景色を白色に設定する
bg.backgroundColor = "#FFFFFF";
core.rootScene.addChild(bg);

// 物理シミュレーション用のスプライトを配置するパターンの定義
var blockPtn = [
  [-1,-1,-1,-1,-1,-1,-1,-1,-1,-1,-1,-1,-1,-1,-1,-1,-1,-1,-1,-1],
  [-1,-1,-1,-1,-1,-1,-1,-1,-1,-1,-1,-1,-1,-1,-1,-1,-1,-1,-1,-1],
  [-1,-1,-1,-1,-1,-1,-1,-1,-1,-1,-1,-1,-1,-1,-1,-1,-1,-1,-1,-1],
  [-1,3,3,-1,-1,-1,-1,-1,-1,-1,-1,-1,-1,-1,-1,3,3,-1,-1,-1],
  [-1,-1,-1,-1,-1,3,-1,-1,-1,-1,3,3,3,-1,-1,-1,-1,-1,-1],
  [-1,-1,-1,-1,-1,-1,-1,-1,-1,-1,-1,-1,-1,-1,-1,-1,-1,-1,-1,-1],
  [-1,-1,-1,-1,-1,-1,-1,-1,-1,-1,-1,-1,-1,-1,-1,-1,-1,-1,-1,-1],
  [-1,-1,-1,3,-1,-1,-1,-1,-1,-1,-1,-1,-1,-1,3,3,-1,-1,-1,-1],
  [-1,-1,-1,-1,-1,-1,3,3,-1,-1,-1,3,-1,-1,-1,-1,-1,-1,-1,-1],
  [-1,-1,-1,-1,-1,-1,-1,3,3,-1,-1,-1,-1,-1,-1,-1,-1,-1,-1,-1],
  [-1,-1,-1,-1,-1,-1,-1,-1,-1,-1,-1,-1,-1,-1,-1,-1,3,3,3,-1],
  [-1,-1,-1,3,3,-1,-1,-1,-1,-1,-1,3,3,-1,-1,-1,3,-1,-1,-1],
  [-1,-1,-1,-1,-1,-1,-1,-1,-1,-1,-1,-1,-1,-1,-1,-1,-1,-1,-1,-1],
  [-1,-1,-1,-1,-1,-1,-1,-1,-1,-1,-1,-1,-1,-1,-1,-1,-1,-1,-1,-1],
  [-1,-1,-1,-1,-1,-1,-1,-1,-1,-1,-1,-1,-1,-1,-1,-1,-1,-1,-1,-1],
  [-1,-1,-1,-1,-1,-1,-1,-1,-1,-1,-1,-1,-1,-1,-1,-1,-1,-1,-1,-1],
  [-1,-1,-1,-1,-1,-1,-1,-1,-1,-1,-1,-1,-1,-1,-1,-1,-1,-1,-1,-1],
  [-1,-1,-1,-1,-1,-1,-1,-1,-1,-1,-1,-1,-1,-1,-1,-1,-1,-1,-1,-1],
  [-1,-1,-1,-1,-1,-1,-1,-1,-1,-1,-1,-1,-1,-1,-1,-1,-1,-1,-1,-1],
  [-1,-1,-1,-1,-1,-1,-1,-1,-1,-1,-1,-1,-1,-1,-1,-1,-1,-1,-1,-1]
]

// 左右の壁を作成する
for (var i = 0; i < 20; i++) {
  // 左の壁
  // 壁(静止している四角形の物理シミュレーション用スプライト)を作成する
  var wallLeft =
  new PhyBoxSprite(16, 16, enchant.box2d.STATIC_SPRITE, 1.0, 0.5, 0.5, true);
  // 画像に「bricks.png」を設定する
  wallLeft.image = core.assets['bricks.png'];
  // 表示するフレームの番号を設定する
  wallLeft.frame = 20;
  // 表示位置(座標)を設定する
  wallLeft.position = { x: 8, y: i*16 + 8 };
  core.rootScene.addChild(wallLeft);

  // 右の壁
  var wallRight =
  new PhyBoxSprite(16, 16, enchant.box2d.STATIC_SPRITE, 1.0, 0.5, 0.5, true);
  wallRight.image = core.assets['bricks.png'];
  wallRight.frame = 20;
```

```
    wallRight.position = { x: 320 -8, y: i*16 + 8 };
    core.rootScene.addChild(wallRight);
  }

  // パターン(「blockPtn」配列)に従って、物理シミュレーション用のスプライトを配置する
  for (var i = 0; i < blockPtn.length; i++) {
    for (var j = 0; j < blockPtn[i].length; j++ ) {
      //  パターンの値が「-1」ではないなら
      if (blockPtn[i][j] != -1) {
        // ブロック(静止している四角形の物理シミュレーション用スプライト)を作成する
        var block =
        new PhyBoxSprite(16, 16, enchant.box2d.STATIC_SPRITE, 1.0, 0.5, 0.8, true);
        // 画像に「bricks.png」を設定する
        block.image = core.assets['bricks.png'];
        // 表示するフレームの番号を設定する
        block.frame = blockPtn[i][j];
        // 表示位置(座標)を設定する
        block.position = { x: j * 16 + 8 , y: i * 16  };
        core.rootScene.addChild(block);
      }
    }
  }

  // ボールを格納する配列を定義する
  var balls = [];

  // プレイヤーを表示するスプライトを作成する
  // 引数は初期位置のxy座標を指定する
  var player = new Player(136, 272);

  // rootSceneの「enterframe」イベントリスナ
  core.rootScene.addEventListener('enterframe', function (e) {
    // 物理シミュレーション内の時間を進める
    physicsWorld.step(core.fps);

    // 1秒間隔で実行する処理
    if (core.frame % core.fps == 0) {

       // 制限時間をカウントダウンして、表示を更新する
      core.limitTime--;
      timeLabel.text = 'TIME:' + core.limitTime;

      // 制限時間が「0」なら、タイプアップ画像を表示してゲーム終了
      if (core.limitTime ==0) core.end(null, null, core.assets['timeup.png']);

      // ボールの生成
```

```
    // ボール(動く円形の物理シミュレーション用スプライト)を作成する
    var ball =
    new PhyCircleSprite(8, enchant.box2d.DYNAMIC_SPRITE, 1.0, 0.5, 0.5, true);
    // 画像に「icon1.png」を設定する
    ball.image = core.assets['icon1.png'];
    // 表示するフレームの番号をランダム(0~7)に設定する
    ball.frame = rand(8);
    // ボール表示位置を設定する(x座標は乱数で決める)
    ball.position = {x: rand(16) * 16 + 36 , y: 0 };
    // ボールの飛ばす方向を乱数で設定する(1:右、-1:左)
    var sign = rand(2) ? 1 : -1;
    // ボールに瞬発的な力を加える
    ball.applyImpulse(new b2Vec2(Math.random() * sign, 0));
    // ボールを識別するためインデックスキー(経過秒数を使用)を設定する
    ball.key = core.frame / core.fps;
    // ボールを配列に格納する
    balls[ball.key] = ball;
    // rootSceneにボールを追加する
    core.rootScene.addChild(ball);

    // ボールの「enterframe」イベントリスナ
    ball.addEventListener('enterframe', function() {
      // xまたはy座標が300より大きかったら、ボールを消す
      if (ball > 300) ball.destroy();
    })
  }

  // ボールとプレイヤーの当たり判定(ボールのキャッチ)

  // ボールの数だけ処理を繰り返す
  for (var i in balls) {
    // プレイヤーとボールの中心点の距離が「24」ピクセルなら
    if (player.within(balls[i], 24)) {
      // そのボールを消す
      balls[i].destroy();
      delete balls[i];
      // スコアを加算して、表示を更新する
      core.score += 100;
      scoreLabel.score = core.score;
    }
  }
});

// 制限時間(残り時間)をフォントで表示するラベルを作成する
// 引数はラベル表示位置のxy座標
var timeLabel = new MutableText(192, 0);
```

```
    // 表示する文字列の初期設定
    timeLabel.text = 'TIME:' + core.limitTime;
    core.rootScene.addChild(timeLabel);

    // スコアをフォントで表示するラベルを作成する
    // 引数はラベル表示位置のxy座標
    var scoreLabel = new ScoreLabel(20, 0);
    // スコアの初期値
    scoreLabel.score = 0;
    // イージング表示なしに設定する
    scoreLabel.easing = 0;
    core.rootScene.addChild(scoreLabel);

  }
  core.start();
}

// プレイヤーのスプライトを作成するクラス
var Player = enchant.Class.create(enchant.Sprite, {
  // 「initialize」メソッド(コンストラクタ)
  initialize: function(x, y) {
    // 継承元をコール
    enchant.Sprite.call(this, 48, 48);
    // 画像に「betty.png」を設定する
    this.image = core.assets['betty.png'];
    this.x = x; // x座標
    this.y = y; // y座標
    // 1回の移動量を設定するプロパティ
    this.speed = 8;
    // 「enterframe」イベントリスナ
    this.addEventListener('enterframe', function(e) {

      // プレイヤーの移動処理

      // 左ボタンが押され、かつx座標が「0」より大きいなら、左に移動する
      if (core.input.left && this.x > 0 ) {
        this.x -= this.speed;
      }
      // 右ボタンが押され、かつx座標が「320 - このスプライトの幅」より小さいなら、右に移動する
      if (core.input.right && this.x < 320 -this.width) {
        this.x += this.speed;
      }
    });
    // タッチムーブでプレイヤーを横移動する
    this.addEventListener('touchmove', function(e) {
      this.x = e.x;
    });
```

```
    core.rootScene.addChild(this);
  }
});
```

◆ 2D物理シミュレーションの手順

2D物理シミュレーションを行うための手順は、次の通りです。

1. 「PhysicsWorld」コンストラクタでオブジェクトを生成し、2D物理シミュレーションの仮想空間を作成します。引数には、x軸方向の重力加速度、y軸方向の重力加速度を指定します。
2. 物理シミュレーション用スプライトを作成し、表示オブジェクトツリーに追加します。
3. 「PhysicsWorld」オブジェクトの「step」メソッドで物理シミュレーション内の時間を進めます。引数には、フレームレート(fps)を指定します。この処理は定期処理(ルートシーンの「enterframe」イベントリスナ)の中で行います。

◆ 四角形の物理シミュレーション用スプライトの作成

四角形の物理シミュレーション用スプライトを作成するには、「PhyBoxSprite」コンストラクタでオブジェクトを生成します。引数には、高さ、幅、タイプ、密度、摩擦、反発、モードの順に指定します。タイプには、静的(STATIC_SPRITE)か動的(DYNAMIC_SPRITE)を指定します。モードには、はじめから物理演算を行うかどうかを「true」(行う)、または、「false」(行わない)で指定します。

このゲームでは、壁やブロックを静的な四角形の物理シミュレーション用スプライトで作成しています。

◆ 円形の物理シミュレーション用スプライトの作成

円形の物理シミュレーション用スプライトを作成するには、「PhyCircleSprite」コンストラクタでオブジェクトを生成します。引数には、半径、タイプ、密度、摩擦、反発、モードの順に指定します。タイプには、静的(STATIC_SPRITE)か動的(DYNAMIC_SPRITE)を指定します。モードには、はじめから物理演算を行うかどうかを「true」(行う)、または、「false」(行わない)で指定します。

このゲームでは、ボールを動的な円形の物理シミュレーション用スプライトで作成しています。

動作の確認

ブラウザで「index.html」を表示します。画面をクリック(タッチ)するか、任意のキーを押すと、ゲームが始まります。落ちてくるボールをキャッチすると、スコアに100点が加算されます。

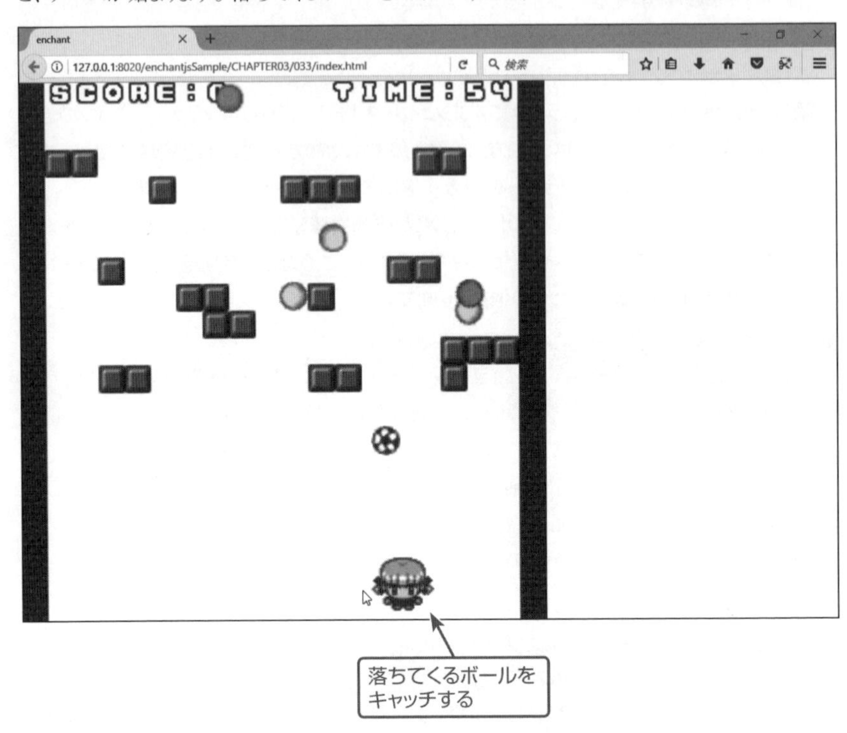

SECTION-034

「ボールキック!」ゲームを作成する

作成するゲームについて

ここでは、2D物理シミュレーションを再現する「box2d.enchant.js」プラグインを使って、ボールを飛ばして目標物を破壊するゲームを作成します。作成するゲームの仕様は、次の通りです。

1. 「a」ボタン(「X」キー)の押下(またはボールのタッチ)でパワーをため、離すとボールが飛ぶようにする。
2. ボールが目標物に衝突すると、目標物が崩れる。また、スコアが加算される。
3. ゲームは一発勝負とし、左ボタン(「←」キー)でリトライ。
4. 右ボタン(「→」キー)で画面をスクロールし、マップ全体を確認できるよううする。

素材について

このゲームで使用する素材(画像やサウンド)は、次の通りです。

◆「enchant.js」に含まれる素材

使用する素材で、「enchant.js」に含まれる素材は、次のようになります。

種類	ファイル名
画像ファイル	apad.png
	font0.png
	icon0.png
	icon1.png
	pad.png

◆その他の素材

その他の素材は、次のようになります。なお、この素材は本書のダウンロードサンプルに収録しています。

種類	ファイル名
画像ファイル	bricks.png

「index.html」の作成

「ボールキック!」ゲームは、「ui.enchant.js」「「box2d.enchant.js」の2つのプラグインと、「Box2dWeb-2.1.a.3.js」ライブラリを使います。

「index.html」には、次のように入力します。

SOURCE CODE 「index.html」のコード

```
<!DOCTYPE html>
<html>
  <head>
    <meta charset="utf-8">
```

```
    <meta name="viewport" content="width=device-width, user-scalable=no">
    <meta name="apple-mobile-web-app-capable" content="yes">
    <meta name="apple-mobile-web-app-status-bar-style" content="black-translucent">
    <title>enchant</title>
    <script type="text/javascript" src="enchant.js"></script>
    <script type="text/javascript" src="ui.enchant.js"></script>
    <script type="text/javascript" src="Box2dWeb-2.1.a.3.js"></script>
    <script type="text/javascript" src="box2d.enchant.js"></script>
    <script type="text/javascript" src="game.js"></script>
    <style type="text/css">
      body {margin: 0;}
    </style>
  </head>
  <body>
  </body>
</html>
```

ゲームプログラムの作成

「ボールキック!」ゲームのプログラムを作成します。

「game.js」には、次のように入力します。

SOURCE CODE 「game.js」のコード

```
enchant();

window.onload = function() {

  core = new Core(320, 320);
  core.fps = 24;

  // ゲームで使用する画像ファイルを指定する
  core.preload('icon1.png', 'bricks.png');
  // 「X」キーに「a」ボタンを割り当てる
  core.keybind(88, 'a');
  // スコアを格納するプロパティを設定する
  core.score = 0;
  // ボール発射フラグ(ボール発射済みなら「true」)
  core.isON = false;

  core.onload = function() {

    // 物理シミュレーションを行うための仮想世界を作成する
    physicsWorld = new PhysicsWorld(0, 9.8);

    // バックグラウンド画像を表示するスプライトを作成する
    var background = new Sprite(320, 320);
    // バックグラウンドの背景色を水色に設定する
```

```
background.backgroundColor = "#4abafa";
core.rootScene.addChild(background);

// 物理シミュレーション用のスプライトを配置するパターンの定義
var tiles = [
  [-1,-1,-1,-1,-1,-1,-1,-1,-1,-1,-1,-1,-1,-1,-1,-1,-1,-1,-1,-1,-1,-1,-1,-1,-1,
   -1,-1,-1,-1,-1,-1,-1,-1,-1,-1,-1,-1,-1,-1,-1,-1,-1,-1,-1,-1,-1,-1,-1,-1,-1,
   -1,-1,-1,-1,-1,-1,-1,-1,-1,-1,-1,-1,-1,-1,-1,-1,-1,-1,-1,-1,-1,-1,-1,-1,-1,
   -1,-1,-1,-1,-1],
  [-1,-1,-1,-1,-1,-1,-1,-1,-1,-1,-1,-1,-1,-1,-1,-1,-1,-1,-1,-1,-1,-1,-1,-1,-1,
   -1,-1,-1,-1,-1,-1,-1,-1,-1,-1,-1,-1,-1,-1,-1,-1,-1,-1,-1,-1,-1,-1,-1,-1,-1,
   -1,-1,-1,-1,-1,-1,-1,-1,-1,-1,-1,-1,-1,-1,-1,-1,-1,-1,-1,-1,-1,-1,-1,-1,-1,
   -1,-1,-1,-1,-1],
  [-1,-1,-1,-1,-1,-1,-1,-1,-1,-1,-1,-1,-1,-1,-1,-1,-1,-1,-1,-1,-1,-1,-1,-1,-1,
   -1,-1,-1,-1,-1,-1,-1,-1,-1,-1,-1,-1,-1,-1,-1,-1,-1,-1,-1,-1,-1,-1,-1,-1,-1,
   -1,-1,-1,-1,-1,-1,-1,-1,-1,-1,-1,-1,-1,-1,-1,-1,-1,-1,-1,-1,-1,-1,-1,-1,-1,
   -1,-1,-1,-1,-1],
  [-1,-1,-1,-1,-1,-1,-1,-1,-1,-1,-1,-1,-1,-1,-1,-1,-1,-1,-1,-1,-1,-1,-1,-1,-1,
   -1,-1,-1,-1,-1,-1,-1,-1,-1,-1,-1,-1,-1,-1,-1,-1,-1,-1,-1,-1,-1,-1,-1,-1,-1,
   -1,-1,-1,-1,-1,-1,-1,-1,-1,-1,-1,-1,-1,-1,-1,-1,-1,-1,-1,-1,-1,-1,-1,-1,-1,
   -1,-1,-1,-1,-1],
  [-1,-1,-1,-1,-1,-1,-1,-1,-1,-1,-1,-1,-1,-1,-1,-1,-1,-1,-1,-1,-1,-1,-1,-1,-1,
   -1,-1,-1,-1,-1,-1,-1,-1,-1,-1,-1,-1,-1,-1,-1,-1,-1,-1,-1,-1,-1,-1,-1,-1,-1,
   -1,-1,-1,-1,-1,-1,-1,-1,-1,-1,-1,-1,-1,-1,-1,-1,-1,-1,-1,-1,-1,-1,-1,-1,-1,
   -1,-1,-1,-1,-1],
  [-1,-1,-1,-1,-1,-1,-1,-1,-1,-1,-1,-1,-1,-1,-1,-1,-1,-1,-1,-1,-1,-1,-1,-1,-1,
   -1,-1,-1,-1,-1,-1,-1,-1,-1,-1,-1,-1,-1,-1,-1,-1,-1,-1,-1,-1,-1,-1,-1,-1,-1,
   -1,-1,-1,-1,-1,-1,-1,-1,-1,-1,-1,-1,-1,-1,-1,-1,-1,-1,-1,-1,-1,-1,-1,-1,-1,
   -1,-1,-1,-1,-1],
  [-1,-1,-1,-1,-1,-1,-1,-1,-1,-1,-1,-1,-1,-1,-1,-1,-1,-1,-1,-1,-1,-1,-1,-1,-1,
   -1,-1,-1,-1,-1,-1,-1,-1,-1,-1,-1,-1,-1,-1,-1,-1,-1,-1,-1,-1,-1,-1,-1,-1,-1,
   -1,-1,-1,-1,-1,-1,-1,-1,-1,-1,-1,-1,-1,-1,-1,-1,-1,-1,-1,-1,-1,-1,-1,-1,-1,
   -1,-1,-1,-1,-1],
  [-1,-1,-1,-1,-1,-1,-1,-1,-1,-1,-1,-1,-1,-1,-1,-1,-1,-1,-1,-1,-1, 1, 1,-1,-1,
   -1,-1,-1,-1,-1,-1,-1,-1,-1,-1,-1,-1,-1,-1,-1,-1,-1,-1,-1,-1,-1,-1,-1,24,24,
   24,-1,-1,-1,-1,-1,-1,-1,-1,-1,-1,-1,-1,-1,-1,-1,-1,-1,-1,-1,-1,-1,-1,-1,-1,
   -1,-1,-1,-1,-1],
  [-1,-1,-1,-1,-1,-1,-1,-1,-1,-1,-1,-1,-1,-1,-1,-1,-1,-1,-1,-1,-1,-1,-1,-1,-1,
   -1,-1,-1,-1,-1,-1,-1,-1,-1,-1,-1,-1,-1,-1,-1,-1,-1,-1,-1,-1,-1,-1,-1,20,29,
   20,-1,-1,-1,-1,-1,-1,-1,-1,-1,-1,-1,-1,-1,-1,-1,-1,-1,-1,-1,-1,-1,-1,-1,-1,
   -1,-1,-1,-1,-1],
  [-1,-1,-1,-1,-1,-1,-1,-1,-1,-1,-1,-1,-1,-1,-1,-1,-1,-1,-1,-1,-1,-1,-1,-1,-1,
   -1,-1,-1,-1,-1,-1,-1,-1,-1,-1,-1,-1,-1,-1,-1,-1,-1,-1,-1,-1,-1,-1,-1,20,28,
   20,-1,-1,-1,-1,-1,-1,-1,-1,-1,-1,-1,-1,-1,-1,-1,-1,-1,-1,-1,-1,-1,-1,-1,-1,
   -1,-1,-1,-1,-1],
  [-1,-1,-1,-1,-1,-1,-1,-1,-1,-1,-1,-1,-1,-1,-1,-1,-1,-1,-1,-1,-1,-1,-1,-1,-1,
   -1,-1,-1,-1,-1,-1,-1,-1,-1,-1,-1,-1,-1,-1,-1,-1,-1,-1,-1,-1,-1,-1,-1,24,24,
```

ミニゲームの作成

```
    24,-1,-1,-1,-1,-1,-1,-1,-1,-1,-1,-1,-1,-1,-1,-1,-1,-1,-1,-1,-1,-1,-1,-1,-1,
    -1,-1,-1,-1,-1],
   [-1,-1,-1,-1,-1,-1,-1,-1,-1,-1,-1,-1,-1,-1,-1,-1,-1,-1,-1,-1,-1,-1,-1,-1,-1,
    -1,-1,-1,-1,-1,-1,-1,-1,-1,-1,-1,-1,-1,-1,-1,-1,-1,-1,-1,-1,-1,-1,-1,29,20,
    21,-1,-1,-1,-1,-1,-1,-1,-1,-1,-1,-1,-1,-1,-1,-1,-1,-1,-1,-1,-1,-1,-1,-1,-1,
    -1,-1,-1,-1,-1],
   [-1,-1,-1,-1,-1,-1,-1,-1,-1,-1,-1,-1,-1,-1,-1,-1,-1,-1,-1,-1,-1,-1,-1,-1,-1,
    -1,-1,-1,-1,-1,-1,-1,-1,-1,-1,-1,-1,-1,-1,-1,-1,-1,-1,-1,-1,-1,-1,-1,28,20,
    22,-1,-1,-1,-1,-1,-1,-1,-1,-1,-1,-1,-1,-1,-1,-1,-1,-1,-1,-1,-1,-1,-1,-1,-1,
    -1,-1,-1,-1,-1],
   [-1,-1,-1,-1,-1,-1,-1,-1,-1,-1,-1,-1,-1,-1,-1,-1,-1,-1,-1,-1,-1,-1,-1,-1,-1,
    -1,-1,-1,-1,-1,-1,-1,-1,-1,-1,-1,-1,-1,-1,-1,-1,-1,-1,-1,-1,-1, 2, 2, 2, 2,
     2, 2, 2,-1,-1,-1,-1,-1,-1,-1,-1,-1,-1,-1,-1,-1,-1,-1,-1,-1,-1,-1,-1,-1,-1,
    -1,-1,-1,-1,-1],
   [-1,-1,-1,-1,-1,-1,-1,-1,-1,-1,-1,-1,-1,-1,-1,-1, 3, 3,-1,-1,-1,-1,-1,-1,-1,
    -1,-1,-1,-1,-1,-1,-1,-1,-1,-1,-1,-1,-1,-1,-1,-1,-1,-1,-1,-1,-1, 1, 1, 1, 1,
     1, 1, 1, 2, 2, 2, 2,-1,-1,-1,-1,-1,-1,-1,-1,-1,-1,-1,-1,-1,-1,-1,-1,-1,-1,
    -1,-1,-1,-1,-1],
   [-1,-1,-1,-1,-1,-1,-1,-1,-1,-1,-1,-1,-1,-1,-1,-1,-1,-1,-1,-1,-1,-1,-1,-1,-1,
    -1,-1,-1,-1,-1,-1,-1,-1,-1,-1,-1,-1,-1, 3, 3, 3, 3,-1,-1,-1,-1, 1, 1, 1, 1,
     1, 1, 1, 1, 1, 1, 1, 2, 2, 2, 2,-1,-1,-1,-1,-1,-1,-1,-1,-1,-1,-1,-1,-1,-1,
    -1,-1,-1,-1, 2],
   [ 2,-1,-1,-1,-1,-1,-1,-1,-1,-1,-1,-1,-1,-1,-1,-1,-1,-1,-1,-1,-1,-1, 2, 2, 2,
     2, 2, 2, 2, 2, 2,-1,-1,-1,-1,-1,-1,-1,-1,-1,-1,-1,-1,-1,-1,-1, 1, 1, 1, 1,
     1, 1, 1, 1, 1, 1, 1, 1, 1, 1, 1, 2, 2, 2, 2,-1,-1,-1,-1,-1,-1,-1,-1,-1,-1,
    -1,-1,-1,-1, 1],
   [ 1, 2, 2, 2, 2, 2, 2, 2, 2, 2, 2, 2, 2, 2, 2, 2, 2, 2, 2, 2, 2, 2, 1, 1, 1,
     1, 1, 1, 1, 1, 1,-1,-1,-1,-1,-1,-1,-1,-1,-1,-1,-1,-1,-1,-1,-1, 1, 1, 1, 1,
     1, 1, 1, 1, 1, 1, 1, 1, 1, 1, 1, 1, 1, 1, 1, 2, 2, 2,-1,-1, 2, 2,-1,-1,-1,
    -1,-1,-1,-1, 1],
   [ 1, 1, 1, 1, 1, 1, 1, 1, 1, 1, 1, 1, 1, 1, 1, 1, 1, 1, 1, 1, 1, 1, 1, 1, 1,
     1, 1, 1, 1, 1, 1, 2, 2, 2, 2, 2, 2, 2, 2, 2, 2, 2, 2, 2, 2, 2, 1, 1, 1, 1,
     1, 1, 1, 1, 1, 1, 1, 1, 1, 1, 1, 1, 1, 1, 1, 1, 1, 1,-1,-1, 1, 1, 2, 2, 2,
     2, 2, 2, 2, 1],
   [ 1, 1, 1, 1, 1, 1, 1, 1, 1, 1, 1, 1, 1, 1, 1, 1, 1, 1, 1, 1, 1, 1, 1, 1, 1,
     1, 1, 1, 1, 1, 1, 1, 1, 1, 1, 1, 1, 1, 1, 1, 1, 1, 1, 1, 1, 1, 1, 1, 1, 1,
     1, 1, 1, 1, 1, 1, 1, 1, 1, 1, 1, 1, 1, 1, 1, 1, 1, 1, 1, 1, 1, 1, 1, 1, 1,
     1, 1, 1, 1, 1]
];

// タイルの横幅を取得する
var tiles_width = tiles[0].length * 16;
// 「stage」グループを作成する
var stage = new Group();

// パターン(「tiles」配列)に従って、物理シミュレーション用のスプライトを配置する
for (var i = 0; i < tiles.length; i++) {
```

```
  for (var j = 0; j < tiles[i].length; j++) {

    // パターンの値が「-1」ではないなら
    if (tiles[i][j] != -1) {
      // パターンの値が「20」より小さいなら
      if (tiles[i][j] < 20) {
        // 静止タイル(静止している四角形の物理シミュレーション用スプライト)を作成する
        var tile =
          new PhyBoxSprite(16, 16, enchant.box2d.STATIC_SPRITE, 1.0, 0.5, 0.2, true);
      } else {
        // それ以外なら、動くタイル(動く四角形の物理シミュレーション用スプライト)を
        // 作成する
        var tile =
          new PhyBoxSprite(16, 16, enchant.box2d.DYNAMIC_SPRITE, 1.0, 0.5, 0.2, true);
        // タイルの「enterframe」イベントリスナ
        tile.addEventListener('enterframe', function(e) {
          // 動くタイルとボールが衝突したら
          if (this.intersect(ball)) {
            // スコアを加算して、表示を更新する
            core.score += 100;
            scoreLabel.text = 'SCORE : ' + core.score;
          }
        });
      }
      // 画像に「bricks.png」を設定する
      tile.image = core.assets['bricks.png'];
      // 表示するフレーム番号を設定する
      tile.frame = tiles[i][j];
      // 表示位置(座標)を設定する
      tile.position = { x: j * 16 + 8 , y: i * 16  };
      // 「stage」グループにタイルを追加する
      stage.addChild(tile);
    }
  }
}
// rootSceneに「stage」グループを追加する
core.rootScene.addChild(stage);

// ボール(動く円形の物理シミュレーション用スプライト)を作成する
var ball = new PhyCircleSprite(8, enchant.box2d.DYNAMIC_SPRITE, 1.0, 0.5, 0.5, true);
// 画像に「icon1.png」を設定する
ball.image = core.assets['icon1.png'];
ball.frame = 0;                        // フレーム番号
ball.position = { x: 32 , y: 252 }; // 表示位置(座標)
ball.speed = 4;                        // スピード
ball.direction = 0;                    // 向き
ball.buttonMode = 'a';                 // ボタンモード
```

```
// rootSceneにボールを追加する
stage.addChild(ball);

// 力の大きさを設定する変数
var power = 0;

// ボールに加える力の大きさを表すバーを作成する

// バーを格納する配列
var bars = [];
// (16, 10)の位置から「10」ピクセル幅のバーを25個、x方向に並べる
for (var i = 0; i < 25; i++) {
  // バーを作成する
  var pb = makeBar(i * 10 + 16, 10);
  // バーを配列に格納する
  bars[i]= pb;
  // rootSceneにバーを追加する
  core.rootScene.addChild(pb);
}

// rootSceneの「enterframe」イベントリスナ
core.rootScene.addEventListener('enterframe', function (e) {
  // 物理シミュレーション内の時間を進める
  physicsWorld.step(core.fps);

  // 「a」ボタンの押している時間(力の大きさ)に応じて、バーを長くする

  if (core.input.a) {
    // ボール発射済みならリターン
    if (core.isON  == true) return;
    // 「a」ボタンが押されており、「power」変数の値が最大値に以下なら
    if (power < 25) {
      // 「power」変数の値に対応するバーを表示する
      bars[power].visible = true;
      // 「power」変数の値をインクリメントする
      power ++;
    }
  }

  // 右ボタンが押されたら、画面( 「stage」グループ)を右方向にスクロールする
  if (core.input.right) {
    stage.x -= 16;
  } else {
    // そうでなければ、ボールの位置を中心とした画面、または左端の画面を表示する
    var x = Math.min((core.width  - 16) / 2 - ball.x, 0);
    stage.x = x;
  }
```

```
        // 左ボタンが押され、ボール発射済みなら
        if (core.input.left && core.isON  == true) {
          // ページをリロードする(リセットする)
          location.reload();
        }
        // ボールが飛んでいる状態になったら、バーの長さを短くしていく
        if (ball.jump == true) {
          power --;
          bars[power].visible = false;
          // 「power」変数が「1」より小さくなったら、ボールの「jump」プロパティを「false」にする
          if (power < 1) ball.jump = false;
        }
      });
      // rootSceneの「abuttonup」イベントリスナ
      core.rootScene.addEventListener('abuttonup', function (e) {
        // ボール発射済みならリターン
        if (core.isON  == true) return;
        // ボールに「power」変数の値に応じた瞬発的な力を加える
        ball.applyImpulse(new b2Vec2(power/10, -(power/10)));
        // ボールの「jump」プロパティを「true」にする(ボールが飛んでいる状態を表す)
        ball.jump = true;
        // 「ボール発射済みにする
        core.isON  = true;
      });

      // スコアを表示するラベルを作成する
      var scoreLabel = new Label();
      scoreLabel.color = '#FFFFFF';         // 文字色
      scoreLabel.x = core.width - 100;      // x座標
      scoreLabel.y = 0;                     // y座標
      scoreLabel.text = 'SCORE : ' + 0;     // 表示するテキスト
      scoreLabel.font ='14px sens-serif'; // フォントサイズとフォントの種類
      core.rootScene.addChild(scoreLabel);

      // バーチャルパッドを作成する
      var pad = new Pad();
      pad.x = 220; // x座標
      pad.y = 220; // y座標
      core.rootScene.addChild(pad);

    };
    core.start();
};

// パワーバーを作成する関数
var makeBar = function(x, y) {
```

```
    // バーを表示するスプライトを作成する
    var bar = new Sprite(10, 10);
    // 背景色に赤色を設定する
    bar.backgroundColor = "#FF0000";
    bar.x = x; // x座標
    bar.y = y; // y座標
    bar.visible = false; // 可視状態(非表示)
    return bar; // 作成したスプライトオブジェクトを返す
}
```

◆ボールの発射処理

動的な物理シミュレーションのスプライトは、力を加えることで動かすことができます。このゲームでは、ボールに瞬発的な力を加えて、ボールを飛ばしています。瞬発的な力を加えるには、「applyImpulse」メソッドを使います。引数には、力の方向と大きさを表すベクトルを指定します。ベクトルは、「b2Vec2」コンストラクタで生成します。引数には、x方向のベクトルとy方向のベクトルを指定します。

◆密度とスプライトのサイズと力の関係

密度(重さ)の小さい物体ほど、小さな力でも遠くに飛ばすことができます。また、同じ密度でスプライトのサイズ(幅や高さ)が大きすると、重くなるため、飛ばすためには、大きな力が必要になります。

動作の確認

ブラウザで「index.html」にアクセスします。「a」ボタン(「X」キー)を押すか、ボールでマウスのボタンを押下(またはタッチ)し、タイミングを見計らって離すと、ボールが飛び出します。ボールが目標物に衝突すると、目標物が崩れます。また、右ボタン(「→」キー)でマップを確認することができます。左ボタン(「←」キー)でリトライとなります。なお、右ボタンと左ボタンの操作は、バーチャルパッドでも可能です。

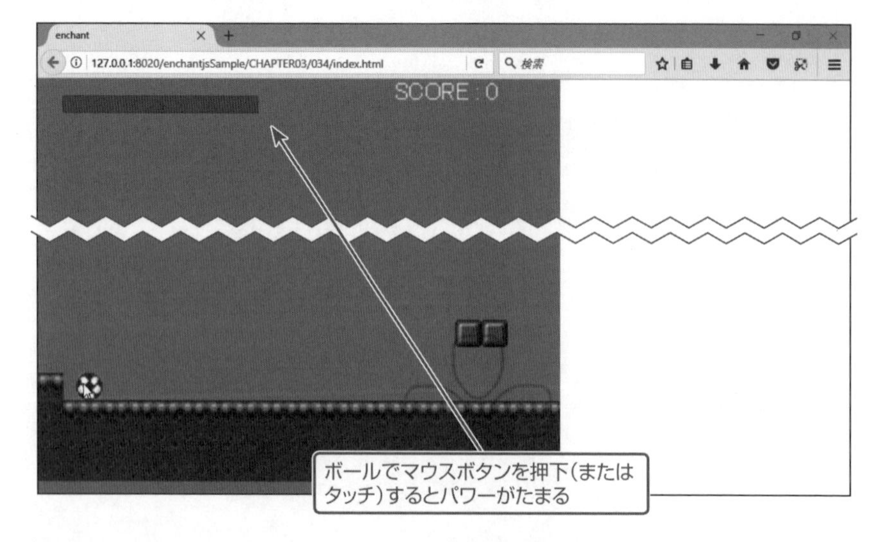

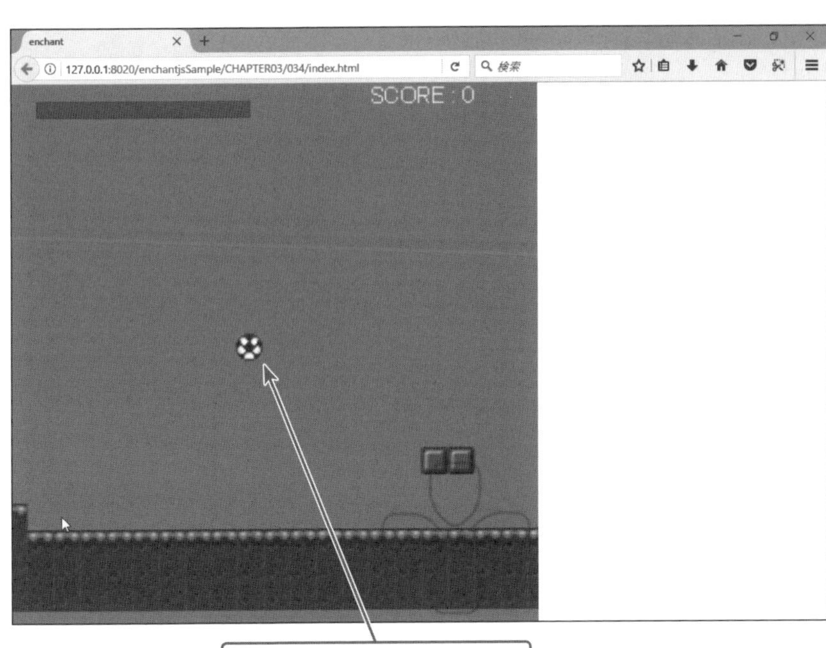
enchant
127.0.0.1:8020/enchantjsSample/CHAPTER03/034/index.html
検索
SCORE : 0
マスボタンを離す(またはタッチを
終了)とボールが発射する

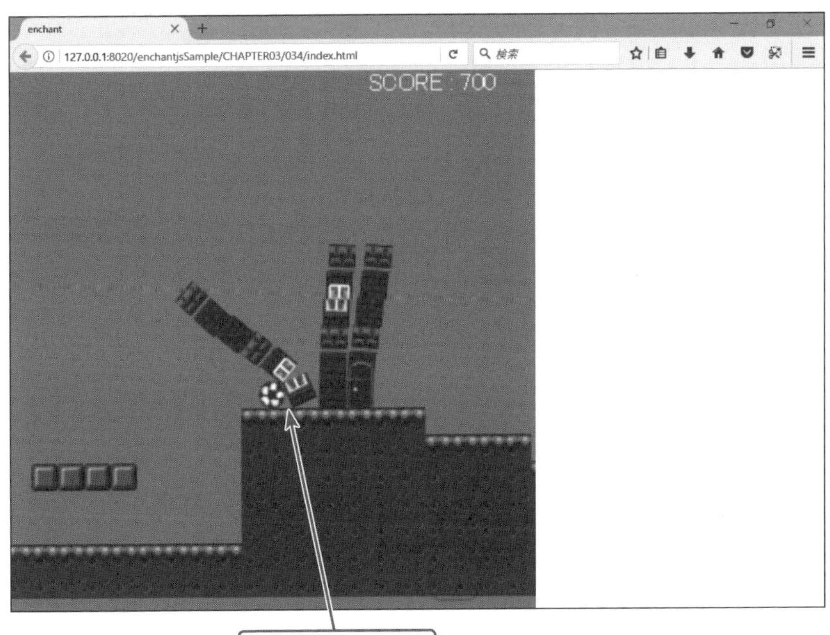
enchant
127.0.0.1:8020/enchantjsSample/CHAPTER03/034/index.html
検索
SCORE : 700
目標物に衝突すると
スコアが加算される

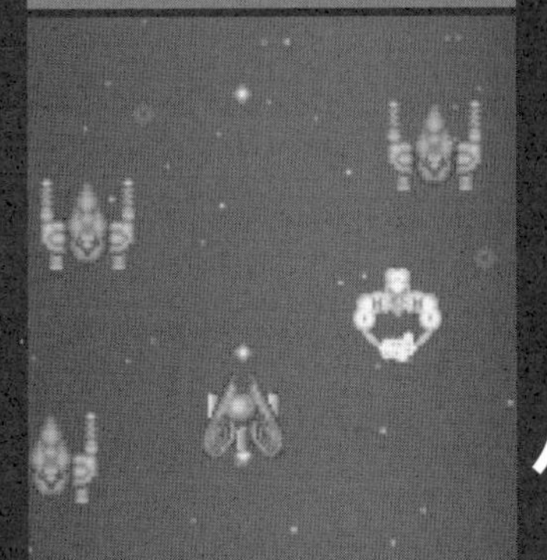

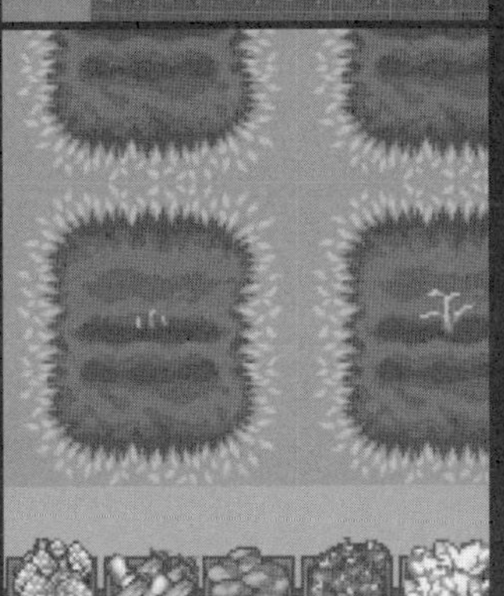

CHAPTER 04

バトルゲームの作成

SECTION-035

バトルゲームを作成する

作成するバトルゲームについて

このCHAPTERでは、「avatar.enchant.js」プラグインを使って、バトルゲームを作成していきます。仕様に沿って機能を少しずつ実装していき、ゲームを完成させていきます。作成するバトルゲームの仕様は、次の通りです。

1. プレイヤーキャラクター(以下、プレイヤー)は、左右ボタン(「←」「→」キー)で移動、「a」ボタン(「X」キー)で攻撃。
2. 条件付きで、特殊技を「b」ボタン(「Z」キー)で発動できるようにし、通常攻撃より大きなダメージを与える。
3. プレイヤーには、HP(ヒットポイント)、最大HP、攻撃力の3つステータスを持たせる。
4. プレイヤーのHPは、モンスターの攻撃により減少し、HPが「0」になるとゲームオーバー。
5. プレイヤーの動きに合わせて背景をスクロールする。
6. 登場するモンスターは9種類。モンスターは1体ずつ出現し、倒すと次のモンスターが出現する。すべてのモンスターを倒すとゲームクリア。
7. モンスターには、HP、スピード、攻撃力の3つステータスを持たせる。
8. モンスターは、設定されたスピードでプレイヤーに向かって移動し、一定の距離まで近づくとプレイヤーを攻撃する。
9. プレイヤーとモンスターは、挙動に応じたアクションを行う。
10. スマートフォンやタブレット向けに、バーチャルパッドで操作できるようする。

素材について

このゲームで使用する素材(画像やサウンド)は、次の通りです。

◆「enchant.js」に含まれる素材

使用する素材で、「enchant.js」に含まれる素材は、次のようになります。

種類	ファイル名
画像ファイル	apad.png
	avatarBg1.png
	avatarBg2.png
	avatarBg3.png
	clear.png
	end.png
	font0.png
	icon0.png
	pad.png
	start.png
	bigmonster1.gif
	bigmonster2.gif
	monster1.gif

種類	ファイル名
画像ファイル	monster2.gif
	monster3.gif
	monster4.gif
	monster5.gif
	monster6.gif
	monster7.gif

なお、「bigmonster1.gif」「bigmonster2.gif」と「monster1.gif」〜「monster7.gif」の画像ファイルは、「monster」フォルダに入れておきます。

◆ その他の素材

その他の素材は、次のようになります。なお、これらの素材は、本書のダウンロードサンプルに収録しています。

種類	ファイル名
画像ファイル	button.png
	button2.png

「index.html」の作成

このゲームでは、「ui.enchant.js」「nineleap.enchant.js」「avatar.enchant.js」の3つのプラグインを使います。なお、2012年12月現在、「avatar.enchant.js」にはバグがあるため、「avatar.enchant.js」のコードの一部を修正する必要があります（180ページ参照）。

「index.html」には、次のように入力します。

SOURCE CODE 「index.html」のコード

```
<!DOCTYPE html>
<html>
  <head>
    <meta charset="utf-8">
    <meta name="viewport" content="width=device-width, user-scalable=no">
    <meta name="apple-mobile-web-app-capable" content="yes">
    <meta name="apple-mobile-web-app-status-bar-style" content="black-translucent">
    <title>enchant</title>
    <script type="text/javascript" src="enchant.js"></script>
    <script type="text/javascript" src="ui.enchant.js"></script>
    <script type="text/javascript" src="nineleap.enchant.js"></script>
    <script type="text/javascript" src="avatar.enchant.js"></script>
    <script type="text/javascript" src="game.js"></script>
    <style type="text/css">
      body {margin: 0;}
    </style>
  </head>
  <body>
  </body>
</html>
```

SECTION-036
プレイヤーキャラクターのアバターを実装する

実装する機能について

ここでは、プレイヤーキャラクターのアバター（以下、キャラ）を実装します。キャラは、左右ボタン（「←」「→」キー）で移動し、その動きに合わせて背景をスクロールさせます。また、「a」ボタン（「X」キー）で攻撃、「b」ボタン（「Z」キー）で特殊技のアクションを行うようにします。

定数とステータス保持変数の定義

キャラの位置の設定するための「PLYER_POS_SX」定数と、キャラのステータスを保持するための「playerStatus」変数（オブジェクト変数）を定義します。また、最初に「enchant.js」をエクスポートしておきます。「game.js」に次のように入力します。

SOURCE CODE ｜「game.js」の定数とステータス保持変数のコード

```
enchant();

// 定数
PLYER_POS_SX = 50; // プレイヤーキャラクターの初期位置のx座標

// プレイヤーキャラクターのステータス
var playerStatus = {
  maxhp: 1000,  // 最大HP
  hp: 1000,     // 現在HP
  attack: 1,    // 攻撃力
}
```

◆定数について

JavaScriptでは、言語の仕様上、明確に定数を定義できません。このため、名前を大文字で記述した変数を定数として扱うようにします。

プログラム中で、再設定する可能性のある数値や、頻繁に使う数値は、定数にしておくようにします。定数にしておくことで、プログラムの可読性や、デバッグの効率を向上させることができます。ゲームの場合は、ゲームバランスを決定する数値を定数にしておくと、後からゲームバランスの調整を行う作業が楽になります。キャラのステータスをオブジェクト変数に定義している理由も定数と同じです。

「Player」クラスの実装

「avatar.enchant.js」プラグインの「Avatar」オブジェクトを継承して、プレイヤーキャラを作成するための「Player」クラスを定義します。「game.js」には、次のように入力します。

SOURCE CODE ｜「game.js」の「Player」クラスのコード

```
// プレイヤーキャラクター(以下キャラ)を作成するクラス
var Player = enchant.Class.create(enchant.avatar.Avatar , {
```

```
// 「initialize」メソッド(コンストラクタ)
initialize: function(code, x, y) {
  // 継承元をコール
  enchant.avatar.Avatar.call(this, code);
  this.scaleX = -1; // x方向の向き(1:右向き、-1:左向き)
  this.scaleY = 1;  // y方向の向き(1:上向き、-1:下向き)
  this.x = x;  // x座標
  this.y = y;  // y座標

  this.vx = 4; // x方向の移動量
  this.hp = playerStatus.hp;          // HP
  this.maxhp = playerStatus.maxhp;    // 最大HP
  this.attack = playerStatus.attack; // 攻撃力

  // 「enterframe」イベントリスナ
  this.addEventListener('enterframe', function() {

    // キャラの攻撃、移動処理

    // 右ボタンが押され、かつキャラのx座標が「ゲーム幅-64」より小さいなら
    if (core.input.right && this.x < core.width - 64) {
      // キャラを右向きにする
      this.scaleX = -1;
      // キャラを「run」アクション
      this.action = "run";
      // 右方向に「vx」プロパティの値ずつ移動させる
      this.x += this.vx;
      // バックグラウンドをキャラの動きに合わせてスクロールする
      bg.scroll(this.x);

    // 左ボタンが押され、かつキャラのx座標が「0」より大きいなら
    } else if (core.input.left && this.x > 0) {
      // キャラを左向きにする
      this.scaleX = 1;
      // キャラを「run」アクション
      this.action = "run";
      // 左方向に「vx」プロパティの値ずつ移動させる
      this.x -= this.vx;
      // バックグラウンドをキャラの動きに合わせてスクロールする
      bg.scroll(this.x);

    // 「a」または「b」ボタンが押されたなら
    } else if (core.input.a || core.input.b) {
      // 「a」ボタンが押された場合、通常攻撃する
      if (core.input.a) {
        this.action = "attack";
      }
```

```
        // 「b」ボタンが押された場合、特殊技で攻撃する
        if (core.input.b) {
            this.action = "special";
        }
      } else {
        // ボタンが何も押されていないなら「stop」状態にする
        this.action = "stop";
      }
    });
  core.rootScene.addChild(this);
  }
});
```

◆「Player」クラスの定義

キャラを作成するには、「avatar.enchant.js」プラグインの「Avatar」オブジェクトを使います。ここでは、「Avatar」オブジェクトを継承して、プレイヤーキャラを作成する「Player」クラスを定義しています。「Player」クラスでは、キャラのステータスの設定、および、攻撃や移動の処理を定義しています。

◆キャラのアクション

キャラのアクションは、「action」プロパティで設定します。設定できるアクションは、次の通りです。

設定値	アクション
stop	停止
run	走る
attack	攻撃
special	特殊技
damage	ダメージを受ける
dead	戦闘不能
demo	デモ

ゲームのメインプログラムの入力

ゲームのメインプログラムとなる「window.onload」関数、および、「core.onload」関数のコードを入力します。「game.js」には、次のように入力します。

SOURCE CODE 「game.js」のメインプログラムのコード

```
window.onload = function() {

  core = new Core(320,320);

  // ゲームで使用する画像ファイルを指定する
  core.preload('avatarBg1.png', 'avatarBg2.png', 'avatarBg3.png');

  // 「X」キーに「a」ボタンを割り当てる
  core.keybind(88, 'a');
```

```
// 「Z」キーに「b」ボタンを割り当てる
core.keybind(90, 'b');

core.onload = function() {

  // rootSceneの背景色を白色にする
  core.rootScene.backgroundColor = "#FFFFFF";

  // アバターの背景を作成する
  // 引数には、背景パターンの番号(0~3)を指定する
  bg = new AvatarBG(1);
  bg.y = 50; // y座標
  // rootSceneにアバターの背景を追加する
  core.rootScene.addChild(bg);

  // プレイヤーキャラクターを作成する
  // 引数は、アバターコード、x座標、y座標の順に指定する
  chara = new Player("2:2:1:2004:21230:22480", PLYER_POS_SX, 100);

 }
 core.start();
}
```

◆ キャラの作成

キャラを作成するには、「Player」クラスのコンストラクタでオブジェクトを生成します。引数には、アバターコード、x座標、y座標の順に指定します。アバターコードは、アバターエディタ(http://9leap.net/games/1383)で取得することができます。

◆ アバターの背景の作成

アバターの背景を作成するには、「avatar.enchant.js」プラグインの「AvatarBG」コンストラクタでオブジェクトを生成します。引数には、背景パターンの番号(0~3)を指定します。

この背景を、キャラの動きに合わせてスクロールするには、定期処理(「enterframe」イベントリスナ)の中で、キャラのオブジェクトを引数に渡して、「scroll」メソッドを実行します。ここでは、「Player」クラスの「enterframe」イベントリスナの中で、背景(「AvatarBG」オブジェクト)の「scroll」メソッドを実行しています。

動作の確認

ブラウザで「index.html」を表示します。左右ボタン(「←」「→」キー)でキャラが移動し、背景がスクロールします。また、「a」ボタン(「X」キー)で攻撃のアクション、「b」ボタン(「Z」キー)で特殊技のアクションをキャラが行います。

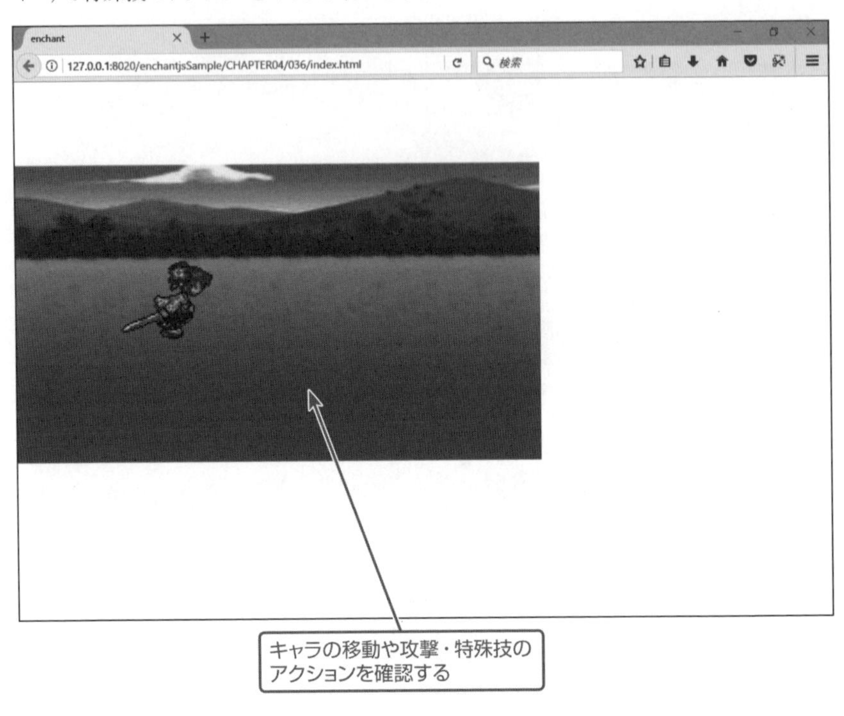

COLUMN 「avatar.enchant.js」を使用する際の注意点

旧バージョンの「enchant.js v0.6.x」に含まれる「avatar.enchant.js」は、バグにより正しく動作しないため、「enchant.js v0.6.0/v0.6.1」では176行目のコードを、「enchant.js v0.6.2/v0.6.3」では177行目のコードを次のように修正する必要があります。

◉修正前

```
tile.image = core.assets["avadtarBg1.png"];
```

◉修正後

```
tile.image = core.assets["avatarBg1.png"];
```

なお、本書のダウンロードサンプルに収録されている「avatar.enchant.js」は修正済みです。また、「enchant.js v0.7.0」以降では、この問題は修正されています。

SECTION-037

プレイヤーをバーチャルパッドで操作する

実装する機能について

ここでは、スマートフォンやタブレット向けに、バーチャルパッドでプレイヤーキャラ(以下、キャラ)を操作できるようにします。「a」「b」ボタンの機能については、独自のバーチャルボタンを作成して割り当てます。

「Button」クラスの実装

「a」ボタンと「b」ボタンのバーチャルボタンを作成するための「Button」クラスを定義します。「game.js」に、次のように入力します。

SOURCE CODE 「game.js」の「Button」クラスのコード

```
// バーチャルボタンを作成するクラス
var Button = enchant.Class.create(enchant.Sprite, {
  // 「initialize」メソッド(コンストラクタ)
  initialize: function(x, y, mode) {
    // 継承元をコール
    enchant.Sprite.call(this, 50, 50);
    // 画像に「button.png」を設定する
    this.image = core.assets['button.png'];
    this.x = x; // x座標
    this.y = y; // y座標
    this.buttonMode = mode; // ボタンモード
    // rootSceneにバーチャルボタンを追加する
    core.rootScene.addChild(this);
  }
});

window.onload = function() {

// ... 省略 ...
```

バーチャルパッド/ボタンの実装

まず、「core.preload」メソッドでプリロードする画像に「button.png」を追加します。「core.preload」メソッドを次のように変更します。

SOURCE CODE 「game.js」の「core.preload」メソッドのコード

```
  // ゲームで使用する画像ファイルを指定する
  core.preload('avatarBg1.png', 'avatarBg2.png', 'avatarBg3.png',
               'button.png');
```

次に、「core.onload」関数に、バーチャルパッド/ボタンを作成する処理を追加します。「core.onload」関数に、次のように入力します。

SOURCE CODE ‖ 「game.js」の「core.onload」関数のコード

```
core.onload = function() {

  // ... 省略 ...

  // プレイヤーキャラクターを作成する
  // 引数は、アバターコード、x座標、y座標の順に指定する
  chara = new Player("2:2:1:2004:21230:22480", PLYER_POS_SX, 100);

  // バーチャルパッドを作成する
  var pad = new Pad();
  pad.x = 0;   // x座標
  pad.y = 220; // y座標
  core.rootScene.addChild(pad);


  // 「a」ボタンと「b」ボタンのバーチャルボタンを作成する
  // 引数は、x座標、y座標、ボタンモードの順に指定する
  abtn = new Button(260, 250, 'a');
  bbtn = new Button(200, 250, 'b');

}
```

◆バーチャルボタンの作成

バーチャルボタンを作成するには、定義した「Button」クラスのコンストラクタでオブジェクトを生成します。引数には、表示位置のx座標、表示位置のy座標、ボタンモードの順に指定します。なお、バーチャルボタンの作成には、「button.png」が必要です。「button.png」は、ダウンロードサンプルに収録しています。

動作の確認

ブラウザで「index.html」を表示します。画面上のバーチャルパッド、ボタンでキャラを操作することができます。

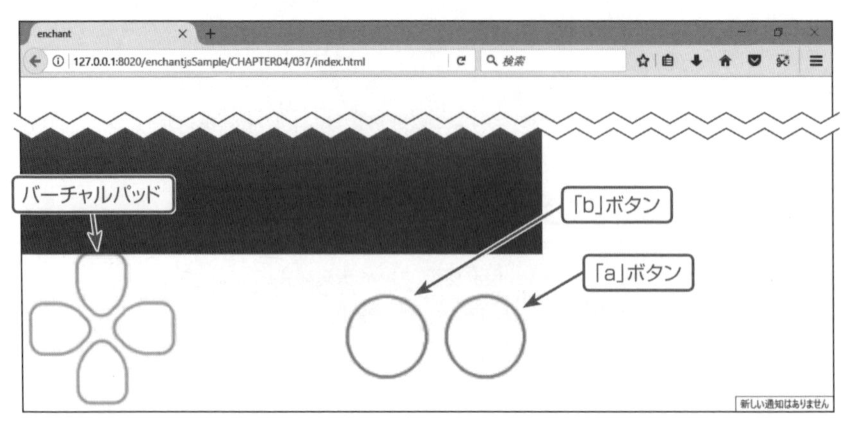

SECTION-038

モンスターのアバターを実装する

実装する機能について

ここでは、モンスターのアバター(以下、モンスター)のデータを定義したテーブル(モンスターテーブル)と、モンスターを作成するためのクラスを定義し、最初のモンスターを画面上に出現させます。

モンスターテーブルの定義

モンスターのデータを定義したテーブル「monstorTable」を定義します。「game.js」に次のように入力します。

SOURCE CODE 「game.js」のモンスターテーブルのコード

```
// バーチャルボタンを作成するクラス
var Button = enchant.Class.create(enchant.Sprite, {

// ... 省略 ...

});

// モンスターテーブル(JSON)
// このテーブルの順番でモンスターを出現させる
//  image : モンスターの画像ファイル名
//  hp    : モンスターのHP
//  speed : モンスターの移動スピード
//  attack: モンスターの攻撃力
var monstorTable = {
    0: {image: 'monster/monster1.gif', hp:100, speed:1, attack:1},
    1: {image: 'monster/monster2.gif', hp:200, speed:1, attack:2},
    2: {image: 'monster/monster3.gif', hp:300, speed:1, attack:3},
    3: {image: 'monster/monster4.gif', hp:400, speed:1, attack:4},
    4: {image: 'monster/monster5.gif', hp:700, speed:1, attack:5},
    5: {image: 'monster/monster6.gif', hp:800, speed:1, attack:6},
    6: {image: 'monster/monster7.gif', hp:500, speed:1, attack:7},
    7: {image: 'monster/bigmonster1.gif', hp:1500, speed:2, attack:8},
    8: {image: 'monster/bigmonster2.gif', hp:2000, speed:2, attack:10},
}
```

「Monster」クラスの実装

モンスターを作成するための「Monster」クラスを定義します。「game.js」に、次のように入力します。

SOURCE CODE ‖ 「game.js」の「Monster」クラスのコード

```
// モンスターを作成するクラス
var Monster = enchant.Class.create(enchant.avatar.AvatarMonster , {
  // 「initialize」メソッド(コンストラクタ)
  initialize: function(m, x, y) {
    // 継承元をコール
    enchant.avatar.AvatarMonster.call(this, core.assets[m.image]);
    this.x = x;                // x座標
    this.y = y;                // y座標
    this.hp = m.hp;            // HP
    this.speed = m.speed;      // スピード
    this.attack = m.attack; // 攻撃力
    this.death = false;        // 死亡フラグ
    this.vx = -this.speed;     // x方向の移動量
    this.tick = 0;             // フレーム数カウンタ用
    this.action = 'appear'  // アクションの設定
    core.rootScene.addChild(this);
  }
});

window.onload = function() {

// ... 省略 ...
```

◆「Monster」クラスの定義

「Monster」クラスは、「avatar.enchant.js」プラグインの「AvatarMonster」クラスを継承しています。「Monster」クラスのコンストラクタでは、指定された番号のモンスターのデータをモンスターテーブルから参照して、各プロパティに代入しています。モンスターの移動や攻撃などの処理については、後から実装します(196ページ参照)。

◆モンスターのアクション

モンスターのアクションは、「action」プロパティで設定します。設定できるアクションは、次の通りです。

設定値	アクション
stop	停止
walk	歩く
attack	攻撃
appear	出現
disappear	消滅

モンスターの出現処理の追加

まず、「core.preload」メソッドでプリロードする画像にモンスターの画像を追加します。「core.preload」メソッドを次のように変更します。

SOURCE CODE ‖「game.js」の「core.preload」メソッドのコード

```
// ゲームで使用する画像ファイルを指定する
core.preload('avatarBg1.png', 'avatarBg2.png', 'avatarBg3.png',
             'monster/monster1.gif', 'monster/monster2.gif',
             'monster/monster3.gif', 'monster/monster4.gif',
             'monster/monster5.gif', 'monster/monster6.gif',
             'monster/monster7.gif', 'monster/bigmonster1.gif',
             'monster/bigmonster2.gif',
             'button.png');
```

次に、メインプログラムにモンスターの出現を管理するための「core.monsterNo」プロパティと、モンスターを出現させる処理を追加します。「game.js」のメインプログラムに、次のように入力します。

SOURCE CODE ‖「game.js」のメインプログラムのコード

```
// モンスターの種類を指定するプロパティ
core.monsterNo = 0;
// モンスター存在フラグ(存在するなら「true」、しないなら「false」)
core.monster = false;

core.onload = function() {

  // ... 省略 ...

  // rootSceneの「enterframe」イベントリスナ
  core.rootScene.addEventListener('enterframe', function() {

    // モンスターの生成処理

    // 画面上にモンスターが存在しないなら
    if (!core.monster) {
        // モンスターを作成する
        // 引数は、モンスターの番号、x座標、y座標の順に指定する
        monster = new Monster(monstorTable[core.monsterNo], 220, 100);
        // モンスター存在フラグを「true」にする
        core.monster = true;
    }

  });

  // バーチャルパッドを作成する

  // ... 省略 ...
```

◆ モンスターの作成

モンスターは、「Monster」クラスのコンストラクタでオブジェクトを生成します。引数には、モンスターの番号(0〜8)、表示位置のx座標、表示位置のy座標の順に指定します。

モンスターは、現在、画面上に存在しない場合にだけ作成するようにしています。モンスターが画面上に存在するかどうかは、「core.monster」プロパティ(モンスター存在フラグ)で管理します。「core.monster」プロパティの値には、モンスターが存在するなら「true」を、存在しないなら「false」を設定します。

◆ モンスター画像の所在

モンスターの画像は、「encahnt.js」のアーカイブの「images」フォルダの「monster」フォルダの中にあります。「monster」フォルダごと、プログラムのファイルセットがあるフォルダにコピーしてください。

動作の確認

ブラウザで「index.html」を表示します。画面上に最初のモンスター(芋虫)が出現します。

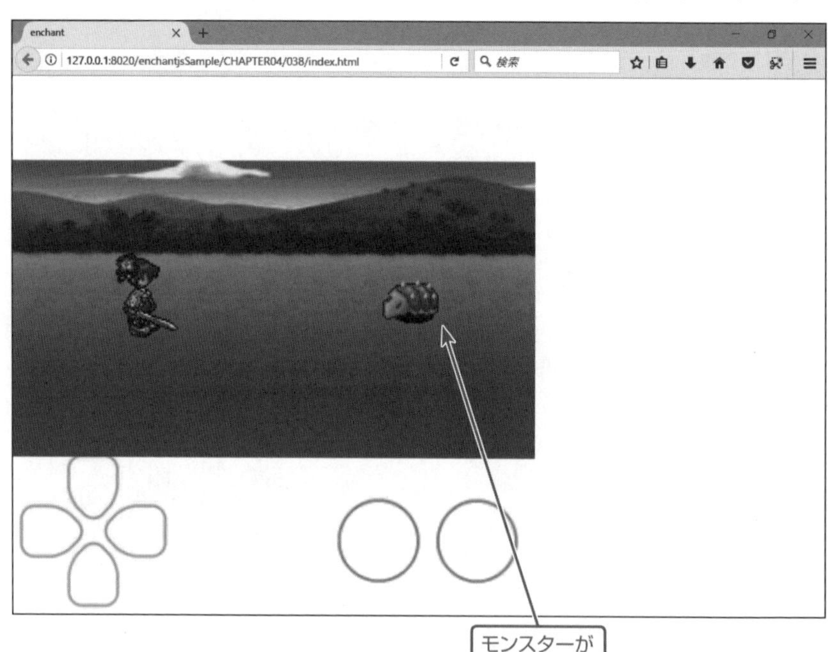

SECTION-039

プレイヤーキャラクターの攻撃処理を実装する

実装する機能について

ここでは、プレイヤーキャラクター(以下、キャラ)の攻撃の処理と、キャラのHPを表示する処理を追加します。具体的な仕様は、次の通りです。

1. キャラの攻撃がモンスターに当たったら、頭上に「Hit!」と表示し、モンスターにダメージを与える。
2. キャラの特殊技がモンスターに当たったら、頭上に「SP Hit!」と表示し、モンスターにダメージを与える。
3. モンスターのHPが「0」になったら、モンスターを画面上から消す。
4. キャラの現在のHPをキャラの頭上に表示する。

定数の追加

通常攻撃時の攻撃力補正値を設定する「NOMAL_ATTACK_POWER」定数と、特殊技時の攻撃力補正値を設定する「SP_ATTACK_POWER」定数を定義します。「game.js」には、次のように入力します。

SOURCE CODE 「game.js」のコード

```
enchant();

// 定数
PLYER_POS_SX = 50;        // プレイヤーキャラの初期位置のx座標
NOMAL_ATTACK_POWER = 1; // 通常攻撃の攻撃力補正値
SP_ATTACK_POWER = 10;    // 特殊技の攻撃力補正値

// ... 省略 ...
```

「Monster」クラスの変更

「Monster」クラスのコンストラクタ(「initialize」メソッド)の「enterframe」イベントリスナに、モンスターの頭上にラベルを表示するための処理を定義します。「Monster」クラスのコンストラクタの「enterframe」イベントリスナに、次のように入力します。

SOURCE CODE 「game.js」の「Monster」クラスのコンストラクタの「enterframe」イベントリスナのコード

```
// モンスターを作成するクラス
var Monster = enchant.Class.create(enchant.avatar.AvatarMonster , {

// ... 省略 ...

    this.action = 'appear'  // アクションの設定
    // モンスターの「enterframe」イベントリスナ
    this.addEventListener('enterframe', function() {
```

```
      // モンスター用ラベルの表示位置を更新する
      mLabel.x = this.x + 16;
      mLabel.y = this.y - 16;
    });
    core.rootScene.addChild(this);
  }
});
```

「Player」クラスの変更

「Player」クラスのコンストラクタ(「initialize」メソッド)にヒットメッセージ(ヒット時に表示するメッセージ)を保持する「hitmes」プロパティと、攻撃力補正値を保持する「spow」プロパティを追加し、「enterframe」イベントリスナにヒットメッセージを設定する処理と、キャラのHPを表示する処理を追加します。「Player」クラスのコンストラクタを、次のように変更します。

SOURCE CODE ||「game.js」の「Player」クラスのコンストラクタのコード

```
// プレイヤーキャラクター(以下キャラ)を作成するクラス
var Player = enchant.Class.create(enchant.avatar.Avatar , {
  //「initialize」メソッド(コンストラクタ)
  initialize: function(code, x, y) {

   // ... 省略 ...

    this.hitmes = ''; // モンスターの攻撃をヒットさせときのメッセージを設定するプロパティ

    //「enterframe」イベントリスナ
    this.addEventListener('enterframe', function() {

      // キャラHP表示用ラベルの表示位置、内容を更新する
      pLabel.x = this.x + 16;
      pLabel.y = this.y - 16;
      pLabel.text = String(this.hp);

      // 画面上にモンスターが存在するときに実行する処理
      if (core.monster) {
        // モンスター用ラベルに空文字を設定する
        mLabel.text = '';

        // キャラの攻撃、移動処理

        // 右ボタンが押され、かつキャラのx座標が「ゲーム幅-64」より小さいなら
        if (core.input.right && this.x < core.width - 64) {
          // キャラを右向きにする
          this.scaleX = -1;
          // キャラを「run」アクション
          this.action = "run";
```

```
      // 右方向に「vx」プロパティの値ずつ移動させる
      this.x += this.vx;
      // バックグラウンドをキャラの動きに合わせてスクロールする
      bg.scroll(this.x);

    // 左ボタンが押され、かつキャラのx座標が「0」より大きいなら
    } else if (core.input.left && this.x > 0) {
      // キャラを左向きにする
      this.scaleX = 1;
      // キャラを「run」アクション
      this.action = "run";
      // 左方向に「vx」プロパティの値ずつ移動させる
      this.x -= this.vx;
      // バックグラウンドをキャラの動きに合わせてスクロールする
      bg.scroll(this.x);

    // 「a」または「b」ボタンが押されたなら
    } else if (core.input.a || core.input.b) {
      // 「a」ボタンが押された場合、通常攻撃する
      if (core.input.a) {
        this.action = "attack";
        // 攻撃力補正値に「NOMAL_ATTACK_POWER」を代入する
        this.spow = NOMAL_ATTACK_POWER;
        // モンスターの頭上に表示するテキストを設定する
        this.hitmes = 'Hit!'
      }
      // 「b」ボタンが押された場合、特殊技で攻撃する
      if (core.input.b) {
        this.action = "special";
        // 攻撃力補正値に「SP_ATTACK_POWER」を代入する
        this.spow = SP_ATTACK_POWER;
        // モンスターの頭上に表示するテキストを設定する
        this.hitmes = 'SP Hit!'
      }
    } else {
      // ボタンが何も押されていないなら「stop」状態にする
      this.action = "stop";
      // 攻撃力補正値を「0」にする
      this.spow = 0;
      // モンスターの頭上に表示するテキストに空文字を設定する
      this.hitmes = '';
    }
   }
  });
 core.rootScene.addChild(this);
 }
});
```

◆ヒットメッセージと攻撃力補正値

ここでは、ヒットメッセージを保持する「hitmes」プロパティと、攻撃力補正値を保持する「spow」プロパティを追加しています。

「hitmes」プロパティには、「a」ボタン(「X」キー)が押されたときは「Hit!」、「b」ボタン(「Z」キー)が押されたときには「SP Hit!」という文字列を代入しています。このプロパティに保持されたメッセージを表示する処理は、次の「キャラとモンスターの当たり判定」の中で行います。

「spow」プロパティには、「a」ボタン「「X」キー)が押されたときには「NOMAL_ATTACK_POWER」定数、「b」ボタン(「Z」キー)が押されたときには「SP_ATTACK_POWER」定数を代入しています。最終的に、このプロパティに保持された値と、キャラの「attack」プロパティ(攻撃力)の値を乗算した値がモンスターに与えるダメージになります。ダメージの計算処理は、次の「キャラとモンスターの当たり判定」の中で行います。

キャラとモンスターの当たり判定の追加

メインプログラムのrootScene(ルートシーン)の「enterframe」イベントリスナに、キャラ(攻撃アクション時のキャラ)とモンスターの当たり判定を追加します。rootSceneの「enterframe」イベントリスナを、次のように変更します。

SOURCE CODE 「game.js」のメインプログラムのrootSceneの「enterframe」イベントリスナのコード

```
// rootSceneの「enterframe」イベントリスナ
core.rootScene.addEventListener('enterframe', function() {

  // モンスターの生成処理

  // 画面上にモンスターが存在しないなら
  if (!core.monster) {
    // モンスターを作成する
    // 引数は、モンスターの番号、x座標、y座標の順に指定する
    monster = new Monster(monstorTable[core.monsterNo], 220, 100);
    // モンスター存在フラグを「true」にする
    core.monster = true;
  } else {
   // 画面上にモンスターが存在するなら
   // 攻撃の当たり判定をチェックする

   if (monster.intersect(chara)) {
    // 当たっているなら、モンスター頭上にヒットメッセージを表示する
    mLabel.text = chara.hitmes;
    // モンスターのHPを減らす
    // 「chara.attack」プロパティはキャラの攻撃力
    // 「chara.spow」プロパティは、通常攻撃時は定数「NOMAL_ATTACK_POWER」の値、
    // 特殊技攻撃時は、定数「SP_ATTACK_POWER」の値になる
    monster.hp -= chara.attack * chara.spow;
```

```
        // モンスターのHPが「0」以下なら
        if (monster.hp <= 0) {
          mLabel.text = "";
          // モンスターを「disappear」アクション
          monster.action = "disappear";
          // モンスターの死亡フラグを「true」にする
          monster.death = true;
        }
      }
    }
  });
```

◆与ダメージの計算

モンスターに与えるダメージ（与ダメージ）は、キャラの攻撃力（「chara.attack」プロパティの値）と攻撃補正値（chara.spow）の値を乗算して求めています。攻撃補正値は、通常攻撃時（「attack」アクション）は定数「NOMAL_ATTACK_POWER」の値に、特殊技攻撃時（「special」アクション）は、定数「SP_ATTACK_POWER」の値になります。移動中（「run」アクション）と停止中（「stop」アクション）は、攻撃補正値が「0」になるので、与ダメージも「0」になります。

ラベル作成処理の追加

メインプログラムの「core.onload」関数に、キャラのHPとヒットメッセージを表示するためのラベルを作成する処理を追加します。「core.onload」関数に、次のように入力します。

SOURCE CODE ‖ 「game.js」の「core.onload」関数のコード

```
core.onload = function() {

  // ... 省略 ...

  // キャラHP表示用ラベルを作成する
  pLabel = new Label();
  pLabel.color = '#FFFFFF'; // 文字色
  pLabel.x = 0;      // x座標
  pLabel.y = -200;  // y座標
  pLabel.text = ""; // 初期表示する文字列
  core.rootScene.addChild(pLabel);

  // モンスター用ラベルを作成する
  mLabel = new Label();
  mLabel.color = '#FF0000'; // 文字色
  mLabel.x = 0;      // x座標
  mLabel.y = -200;  // y座標
  mLabel.text = ""; // 初期表示する文字列
  core.rootScene.addChild(mLabel);
```

```
  }
  core.start();
}
```

動作の確認

ブラウザで「index.html」を表示します。攻撃がヒットすると、攻撃に応じたメッセージがモンスターの頭上に表示され、モンスターを倒すとモンスターが消えます。また、キャラの頭上にHPが表示されます。

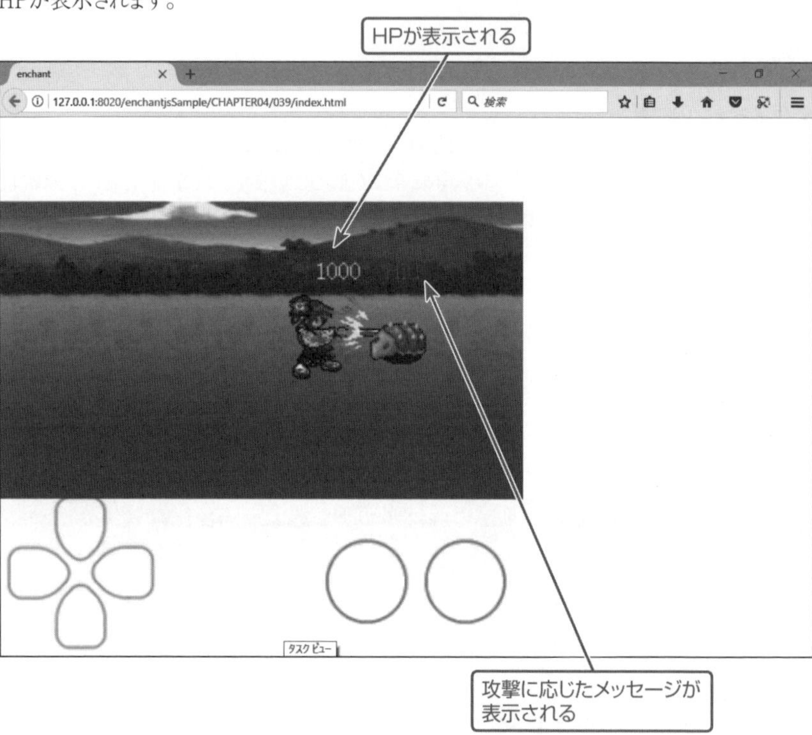

SECTION-040

モンスターの出現処理を実装する

実装する機能について

ここでは、モンスターを倒したら、モンスターテーブルの順番で次々とモンスターが出現させる処理と、すべてのモンスターを倒したときにクリア画像を表示する処理を追加します。

クリア画像の追加

「core.preload」メソッドでプリロードする画像に、クリア画像「clear.png」を追加します。「core.preload」メソッドを次のように修正します。

SOURCE CODE ｜ 「game.js」の「core.preload」メソッドのコード

```
// ゲームで使用する画像ファイルを指定する
core.preload('avatarBg1.png', 'avatarBg2.png', 'avatarBg3.png',
            'monster/monster1.gif', 'monster/monster2.gif',
            'monster/monster3.gif', 'monster/monster4.gif',
            'monster/monster5.gif', 'monster/monster6.gif',
            'monster/monster7.gif', 'monster/bigmonster1.gif',
            'monster/bigmonster2.gif',
            'button.png', 'clear.png');
```

モンスターの出現処理の追加

「core.onload」関数のrootScene（ルートシーン）の「enterframe」イベントリスナにモンスターを次々と出現させる処理と、クリア画像を表示する処理を追加します。rootScene（ルートシーン）の「enterframe」イベントリスナを、次のように変更します。

SOURCE CODE ｜ 「game.js」のrootSceneの「enterframe」イベントリスナのコード

```
// rootSceneの「enterframe」イベントリスナ
core.rootScene.addEventListener('enterframe', function() {

  // モンスターの生成処理

  // 画面上にモンスターが存在しないなら
  if (!core.monster) {
    // 「monsterNo」プロパティが「9」より小さいなら
    if (core.monsterNo < 9 ) {
      // モンスターを作成する
      // 引数は、モンスターの番号、x座標、y座標の順に指定する
      monster = new Monster(monstorTable[core.monsterNo], 220, 100);
      // モンスター存在フラグを「true」にする
      core.monster = true;
    } else {
```

```
      // すべて倒したら、クリア画像を表示して終了
      core.end(null, null, core.assets['clear.png']);
    }
    // 「monsterNo」プロパティをインクリメントし、次に出現させるモンスターの番号を設定する
    core.monsterNo ++;
  } else {
    // 画面上にモンスターが存在するなら、攻撃の当たり判定をチェックする

    if (monster.intersect(chara)) {
      // 当たっているなら、モンスター頭上にヒットメッセージを表示する
      mLabel.text = chara.hitmes;
      // モンスターのHPを減らす
      // 「chara.attack」プロパティはキャラの攻撃力
      // 「chara.spow」プロパティは、通常攻撃時は定数「NOMAL_ATTACK_POWER」の値、
      // 特殊技攻撃時は、定数「SP_ATTACK_POWER」の値になる
      monster.hp -= chara.attack * chara.spow;

      // モンスターのHPが「0」以下なら
      if (monster.hp <= 0) {
        mLabel.text = "";
        // モンスターを「disappear」アクション
        monster.action = "disappear";
        // モンスターの死亡フラグを「true」にする
        monster.death = true;
      }
    }
  }
  // モンスターを倒したなら
  if (monster.death) {
    // 80フレーム間待って
    monster.tick ++;
    if (monster.tick == 80) {
      // キャラを初期位置に戻す
      chara.x = PLYER_POS_SX;
      // モンスターを削除する
      core.rootScene.removeChild(monster);
      // モンスター存在フラグを「false」にする
      // これにより、次のモンスターが生成される
      core.monster = false;
    }
  }

});
```

◆次モンスター出現までのウェイト処理

モンスターを倒したから、80フレーム間のウェイトを入れてから、次のモンスターを出現させるための処理を行っています。これは、「disappear」アクションのアニメーションを確実に表示す

るためと、ゲームバランス的に戦闘の間を空けるために行っています。

動作の確認

ブラウザで「index.html」を表示します。モンスターを倒すと、次のモンスターが出現し、すべて（9体）倒すと、クリア画像が表示されます。

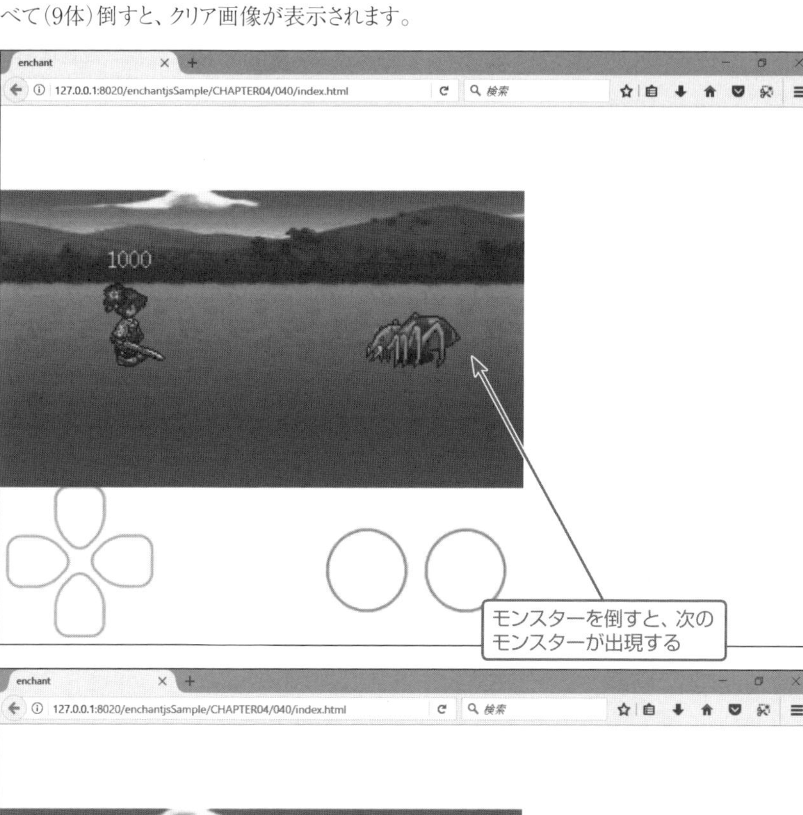

SECTION-041

モンスターの移動・攻撃処理を実装する

実装する機能について

ここでは、モンスターの移動と攻撃の処理を実装します。具体的には、次のような処理を実装します。

1. モンスターをプレイヤーキャラクター(以下、キャラ)に向かって移動させ、一定の距離になったらキャラを攻撃し、ダメージを与える。
2. キャラのHPが「0」になったら、ゲームオーバー画面を表示する。

「Monster」クラスの変更

「Monster」クラスのコンストラクタ(「initialize」メソッド)の「enterframe」イベントリスナに移動・攻撃処理と、キャラとの当たり判定の処理を追加します。「Monster」クラスのコンストラクタの「enterframe」イベントリスナを、次のように変更します。

SOURCE CODE ｜「game.js」の「Monster」クラスのコンストラクタの「enterframe」イベントリスナのコード

```
// モンスターの「enterframe」イベントリスナ
this.addEventListener('enterframe', function() {
  // アクションが「attack」「appear」「disappear」のいずれか、またはゲームオーバーならリターン
  if (this.action == "attack" || this.action == "appear" || this.action ==
  "disappear" || core.isOver) return;

  // モンスター用ラベルの表示位置を更新する
  mLabel.x = this.x + 16;
  mLabel.y = this.y - 16;
  // モンスターを左方向に「this.vx * this.speed」の値ずつ移動する
  this.x += this.vx * this.speed;

  // キャラとモンスターの当たり判定

  // キャラとモンスターの中心点の同士の距離が「16」ピクセル以下なら
  if (chara.within(this, 16)) {
    // 「attack」アクションさせる
    this.action ="attack";
    // 移動量に「this.speed * 2」を代入する
    this.vx = this.speed * 2;
    // キャラのHPからモンスターの攻撃力を引く
    chara.hp -= this.attack;
    // キャラのHPが「0」以下になったら、キャラのHPを「0」にする
    if (chara.hp <= 0) chara.hp = 0;
    // キャラHP表示用ラベルを更新する
    pLabel.text = String(chara.hp);
  // でなければ、モンスターを「walk」アクションさせる
  } else this.action = "walk";
```

```
    // 「モンスターのx座標 - キャラのx座標」の絶対値が「100」より大きい、
    // または、「モンスターのx座標」が「320 - モンスターの幅」以上なら
    if ((Math.abs(this.x - chara.x) > 100) || (this.x >= 320 - this.width)) {
      // モンスターの「vx」プロパティに左方向に移動させるための値を設定する
      this.vx = -2 * this.speed;
    }
    // モンスターのx座標が「0」以下なら、x座標を「320」にする
    // （左端までいったら、右から出現し直す）
    if (this.x < 0) this.x = 320;
});
```

◆モンスターの移動・攻撃処理

モンスターは、フレームごとに移動量（「vx」プロパティの値）とスピード（-this.speed）を乗算した値（負数）ずつ、キャラに向かって左方向に移動します。そして、キャラとモンスターの中心点の同士の距離が「16」ピクセル以下になると、キャラを攻撃します。攻撃後は、移動量に正数（this.speed ＊ 2）を代入し、右方向に移動（バックステップ）させています。また、キャラとモンスターの距離が100ピクセルより大きいか、モンスターのx座標がゲーム画面の横幅からモンスターの横幅を引いた値以上になった場合、移動量に負数（-this.speed ＊ 2）を代入し、左方向に移動させています。最終的にモンスターがゲーム画面の左端まで移動した場合、モンスターの位置をゲーム画面の右端に戻します。

「Player」クラスの変更

「Player」クラスのコンストラクタ（「initialize」メソッド）の「enterframe」イベントリスナに、ゲームオーバー時の処理と、キャラのHPが「0」になったときの処理を追加します。「Player」クラスのコンストラクタの「enterframe」イベントリスナを、次のように変更します。

SOURCE CODE 「game.js」の「Player」クラスのコンストラクタの「enterframe」イベントリスナのコード

```
// 「enterframe」イベントリスナ
this.addEventListener('enterframe', function() {
  // ゲームオーバーならリターン
  if (core.isOver) return;

  // ... 省略 ...

  // キャラのHPが「0」以下になったら
  if (this.hp <= 0) {
   // 「dead」状態にする
   this.action = "dead";
   // ゲームオーバーフラグを「true」にする
   core.isOver = true;
  }
});
```

ゲームオーバーフラグとゲームオーバー処理の追加

メインプログラムにゲームオーバーフラグの「core.isOver」プロパティと、ゲームオーバーになったとき（ゲームオーバーフラグが「true」）の処理を追加します。メインプログラムを次のように変更します。

SOURCE CODE ||「game.js」のメインプログラムのコード

```
window.onload = function() {

  // ... 省略 ...

  // ゲームオーバーフラグ(ゲームオーバーで「true」)
  core.isOver = false;

  core.onload = function() {

     // ... 省略 ...

    // rootSceneの「enterframe」イベントリスナ
    core.rootScene.addEventListener('enterframe', function() {

      // ゲームオーバー
      if (core.isOver && core.frame % core.fps == 0) core.end();

      // ...省略 ...
```

◆ゲームオーバーの処理

ゲームオーバー画面は、ゲームオーバーフラグ（「core.isOver」プロパティ）が「true」、かつ、1秒間経過（core.frame % core.fps == 0）したときに表示するようにしています。これは、キャラの「dead」アクションが確実に表示されるようにするためです。

動作の確認

ブラウザで「index.html」を表示します。モンスターがキャラに近づいて攻撃します。そして、キャラのHPが「0」になると、ゲームオーバー画面が表示されます。

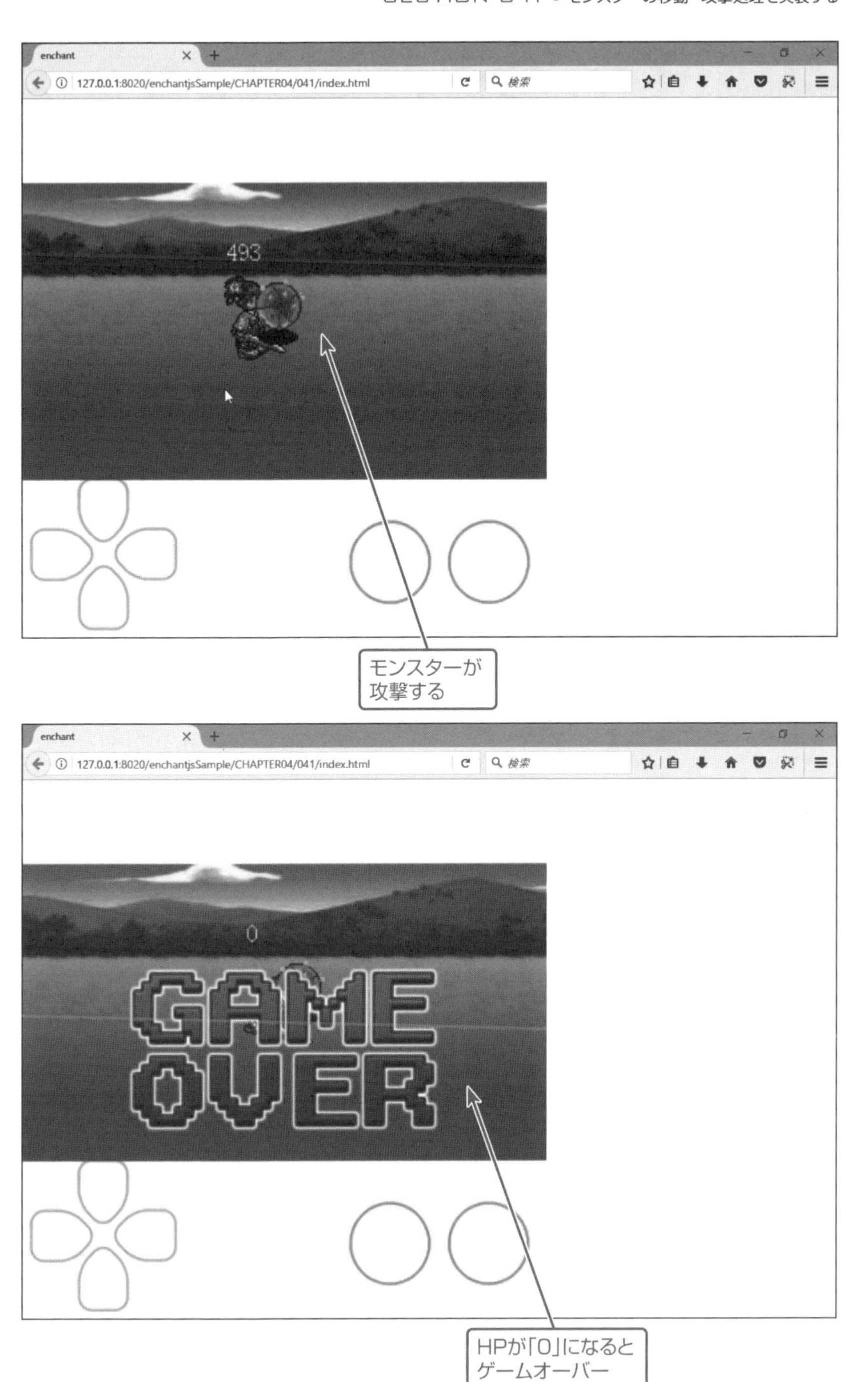
enchant
127.0.0.1:8020/enchantjsSample/CHAPTER04/041/index.html
493
モンスターが
攻撃する
enchant
127.0.0.1:8020/enchantjsSample/CHAPTER04/041/index.html
0
GAME
OVER
HPが「0」になると
ゲームオーバー

SECTION-042

特殊技の発動システムを実装する

実装する機能について

ここでは、特殊技を発動するためのゲージ(以下、SPゲージ)を実装します。SPゲージは、モンスターから一定のダメージを受けると、1つバー(目盛り)が上昇し、最大10バーまでためることができ、特殊技の発動にはバーを1つ消費するようにします。

定数と変数の追加

SPゲージを実装するため使用する定数と変数を追加します。「game.js」に、次のように入力します。

SOURCE CODE 「game.js」のコード

```
enchant();

// 定数
PLYER_POS_SX = 50;          // プレイヤーキャラの初期位置のx座標
NOMAL_ATTACK_POWER = 1; // 通常攻撃の攻撃力補正値
SP_ATTACK_POWER = 10;    // 特殊技の攻撃力補正値

SP_UP_DAMAGE = 100;       // SPゲージ1メモリアップに必要なダメージ量

var sp = 0;    // SPゲージのバーの数を格納する変数
var bars = []; // SPゲージのバーを格納する配列

// ... 省略 ...
```

「Player」クラスの変更

「Player」クラスのコンストラクタ(「initialize」メソッド)にダメージの積算量を保持する「adddmg」プロパティを追加し、「b」ボタン(「Z」キー)を押したときの処理を変更します。「Player」クラスのコンストラクタを、次のように変更します。

SOURCE CODE 「game.js」の「Player」クラスのコンストラクタのコード

```
// プレイヤーキャラクター(以下キャラ)を作成するクラス
var Player = enchant.Class.create(enchant.avatar.Avatar , {
  // 「initialize」メソッド(コンストラクタ)
  initialize: function(code, x, y) {

    // ... 省略 ...

    this.adddmg = 0;  // ダメージの積算量を保持するプロパティ
```

```
// 「enterframe」イベントリスナ
this.addEventListener('enterframe', function() {
  // キャラのアクションが「special」、またはゲームオーバーならリターン
  if (this.action == "special" || core.isOver) return;

    // ... 省略 ...

      // 「b」ボタンが押された場合で、特殊技が発動可能(SPが1以上)なら特殊技で攻撃する
      if (core.input.b) {
        if (sp > 0) {
          // 特殊技で攻撃するための各プロパティの設定
          this.action = "special";
          this.spow = SP_ATTACK_POWER;
          this.hitmes = 'SP Hit!'
          // SPゲージのバーを1つ減らす(非表示にする)
          sp --;
          bars[sp].visible = false;
        }
      }
    } else {
      // ボタンが何も押されていないなら「stop」状態にする

      // ... 省略 ...
```

◆ SPゲージの消費処理

特殊技は、「sp」変数の値（以下、SP）が1以上で発動できるようにしています。また、特殊技を発動すると、SPを1つ減らし、バーを非表示にしています。なお、「enterframe」イベントリスナの最初で、キャラが「special」アクションのときにリターンで処理を抜けるようにしています。これは、SPが連続で消費されるのを防止するためです。この処理を入れないと、ボタン入力の判定はフレームごとに実行されるので、1回押しただけでSPがすべて消費されてしまいます。

「Monster」クラスの変更

「Monster」クラスのコンストラクタ（「initialize」メソッド）の「enterframe」イベントリスナに、SPゲージの処理を追加します。「Monster」クラスのコンストラクタの「enterframe」イベントリスナを、次のように変更します。

SOURCE CODE ‖ 「game.js」の「Monster」クラスのコンストラクタの「enterframe」イベントリスナのコード

```
// モンスターの「enterframe」イベントリスナ
this.addEventListener('enterframe', function() {

    // ... 省略 ...

    // キャラのHPからモンスターの攻撃力を引く
    chara.hp -= this.attack;
```

```
    // 一定のダメージで、SPゲージのバーを1つ増やす処理

    // ダメージの積算量
    chara.adddmg += this.attack;
    // ダメージの積算量が「SP_UP_DAMAGE」以上なら
    if (chara.adddmg >= SP_UP_DAMAGE) {
      // 「sp」プロパティを「0」にする(初期化)
      chara.adddmg = 0;
      // 「sp」変数が「10」より小さいなら
      if (sp < 10) {
        // SPゲージのバーを1つ表示状態にする
        bars[sp].visible = true;
        // 「sp」変数をインクリメントする
        sp ++;
      }
    }

    // キャラのHPが「0」以下になったら、キャラのHPを「0」にする
    if (chara.hp <= 0) chara.hp = 0;
    // ... 省略 ...
```


◆SPゲージの表示処理

SPゲージが、キャラが受けたダメージ(被ダメージ)の積算量が一定値(「SP_UP_DAMAGE」定数)以上になったときに、1目盛り(バー1つ)表示するようにしています。被ダメージの積算量は、キャラの「adddmg」プロパティに保持するようにしています。

SPゲージ作成処理の追加

まず、SPゲージのバーを作成するための「makeBar」関数を追加します。「game.js」に次のように入力します。

SOURCE CODE ‖ 「game.js」の「makeBar」関数のコード

```
// ... 省略 ...
  core.start();
}

// SPゲージのバーを作成する関数
var makeBar = function(x, y) {
  // バーを表示するスプライトを作成する
  var bar = new Sprite(10, 10);
  // 背景色を赤色に設定する
  bar.backgroundColor = "#FF0000";
  bar.x = x;  // x座標
  bar.y = y;  // y座標
  bar.visible = false; // 可視(true:表示、false:非表示)
  return bar; // 作成したバーを返す
}
```

次に、「core.onload」関数にSPゲージを作成する処理を追加します。「core.onload」関数に、次のよう入力します。

SOURCE CODE 「game.js」の「core.onload」関数のコード

```
core.onload = function() {

  // ... 省略 ...

  // SPゲージ用のバーのスプライトを10個作成する
  for (var i = 0; i < 10; i++) {
    // バーを作成し、(16, 35)の位置からx方向に10ピクセル間隔で並べる
    var spBar = makeBar(i * 10 + 16 , 35);
    core.rootScene.addChild(spBar);
    // 配列にバーを格納する
    bars[i]= spBar;
  }

  // バーチャルパッドを作成する

      // ... 省略 ...
```

◆SPゲージについて

SPゲージは、縦横10ピクセルのスプライト(バー)を10個、横(x方向)に並べています。各バーの可視状態は、「visible」プロパティで制御します。「true」で表示、「false」で非表示になります。

動作の確認

ブラウザで「index.html」を表示します。モンスターの攻撃で一定のダメージを受けると、SPゲージのバーが1つずつ上昇し、バーが1つ以上の状態で「b」ボタン(「Z」キー)を押すと、特殊技のアクションを行います。

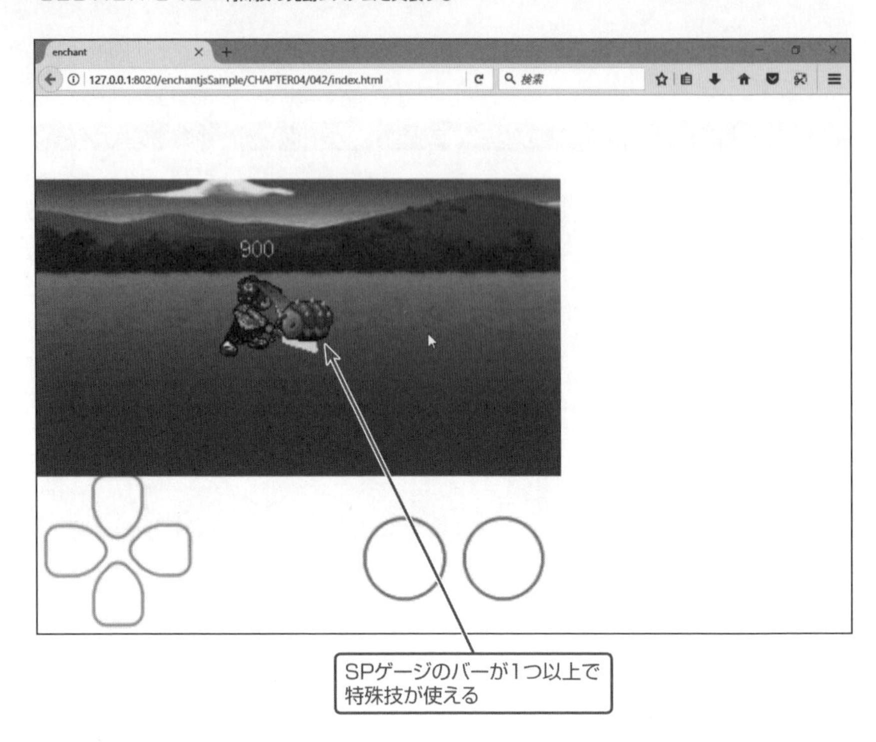
enchant
127.0.0.1:8020/enchantjsSample/CHAPTER04/042/index.html
検索
900
SPゲージのバーが1つ以上で
特殊技が使える

SECTION-043

交互制のバトルシステムに変更する

バトルシステムの変更について

スマートフォンは、画面も小さく、処理速度が遅い機種もあるため、リアルタイムに進行するバトルシステムは不向きです。そこで、交互性のバトルシステムに変更します。交互制は、コマンド入力により、プレイヤーキャラクター（以下、キャラ）とモンスターが交互に行動するバトルシステムです。

交互制のバトルシステムの仕様

ここでは、導入する交互性のバトルシステムの仕様は、次の通りです。

1. モンスターは一定時間ごとにプレイヤーを攻撃する。その時間はステータスのスピードに依存する。
2. キャラの攻撃タイミングはステータスのスピード依存で一定時間ごとに回す。
3. キャラは自分の順番（ターン）が回ってくるまで攻撃できない。
4. キャラの順番が回ってきたら、バーチャルボタンの「a」ボタン（右側）を赤色にする。
5. キャラの順番、かつ、特殊技が発動可能なら、バーチャルボタンの「b」ボタン（左側）を赤色にする。

ステータスのスピードの追加

キャラのステータスにスピード（speed）を追加します。「playerStatus」オブジェクト変数の定義を、次のように変更します。

SOURCE CODE ‖ 「game.js」の「playerStatus」オブジェクト変数のコード

```
// プレイヤーキャラのステータス
var playerStatus = {
  maxhp: 1000,    // 最大HP
  hp: 1000,       // 現在HP
  attack: 10,     // 攻撃力
  speed: 1        // スピード(変更点1)
}
```

「Player」クラスの変更

「Player」クラスのコンストラクタに、交互性のバトルシステム用のプロパティを追加し、「enterframe」イベントリスナにキャラに順番（ターン）を回す処理を追加します。「Player」クラスのコンストラクタを、次のように変更します。

SOURCE CODE ‖ 「game.js」の「Player」クラスのコンストラクタのコード

```
// プレイヤーキャラクター(以下キャラ)を作成するクラス
var Player = enchant.Class.create(enchant.avatar.Avatar , {
```

```
// 「initialize」メソッド(コンストラクタ)
initialize: function(code, x, y) {

  // ... 省略 ...

  this.adddmg = 0;  // ダメージの積算量を保持するプロパティ

  // 変更点2
  // プロパティ追加
  this.spmode = false;     // spモードフラグ(特殊攻撃時「true」、通常攻撃時「false」)
  this.turn = false;       // ターンフラグ(自分のターンなら「true」)
  this.attacked = false;  // 攻撃済みフラグ(攻撃済み「true」、攻撃未「false」)
  this.wait = 200;         // ターンのウェイト
  this.speed = playerStatus.speed; // スピード

  // 「enterframe」イベントリスナ
  this.addEventListener('enterframe', function() {

    // ... 省略 ...

    pLabel.text = String(this.hp);

    // 変更点3
    // 200フレームごとにキャラのターンを回す
    if (core.frame %  (this.wait / this.speed) == 0) {
      this.turn = true;
    }

    // キャラにターンが回ってきたら
    if (this.turn) {
      // 「a」ボタンの背景色を赤色にする
      abtn.backgroundColor = "#FF0000";
    } else {
      // キャラのターンでなければ、「a」ボタンの背景色を白色にする
      abtn.backgroundColor = "#FFFFFF";
    }

    // 特殊技発動条件(キャラのターンかつSPゲージのバーが1つ以上溜まっている)を
    // 満たしているなら
    if (this.turn && sp > 0) {
      // 「b」ボタンの背景色を赤色にする
      bbtn.backgroundColor = "#FF0000";
    } else {
      // 特殊技発動条件を満たしてなければ、「b」ボタンの背景色を白色にする
      bbtn.backgroundColor = "#FFFFFF";
    }
```

```
// 攻撃済みなら
if (this.attacked) {
  // 画面上にモンスターが存在するときに実行する処理
  if (core.monster) {
    // モンスター用ラベルに空文字を設定する
    mLabel.text = '';

    // キャラの攻撃、移動処理

    // キャラが「run」状態かつ、x座標が「ゲーム幅-64」なら
    if (this.action == "run" && this.x < core.width - 64) {
      // 右方向に「vx」プロパティの値ずつ移動させる
      this.x += this.vx;
      // モンスターは左方向に1ずつ移動させる
      monster.x --;
      // バックグラウンドをキャラの動きに合わせてスクロールする
      bg.scroll(this.x);

      // キャラとモンスターの当たり判定

      if (this.intersect(monster)) {
        // 特殊攻撃で当たったら、「special」アクション
        // 通常攻撃で当たったら、「attack」アクション
        if (this.spmode) {
          this.action = "special";
        } else this.action = "attack";
      }
    } else if (this.action == "stop" && this.x > PLYER_POS_SX) {
      // 攻撃が終了したら、キャラを初期位置に戻す
      this.x = PLYER_POS_SX;
    }
  }
}

// キャラのHPが「0」以下になったら

// ... 省略 ...
```

◆キャラのターン処理

キャラの順番(ターン)は、「core.frame % (this.wait / this.speed) == 0」が「true」になるタイミングで回しています。初期設定では200フレームごとになります。キャラの順番かどうかはターンフラグ(「turn」プロパティ)で管理します。キャラの順番になったらターンフラグを「true」にして、ボタンの背景色を設定する処理を行い、攻撃を実行できるようにします。キャラの攻撃処理「if (this.attacked) {~この中の処理~}」は、「a」ボタン(「X」キー)、または、「b」ボタン(「Z」キー)が押されたときに実行されます。

「Monster」クラスの変更

「Monster」クラスのコンストラクタに、交互性のバトルシステム用のプロパティを追加して、「enterframe」イベントリスナにモンスターに順番(ターン)を回す処理を追加します。「Monster」クラスのコンストラクタを、次のように変更します。

SOURCE CODE 「game.js」の「Monster」クラスのコンストラクタのコード

```
// モンスターを作成するクラス
var Monster = enchant.Class.create(enchant.avatar.AvatarMonster , {
  // 「initialize」メソッド(コンストラクタ)
  initialize: function(m, x, y) {

    // ... 省略 ...

    // 変更点4
    // プロパティ追加
    this.turn = false; // ターンフラグ(自分のターンなら「true」)
    this.wait = 200;   // ターンのウェイト

    // モンスターの「enterframe」イベントリスナ
    this.addEventListener('enterframe', function() {

      // 変更点5

      // モンスターのターンを一定間隔で回す
      if (core.frame %  (this.wait /this.speed) == 0) {
        this.turn = true;
        // モンスターのターンなら
        if (this.turn) {
          // キャラに攻撃する
          this.x = chara.x + 36;
          this.action ="attack";
          // 「turn」プロパティを「false」にする
          this.turn = false;

          // キャラとモンスターの当たり判定

          // 攻撃が当たったなら
          if (chara.intersect(this)) {
            // キャラを「damage」アクション
            chara.action = 'damage';
            // キャラのHPからモンスターの攻撃力を引く
            chara.hp -= this.attack;

            // 一定のダメージで、SPゲージのバーを1つ増やす処理

            // ... 省略 ...(以降、必要に応じてインデントを調整)
```

```
            // キャラHP表示用ラベルを更新する
            pLabel.text = String(chara.hp);
          }
        }
      } else {
        // 20フレームごとにモンスターの位置(x座標)を初期位置に戻す
        if (core.frame % 20 == 0) this.x = 220;
      }
    });
```

◆モンスターのターン処理

モンスターの順番(ターン)は、「core.frame % (this.wait / this.speed) == 0」が「true」になるタイミングで回しています。初期設定では、7体目までのモンスターは200フレームごと、8、9体目は100フレームごとになります。モンスターの順番かどうかは、ターンフラグ(「turn」プロパティ)で管理します。モンスターの順番になったターンフラグを「true」にし、キャラを攻撃する処理を実行します。

メインプログラムの変更

まず、プリロードする画像の「button.png」を「button2.png」に変更します。「core.preload」メソッドを次のように変更します。

SOURCE CODE 「game.js」の「core.preload」メソッドのコード

```
// ゲームで使用する画像ファイルを指定する
core.preload('avatarBg1.png', 'avatarBg2.png', 'avatarBg3.png',
             'monster/monster1.gif', 'monster/monster2.gif',
             'monster/monster3.gif', 'monster/monster4.gif',
             'monster/monster5.gif', 'monster/monster6.gif',
             'monster/monster7.gif', 'monster/bigmonster1.gif',
             'monster/bigmonster2.gif', 'button2.png','clear.png');
```

画像を変更したので、「Button」クラスのコンストラクタを、次のように変更します。

SOURCE CODE 「game.js」の「Button」クラスのコンストラクタのコード

```
// バーチャルボタンを作成するクラス
var Button = enchant.Class.create(enchant.Sprite, {
// ... 省略 ...

    // 画像に「button2.png」を設定する
    this.image = core.assets['button2.png']; // 変更箇所その9

// ... 省略 ...
```

次に、「core.onload」関数のrootSceneの「enterframe」イベントリスナのモンスターとキャラの当たり判定の処理を変更します。rootSceneの「enterframe」イベントリスナを、次のように変更します。

SOURCE CODE ||「game.js」のrootSceneの「enterframe」イベントリスナのコード

```
// rootSceneの「enterframe」イベントリスナ
core.rootScene.addEventListener('enterframe', function() {

    // ... 省略 ...

    // 画面上にモンスターが存在するなら、攻撃の当たり判定をチェックする

    if (monster.intersect(chara)) {
      // 変更点6
      //  当たっており、キャラの アクションが「attack」または「special」なら
      if (chara.action == "attack" || chara.action == "special") {
        // モンスターのラベルの表示位置の更新
        mLabel.x = monster.x + 16;
        mLabel.y = monster.y - 16;
        mLabel.text = chara.hitmes;
        // モンスターのHPを減らす
        // 「chara.attack」プロパティはキャラの攻撃力
        // 「chara.spow」プロパティは、通常攻撃時は定数「NOMAL_ATTACK_POWER」の値、
        // 特殊技攻撃時は、定数「SP_ATTACK_POWER」の値になる
        monster.hp -= chara.attack * chara.spow;

        // モンスターのHPが「0」以下なら
        if (monster.hp <= 0) {
          mLabel.text = "";
          // モンスターを「disappear」アクション
          monster.action = "disappear";
          // モンスターの死亡フラグを「true」にする
          monster.death = true;
        }
      }
    }
  }
  // モンスターを倒したなら

// ... 省略 ...
```

次に、バーチャルパッドのコードをコメントアウト（または削除）します。「core.onload」関数を次のように変更します。

SOURCE CODE ||「game.js」の「core.onload」関数のコード

```
/* 変更点7
var pad = new Pad();
pad.x = 0;
pad.y = 220;
core.rootScene.addChild(pad);
*/
```

最後に、「core.onload」関数にrootSceneの「abuttondown」イベントリスナと「bbuttondown」イベントリスナを追加します。「abuttondown」イベントリスナに、モンスターを通常攻撃するための処理を、「bbuttondown」イベントリスナにモンスターを特殊技で攻撃するための処理を定義します。「core.onload」関数に次のように入力します。

SOURCE CODE 「game.js」の「core.onload」関数のコード

```
    bbtn = new Button(200, 250, 'b');
    // 変更点8
    // rootSceneの「abuttondown」イベントリスナ
    core.rootScene.addEventListener('abuttondown', function() {
      // キャラのターンなら、モンスターを通常攻撃する
      if (chara.turn) {
        // 通常攻撃するための各プロパティの設定
        chara.action = "run";
        chara.turn = false;
        chara.attacked = true;
        chara.spmode = false;
        chara.spow = NOMAL_ATTACK_POWER;
        chara.hitmes = 'Hit!'
      }
    });

    // rootSceneの「bbuttondown」イベントリスナ
    core.rootScene.addEventListener('bbuttondown', function() {
      // キャラのターンで特殊技が発動可能(SPが1以上)なら特殊技で攻撃する
      if (chara.turn) {
        chara.turn = false;
        chara.attacked = true;
        if (sp > 0) {
          // 特殊技で攻撃するための各プロパティの設定
          chara.spmode = true;
          chara.action = "run";
          chara.spow = SP_ATTACK_POWER;
          chara.hitmes = 'SP Hit!'
          // SPゲージのバーを1つ減らす(非表示にする)
          sp --;
          bars[sp].visible = false;
        }
      }
    });
```

◆キャラの攻撃処理

「abuttondown」イベントリスナには通常攻撃を行うため設定を、「bbuttondown」イベントリスナには特殊攻撃を行うための設定を定義しています。条件を満たすときにボタンを押すと、この設定に基づいて、キャラの定期処理(「enterframe」イベントリスナ)の中の攻撃処理(「if (this.attacked) {~この中の処理~}」)が実行され、モンスターを攻撃します。

動作の確認

ブラウザで「index.html」を表示します。モンスターが一定間隔でキャラを攻撃します。キャラに順番が回ってくると、「a」ボタン（右側）が赤色になり、「a」ボタンを押すとモンスターを攻撃します。さらにSPゲージのバーが1つ以上たまった状態で、キャラに順番が回ってくると、「b」ボタン（左側）が赤色になり、「b」ボタンを押すと、特殊技でモンスターを攻撃します。

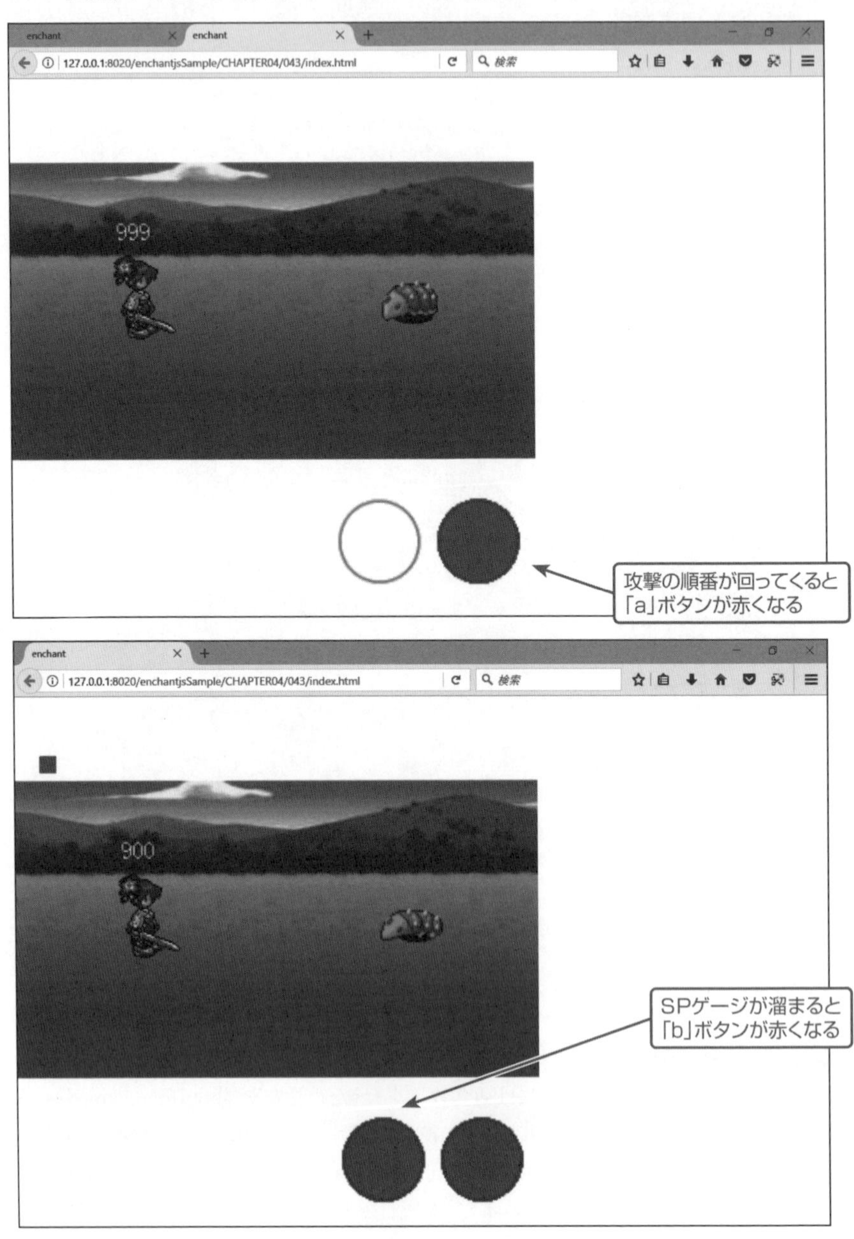

CHAPTER 05

シューティングゲームの作成

SECTION-044

シューティングゲームを作成する

作成するシューティングゲームについて

このCHAPTERでは、シューティングゲームを作成していきます。仕様に沿って機能を少しずつ実装していき、ゲームを完成させていきます。作成するシューティングゲームの仕様は、次の通りです。

1. 自機(プレイヤー)の弾の発射処理は自動的に行い、敵を破壊すると得点を加算する。
2. 自機は、敵の弾に1発でも当たると破壊され、3回破壊されるとゲームオーバーになる。
3. 自機をアナログパッドで操作できるようにする(途中までは方向キー)。
4. 移動パターンの異なる敵を3種類で、ランダムに出現させる。

素材について

このゲームで使用する素材(画像やサウンド)は、次の通りです。

◆「enchant.js」に含まれる素材

使用する素材で、「enchant.js」に含まれる素材は、次のようになります。

種類	ファイル名
画像ファイル	apad.png
	end.png
	font0.png(「font1.png」をリネーム)
	icon0.png
	pad.png
	start.png

◆その他の素材

その他の素材は、次のようになります。なお、これらの素材は、ダウンロードサンプルに収録しています。

種類	ファイル名
画像ファイル	bg.png
	exp.png
	spritesheet.png

「index.html」の作成

このゲームでは、「ui.enchant.js」「nineleap.enchant.js」の2つのプラグインを使います。「index.html」には、次のように入力します。

SOURCE CODE 「index.html」コード

```
<!DOCTYPE html>
<html>
  <head>
    <meta charset="UTF-8">
```

```
    <meta name="viewport" content="width=device-width, user-scalable=yes">
    <meta name="apple-mobile-web-app-capable" content="yes">
    <meta name="apple-mobile-web-app-status-bar-style" content="black-translucent">
    <script type="text/javascript" src="enchant.js"></script>
    <script type="text/javascript" src="ui.enchant.js"></script>
    <script type="text/javascript" src="nineleap.enchant.js"></script>
    <script type="text/javascript" src="game.js"></script>
    <style type="text/css">
      body {margin: 0;}
    </style>
  </head>
  <body>
  </body>
</html>
```

SECTION-045

自機と背景を実装する

実装する機能について

ここでは、プレイヤーの機体（以下、自機）と背景を実装します。自機は、上ボタン（「↑」キー）で画面の上方向、下ボタン（「↓」キー）で画面の下方向、左ボタン（「←」キー）で画面の左方向、右ボタン（「→」キー）で画面の右方向に動かせるようにします。背景は、自動的にスクロールするようにします。

「Player」クラスの実装

自機を作成するための「Player」クラスを定義します。「game.js」に、次のように入力します。

SOURCE CODE 「game.js」の「Player」クラスのコード

```
// 自機のスプライトを作成するクラス
var Player = enchant.Class.create(enchant.Sprite, {
  initialize: function(x, y) {
    enchant.Sprite.call(this, 32, 32);
    // サーフィスを作成する
    var image = new Surface(128, 32);
    // 「spritesheet.png」の(0, 0)から128x32の領域の画像をサーフィスに描画する
    image.draw(core.assets['spritesheet.png'], 0, 0, 128, 32, 0, 0, 128, 32);
    this.image = image;
    this.frame = 0;
    this.x = x;
    this.y = y;
    // 「enterframe」イベントリスナ
    this.addEventListener('enterframe', function() {

      // 自機の移動処理

      // 左ボタンが押され、かつ自機のx座標が「0」以上なら
      if (core.input.left && this.x >= 0) {
        this.x -= 8;    // 「8」ピクセル左に移動する
        this.frame = 0; // フレーム番号「0」の画像を表示する
      }
      // 右ボタンが押され、かつ自機のx座標が「ゲーム幅-32」以下なら
      if (core.input.right && this.x <= core.width - 32) {
        this.x += 8;    // 「8」ピクセル右に移動する
        this.frame = 0; // フレーム番号「0」の画像を表示する
      }
      // 上ボタンが押され、かつ自機のy座標が「0」以上なら
      if (core.input.up  && this.y >= 0 ) {
        this.y -= 8;    // 「8」ピクセル上に移動する
        this.frame = 1; // フレーム番号「1」の画像を表示する
```

```
    }
    // 下ボタンが押され、かつ自機のy座標が「ゲーム高さ-32」以下なら
    if (core.input.down && this.y <= core.height- 32) {
      this.y += 8;    // 「8」ピクセル下に移動する
      this.frame = 2; // フレーム番号「2」の画像を表示する
    }

  });
  core.rootScene.addChild(this);
 }
});
```

◆「Player」クラスの定義

「Player」クラスは、「Sprite」クラスを継承しています。「Player」クラスのコンストラクタでは、使用する画像や表示座標の初期化、移動の処理を定義しています。スプライトの画像には、「spritesheet.png」の(0, 0)位置から幅128ピクセル、高さ32ピクセルの領域を使用します。

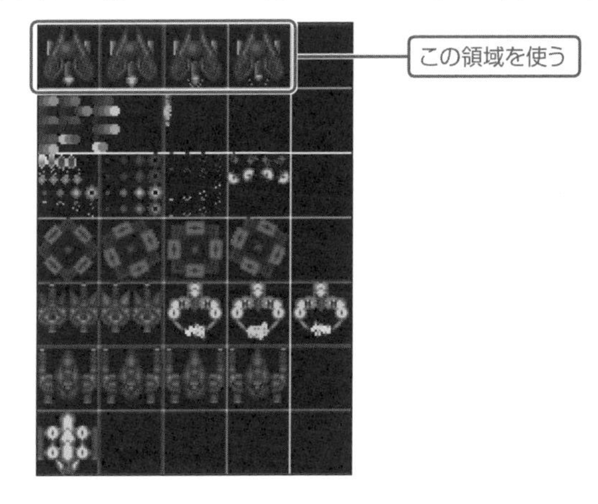

◆自機の移動処理

自機の移動処理は、「Player」クラスの定期処理(「enterframe」イベントリスナ)に定義しています。上下左右ボタン(方向キー)を押すと、その方向に8ピクセルずつ移動します。また、左右方向への移動時はスプライトの0番目のフレームを、上方向移動時はスプライトの1番目のフレームを、下方向移動時はスプライトの2番目のフレームを表示します。

「Background」クラスの実装

背景を作成するための「Background」クラスを定義します。「game.js」に次のように入力します。

SOURCE CODE ‖ 「game.js」の「Background」クラスのコード

```
// 背景のスプライトを作成するクラス
var Background = enchant.Class.create(enchant.Sprite, {
  initialize: function() {
```

```
    enchant.Sprite.call(this, 320, 640);
    this.x = 0;
    this.y = -320;
    this.frame = 0;
    this.image = core.assets['bg.png'];
    // 「enterframe」イベントリスナ
    this.addEventListener('enterframe', function() {
      // 背景をy方向にスクロールする
      this.y ++;
      // y座標が「0」以上になったら、y座標を最初の位置「-320」に戻す
      if (this.y >= 0) this.y = -320;
    });
    core.rootScene.addChild(this);
  }
});
```


◆「Background」クラスの定義

「Background」クラスは、「Sprite」クラスを継承しています。「Background」クラスのコンストラクタでは、使用する画像や表示位置の初期化、スクロール処理を定義しています。

スクロール処理は、定期処理（「enterframe」イベントリスナ）に定義しています。背景の画像（スプライト）をフレームごとにy方向に1ピクセルずつズラし、y座標が「0」になったら、y座標を初期位置（-320）に戻す処理を繰り返すことでスクロールしています。

ゲームのメインプログラムの入力

ゲームのメインプログラムとなる「window.onload」関数、および、「core.onload」関数のコードを入力します。また、最初に「enchant.js」をエクスポートしておきます。「game.js」に、次のように入力します。

SOURCE CODE 「game.js」のメインプログラムのコード

```
enchant();

window.onload = function () {

  core = new Core(320, 320);
  core.fps = 24;

  // ゲームで使用する画像ファイルを読み込む
  core.preload('spritesheet.png', 'bg.png', 'exp.png');

  core.onload = function() {

    // 背景を作成する
    background = new Background();

```

```
    // 自機を作成する
    player = new Player(144, 138);

  }
  core.start();
}

// 自機のスプライトを作成するクラス

// ... 省略 ...
```

◆自機と背景の作成

自機を作成するには、定義した「Player」クラスのコンストラクタでオブジェクトを生成します。引数には、表示位置のx座標とy座標を指定します。

背景を作成するには、定義した「Background」クラスのコンストラクタでオブジェクトを生成します。引数はありません。

動作の確認

ブラウザで「index.html」を表示します。背景がスクロールし、上下左右ボタン（方向キー）で自機が移動します。

SECTION-046

敵キャラを実装する

実装する機能について

ここでは、敵キャラを実装します。敵キャラは、回転タイプ、直進タイプ、水平移動から垂直移動に切り替わるタイプの3種類をランダムに出現させます。

「Enemy」クラスの実装

敵キャラを作成するための「Enemy」クラスを定義します。「game.js」に、次のように入力します。

SOURCE CODE ｜「game.js」の「Enemy」クラスのコード

```
// 敵のスプライトを作成するクラス
var Enemy = enchant.Class.create(enchant.Sprite, {
  initialize: function(x, y, type) {
    enchant.Sprite.call(this, 32, 32);
    this.image = core.assets['spritesheet.png'];
    this.x = x;
    this.y = y;
    this.vx = 4;       // x方向の移動量
    this.type = type; // 敵の種類を設定するプロパティ

    // 「enterframe」イベントリスナ
    this.addEventListener('enterframe', function() {

      // 敵のタイプに応じて、表示するフレームと移動パターンを設定する

      // タイプ「0」
      if (this.type == 0) {
        this.frame = 15 + core.frame % 3;
        this.y += 3;
      }

      // タイプ「1」
      if (this.type == 1) {
        this.frame = 22 + core.frame % 3;
        this.y += 6;
      }

      // タイプ「2」
      if (this.type == 2) {
        this.frame = 25 + core.frame % 4;
        if (this.x < player.x - 64) {
          this.x += this.vx
```

```
      } else if (this.x > player.x + 64) {
        this.x -= this.vx;
      } else {
        this.vx = 0;
        this.y += 8;
      }
    }

    // 画面の外に出たら、
    if (this.y > 280 || this.x > 320 || this.x < -this.width || this.y < -this.height) {
      // 消す
      this.remove();
    }

  });
  core.rootScene.addChild(this);
},
// 敵を削除するメソッド
remove: function() {
  core.rootScene.removeChild(this);
  delete enemies[this.id];
  delete this;
}
});
```

◆「Enemy」クラスの定義

「Enemy」クラスは、「Sprite」クラスを継承しています。「Enemy」クラスのコンストラクタでは、使用する画像や表示座標の初期化、移動の処理を定義しています。使用するスプライトのフレームや移動処理は、引数「type」(以下、タイプ)で渡される値によって切り替えています。

◆敵の移動処理

各タイプの移動処理は、次の通りです。

タイプの値	説明
0	スプライトのフレーム番号「15～18」の画像を切り替えながら、y方向に3ピクセルずつ移動(直進)する
1	スプライトのフレーム番号「22～24」の画像を切り替えながら、y方向に6ピクセルずつ移動(直進)する
3	スプライトのフレーム番号「25～28」の画像を切り替えながら、出現時はx方向に4ピクセルずつ移動(水平移動)し、自機のx座標が±64ピクセルの範囲に入ったらy方向に8ピクセルずつ移動(垂直移動)する

タイプ「0」が使うフレーム

タイプ「1」が使うフレーム

タイプ「3」が使うフレーム

敵キャラの生成処理の追加

敵キャラを格納するための「enemies」配列を追加し、rootScene（ルートシーン）の「enterframe」イベントリスナに、敵キャラを生成する処理を定義します。「core.onload」関数に、次のように入力します。

SOURCE CODE ‖ 「game.js」の「core.onload」関数のコード

```
  core.onload = function() {

  // ... 省略 ...

    // 敵を格納する配列
    enemies = [];

    // rootSceneの「enterframe」イベントリスナ
    core.rootScene.addEventListener('enterframe', function() {

      // 敵の生成処理
      if (rand(100) < 5) {
        var enemy = new Enemy(rand(320), 0, rand(3));
        enemy.id = core.frame;
        enemies[enemy.id] = enemy;
      }

    });

  }
  core.start();
}
```

◆ 敵キャラの管理

敵キャラは、画面上に複数同時に出現します。このため、配列変数(ここでは「enemies」)に敵キャラを格納して管理するようにします。敵キャラを識別するためのID(「id」プロパティに保持する)と配列のキーには、現在のゲームフレーム数を使います。

◆ 敵キャラの作成

敵キャラを作成するには、定義した「Enemy」クラスのコンストラクタでオブジェクトを生成します。引数には、x座標、y座標、タイプ(0〜2)を指定します。

動作の確認

ブラウザで「index.html」にアクセスします。3種類の敵がランダムに出現します。

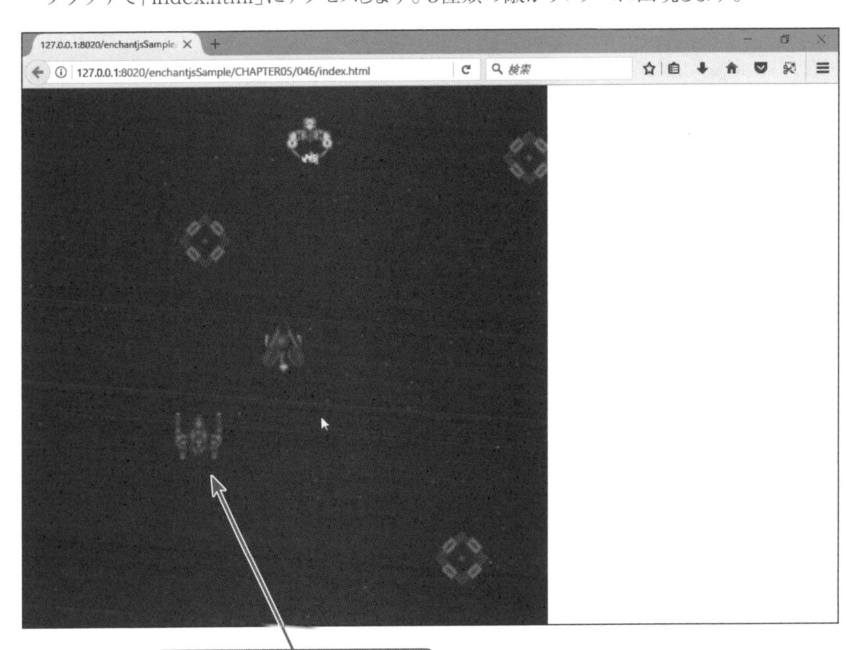

3種類の敵キャラがランダムに表示される

SECTION-047

自弾の発射処理とスコアを実装する

実装する機能について

ここでは、自機から弾を発射する処理を実装します。また、スコアを表示する機能も実装します。発射した弾(自弾)が敵に当たったら、敵を消去し、スコアを加算します。

「Bullet」クラスの実装

敵キャラを作成するための「Bullet」クラスを定義します。「game.js」に、次のように入力します。

SOURCE CODE 「game.js」の「Bullet」クラスのコード

```
// 弾のスプライトを作成するクラス
var Bullet = enchant.Class.create(enchant.Sprite, {
  initialize: function(x, y, angle) {
    enchant.Sprite.call(this, 8, 8);
    var image = new Surface(32, 32);
    image.draw(core.assets['spritesheet.png'], 32, 64, 32, 32, 0, 0, 32, 32);
    this.image = image;
    this.x = x;
    this.y = y;
    this.angle = angle; // 角度
    this.speed = 10;    // スピード
    // 「enterframe」イベントリスナ
    this.addEventListener('enterframe', function() {
      // 弾の移動処理
      this.x += this.speed * Math.sin(this.angle);
      this.y += this.speed * Math.cos(this.angle);
      // 画面の外に出たら消去する
      if (this.y > 320 || this.x > 320 || this.x < -this.width || this.y < -this.height) {
        this.remove();
      }
    });
    core.rootScene.addChild(this);
  },
  // 弾を削除するメソッド
  remove: function() {
    core.rootScene.removeChild(this);
    delete this;
  }
});
```

◆「Bullet」クラスについて

「Bullet」クラスは、指定した方向に飛ぶ弾丸のスプライトを作成するためのクラスです。「Bullet」クラスは、自弾と敵弾を作成するためクラスの基底クラスになります。「Bullet」クラスのコンストラクタの引数には、x座標、y座標、角度(ラジアン角)を指定します。ラジアン角に対する弾の飛ぶ方向は、次のようになります。

◉弾の飛ぶ方向

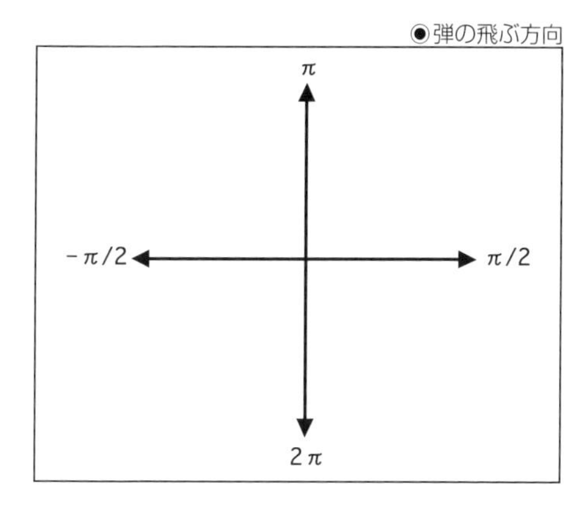

▶自弾発射処理の追加

まず、自弾を作成するための「PlayerBullet」クラスを定義します。「game.js」に、次のように入力します。

SOURCE CODE ||「game.js」の「PlayerBullet」クラスのコード

```
// 自弾のスプライトを作成するクラス
var PlayerBullet = enchant.Class.create(Bullet, {
  initialize: function(x, y) {
    Bullet.call(this, x, y, Math.PI);
    this.frame = 10;
    // 「enterframe」イベントリスナ
    this.addEventListener('enterframe', function() {
      // 敵との当たり判定
      for (var i in enemies) {
        // 敵に当たったら、
        if (enemies[i].intersect(this)) {
          // 当たった敵を消去する
          enemies[i].remove();
          // スコアを加算する
          core.score += 100;
        }
      }
    });
  }
});
```

次に、「Player」クラスのコンストラクタ(「initialize」メソッド)の「enterframe」イベントリスナに、弾を発射する処理を追加します。「Player」クラスのコンストラクタの「enterframe」イベントリスナを、次のように入力します。

SOURCE CODE 「game.js」の「Player」クラスのコンストラクタの「enterframe」イベントリスナのコード

```
// 「enterframe」イベントリスナ
this.addEventListener('enterframe', function() {

// ... 省略 ...

  // 8フレームごとに弾を発射する
  if (core.frame % 8 == 0) {
    // 自弾を生成する
    var s = new PlayerBullet(this.x + 12, this.y - 8);
  }

});
```


◆自弾の発射

自弾を作成するには、「PlayerBullet」クラス(「Bullet」クラスを継承したクラス)のコンストラクタでオブジェクトを生成します。引数には、x座標とy座標を指定します。ここでは、自機の中央の先端付近から発射されるように指定しています。なお、自弾の飛ばす角度(ラジアン角)には「π」を指定しているので、上方向に飛びます。

◆自弾と敵キャラの当たり判定

当たり判定は、現在、画面上の存在するすべて敵キャラに対してチェックする必要があります。敵キャラを「enemies」配列の格納していたのは、このためです。具体的には、ループ処理ですべての敵キャラとの当たり判定をチェックし、自弾に当たっている敵を消去します。敵の消去には、「Enemy」オブジェクトの「remove」メソッドを使います。

スコア表示処理の追加

メインプログラムにスコアを保持するための「core.score」プロパティを追加し、スコアラベルの作成する処理と、スコアの表示を更新する処理を追加します。メインプログラムを次のように変更します。

SOURCE CODE 「game.js」のメインプログラムのコード

```
// スコアを保持するプロパティ
core.score = 0;

// ゲームで使用する画像ファイルを読み込む
core.preload('spritesheet.png', 'bg.png', 'exp.png');

core.onload = function() {
```

▼

```
// ... 省略 ...

// スコアラベルを作成する
var scoreLabel = new ScoreLabel(5, 0);
scoreLabel.score = 0;
scoreLabel.easing = 0;
core.rootScene.addChild(scoreLabel);

// 敵を格納する配列
enemies = [];

// rootSceneの「enterframe」イベントリスナ
core.rootScene.addEventListener('enterframe', function() {

  // スコアを更新する
  scoreLabel.score = core.score;

  // ... 省略 ...
```

動作の確認

ブラウザで「index.html」を表示します。自機から弾が自動的に発射され、敵に当たると敵が消滅し、スコアが加算されます。

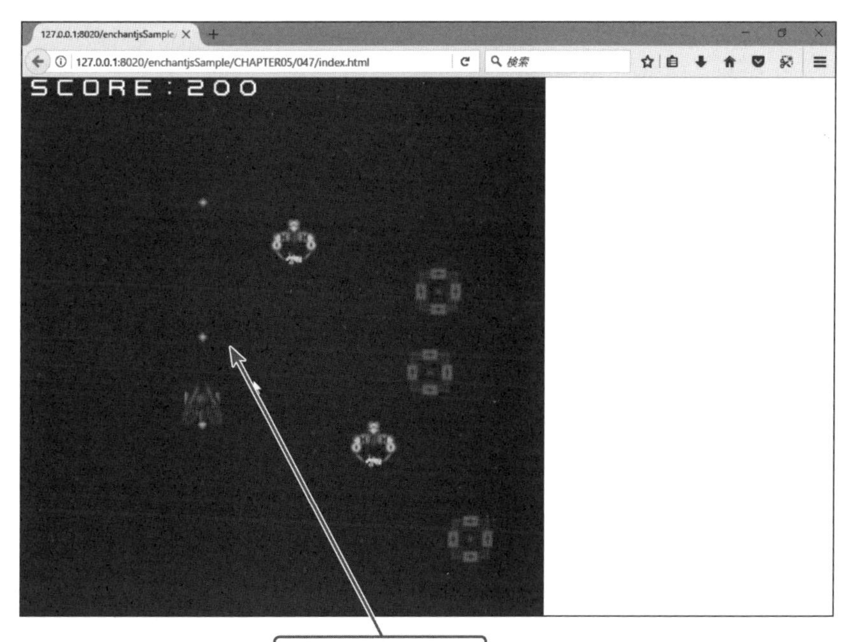

SECTION-048

敵弾の発射処理とライフを実装する

実装する機能について

ここでは、敵キャラの弾を発射する処理を実装します。また、自機のライフ表示とゲームオーバー画面を実装します。具体的な仕様は、次の通りです。

1 敵弾は、自機のいる場所に向かって発射する。

2 自機が被弾したらライフを1つ減らし、ライフ「0」でゲームオーバー画面を表示する。

3 自機が被弾したら一定の時間、点滅表示し、その間は敵を出現させない。

敵弾発射処理の追加

まず、敵弾を作成するための「EnamyBullet」クラスを定義します。「game.js」に、次のように入力します。

SOURCE CODE ｜「game.js」の「EnamyBullet」クラスのコード

```
// 敵弾のスプライトを作成するクラス
var EnamyBullet = enchant.Class.create(Bullet, {
  initialize: function(x, y, angle) {
    Bullet.call(this, x, y, angle);
    this.speed = 4; // スピード
    this.frame = 7;
    // 「enterframe」イベントリスナ
    this.addEventListener('enterframe', function() {
      // 自機との当たり判定
      // 自機に当たったら
      if (player.within(this, 8) && core.death == false) {
        core.death = true;
        player.visible = false;
        // ライフを1つ減らす
        core.life--;
        // ライフが「0」ならゲームオーバーフラグを「true」にする
        if (core.life == 0 ) core.over = true;
      }
    });
  }
});
```

次に、「Enemy」クラスのコンストラクタ（「initialize」メソッド）の「enterframe」イベントリスナに、弾を発射する処理を追加します。また、弾の発射処理に必要なプロパティも追加します。「Enemy」クラスのコンストラクタを、次のように変更します。

SOURCE CODE ｜「game.js」の「Enemy」クラスのコンストラクタのコード

```
// 敵のスプライトを作成するクラス
var Enemy = enchant.Class.create(enchant.Sprite, {
```

```
// ... 省略 ...

    this.tick = 0;     // フレーム数のカウンタ
    this.angle = 0;    // 弾の発射角度を設定するプロパティ

    //「enterframe」イベントリスナ
    this.addEventListener('enterframe', function() {

      // ... 省略 ...

      // 画面の外に出たら、
      if (this.y > 280 || this.x > 320 || this.x < -this.width || this.y < -this.height) {
        // 消す
        this.remove();
      } else if(this.tick++ % 32 == 0 ) {
      // 画面内にいるなら、「32」フレームごとに、次の弾を発射する処理を実行する
        if (rand(100) < 50) {
          // 自機と敵の位置から弾の発射角度を求める
          var sx = player.x + player.width / 2 - this.x;
          var sy = player.y + player.height / 2- this.y;
          var angle = Math.atan(sx / sy);
          // 弾を発射する
          var s = new EnamyBullet(this.x + this.width / 2, this.y + this.height / 2 ,angle);
        }
      }
    });
```

◆敵弾の発射

敵弾を作成するには、「EnamyBullet」クラス（「Bullet」クラスを継承したクラス）のコンストラクタでオブジェクトを生成します。引数には、x座標、y座標、角度（ラジアン角）を指定します。ここでは、自機と敵の位置から弾の発射角度を求め、自機めがけて発射されるように指定しています。

◆敵弾と自機の当たり判定

敵弾と自機の当たり判定は、「EnamyBullet」クラスの「enterframe」イベントリスナに定義しています。こうすることで、生成された敵弾の個々が当たり判定を持つようになるので、画面上に複数の敵弾を存在させることができます。

当たり判定では、敵弾が自機に当たった場合、死亡フラグ（「core.death」プロパティ）を「true」、自機の「visible」プロパティを「false」（自機を非表示）、ライフ（「core.life」プロパティ）を1つ減らし、ライフが「0」ならゲームオーバーフラグ（「core.over」プロパティ）を「true」にしています。

被弾時の処理の追加

メインプログラムに、敵弾が自機に当たったときの処理を追加します。まず、ライフを保持する「core.life」プロパティ、ウェイトのカウンタの「core.wait」プロパティ、自機の死亡フラグの「core.death」プロパティ、ゲームオーバーフラグの「core.over」プロパティを定義します。メインプログラムに、次のように入力します。

SOURCE CODE 「game.js」のメインプログラムのコード

```
// スコアを保持するプロパティ
core.score = 0;
// ライフを保持するプロパティ
core.life = 3;
// ウェイトのカウンタ
core.wait = 0;
// 自機の死亡フラグ(被弾したときに「true」)
core.death = false;
// ゲームオーバーフラグ(ゲームオーバー時に「true」)
core.over = false;
```

次に、「core.onload」関数にライフラベルを作成する処理を追加します。「core.onload」関数に、次のように入力します。

SOURCE CODE 「game.js」の「core.onload」関数のコード

```
core.onload = function() {

  // ... 省略 ...

  // ライフラベルを作成する
  var lifeLabel = new LifeLabel(180, 0, 3);
  core.rootScene.addChild(lifeLabel);

  // 敵を格納する配列
  enemies = [];

  // .... 省略 ....
```

最後に、「core.onload」関数のrootScene(ルートシーン)の「enterframe」イベントリスナに、ライフの更新処理、ゲームオーバー時の処理、被弾したときの処理を追加します。rootSceneの「enterframe」イベントリスナを、次のように変更します。

SOURCE CODE 「game.js」のrootSceneの「enterframe」イベントリスナのコード

```
// rootSceneの「enterframe」イベントリスナ
core.rootScene.addEventListener('enterframe', function() {

  // スコアを更新する
  scoreLabel.score = core.score;
```

```
    // ライフを更新する
    lifeLabel.life = core.life;
    // ゲームオーバーなら終了
    if (core.over) core.end();
    // 被弾したら、一定の間、自機を点滅表示する
    if (core.death == true) {
      core.wait ++;
      player.visible = player.visible ? false : true;
      if (core.wait == core.fps * 5) {
        core.death = false;
        player.visible = true;
        core.wait = 0;
      }
    }
    // 敵の生成処理
    if (rand(100) < 5  && core.death == false) {
      var enemy = new Enemy(rand(320), 0, rand(3));
      enemy.id = core.frame;
      enemies[enemy.id] = enemy;
    }

  });
```

◆自機の点滅表示

自機を点滅表示させるには、フレームごとに自機の「visible」プロパティの値を反転します。この処理は、自機が被弾した（「core.death」プロパティが「true」）ときに、一定時間（core.fps ＊ 5）だけ実行しています。また、この間、敵が出現しないように、敵の生成処理の条件に、「core.death == false」を追加しています。

一定時間経過したら、死亡フラグ（「core.death」プロパティ）を「false」、自機を表示状態（「visible」プロパティを「true」）にし、ゲームを再開（敵が生成される）します。

動作の確認

ブラウザで「index.html」を表示します。敵弾が自機に向かって飛んできます。被弾するとライフが1つ減り、ライフ「0」でゲームオーバー画面が表示されます。

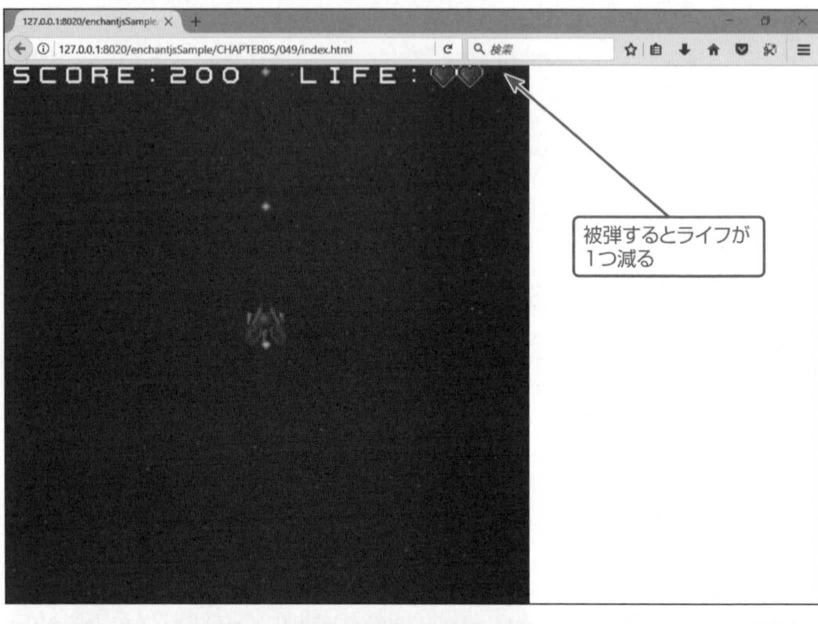

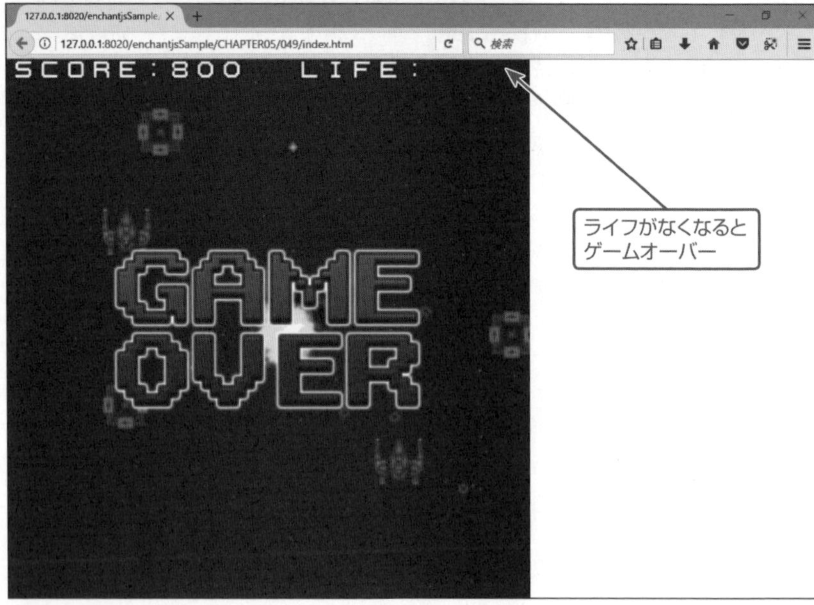

SECTION-049

爆発エフェクトを実装する

実装する機能について

ここでは、爆発エフェクトを実装します。敵キャラに自弾が当たったとき、および、自機が被弾したときに、爆発エフェクトを表示します。

爆発エフェクト表示処理の追加

まず、爆発エフェクトのスプライトを作成するための「Explosion」クラスを定義します。「game.js」に、次のように入力します。

SOURCE CODE 「game.js」の「Explosion」クラスのコード

```
// 爆発エフェクトのスプライトを作成するクラス
var Explosion = enchant.Class.create(enchant.Sprite, {
  initialize: function(x, y) {
    enchant.Sprite.call(this, 64, 64);
    this.x = x;
    this.y = y;
    this.frame = 0;
    this.image = core.assets['exp.png'];
    this.tick = 0;       // フレーム数のカウンタ
    // 「enterframe」イベントリスナ
    this.addEventListener('enterframe', function() {
      // 爆発エフェクトをアニメーション表示する
      this.frame = this.tick ++;
      if (this.frame == 16) this.remove();
    });
    core.rootScene.addChild(this);
  },
  remove: function() {
    core.rootScene.removeChild(this);
    delete this;
  }
});
```

次に、「PlayerBullet」クラスと「EnamyBullet」クラスのコンストラクタ（「initialize」メソッド）の「enterframe」イベントリスナに、爆発エフェクトを生成する処理を追加します。

「PlayerBullet」クラスのコンストラクタの「enterframe」イベントリスナを、次のように変更します。

SOURCE CODE 「game.js」の「PlayerBullet」クラスのコンストラクタの「enterframe」イベントリスナのコード

```
    // 「enterframe」イベントリスナ
    this.addEventListener('enterframe', function() {
```

```
    // 敵との当たり判定
    for (var i in enemies) {
      // 敵に当たったら、
      if (enemies[i].intersect(this)) {
        // 爆発エフェクトを表示する
        var effect =
        new Explosion(enemies[i].x - enemies[i].width / 2, enemies[i].y - enemies[i].height / 2);
        // 当たった敵を消去する

    // ... 省略 ...

  });
```

「EnamyBullet」クラスのコンストラクタの「enterframe」イベントリスナを、次のように変更します。

SOURCE CODE | 「game.js」の「EnamyBullet」クラスのコンストラクタの「enterframe」イベントリスナのコード

```
  // 「enterframe」イベントリスナ
  this.addEventListener('enterframe', function() {
    // 自機との当たり判定
    // 自機に当たったら
    if (player.within(this, 8) && core.death == false) {
      // 爆発エフェクトを表示する
      var effect = new Explosion(player.x - player.width / 2, player.y - player.height / 2);
      core.death = true;

    // ... 省略 ...

  });
```

◆爆発エフェクトの作成

爆発エフェクトを作成するには、「Explosion」クラスのコンストラクタでオブジェクトを生成します。引数には、表示位置のx座標とy座標を指定します。爆発エフェクトは、対象のスプライト(自機、または、敵キャラ)の中心に表示されるように座標を指定するのはポイントです。スプライトの中心のx座標は「x座標 - 幅 / 2」、y座標は「y座標 - 高さ / 2」で求めることができます。

動作の確認

ブラウザで「index.html」を表示します。敵キャラに自弾が当たったとき、自機が被弾したときに爆発エフェクトが表示されます。

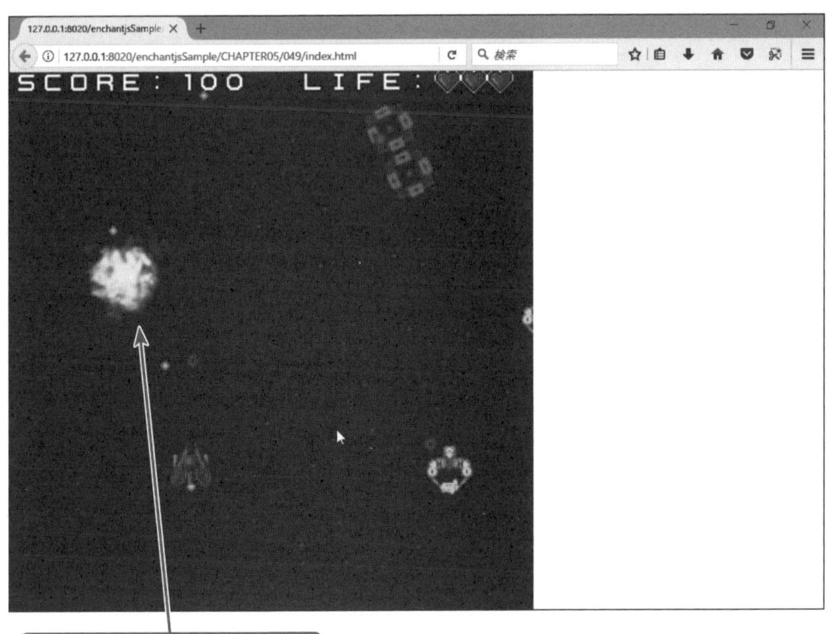

自機が被弾すると爆発エフェクトが表示される

SECTION-050

自機をアナログパッドで操作する

実装する機能について

ここでは、バーチャルパッドのアナログパッドを実装し、自機をアナログパッドで操作できるようにします。なお、上下左右ボタン(方向キー)での移動処理は削除します。

アナログパッドの実装

まず、メインプログラムの「core.onload」関数にアナログパットを作成する処理を追加します。「core.onload」関数に、次のように入力します。

SOURCE CODE ｜「game.js」の「core.onload」関数のコード

```
core.onload = function() {

  // ... 省略 ...

  // アナログバーチャルパッドを作成する
  apad = new APad();
  apad.x = 220;
  apad.y = 220;
  core.rootScene.addChild(apad);

  // 敵を格納する配列
  enemies = [];

  // ... 省略 ...
```

次に、「Player」クラスのコンストラクタ(「initialize」メソッド)の「enterframe」イベントリスナに、アナログパッドで自機を操作するための処理を追加します。「Player」クラスのコンストラクタの「enterframe」イベントリスナを、次のように変更します。

SOURCE CODE ｜「game.js」の「Player」クラスのコンストラクタの「enterframe」イベントリスナのコード

```
  // 「enterframe」イベントリスナ
  this.addEventListener('enterframe', function() {

    // 自機の移動処理

    // スプライトのフレーム切り替え
    if (apad.vy < 0) this.frame = 1;
    if (apad.vy > 0) this.frame = 2;
    if (apad.vy == 0) this.frame = 0;

    // アナログパッドの傾きをゲーム画面の座標系に変換する
    this.x = apad.vx * 160 + x;
```

```
    this.y = apad.vy * 160 + y;

    // 8フレームごとに弾を発射する
    if (core.frame % 8 == 0) {
      // 自弾を生成する
      var s = new PlayerBullet(this.x + 12, this.y - 8);
    }
  });
```

◆アナログパッドの作成

アナログパッドを作成するには、「APad」コンストラクタでオブジェクトを生成します。アナログパッドを作成したら、表示する位置のx座標とy座標を指定して、表示オブジェクトツリー(ここではルートシーン)に追加します。

◆座標系の変換

アナログパッドは、パッドをx軸方向とy軸方向にどれだけ傾けたかを取得します。x軸方向の傾きは「vx」プロパティ、y軸方向の傾き(単位円)は「vy」プロパティで取得します。値の最小値は「-1」、最大値は「1」になります。

つまり、アナログパッドの座標系は、直行座標の原点(0,0)を中心とした単位円(半径が「1」の円)の座標系と同じになります。

ここでは、アナログパッドの座標系を、ゲーム画面の(160, 160)を中心とした半径160ピクセルの円の座標系になるように変換した値を、自機の座標系に代入することで、アナログパッドで自機をダイレクトに操作できるようにしています。

◉アナログパッドの座標系

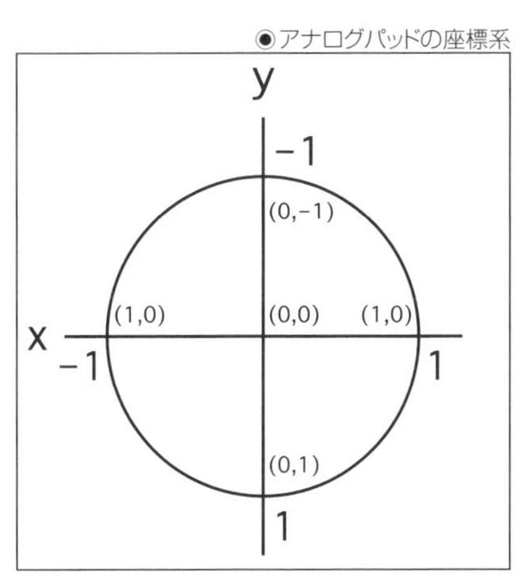

◉ゲーム画面の座標系

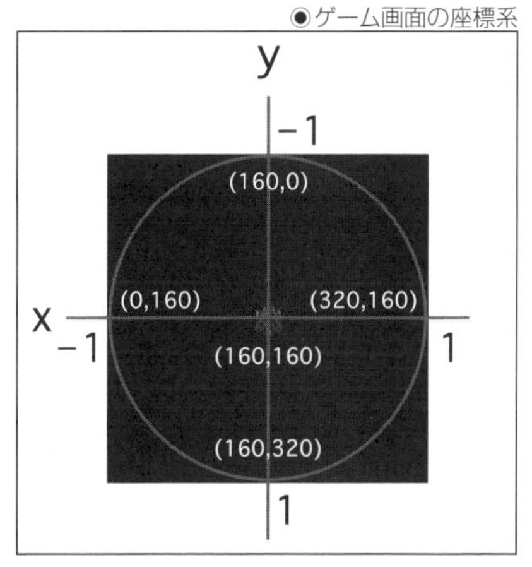

動作の確認

ブラウザで「index.html」を表示します。アナログパッドで自機を操作することができます。

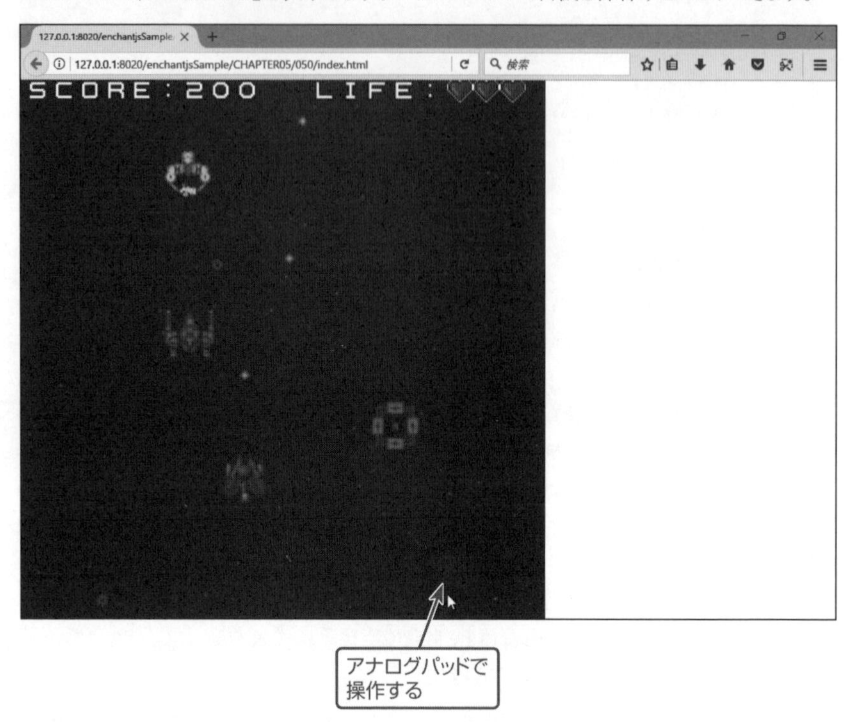

CHAPTER 06

アクションゲームの作成

SECTION-051

アクションゲームを作成する

作成するアクションゲームについて

このCHAPTERでは、アクションゲームを作成していきます。仕様に沿って機能を少しずつ実装していき、ゲームを完成させていきます。作成するアクションゲームの仕様は、次の通りです。

1 480×480のマップをバトルフィールドに使う。
2 プレイヤーキャラクター(以下、プレイヤー)を操作して、バトルフィールド上にランダムに出現する敵を倒していく。
3 プレイヤーは、方向キーと「X」キー、および、アナログパッド/ボタンで操作できるようにする。
4 敵は一撃で倒すことができ、倒すとコインが出現する。
5 コインは一定時間後に接触することで取得でき、取得枚数をスコアとしてカウントする。
6 出現する敵キャラは2種類、最大10体(初期値)まで出現する。
7 敵キャラはプレイヤーが自身のxy軸上にいた場合、プレイヤーに向かって移動する。
8 攻撃する前に敵キャラに接触されるとダメージを受ける。
9 プレイヤーのHPが「0」になるとゲームオーバー。
10 BGMを鳴らし、攻撃アクション、攻撃ヒット時、コイン取得時などでSE(効果音)を鳴らす。

素材について

このゲームで使用する素材(画像やサウンド)は、次の通りです。

◆「enchant.js」に含まれる素材

使用する素材で、「enchant.js」に含まれる素材は、次のようになります。

種類	ファイル名
画像ファイル	apad.png
	chara5.png
	chara6.png
	end.png
	font0.png(「font2.png」をリネーム)
	icon0.png
	map1.png
	pad.png
	start.png

◆その他の素材

その他の素材は、次のようになります。その他の素材については、本書のダウンロードサンプルに収録しています。

種類	ファイル名
画像ファイル	button.png
	piece.png
サウンドファイル	BattleLine.wav
	coin.wav
	death.wav
	die.wav
	hit.wav
	swing.wav

「index.html」の作成

このゲームでは、「ui.enchant.js」プラグインを使います。

「index.html」には、次のように入力します。

SOURCE CODE 「index.html」コード

```
<!DOCTYPE html>
<html>
  <head>
    <meta charset="UTF-8">
    <meta name="viewport" content="width=device-width, user-scalable=yes">
    <meta name="apple-mobile-web-app-capable" content="yes">
    <meta name="apple-mobile-web-app-status-bar-style" content="black-translucent">
    <script type="text/javascript" src="enchant.js"></script>
    <script type="text/javascript" src="ui.enchant.js"></script>
    <script type="text/javascript" src="game.js"></script>
    <style type="text/css">
      body {margin: 0;}
    </style>
  </head>
  <body>
  </body>
</html>
```

バトルフィールドマップを実装する

実装する機能について

ここでは、バトルフィールドのマップを実装します。16×16のタイルを縦横に30個ずつ並べて480×480のマップを作成します。マップは、後からプレイヤーキャラクターの動きに合わせてスクロールできるようにグループ化しておきます。

バトルフィールドマップの作成

まず、バックグランドのマップデータと衝突判定データ、および、フォアグラランドのマップデータを入力します。「game.js」に、次のように入力します。

SOURCE CODE 「game.js」のマップデータのコード

```
// マップデータ
var Field ={
  Bg1:[ // バックグラウンド1
    [20,20,20,20,20,20,20,20,20,20,20,20,32,33,33,33,33,33,33,33,
     33,33,33,33,33,33,33,33,33,33],
    [20,20,20,20,20,20,20,20,20,20,20,20,48,49,49,49,33,33,33,33,
     33,33,33,33,33,33,33,33,33,33],
    [20,20,20,83,84,84,85,20,20,20,20,20,20,20,20,20,48,49,49,49,
     49,49,49,49,49,49,49,49,49,49],
    [20,20,20,99,100,100,101,20,20,20,20,20,20,20,20,20,20,20,20,
     20,20,20,20,20,20,20,20,20,20,20],
    [20,20,20,115,100,100,117,20,20,20,20,20,20,20,20,20,20,20,20,
     20,20,20,20,20,20,20,20,20,20,20],
    [20,20,20,20,99,101,20,20,20,20,20,20,20,20,20,20,20,20,20,20,
     20,20,20,20,20,20,20,20,20,20],
    [20,20,20,20,99,101,20,20,20,20,20,20,20,20,20,20,20,20,20,20,
     20,20,20,20,20,20,20,20,20,20],
    [20,20,20,20,99,101,20,20,20,20,20,20,20,20,20,20,20,20,20,20,
     20,20,20,20,20,20,20,20,20,20],
    [20,20,20,20,99,101,20,20,20,20,20,20,20,20,20,20,20,20,20,20,
     20,20,20,20,20,20,20,20,20,20],
    [20,20,20,20,99,101,20,20,20,20,20,20,20,20,20,20,20,20,20,20,
     20,20,20,20,20,20,20,20,20,20],
    [20,20,20,20,99,100,84,84,84,84,84,84,84,84,84,84,84,84,84,84,
     84,84,84,84,84,84,84,84,85,20],
    [20,20,20,20,115,116,116,116,116,116,116,116,116,100,100,116,116,116,116,116,
     116,116,116,116,116,116,116,116,117,20],
    [20,20,20,20,20,20,20,20,20,20,20,20,20,99,101,20,20,20,20,20,
     20,20,20,20,20,20,20,20,20,20],
    [20,20,20,20,20,20,20,20,20,20,20,20,20,99,101,20,20,20,20,20,20,
     20,20,20,20,20,20,20,20,20],
```

```
      [20,20,20,20,20,20,20,20,20,20,20,20,20,99,101,20,20,80,80,80,
       80,80,80,80,80,80,80,80,20,20],
      [20,20,20,20,16,17,17,18,20,20,20,20,20,99,101,20,20,80,80,80,
       80,80,80,80,80,80,80,80,20,20],
      [20,20,20,20,32,33,33,34,20,20,20,20,20,99,101,20,20,80,80,80,
       80,80,80,80,80,80,80,80,20,20],
      [20,20,20,20,32,33,33,34,20,20,20,20,20,99,101,20,20,80,80,80,
       80,80,80,80,80,80,80,80,20,20],
      [20,20,20,20,48,49,49,50,20,20,20,20,20,99,101,20,20,80,80,80,
       80,80,80,80,80,80,80,80,20,20],
      [20,20,20,20,20,20,20,20,20,20,20,20,20,99,101,20,20,80,80,80,
       80,80,80,80,80,80,80,80,20,20],
      [20,20,20,20,20,20,20,20,20,20,20,20,20,99,101,20,20,80,80,80,
       80,80,80,80,80,80,80,80,20,20],
      [20,20,20,20,20,20,20,20,20,20,20,20,20,99,101,20,20,80,80,80,
       80,80,80,80,80,80,80,80,20,20],
      [20,20,20,20,20,20,20,20,20,20,20,20,20,99,101,20,20,80,80,80,
       80,80,80,80,80,80,80,80,20,20],
      [20,20,20,20,20,20,20,20,20,20,20,20,20,99,101,20,20,80,80,80,
       80,80,80,80,80,80,80,80,20,20],
      [20,20,20,20,20,20,20,20,20,20,20,20,20,99,101,20,20,80,80,80,
       80,80,80,80,80,80,80,80,20,20],
      [20,20,20,20,20,20,20,20,20,20,20,20,20,99,101,20,20,80,80,80,
       80,80,80,80,80,80,80,80,20,20],
      [20,20,20,20,20,20,20,20,20,20,20,20,20,99,101,20,20,20,20,20,
       20,20,20,20,20,20,20,20,20,20],
      [20,20,20,20,20,20,20,20,20,20,20,20,20,99,101,20,20,20,20,20,
       20,20,20,20,20,20,20,20,20,20],
      [20,20,20,20,20,20,20,20,20,20,20,20,20,99,101,20,20,20,20,20,
       20,20,20,20,20,20,20,20,20,20],
      [20,20,20,20,20,20,20,20,20,20,20,20,20,99,101,20,20,20,20,20,
       20,20,20,20,20,20,20,20,20,20]
    ],
    Bg2:[ // バックグラウンド2
      [-1,-1,-1,-1,-1,-1,-1,-1,-1,-1,-1,-1,-1,-1,-1,-1,-1,-1,-1,-1,
       -1,-1,-1,-1,-1,-1,-1,-1,-1,-1],
      [-1,-1,-1,-1,-1,-1,-1,-1,-1,-1,-1,-1,-1,-1,-1,-1,-1,-1,-1,-1,
       -1,-1,-1,-1,-1,-1,-1,-1,-1,-1],
      [-1,-1,-1,-1,-1,-1,-1,-1,-1,-1,-1,-1,-1,-1,-1,-1,-1,-1,-1,-1,
       -1,-1,-1,-1,-1,-1,-1,-1,-1,-1],
      [-1,-1,-1,-1,-1,-1,-1,-1,-1,-1,-1,-1,-1,-1,-1,-1,-1,-1,-1,-1,
       -1,-1,-1,-1,-1,-1,-1,-1,-1,-1],
      [-1,-1,-1,-1,-1,-1,-1,-1,-1,-1,-1,-1,-1,-1,-1,-1,-1,-1,-1,-1,
       -1,-1,-1,-1,-1,-1,-1,-1,-1,-1],
      [-1,-1,-1,-1,-1,-1,-1,-1,-1,-1,28,-1,-1,-1,-1,-1,-1,28,-1,-1,
       -1,-1,60,61,-1,-1,-1,-1,-1,-1],
      [-1,-1,-1,-1,-1,-1,-1,-1,-1,-1,-1,-1,-1,-1,-1,-1,28,28,28,-1,
```

```
    -1,-1,76,77,-1,-1,-1,-1,-1,-1],
  [-1,-1,28,-1,-1,-1,-1,60,61,-1,-1,-1,-1,-1,-1,-1,-1,-1,-1,-1,
    -1,-1,-1,-1,-1,-1,-1,-1,-1,-1],
  [-1,-1,-1,-1,-1,-1,-1,76,77,-1,-1,-1,-1,28,-1,-1,-1,-1,-1,-1,
    -1,-1,-1,-1,-1,-1,-1,-1,-1,-1],
  [-1,-1,-1,-1,-1,-1,-1,-1,-1,-1,-1,-1,-1,-1,-1,-1,-1,-1,-1,-1,
    -1,-1,28,-1,-1,-1,-1,-1,-1,-1],
  [-1,-1,-1,-1,-1,-1,-1,-1,-1,-1,-1,-1,-1,-1,-1,-1,-1,-1,-1,-1,
    -1,-1,-1,-1,-1,-1,-1,-1,-1,-1],
  [-1,-1,-1,-1,-1,-1,-1,-1,-1,-1,-1,-1,-1,-1,-1,-1,-1,-1,-1,-1,
    -1,-1,-1,-1,-1,-1,-1,-1,-1,-1],
  [-1,-1,-1,-1,-1,-1,-1,-1,-1,-1,-1,-1,59,-1,-1,-1,-1,-1,-1,-1,
    -1,-1,-1,-1,-1,-1,-1,-1,-1,-1],
  [-1,-1,-1,-1,28,28,28,28,-1,-1,-1,-1,75,-1,-1,-1,-1,-1,-1,-1,
    -1,-1,-1,-1,-1,-1,-1,-1,-1,-1],
  [-1,-1,-1,28,28,28,28,28,28,-1,-1,-1,-1,-1,-1,-1,-1,7,23,23,
    23,23,23,23,23,23,-1,7,-1,-1],
  [-1,-1,28,28,-1,-1,-1,-1,28,28,-1,-1,-1,-1,-1,-1,-1,7,27,-1,
    -1,-1,-1,-1,-1,-1,-1,7,-1,-1],
  [-1,-1,28,28,-1,-1,-1,-1,28,28,-1,-1,-1,-1,-1,-1,-1,7,-1,-1,
    -1,-1,7,23,23,23,23,7,-1,-1],
  [-1,-1,28,28,-1,-1,-1,-1,28,28,-1,-1,-1,-1,-1,-1,-1,7,-1,-1,
    -1,-1,7,29,-1,-1,-1,7,-1,-1],
  [-1,-1,28,28,-1,-1,-1,-1,28,28,-1,-1,-1,-1,-1,-1,-1,7,-1,-1,
    -1,-1,7,-1,-1,-1,-1,7,-1,-1],
  [-1,-1,-1,28,28,28,28,28,28,-1,-1,-1,-1,-1,-1,-1,-1,7,-1,-1,
    23,23,23,38,38,38,38,7,-1,-1],
  [-1,-1,-1,-1,28,28,28,28,-1,-1,-1,-1,-1,-1,-1,-1,-1,7,-1,-1,
    11,-1,-1,-1,-1,-1,-1,7,-1,-1],
  [-1,-1,-1,-1,-1,-1,-1,-1,60,61,-1,-1,-1,-1,-1,-1,-1,7,-1,-1,
    -1,-1,-1,-1,-1,-1,-1,7,-1,-1],
  [-1,-1,-1,-1,-1,-1,-1,-1,76,77,-1,-1,-1,-1,-1,-1,-1,7,23,23,
    23,23,23,23,-1,-1,-1,7,-1,-1],
  [-1,-1,-1,-1,-1,-1,-1,-1,-1,-1,-1,-1,-1,-1,-1,-1,-1,7,-1,-1,
    -1,-1,-1,-1,-1,-1,-1,7,-1,-1],
  [-1,-1,-1,28,-1,-1,-1,-1,-1,-1,-1,-1,-1,-1,-1,-1,-1,7,-1,7,
    -1,-1,-1,-1,-1,-1,-1,7,-1,-1],
  [-1,-1,-1,-1,-1,-1,-1,-1,-1,-1,-1,-1,-1,-1,-1,-1,-1,23,-1,23,
    23,23,23,23,23,23,23,23,-1,-1],
  [-1,-1,-1,-1,60,61,-1,-1,-1,28,-1,-1,-1,-1,-1,-1,-1,-1,-1,-1,
    -1,-1,-1,-1,-1,-1,-1,-1,-1,-1],
  [-1,-1,-1,-1,76,77,-1,-1,-1,-1,-1,-1,-1,-1,-1,-1,-1,-1,-1,60,
    61,-1,-1,-1,60,61,-1,-1,-1,-1],
  [-1,-1,-1,-1,-1,-1,-1,-1,-1,-1,-1,-1,-1,-1,-1,-1,-1,-1,-1,76,
    77,-1,-1,-1,76,77,-1,-1,-1,-1],
  [-1,-1,-1,-1,-1,-1,-1,-1,-1,-1,-1,-1,-1,-1,-1,-1,-1,-1,-1,-1,
    -1,-1,-1,-1,-1,-1,-1,-1,-1,-1]
```

```
],
CollisionData:[ // バックグラウンの衝突判定
  [0,0,0,0,0,0,0,0,0,0,0,0,1,1,1,1,1,1,1,1,1,1,1,1,1,1,1,1,1,1],
  [0,0,0,0,0,0,0,0,0,0,0,0,1,1,1,1,1,1,1,1,1,1,1,1,1,1,1,1,1,1],
  [0,0,0,0,0,0,0,0,0,0,0,0,0,0,0,0,1,1,1,1,1,1,1,1,1,1,1,1,1,1],
  [0,0,0,0,0,0,0,0,0,0,0,0,0,0,0,0,0,0,0,0,0,0,0,0,0,0,0,0,0,0],
  [0,0,0,0,0,0,0,0,0,0,0,0,0,0,0,0,0,0,0,0,0,0,0,0,0,0,0,0,0,0],
  [0,0,0,0,0,0,0,0,0,0,0,0,0,0,0,0,0,0,0,0,0,0,0,0,0,0,0,0,0,0],
  [0,0,0,0,0,0,0,0,0,0,0,0,0,0,0,0,0,0,0,0,0,0,1,1,0,0,0,0,0,0],
  [0,0,0,0,0,0,0,0,0,0,0,0,0,0,0,0,0,0,0,0,0,0,0,0,0,0,0,0,0,0],
  [0,0,0,0,0,0,0,1,1,0,0,0,0,0,0,0,0,0,0,0,0,0,0,0,0,0,0,0,0,0],
  [0,0,0,0,0,0,0,0,0,0,0,0,0,0,0,0,0,0,0,0,0,0,0,0,0,0,0,0,0,0],
  [0,0,0,0,0,0,0,0,0,0,0,0,0,0,0,0,0,0,0,0,0,0,0,0,0,0,0,0,0,0],
  [0,0,0,0,0,0,0,0,0,0,0,0,0,0,0,0,0,0,0,0,0,0,0,0,0,0,0,0,0,0],
  [0,0,0,0,0,0,0,0,0,0,0,0,0,0,0,0,0,0,0,0,0,0,0,0,0,0,0,0,0,0],
  [0,0,0,0,0,0,0,0,0,0,0,0,1,0,0,0,0,0,0,0,0,0,0,0,0,0,0,0,0,0],
  [0,0,0,0,0,0,0,0,0,0,0,0,0,0,0,0,0,1,1,1,1,1,1,1,1,1,0,1,0,0],
  [0,0,0,0,1,1,1,1,0,0,0,0,0,0,0,0,0,1,1,0,0,0,0,0,0,0,0,1,0,0],
  [0,0,0,0,1,1,1,1,0,0,0,0,0,0,0,0,0,1,0,0,0,0,1,1,1,1,1,1,0,0],
  [0,0,0,0,1,1,1,1,0,0,0,0,0,0,0,0,0,1,0,0,0,0,1,0,0,0,0,0,0,0],
  [0,0,0,0,1,1,1,1,0,0,0,0,0,0,0,0,0,1,0,0,0,0,1,0,0,0,0,1,0,0],
  [0,0,0,0,0,0,0,0,0,0,0,0,0,0,0,0,0,1,0,0,1,1,1,1,1,1,1,1,0,0],
  [0,0,0,0,0,0,0,0,0,0,0,0,0,0,0,0,0,1,0,0,1,0,0,0,0,0,0,1,0,0],
  [0,0,0,0,0,0,0,0,0,0,0,0,0,0,0,0,0,1,0,0,0,0,0,0,0,0,0,1,0,0],
  [0,0,0,0,0,0,0,0,1,1,0,0,0,0,0,0,0,1,1,1,1,1,1,1,0,0,0,1,0,0],
  [0,0,0,0,0,0,0,0,0,0,0,0,0,0,0,0,0,1,0,0,0,0,0,0,0,0,0,1,0,0],
  [0,0,0,0,0,0,0,0,0,0,0,0,0,0,0,0,0,1,0,1,0,0,0,0,0,0,0,1,0,0],
  [0,0,0,0,0,0,0,0,0,0,0,0,0,0,0,0,0,1,0,1,1,1,1,1,1,1,1,1,0,0],
  [0,0,0,0,0,0,0,0,0,0,0,0,0,0,0,0,0,0,0,0,0,0,0,0,0,0,0,0,0,0],
  [0,0,0,0,1,1,0,0,0,0,0,0,0,0,0,0,0,0,0,0,0,0,0,0,0,0,0,0,0,0],
  [0,0,0,0,0,0,0,0,0,0,0,0,0,0,0,0,0,0,0,1,1,0,0,0,1,1,0,0,0,0],
  [0,0,0,0,0,0,0,0,0,0,0,0,0,0,0,0,0,0,0,0,0,0,0,0,0,0,0,0,0,0]
],
Foreground:[ // フォラグランド
  [-1,-1,-1,-1,-1,-1,-1,-1,-1,-1,-1,-1,-1,-1,-1,-1,-1,-1,-1,-1,
   -1,-1,-1,-1,-1,-1,-1,-1,-1,-1],
  [-1,-1,-1,-1,-1,-1,-1,-1,-1,-1,-1,-1,-1,-1,-1,-1,-1,-1,-1,-1,
   -1,-1,-1,-1,-1,-1,-1,-1,-1,-1],
  [-1,-1,-1,-1,-1,-1,-1,-1,-1,-1,-1,-1,-1,-1,-1,-1,-1,-1,-1,-1,
   -1,-1,-1,-1,-1,-1,-1,-1,-1,-1],
  [-1,-1,-1,-1,-1,-1,-1,-1,-1,-1,-1,-1,-1,-1,-1,-1,-1,-1,-1,-1,
   -1,-1,-1,-1,-1,-1,-1,-1,-1,-1],
  [-1,-1,-1,-1,-1,-1,-1,-1,-1,-1,-1,-1,-1,-1,-1,-1,-1,-1,-1,-1,
   -1,-1,-1,-1,-1,-1,-1,-1,-1,-1],
  [-1,-1,-1,-1,-1,-1,-1,-1,-1,-1,-1,-1,-1,-1,-1,-1,-1,-1,-1,-1,
   -1,-1,60,61,-1,-1,-1,-1,-1,-1],
  [-1,-1,-1,-1,-1,-1,-1,-1,-1,-1,-1,-1,-1,-1,-1,-1,-1,-1,-1,-1,
```

```
    -1,-1,-1,-1,-1,-1,-1,-1,-1,-1],
   [-1,-1,-1,-1,-1,-1,-1,60,61,-1,-1,-1,-1,-1,-1,-1,-1,-1,-1,-1,
    -1,-1,-1,-1,-1,-1,-1,-1,-1,-1],
   [-1,-1,-1,-1,-1,-1,-1,-1,-1,-1,-1,-1,-1,-1,-1,-1,-1,-1,-1,-1,
    -1,-1,-1,-1,-1,-1,-1,-1,-1,-1],
   [-1,-1,-1,-1,-1,-1,-1,-1,-1,-1,-1,-1,-1,-1,-1,-1,-1,-1,-1,-1,
    -1,-1,-1,-1,-1,-1,-1,-1,-1,-1],
   [-1,-1,-1,-1,-1,-1,-1,-1,-1,-1,-1,-1,-1,-1,-1,-1,-1,-1,-1,-1,
    -1,-1,-1,-1,-1,-1,-1,-1,-1,-1],
   [-1,-1,-1,-1,-1,-1,-1,-1,-1,-1,-1,-1,-1,-1,-1,-1,-1,-1,-1,-1,
    -1,-1,-1,-1,-1,-1,-1,-1,-1,-1],
   [-1,-1,-1,-1,-1,-1,-1,-1,-1,-1,-1,-1,-1,-1,-1,-1,-1,-1,-1,-1,
    -1,-1,-1,-1,-1,-1,-1,-1,-1,-1],
   [-1,-1,-1,-1,-1,-1,-1,-1,-1,-1,-1,-1,-1,-1,-1,-1,-1,-1,-1,-1,
    -1,-1,-1,-1,-1,-1,-1,-1,-1,-1],
   [-1,-1,-1,-1,-1,-1,-1,-1,-1,-1,-1,-1,-1,-1,-1,-1,-1,-1,-1,-1,
    -1,-1,-1,-1,-1,-1,-1,-1,-1,-1],
   [-1,-1,-1,-1,-1,-1,-1,-1,-1,-1,-1,-1,-1,-1,-1,-1,-1,-1,-1,-1,
    -1,-1,-1,-1,-1,-1,-1,-1,-1,-1],
   [-1,-1,-1,-1,-1,-1,-1,-1,-1,-1,-1,-1,-1,-1,-1,-1,-1,-1,-1,-1,
    -1,-1,-1,-1,-1,-1,-1,-1,-1,-1],
   [-1,-1,-1,-1,-1,-1,-1,-1,-1,-1,-1,-1,-1,-1,-1,-1,-1,-1,-1,-1,
    -1,-1,-1,-1,-1,-1,-1,-1,-1,-1],
   [-1,-1,-1,-1,-1,-1,-1,-1,-1,-1,-1,-1,-1,-1,-1,-1,-1,-1,-1,-1,
    -1,-1,-1,-1,-1,-1,-1,-1,-1,-1],
   [-1,-1,-1,-1,-1,-1,-1,-1,-1,-1,-1,-1,-1,-1,-1,-1,-1,-1,-1,-1,
    -1,-1,-1,-1,-1,-1,-1,-1,-1,-1],
   [-1,-1,-1,-1,-1,-1,-1,-1,-1,-1,-1,-1,-1,-1,-1,-1,-1,-1,-1,-1,
    -1,-1,-1,-1,-1,-1,-1,-1,-1,-1],
   [-1,-1,-1,-1,-1,-1,-1,-1,60,61,-1,-1,-1,-1,-1,-1,-1,-1,-1,-1,
    -1,-1,-1,-1,-1,-1,-1,-1,-1,-1],
   [-1,-1,-1,-1,-1,-1,-1,-1,-1,-1,-1,-1,-1,-1,-1,-1,-1,-1,-1,-1,
    -1,-1,-1,-1,-1,-1,-1,-1,-1,-1],
   [-1,-1,-1,-1,-1,-1,-1,-1,-1,-1,-1,-1,-1,-1,-1,-1,-1,-1,-1,-1,
    -1,-1,-1,-1,-1,-1,-1,-1,-1,-1],
   [-1,-1,-1,-1,-1,-1,-1,-1,-1,-1,-1,-1,-1,-1,-1,-1,-1,-1,-1,-1,
    -1,-1,-1,-1,-1,-1,-1,-1,-1,-1],
   [-1,-1,-1,-1,-1,-1,-1,-1,-1,-1,-1,-1,-1,-1,-1,-1,-1,-1,-1,-1,
    -1,-1,-1,-1,-1,-1,-1,-1,-1,-1],
   [-1,-1,-1,-1,60,61,-1,-1,-1,-1,-1,-1,-1,-1,-1,-1,-1,-1,-1,-1,
    -1,-1,-1,-1,-1,-1,-1,-1,-1,-1],
   [-1,-1,-1,-1,-1,-1,-1,-1,-1,-1,-1,-1,-1,-1,-1,-1,-1,-1,-1,60,
    61,-1,-1,-1,60,61,-1,-1,-1,-1],
   [-1,-1,-1,-1,-1,-1,-1,-1,-1,-1,-1,-1,-1,-1,-1,-1,-1,-1,-1,-1,
    -1,-1,-1,-1,-1,-1,-1,-1,-1,-1],
   [-1,-1,-1,-1,-1,-1,-1,-1,-1,-1,-1,-1,-1,-1,-1,-1,-1,-1,-1,-1,
    -1,-1,-1,-1,-1,-1,-1,-1,-1,-1]
```

```
]};
```

次に、ゲームのメインプログラムに、マップを作成する処理を入力します。また、最初に「enchant.js」をエクスポートしておきます。「game.js」に、次のように入力します。

SOURCE CODE 「game.js」のメインプログラムのコード

```
enchant();

window.onload = function() {
  core = new Core(320, 320);
  core.fps = 15;

  // 使用する画像ファイルを読み込む
  core.preload('map1.png', 'chara5.png', 'chara6.png', 'piece.png',
               'start.png', 'end.png','button.png');

  core.onload = function() {

    // マップを作成する
    map = new Map(16, 16);
    map.image = core.assets['map1.png'];
    map.loadData(Field.Bg1, Field.Bg2);
    map.collisionData = Field.CollisionData;
    // フォアグラウンドのマップを作成する
    var foregroundMap = new Map(16, 16);
    foregroundMap.image = core.assets['map1.png'];
    foregroundMap.loadData(Field.Foreground);

    // 「stage」グループを作成する
    stage = new Group();
    // 「stage」グループにマップを追加する
    stage.addChild(map);

    // 「stage」グループにフォラグランドマップを追加する
    stage.addChild(foregroundMap);
    // rootSceneに「stage」グループを追加する
    core.rootScene.addChild(stage);

  }
  core.start();
}

// マップデータ

// ... 省略 ...
```

◆マップデータの定義

ここでは、プログラムの見通しをよくするため、マップデータをメインプログラムの外で定義しています。データの構造は、次のようになっています。

```
var Field  ={
  Bg1 : [ // バックグラウンドのデータ(レイヤー1) ],
  Bg2 : [ // バックグラウンドのデータ(レイヤー2) ],
  CollisionData : [ // バックグラウンドマップの衝突判定 ],
  Foreground : [ // フォアグラウンドのデータ(レイヤー3) ],
}
```

各データは30×30の2次元配列になります。なお、メインプログラムでは、マップを生成し、表示順番が下から「Bg1」「Bg2」「Foreground」の順になるように、グループ(「stage」グループ)に追加しています。

動作の確認

ブラウザで「index.html」を表示します。画面上にマップ画面が表示されます。

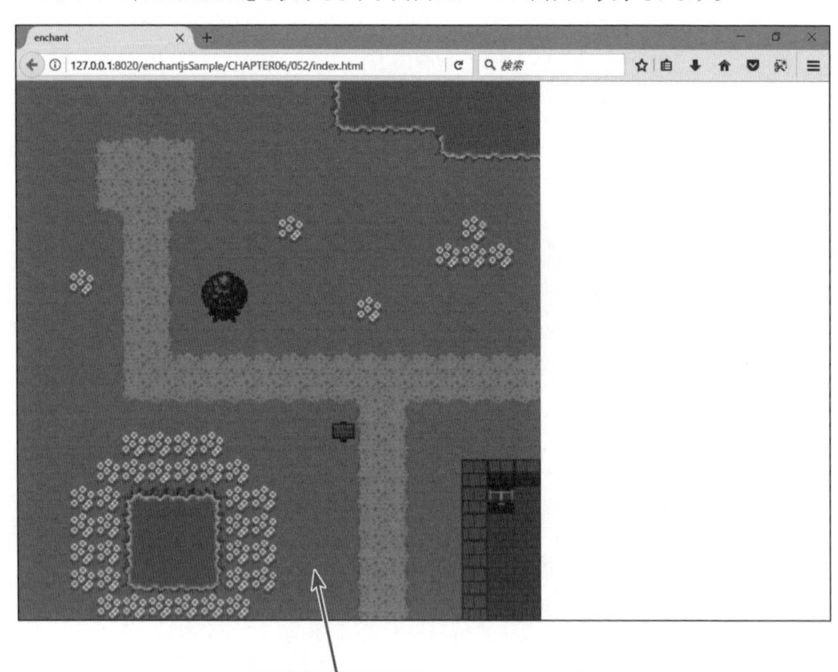

画面上にマップが表示される

SECTION-053

プレイヤーキャラクターを実装する

実装する機能について

ここでは、プレイヤーキャラクター(以下、プレイヤー)を実装します。プレイヤーは、上下左右ボタン(方向キー)で移動し、「a」ボタン(「X」キー)で攻撃アクションを行うようにします。また、プレイヤーの位置に応じて、マップ全体をスクロールさせます。

「Player」クラスの実装

プレイヤーを作成するための「Player」クラスを実装します。「game.js」に、次のように入力します。

SOURCE CODE 「game.js」の「Player」クラスのコード

```
// プレイヤーのスプライトを作成するクラス
var Player = enchant.Class.create(enchant.Sprite, {
  initialize: function(x, y) {
    enchant.Sprite.call(this, 32, 32);
    this.image = core.assets['chara5.png'];
    this.x = x;
    this.y = y;
    this.hp = PLAYER_HP;    // HP
    this.isMoving = false; // 移動フラグ(移動中なら「true」)
    this.direction = 0;    // 向き
    // 歩行アニメーションの基準フレーム番号を保持するプロパティ
    this.walk = 0;
    // アクションフラグ(攻撃アクション中なら「true」)
    this.isAction = false;
    // 攻撃アクション中のフレーム数を保持するプロパティ
    this.acount = 0;
    // 「enterframe」イベントリスナ
    this.addEventListener('enterframe', function() {

      // プレイヤーの攻撃/移動処理

      // 「a」ボタンが押されたら、攻撃アクションを表示する
      if (core.input.a) {
        this.isAction = true;
        this.isMoving = false;
      }
      // 攻撃アクション時の処理
      if (this.isAction) {
        if (this.acount< 3) {
          // 攻撃アクションのフレーム切り替え
          this.frame = (this.direction + 2) * 3 + this.acount;
```

```
        this.acount++;
      } else {
        // 攻撃アクションが終了したら、
        // 「acount」プロパティを「0」、「isAction」プロパティを「false」にする
        this.acount = 0;
        this.isAction = false;
      }
    } else {
      // 攻撃アクションでない(移動、停止時)ときの処理

      // 歩行アニメーションのフレーム切り替え
      this.frame = this.direction * 3 + this.walk;
      // 移動中の処理
      if (this.isMoving) {
        // 「vx」「vy」プロパティの分だけ移動する
        this.moveBy(this.vx, this.vy);
        // 歩行アニメーションの基準フレーム番号を取得する
        this.walk = core.frame % 3;
        // 次のマス(16x16が1マス)まで移動しきったら停止する
        if ((this.vx && (this.x - 8) % 16 == 0) || (this.vy && this.y % 16 == 0)) {
          this.isMoving = false;
          this.walk = 0;
        }
      } else {
        // 移動中でないときは、パッドやキーの入力に応じて、向きや移動先を設定する
        this.vx = this.vy = 0;
        if (core.input.left) {
          this.direction = 3;
          this.vx = -4;
        } else if (core.input.right) {
          this.direction = 6;
          this.vx = 4;
        } else if (core.input.up) {
          this.direction = 9;
          this.vy = -4;
        } else if (core.input.down) {
          this.direction = 0;
          this.vy = 4;
        }
        // 移動先が決まったら
        if (this.vx || this.vy) {
          // 移動フラグを「true」にする
          this.isMoving = true;
          // 自身(「enterframe」イベントリスナ)を呼び出す
          // (歩行アニメーションをスムーズに表示するため)
          arguments.callee.call(this);
        }
```

```
        }
      }
    });
    stage.addChild(this);
  }
});

// マップデータ

// ... 省略 ...
```

◆「Player」クラスの定義

「Player」クラスは、「Sprite」クラスを継承しています。「Player」クラスのコンストラクタでは、使用する画像や表示座標の初期化、攻撃や移動の処理を定義しています。プレイヤーを作成するには、このクラスのコンストラクタでオブジェクトを生成します。引数には、x座標とy座標を指定します。

◆プレイヤーの移動処理

プレイヤーは、マップのタイルのサイズ(16×16)を1マスとして、1マスずつ移動するようにしています。方向キー(上下左右ボタン)が押されると、プレイヤーは入力された方向に、1マス移動します。

◆プレイヤーの攻撃処理

「a」ボタン(「X」キー)が押されたときに、スプライトのフレームを切り替えて、攻撃アクションを行うようにしています。このとき、プレイヤーが移動中の場合、停止させて攻撃アクションを行います。また、攻撃アクションが完了するまで、移動できないようにしています。

プレイヤーの作成とマップのスクロール処理

まず、プレイヤーのHPを設定するための「PLAYER_HP」定数を定義し、「X」キーに「a」ボタンを割り当てます。メインプログラムに、次のように入力します。

SOURCE CODE ||「game.js」のメインプログラムのコード

```
enchant();

// 定数
PLAYER_HP = 200;  // プレイヤーのHP

window.onload = function() {
  core = new Core(320, 320);
  core.fps = 15;

  core.keybind(88, 'a') // 「X」キーに「a」ボタンを割り当てる

  // 使用する画像ファイルを読み込む
  // ... 省略  ...
```

次に、「core.onload」関数にプレイヤーを作成する処理と、マップをスクロールする処理を追加します。「core.onload」関数に、次のように入力します。

SOURCE CODE ‖ 「game.js」の「core.onload」関数のコード

```
core.onload = function() {

  // ... 省略 ...

  // 「stage」グループにマップを追加する
  stage.addChild(map);

  // プレイヤーを作成する
  player = new Player(6 * 16 - 8, 10 * 16 - 8);

  // rootSceneの「enterframe」イベントリスナ
  core.rootScene.addEventListener('enterframe', function(e) {
    // 画面のスクロール処理
    var x = Math.min((core.width  - 16) / 2 - player.x, 0);
    var y = Math.min((core.height - 16) / 2 - player.y, 0);
    x = Math.max(core.width,  x + map.width)  - map.width;
    y = Math.max(core.height, y + map.height) - map.height;
    stage.x = x;
    stage.y = y;
  });

  // 「stage」グループにフォラグランドマップを追加する

  // ... 省略 ...
```

◆プレイヤーの追加位置

プレイヤーは表示オブジェクトツーリーの順番で、バックグラウンドマップとフォアグラウンドマップの間になるように追加します。これにより、木の後ろに移動したときに、体の下半分が隠れて見えるようになります。

◆マップのスクロール

マップは、プレイヤーの位置に応じてスクロールしています。このため、マップとプレイヤーは同じグループ（「stage」グループ）にまとめています。スクロールする際には、プレイヤーが画面の中央になるようにしています。マップをスクロールすることで、ゲーム画面より大きなマップ全体を移動できるようになります。

動作の確認

ブラウザで「index.html」を表示します。方向キーでプレイヤーが移動し、マップがスクロールします。また、「X」キーで攻撃アクションを行います。

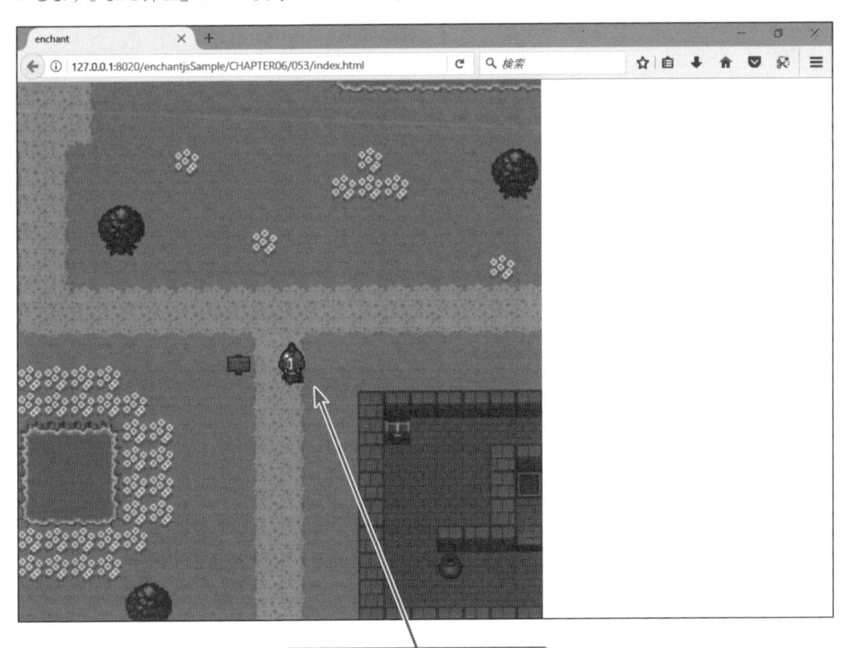

方向キーで移動、「X」キーで攻撃アクションを行う

SECTION-054

マップとプレイヤーの衝突処理を実装する

実装する機能について

ここでは、マップとプレイヤーキャラクター（以下、プレイヤー）の衝突判定（当たり判定）を実装します。マップ上の衝突判定のある場所は通過できないようになります。また、マップの外側にプレイヤーを移動できないようにする処理も追加します。

衝突処理の実装

「Player」クラスのコンストラクタ（「initialize」メソッド）の「enterframe」イベントリスナに、マップとの衝突判定の処理を追加します。「Player」クラスのコンストラクタの「enterframe」イベントリスナを、次のように変更します。

SOURCE CODE ｜「game.js」の「Player」クラスのコンストラクタの「enterframe」イベントリスナのコード

```
    // 「enterframe」イベントリスナ
    this.addEventListener('enterframe', function() {

// ... 省略 ...

          // 移動先が決まったら
          if (this.vx || this.vy) {
            // 移動先の座標を求める
            var x = this.x + (this.vx ? this.vx / Math.abs(this.vx) * 16 : 0) + 16;
            var y = this.y + (this.vy ? this.vy / Math.abs(this.vy) * 16 : 0) + 16;
            // その座標が移動可能な場所なら
            if (0 <= x && x < map.width && 0 <= y && y < map.height && !map.hitTest(x, y)) {
              // 移動フラグを「true」にする
              this.isMoving = true;
              // 自身(「enterframe」イベントリスナ)を呼び出す
              // (歩行アニメーションをスムーズに表示するため)
              arguments.callee.call(this);
            }
          }
        }
      }
    });
    stage.addChild(this);
  }
});

// ... 省略 ...
```

◆ マップの衝突判定(当たり判定)

マップの衝突判定は、「Map」オブジェクトの「hitTest」メソッドでチェックします。ここでは、まず、プレイヤーが次に移動する予定のマス(16×16が1マス)の座標を求めます。その座標がマップの内側で、かつ衝突判定がなかったら、移動フラグ(「isMoving」プロパティ)を「true」にして、次のマスに移動できるようにします。

動作の確認

ブラウザで「index.html」を表示します。プレイヤーは、衝突判定のある場所(木やブロック)を通過できません。また、マップの外側で出ることができなくなっています。

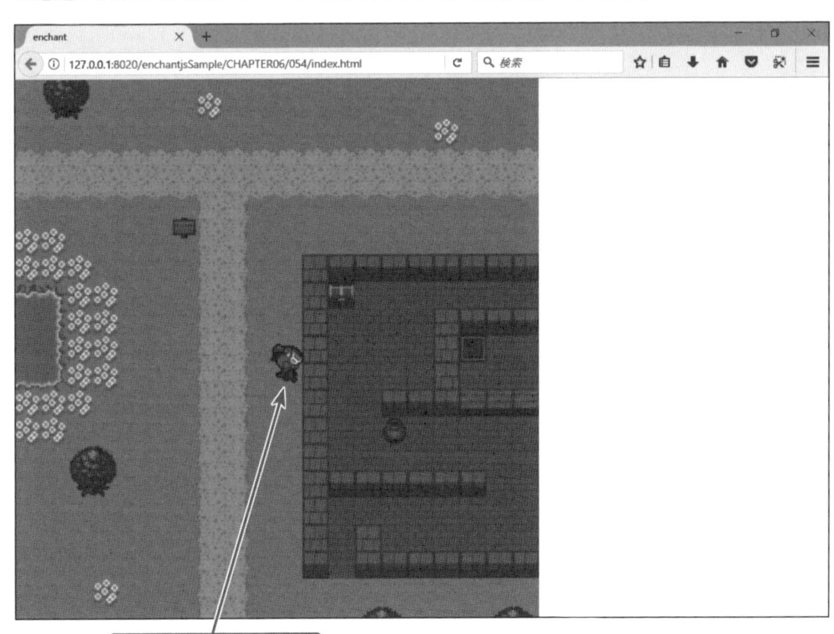

バーチャルパッド/ボタンを実装する

実装する機能について

ここでは、バーチャルパッドのアナログパッドとバーチャルボタン(「a」ボタン)を実装し、プレイヤーを操作できるようにします。これにより、スマートフォンやタブレット端末でも、ゲームをプレイできるようになります。

アナログパットと「a」ボタンの作成

まず、バーチャルボタンを作成するための「Button」クラスを定義します。「game.js」に、次のように入力します。

SOURCE CODE 「game.js」の「Button」クラスのコード

```
// バーチャルボタンのスプライトを作成するクラス
var Button = enchant.Class.create(enchant.Sprite, {
  initialize: function(x, y, mode) {
    enchant.Sprite.call(this,50,50);
    this.image = core.assets['button.png'];
    this.x = x;
    this.y = y;
    this.buttonMode = mode; // ボタンモード
    core.rootScene.addChild(this);
  }
});

// プレイヤーのスプライトを作成するクラス

// ... 省略 ...
```

次に、ゲームのメインプログラムに、アナログパッドとバーチャル「a」ボタンを作成するための処理を追加します。メインプログラムに、次のように入力します。

SOURCE CODE 「game.js」のメインプログラムのコード

```
window.onload = function() {
    // ... 省略 ...

    // バーチャルアナログパッドを作成する
    apad = new APad();
    apad.x = 0;
    apad.y = 220;
    core.rootScene.addChild(apad);

    // バーチャル「a」ボタンを作成する
    btn = new Button(250, 250, 'a');
```

```
  }
  core.start();
}
```

◆ バーチャルボタンの作成

バーチャルボタンを作成するには、「Button」クラスのコンストラクタでオブジェクトを生成します。引数には、表示位置のx座標、表示位置のy座標、ボタンモードの順に指定します。

プレイヤー移動処理の変更

アナログパッドでプレイヤーが移動できるように、「Player」クラスのコンストラクタ(「initialize」メソッド)の「enterframe」イベントリスナの処理を一部、変更します。「Player」クラスのコンストラクタの「enterframe」イベントリスナを、次のように変更します。

SOURCE CODE | 「game.js」の「Player」クラスのコンストラクタの「enterframe」イベントリスナのコード

```
// 「enterframe」イベントリスナ
this.addEventListener('enterframe', function() {

  // ... 省略 ...

   } else {
     // 移動中でないときは、パッドやキーの入力に応じて、向きや移動先を設定する
     this.vx = this.vy = 0;
     if ((apad.vx < 0 && Math.abs(apad.vx) > Math.abs(apad.vy)) || core.input.left) {
       this.direction = 3;
       this.vx = -4;
     } else if ((apad.vx > 0 && Math.abs(apad.vx) > Math.abs(apad.vy)) || core.input.right) {
       this.direction = 6;
       this.vx = 4;
     } else if ((apad.vy < 0 && Math.abs(apad.vx) < Math.abs(apad.vy)) || core.input.up) {
       this.direction = 9;
       this.vy = -4;
     } else if ((apad.vy > 0 && Math.abs(apad.vx) < Math.abs(apad.vy)) || core.input.down) {
       this.direction = 0;
       this.vy = 4;
     }
     // 移動先が決まったら

     // ... 省略 ...
```

◆アナログパッド操作時の移動方向の設定

プレイヤーをアナログパッドで操作したときの移動方向は、傾き範囲によって、次の図のように設定しています。

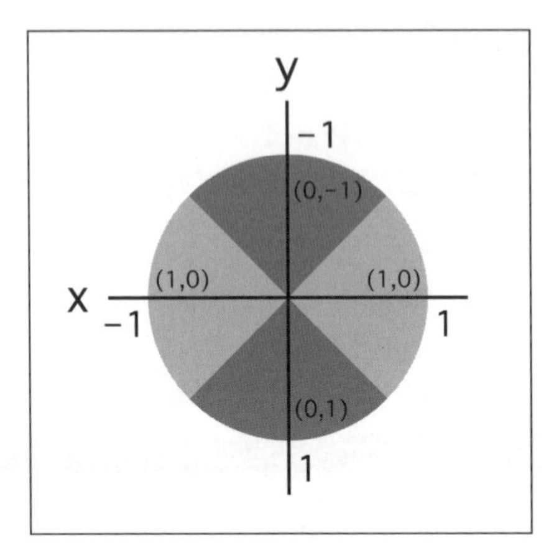

動作の確認

ブラウザで「index.html」を表示します。アナログパッドでプレイヤーが移動し、「a」ボタンで攻撃アクションを行います。

SECTION-056

敵キャラクターを実装する

実装する機能について

ここでは、敵キャラクター（以下、敵キャラ）を実装します。敵キャラは2種類の中からランダムに、マップ上のランダムな場所に最大10体まで出現させます。また、特定の条件でプレイヤーを追従するようにします。

「Enemy」クラスの実装

敵キャラを作成するための「Enemy」クラスを実装します。「game.js」に、次のように入力します。

SOURCE CODE ‖ 「game.js」の「Enemy」クラスのコード

```
// 敵のスプライトを作成するクラス
var Enemy = enchant.Class.create(enchant.Sprite, {
  initialize: function(x, y) {
    enchant.Sprite.call(this, 32, 32);
    this.image = core.assets['chara6.png'];
    this.x = x;
    this.y = y;
    this.isMoving = false; // 移動フラグ(移動中なら「true」)
    this.direction = 0;    // 向き
    // 歩行アニメーションの基準フレーム番号を保持するプロパティ
    this.walk = 0;
    // 敵の種類を保持するプロパティ
    this.kind = rand(2);
    this.frame = this.kind * 3;
    // 「enterframe」イベントリスナ
    this.addEventListener('enterframe', function() {

      // 敵の移動処理

      // 歩行アニメーションのフレーム切り替え
      this.frame = (this.direction + this.kind) * 3 + this.walk;
      // 移動中の処理
      if (this.isMoving) {
        this.moveBy(this.vx, this.vy);
        this.walk = core.frame % 3;
        if ((this.vx && (this.x-8) % 16 == 0) || (this.vy && this.y % 16 == 0)) {
          this.isMoving = false;
          this.walk = 0;
        }
      } else {
```

```
// 移動中でないときは、ランダムに移動方向を設定する
this.vx = this.vy = 0;
this.mov = rand(4);
if (this.mov == 1) {
  this.direction = 2;
  this.vx = -4;
} else if (this.mov == 2) {
  this.direction = 4;
  this.vx = 4;
} else if (this.mov == 3) {
  this.direction = 6;
  this.vy = -4;
} else if (this.mov == 0) {
  this.direction = 0;
  this.vy = 4;
}

// プレイヤーを追跡する処理

// 自身のxy軸線上にプレイヤーいたら、その方向に移動方向設定する
if (this.x > player.x && this.y == player.y) {
  this.direction = 2;
  this.vx = -4;
} else if (this.x < player.x && this.y == player.y) {
  this.direction = 4;
  this.vx = 4;
} else if (this.y > player.y && this.x == player.x) {
  this.direction = 6;
  this.vy = -4;
} else if (this.y < player.y && this.x == player.x) {
  this.direction = 0;
  this.vy = 4;
}
// 移動先が決まったら
if (this.vx || this.vy) {
  // 移動先の座標を求める
  var x = this.x + (this.vx ? this.vx / Math.abs(this.vx) * 16 : 0) + 16;
  var y = this.y + (this.vy ? this.vy / Math.abs(this.vy) * 16 : 0) + 16;
  // その座標が移動可能な場所なら
  if (0 <= x && x < map.width && 0 <= y && y < map.height && !map.hitTest(x, y)) {
    // 移動フラグを「true」にする
    this.isMoving = true;
    // 自身(「enterframe」イベントリスナ)を呼び出す
    // (歩行アニメーションをスムーズに表示するため)
    arguments.callee.call(this);
  }
}
```

```
      }
    });
    stage.addChild(this);
  },
  remove: function() {
    stage.removeChild(this);
    delete enemies[this.key];
    delete this;
  }
});

// マップデータ

// ... 省略 ...
```

◆「Enemy」クラスの定義

「Enemy」クラスは、「Sprite」クラスを継承しています。「Enemy」クラスのコンストラクタでは、使用する画像や表示座標の初期化、攻撃や移動の処理を定義しています。敵キャラを作成するには、このクラスのコンストラクタでオブジェクトを生成します。引数には、x座標とy座標を指定します。敵キャラは、2種類のうちのどちらかがランダムに生成されるようにしています。これらはグラフィックが異なるだけで、移動パターンは同じになります。

◆ 敵キャラの移動処理

敵キャラは、ランダムに移動方向を決定し、移動先のマス(「16×16」が1マス)に衝突判定がなければ、1マス移動します。移動先に衝突判定がある場合は停止し、次の移動方向をランダムに決定します。移動方向を決定する際に、プレイヤーが自身のxy線上にいる場合、その方向に移動方向を設定します。これにより、プレイヤーを追従するようになります。

敵キャラ生成処理の追加

まず、敵キャラの最大数を指定する「MAX_ENEMIES」定数と、出現中の敵キャラの数を保持する「core.enemies」プロパティを定義します。「game.js」に、次のように入力します。

SOURCE CODE ||「game.js」のコード

```
enchant();

// 定数
PLAYER_HP = 200;  // プレイヤーのHP
MAX_ENEMIES = 10; // 敵の最大数

window.onload = function() {
  core = new Core(320, 320);
  core.fps = 15;
  core.keybind(88, 'a') // 「X」キーに「a」ボタンを割り当てる
  core.enemies = 0;      // 出現中の敵の数
  // ... 省略 ...
```

次に、敵を格納するための「enemies」配列を追加し、rootScene（ルートシーン）の「enterframe」イベントリスナに敵キャラを生成する処理を追加します。「core.onload」関数に、次のように入力します。

SOURCE CODE ||「game.js」の「core.onload」関数のコード

```
core.onload = function() {

    // ... 省略 ...

  enemies = []; // 敵を格納する配列

  // rootSceneの「enterframe」イベントリスナ
  core.rootScene.addEventListener('enterframe', function(e) {

    // ... 省略 ...

    stage.y = y;

    // 敵を生成する処理
    if (rand(100) < 10 && core.enemies < MAX_ENEMIES ) {
      // 敵を出現させる座標を求める
      var ex = rand(28) * 16 + 16;
      var ey = rand(28) * 16 + 16;
      // 求めた座標のマップ上に当たり判定がなかったら、
      if (!map.hitTest(ex, ey)) {
        // 敵を生成する
        var enemy = new Enemy(ex, ey);
        // 敵の数をインクリメント
        core.enemies ++;
        // 現在のフレーム数をキーに設定する
        enemy.key = core.frame;
        // 敵を配列に格納する
        enemies[enemy.key] = enemy;
      }
    }
  });
```

◆敵キャラの生成

敵キャラの生成は、フレームごとに1/10の確率で行なっています。まず、敵キャラの出現させる座標を求め、その座標に衝突判定（当たり判定）がなかったら、敵キャラを生成します。次に、敵キャラを識別するためのキーを設定し、配列に格納します。なお、出現する敵キャラの数は、「MAX_ENEMIES」定数で変更することができます。

動作の確認

ブラウザで「index.html」を表示します。2種類の敵キャラがランダムな場所に出現します。

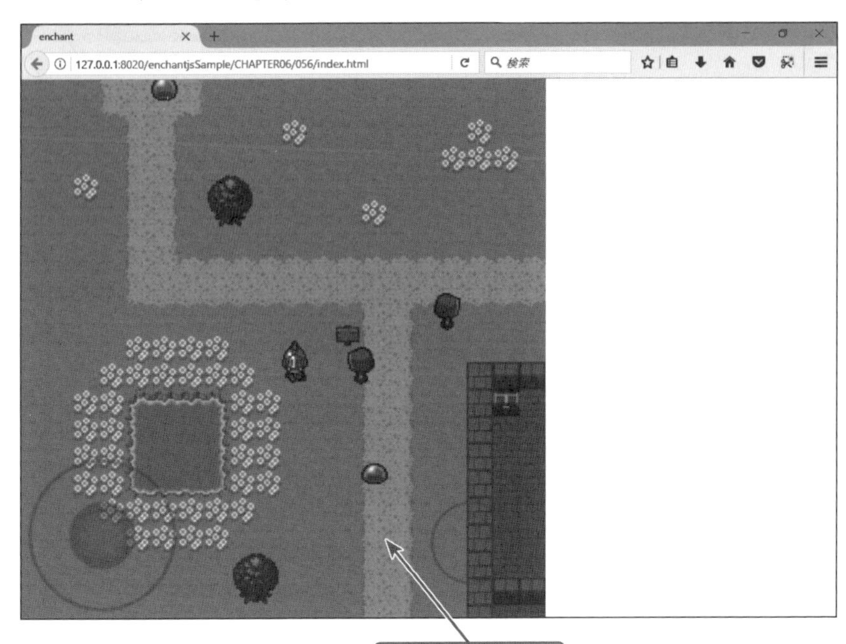

SECTION-057

攻撃の当たり判定とHP表示を実装する

実装する機能について

ここでは、攻撃の当たり判定とHP表示を実装します。具体的な仕様は、次の通りです。

1 プレイヤーの攻撃が敵に当たったら、敵を消去する。

2 プレイヤーの移動中、または停止中に敵が接触したら、プレイヤーのHPを減らす。

攻撃の当たり判定の追加

「Player」クラスのコンストラクタ(「initialize」メソッド)の「enterframe」イベントリスナに、敵キャラとの当たり判定の処理を追加します。「Player」クラスのコンストラクタの「enterframe」イベントリスナを、次のように変更します。

SOURCE CODE ‖ 「game.js」の「Player」クラスのコンストラクタの「enterframe」イベントリスナのコード

```
// 「enterframe」イベントリスナ
this.addEventListener('enterframe', function() {

  // ... 省略 ...

  // 攻撃アクション時の処理
  if (this.isAction) {
    if (this.acount< 3) {
      // 攻撃アクションのフレーム切り替え
      this.frame = (this.direction + 2) * 3 + this.acount;
      this.acount++;
      // 敵との当たり判定
      for (var i in enemies) {
        // 攻撃が敵に当たったら
        if (enemies[i].intersect(this)) {
          // 敵を消去する
          enemies[i].remove();
          core.enemies --;
        }
      }
    } else {
      // 攻撃アクションが終了したら、

      // ... 省略 ...
```

◆攻撃の当たり判定

攻撃の当たり判定は、攻撃アクション時(「isAction」プロパティが「true」)の処理の中で行います。これにより、プレイヤーの攻撃で敵キャラが倒されたように見せることができます。

当たり判定は、現在、画面上の存在するすべて敵キャラに対してチェックする必要があります。敵キャラを「enemies」配列に格納していたのは、このためです。具体的には、ループ処理ですべての敵キャラとの当たり判定をチェックし、攻撃に当たっている敵を消去します。敵の消去には、「Enemy」オブジェクトの「remove」メソッドを使います。

▶敵接触時の処理の追加

まず、敵が接触したときのダメージを設定する定数「MAX_DAMAGE」を定義します。「game.js」に、次のように入力します。

SOURCE CODE ||「game.js」のコード

```
enchant();

// 定数
PLAYER_HP = 200;  // プレイヤーのHP
MAX_ENEMIES = 10; // 敵の最大数
MAX_DAMAGE = 2;   // 攻撃ダメージ

// ... 省略 ...
```

次に、「Enemy」クラスのコンストラクタ(「initialize」メソッド)の「enterframe」イベントリスナに、接触時の処理(プレイヤーとの当たり判定)を追加します。「Enemy」クラスのコンストラクタの「enterframe」イベントリスナに、次のように入力します。

SOURCE CODE ||「game.js」の「Enemy」クラスのコンストラクタの「enterframe」イベントリスナのコード

```
    // 「enterframe」イベントリスナ
    this.addEventListener('enterframe', function() {

      // プレイヤーとの当たり判定

      // 当たっていたら
      if (this.within(player, 16)) {
        // プレイヤーのHPからダメージ量を引く
        player.hp -= MAX_DAMAGE;
        if (player.hp <= 0) {
          player.hp = 0;
        }
        // HP表示を更新する
        hpLabel.text = "HP:" + player.hp;
      }

      // 敵の移動処理

      // ... 省略 ...
```

◆プレイヤーの当たり判定

敵が接触したかどうかは、プレイヤーとの当たり判定をチェックすることで行っています。当たり判定には、「within」メソッドを使い、敵とプレイヤーの中心の距離が16ピクセル以下だったら当たっていると判定し、プレイヤーのHPを「MAX_DAMAGE」分だけ減算します。

「within」メソッド使っているのは、プレイヤーの攻撃の当たり判定と重複しないようにするためです。この当たり判定に「intersect」メソッドを使用すると、同じ判定になるため、敵を攻撃したときに、必ずHPが減ることになります。

HP表示ラベルの追加

メインプログラムの「core.onload」関数に、プレイヤーのHPを表示するラベルを作成する処理を追加します。「core.onload」関数に、次のように入力します。

SOURCE CODE | 「game.js」の「core.onload」関数のコード

```
  core.onload = function() {

    // ... 省略 ...

    // プレイヤーのHP表示ラベルを作成する
    hpLabel = new MutableText(16, 0);
    hpLabel.text = 'HP:' + PLAYER_HP;
    core.rootScene.addChild(hpLabel);

  }
  core.start();
}
```

動作の確認

ブラウザで「index.html」を表示します。敵キャラを攻撃すると消滅し、移動しているときや停止しているときに敵キャラに接触するとHPが減少します。

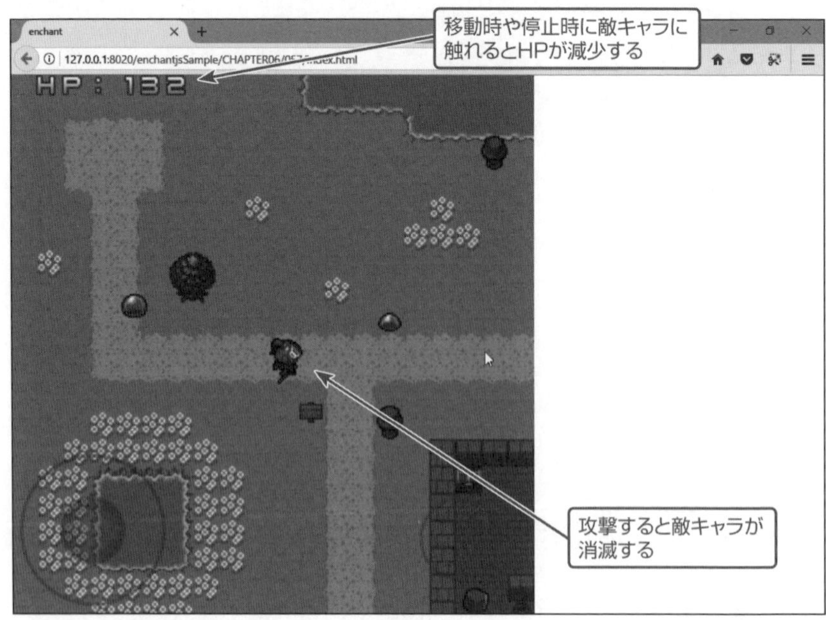

SECTION-058

コインの出現・取得・消滅処理を実装する

実装する機能について

ここでは、コインの出現・取得・消滅処理を実装します。具体的な仕様は、次の通りです。

1 敵を倒したときにコインを出現させる。

2 コインは出現してから一定時間経過しないと取得できない。

3 コインに接触するとコインを取得し、そのコインは画面上から消す。

4 取得したコインの枚数をスコアとしてカウントする。

「Coin」クラスの実装

コインを作成するための「Coin」クラスを定義します。「game.js」に、次のように入力します。

SOURCE CODE ｜「game.js」の「Coin」クラスのコード

```
// コインのスプライトを作成するクラス
var Coin = enchant.Class.create(enchant.Sprite, {
  initialize: function(x, y) {
    enchant.Sprite.call(this, 32, 32);
    this.image = core.assets['piece.png'];
    this.x = x;
    this.y = y;
    // フレーム数カウンタ
    this.tick = 0;
    // アニメーションのパターン
    this.anime = [8, 9, 10, 11];
    // 「enterframe」イベントリスナ
    this.addEventListener('enterframe', function() {
      // フレームを切り替えてアニメーション表示する
      if (this.tick <= 8) {
        this.frame = this.tick;
      } else {
        this.frame = this.anime[this.tick % 4];
      }
      this.tick ++;

      // プレイヤーとの当たり判定


      // 30フレーム経過後にプレイヤーがコインに触れたらコイン取得
      if (player.intersect(this) && this.tick > 30) {
        // コインを加算して、ラベルの表示を更新する
        core.coin ++;
        coinLabel.text = "COIN:" + core.coin;
        // コインを消去
        this.remove();
```

```
    }
  });
  stage.addChild(this);
 },
 remove: function() {
  stage.removeChild(this);
  delete this;
 }
});

// マップデータ

// ... 省略 ...
```

◆「Coin」クラスの定義

「Coin」クラスは、「Sprite」クラスを継承しています。「Coin」クラスのコンストラクタでは、使用する画像や表示座標の初期化処理、コインのアニメーション表示処理、プレイヤーとの当たり判定(コイン取得処理)を定義しています。

◆コインのアニメーション処理

コインは、まず、スプライト画像(piece.png)の「0」から「7」フレームの画像を切り替えて出現アニメーションを表示します。その後、「8」から「11」フレームの画像を繰り返し切り替えて、回転アニメーションを表示します。

◆コイン取得の処理

コインは出現してから、30フレーム間は取得できないようにしています。30フレーム経過後にプレイヤーがコインに触れる(当たる)と、コインを取得(「core.coin」プロパティをインクリメント)し、ラベルの表示を更新します。

コイン生成処理の追加

「Player」クラスのコンストラクタ(「initialize」メソッド)の「enterframe」イベントリスナの敵との当たり判定に、コインを生成する処理を追加します。「Player」クラスのコンストラクタの「enterframe」イベントリスナを、次のように変更します。

SOURCE CODE ‖ 「game.js」の「Player」クラスのコンストラクタの「enterframe」イベントリスナのコード

```
  // 「enterframe」イベントリスナ
  this.addEventListener('enterframe', function() {

      // ... 省略 ...

      // 敵との当たり判定
      for (var i in enemies) {
        // 攻撃が敵に当たったら
        if (enemies[i].intersect(this)) {
```

```
            // コインを生成する
            var coin = new Coin(enemies[i].x, enemies[i].y);
            // 敵を消去する
            enemies[i].remove();
            core.enemies --;
          }
        }
      } else {
        // 攻撃アクションが終了したら、

        // ... 省略 ...
```

◆コインの生成

コインを生成するには、「Coin」クラスのコンストラクタでオブジェクトを生成します。引数には、x座標とy座標を指定します。ここでは、敵キャラを倒したときに生成しています。引数には、倒した敵キャラの座標を渡しています。

コイン表示ラベルの追加

メインプログラムに、取得したコインの枚数を保持する「core.coin」プロパティと、取得したコインの枚数を表示するラベルを追加します。メインプログラムに、次のように入力します。

SOURCE CODE ｜「game.js」のメインプログラムのコード

```
window.onload = function() {

  // ... 省略 ...

  core.enemies = 0;      // 出現中の敵の数
  core.coin = 0;         // 取得したコインの数

  // ... 省略 ...

    // 取得コイン数を表示するラベルを作成する
    coinLabel = new MutableText(192, 0);
    coinLabel.text = 'COIN:' + core.coin;
    core.rootScene.addChild(coinLabel);
  }
  core.start();
}
```

動作の確認

ブラウザで「index.html」を表示します。敵を攻撃して倒すと、コインが出現します。一定時間が経過した後(30フレーム後)にコインに接触すると、コインを取得します。

SECTION-059

自前のゲームスタート/ゲームオーバー処理を実装する

実装する機能について

ここでは、自前のゲームスタートとゲームオーバー処理を実装します。ゲームスタートの画像をクリックすると、ゲームが開始されるようにします。

ゲームスタートとゲームオーバー処理の実装

まず、メインプログラムにゲーム開始の状態を管理する「core.isStart」プロパティ(ゲーム開始フラグ)を追加し、ゲーム開始でない場合は、rootSceneの「enterframe」イベントリスナを実行しないようにします。メインプログラムには、次のように入力します。

SOURCE CODE ｜「game.js」のメインプログラム

```
window.onload = function() {

  // ... 省略 ...

  core.coin = 0;         // 取得したコインの数
  core.isStart = false; // ゲーム開始フラグ

  // ... 省略 ...

    // rootSceneの「enterframe」イベントリスナ
    core.rootScene.addEventListener('enterframe', function(e) {
      // ゲームが始まってないならリターン
      if (!core.isStart) return;

      // ... 省略 ...
```

次に、「core.onload」関数にゲームスタートをゲームオーバーの画像を表示するため処理を追加します。「core.onload」関数に次のように入力します。

SOURCE CODE ｜「game.js」の「core.onload」関数のコード

```
  core.onload = function() {

   // ... 省略 ...

    // ゲームスタート画像を表示するスプライト(スタートボタン)を作成する
    startbutton = new Sprite(236, 48);
    startbutton.image = core.assets['start.png'];
    startbutton.x = 42;
    startbutton.y = 136;
    // スタートボタンの「touchstart」イベントリスナ
    startbutton.addEventListener('touchstart', function () {
```

```
      startbutton.y = -200; // 見えない位置に移動する
      core.isStart = true;  // ゲーム開始フラグを「true」にする
    });
    core.rootScene.addChild(startbutton);

    // ゲームオーバー画像を表示するスプライトを作成する
    gameover = new Sprite(189, 97);
    gameover.image = core.assets['end.png'];
    gameover.x = 60;
    gameover.y = -100; // 見えない位置に移動する
    core.rootScene.addChild(gameover);

  }
  core.start();
}
```

最後に、「Enemy」クラスのコンストラクタ(「initialize」メソッド)の「enterframe」イベントリスナのプレイヤーとの当たり判定に、ゲームオーバーの画像を表示する処理を追加します。また、ゲーム開始でないなら、「enterframe」イベントリスナを実行しない処理も追加します。「Enemy」クラスのコンストラクタの「enterframe」イベントリスナを、次のように変更します。

SOURCE CODE ||「game.js」の「Enemy」クラスのコンストラクタの「enterframe」イベントリスナのコード

```
    // 「enterframe」イベントリスナ
    this.addEventListener('enterframe', function() {
      // ゲームが始まってないないならリターン
      if (!core.isStart) return;

      // プレイヤーとの当たり判定

      // 当たっていたら
      if (this.within(player, 16)) {
        // プレイヤーのHPからダメージ量を引く
        player.hp -= MAX_DAMAGE;
        // HPが「0」以下ならゲームオーバー
        if (player.hp <= 0) {
          player.hp = 0;
          // ゲーム開始フラグを「false」にする
          core.isStart = false;
          // ゲームーオーバー画像を表示する
          gameover.y = 112;
        }
        // HP表示を更新する

        // ... 省略 ...
```

◆ゲームスタート/ゲームオーバー画像の表示

ゲームスタートとゲームオーバーの画像(スプライト)は、あらかじめ作成しておき、表示位置をゲーム画面の外側の見えない位置に置いておきます。そして、必要なときに見える位置に移動して、表示するようにしています。

動作の確認

ブラウザで「index.html」を表示します。ゲームスタートの画像が表示され、クリック(タッチ)するとゲームが始まります。また、プレイヤーのHPが「0」になると、ゲームオーバーの画像が表示されます。

BGMとSE(効果音)を実装する

実装する機能について

ここでは、BGMとSE(効果音)を実装します。BGM、SEの音源にはwav形式のサウンドファイルを使用し、BGMがループ再生されるようにします。

BGMとSEの実装

まず、メインプログラムにBGMとSE用のサウンドファイルをプリロードする処理を追加します。メインプログラムに、次のように入力します。

SOURCE CODE ||「game.js」のメインプログラムのコード

```
// ... 省略 ...

// BGM、SE用のサウンドファイルを読み込む
core.SwingSE = Sound.load('swing.wav');
core.CoinSE = Sound.load('coin.wav');
core.hitSE = Sound.load('hit.wav');
core.deathSE = Sound.load('death.wav');
core.bgm = Sound.load('BattleLine.wav');

core.onload = function() {

// ... 省略 ...
```

次に、rootScene(ルートシーン)の「enterframe」イベントリスナに、BGMをループ再生するための処理を追加します。rootSceneの「enterframe」イベントリスナに、次のように入力します。

SOURCE CODE ||「game.js」のrootSceneの「enterframe」イベントリスナのコード

```
  // rootSceneの「enterframe」イベントリスナ
  core.rootScene.addEventListener('enterframe', function(e) {
    if (!core.isStart) return; // ゲームが始まってないならリターン

    // BGMをループ再生する処理
    if (core.bgm.currentTime >= core.bgm.duration) {
      core.bgm.currentTime = 0;
    }

    // 画面のスクロール処理

    // ... 省略 ...
```

次に、スタートボタン(スタート画像のスプライト)の「touchstart」イベントリスナに、BGMの再生を開始する命令を追加します。スタートボタンの「touchstart」イベントリスナに、次のように入力します。

SOURCE CODE ‖ 「game.js」のスタートボタンの「touchstart」イベントリスナのコード

```
// スタートボタンの「touchstart」イベントリスナ
startbutton.addEventListener('touchstart', function () {
  startbutton.y = -200; // 見えない位置に移動する
  core.isStart = true;  // ゲーム開始フラグを「true」にする
  core.bgm.play();      // BGM再生開始
});
```

次に、「Player」クラスのコンストラクタ(「initialize」メソッド)の「enterframe」イベントリスナ、「Enemy」クラスのコンストラクタの「enterframe」イベントリスナ、「Coin」クラスのコンストラクタの「enterframe」イベントリスナに、SEを再生する命令を追加します。

「Player」クラスのコンストラクタの「enterframe」イベントリスナに、次のように入力します。

SOURCE CODE ‖ 「game.js」の「Player」クラスのコンストラクタの「enterframe」イベントリスナのコード

```
// 「enterframe」イベントリスナ
this.addEventListener('enterframe', function() {
  // ゲームが始まってないないならリターン
  if (!core.isStart) return;

  // プレイヤーの攻撃/移動処理

  // 「a」ボタンが押されたら、攻撃アクションを表示する
  if (core.input.a) {
    this.isAction = true;
    this.isMoving = false;
    // スイングSEを再生する
    core.SwingSE.play();
  }
  // 攻撃アクション時の処理
  if (this.isAction) {
    if (this.acount< 3) {
      // 攻撃アクションのフレーム切り替え
      this.frame = (this.direction + 2) * 3 + this.acount;
      this.acount++;
      // 敵との当たり判定
      for (var i in enemies) {
        // 攻撃が敵に当たったら
        if (enemies[i].intersect(this)) {
          // ヒットSEを再生する
          core.hitSE.play();
          // コインを生成する
          var coin = new Coin(enemies[i].x, enemies[i].y);
```

```
          // 敵を消去する
          enemies[i].remove();
          core.enemies --;
        }
      }
    } else {
      // 攻撃アクションが終了したら、

      // ... 省略 ...
```

「Enemy」クラスのコンストラクタの「enterframe」イベントリスナに、次のように入力します。

SOURCE CODE 「game.js」の「Enemy」クラスのコンストラクタの「enterframe」イベントリスナのコード

```
// 「enterframe」イベントリスナ
this.addEventListener('enterframe', function() {

// ... 省略 ...

    // HPが「0」以下ならゲームオーバー
    if (player.hp <= 0) {
      player.hp = 0;
      // ゲーム開始フラグを「false」にする
      core.isStart = false;

      // 死SEを再生する
      core.deathSE.play();
      core.bgm.pause();
      // ゲームーオーバー画像を表示する
      gameover.y = 112;
    }
    // HP表示を更新する

    // ... 省略 ...
```

「Coin」クラスのコンストラクタの「enterframe」イベントリスナに、次のように入力します。

SOURCE CODE 「game.js」の「Coin」クラスのコンストラクタの「enterframe」イベントリスナのコード

```
// 「enterframe」イベントリスナ
this.addEventListener('enterframe', function() {

// ... 省略 ...

    // 30フレーム経過後にプレイヤーがコインに触れたらコイン入手
    if (player.intersect(this) && this.tick > 30) {
      // コインSEを再生する
      core.CoinSE.play();
```

```
      // コインを加算して、ラベルの表示を更新する
      core.coin ++;
      coinLabel.text = "COIN:" + core.coin;
      // コインを消去
      this.remove();
    }
  });
```

◆BGMのループ再生

BGMをループ再生するには、「currentTime」プロパティ(現在の再生位置)の値と、「duration」プロパティ(サウンドの再生時間)の値を比較し、等しくなったタイミングで「currentTime」プロパティの値を「0」にします。なお、mp3形式のサウンドは、「duration」プロパティの値を取得できないので、サウンドの再生時間を秒単位の数値(実際より少し短い時間)で指定し、比較演算子には「>=」を使います。

動作の確認

ブラウザで「index.html」を表示します。ゲームを開始すると、BGMが再生されます。また各アクションに応じて、設定したSEが再生されます。

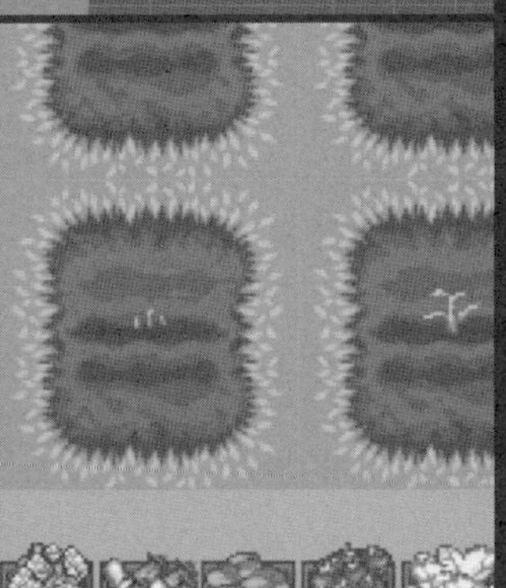

CHAPTER

07

バトルシミュレーションゲームの作成

SECTION-061

バトルシミュレーションゲームを作成する

作成するバトルシミュレーションゲームについて

このCHAPTERでは、バトルシミュレーションゲームを作成していきます。前のCHAPTERで作成したアクションゲーム(BGM、SE実装前)を少しずつ改造し、ゲームを完成させていきます。作成するバトルシミュレーションゲームの仕様は、次の通りです。

1 複数の敵と味方が入り乱れて自動的に戦闘を行うにバトスシステムに変更する。
2 バトルフィールドの320×320のマップに変更する。
3 コインは一定の時間が経過した後に自動的に取得するように変更する。
4 プレイヤーキャラクター(以下、プレイヤーキャラ)のアクションを自動化し、自動的に移動、攻撃を行うようにする。
5 複数のプレイヤーキャラ(最初は2キャラ、最大5キャラ)を、バトルフィールドに配置できるようにする。
6 プレイヤーキャラをバトルフィールドへ追加するには、100コイン必要とする。
7 プレイヤーキャラをタッチムーブ(ドラッグ&ドロップ)で、バトルフィールド上の好きな場所に移動できるようにする。
8 敵キャラがランダムに爆弾を落とすようし、爆弾に触れるとダメージを受ける(HPが減少)する。
9 爆弾はタッチ(クリック)で除去できるようにする。

なお、このゲームでは、CHAPTER 06と同じ画像ファイル(240ページ参照)と、「clear.png」を使用します。サウンドファイルは使用しません。

SECTION-062

バトルフィールドマップを変更する

実装する機能について

ここでは、バトルフィールドのマップを変更します。16×16のタイルを縦横に20個並べた320×320のマップを作成します。これにより、マップのスクロール処理は不要なるので削除します。

バトルフィールドマップの変更

まず、バックグランドのマップデータと衝突判定データを変更し、フォアグラランドのマップデータは削除します。「game.js」を次のように変更します。

SOURCE CODE ||「game.js」のマップデータのコード

```
// マップデータ
var Field ={
  Bg1:[
    [1,1,1,1,1,1,1,1,1,1,1,1,1,1,1,1,1,1,1,1],
    [1,1,1,1,1,1,1,1,1,1,1,1,1,1,1,1,1,1,1,1],
    [1,1,1,1,1,1,1,1,1,1,1,1,1,1,1,1,1,1,1,1],
    [1,1,1,1,1,1,1,1,83,84,84,84,84,84,84,84,84,84,84,84],
    [1,1,1,1,1,1,1,1,99,100,116,116,116,116,116,116,116,116,116,116],
    [1,1,1,1,1,16,17,18,99,101,1,1,1,1,1,1,1,1,1,1],
    [1,1,1,1,1,32,33,34,99,101,1,1,1,1,1,1,1,1,1,1],
    [1,1,1,1,1,48,49,50,99,101,1,1,1,1,1,1,1,1,1,1],
    [1,1,1,1,1,1,1,1,99,101,1,1,1,1,1,20,20,1,1,1],
    [1,1,1,1,1,1,1,1,99,101,1,1,1,1,1,1,1,1,1,1],
    [1,1,1,1,1,1,1,1,99,101,1,1,1,1,1,1,1,1,1,1],
    [1,1,1,1,1,1,1,1,99,101,1,1,16,18,1,1,1,1,1,1],
    [1,1,1,1,1,1,1,1,99,101,1,1,48,50,1,1,1,1,1,1],
    [1,1,1,1,1,1,1,1,99,101,1,1,1,1,1,1,1,1,1,1],
    [1,1,1,1,1,1,1,1,99,101,1,1,1,1,1,1,1,1,1,1],
    [1,1,1,1,1,1,1,1,99,101,1,1,1,1,1,1,1,1,1,1],
    [1,1,1,1,1,1,1,1,99,101,1,1,1,1,1,1,1,1,1,1],
    [1,1,1,1,1,1,1,1,99,101,1,1,1,1,1,1,1,1,1,1],
    [1,1,1,1,1,1,1,1,99,101,1,1,1,1,1,1,1,1,1,1],
    [1,1,1,1,1,1,1,1,99,101,1,1,1,1,1,1,1,1,1,1]
  ],
  Bg2:[
    [-1,-1,-1,-1,-1,-1,-1,-1,-1,-1,-1,-1,-1,-1,-1,-1,-1,-1,-1,-1],
    [-1,-1,28,-1,-1,-1,-1,-1,-1,-1,-1,-1,-1,-1,-1,28,-1,-1,-1,-1],
    [-1,-1,-1,-1,-1,-1,-1,-1,-1,28,-1,-1,-1,-1,-1,-1,-1,-1,-1,-1],
    [-1,-1,-1,-1,-1,-1,-1,-1,-1,-1,-1,-1,-1,-1,-1,-1,-1,-1,-1,-1],
    [-1,-1,-1,-1,-1,-1,-1,-1,-1,-1,-1,-1,-1,-1,-1,-1,-1,-1,-1,-1],
    [-1,-1,-1,28,-1,-1,-1,-1,-1,-1,-1,-1,-1,-1,-1,28,-1,-1,-1,-1],
    [-1,-1,-1,-1,-1,-1,-1,-1,-1,-1,-1,7,-1,-1,-1,-1,-1,-1,-1,-1],
```

▼

```
    [-1,-1,-1,-1,-1,-1,-1,-1,-1,-1,-1,7,-1,-1,-1,-1,-1,-1,-1,-1],
    [-1,-1,-1,-1,-1,-1,-1,-1,-1,-1,-1,23,23,23,23,23,23,-1,-1,-1],
    [-1,23,23,23,7,-1,-1,-1,-1,-1,-1,-1,-1,-1,-1,-1,-1,-1,-1,-1],
    [-1,-1,-1,-1,7,-1,-1,-1,-1,-1,-1,-1,-1,-1,-1,-1,28,-1,-1,-1],
    [-1,-1,-1,-1,23,-1,-1,-1,-1,-1,-1,-1,-1,-1,-1,-1,-1,-1,-1,-1],
    [-1,-1,-1,-1,-1,-1,-1,-1,-1,-1,-1,-1,-1,-1,-1,-1,-1,-1,-1,-1],
    [-1,-1,-1,-1,-1,-1,-1,-1,-1,-1,-1,-1,-1,-1,-1,-1,-1,-1,-1,-1],
    [-1,-1,-1,-1,-1,28,-1,-1,-1,-1,-1,-1,-1,28,-1,-1,-1,-1,-1],
    [-1,-1,-1,-1,-1,-1,-1,-1,-1,-1,-1,-1,-1,-1,-1,-1,-1,-1,-1,-1],
    [-1,-1,-1,-1,-1,-1,-1,-1,-1,-1,-1,-1,-1,-1,-1,-1,-1,-1,-1,-1],
    [-1,-1,-1,-1,-1,-1,-1,-1,-1,-1,-1,-1,-1,-1,-1,-1,-1,-1,28,-1],
    [-1,28,-1,-1,-1,-1,-1,-1,-1,-1,-1,-1,-1,-1,-1,-1,-1,-1,-1,-1],
    [-1,-1,-1,-1,-1,-1,-1,-1,-1,-1,-1,-1,-1,-1,-1,-1,-1,-1,-1,-1]
  ],
  CollisionData:[
    [0,0,0,0,0,0,0,0,0,0,0,0,0,0,0,0,0,0,0,0],
    [0,0,0,0,0,0,0,0,0,0,0,0,0,0,0,0,0,0,0,0],
    [0,0,0,0,0,0,0,0,0,0,0,0,0,0,0,0,0,0,0,0],
    [0,0,0,0,0,0,0,0,0,0,0,0,0,0,0,0,0,0,0,0],
    [0,0,0,0,0,0,0,0,0,0,0,0,0,0,0,0,0,0,0,0],
    [0,0,0,0,0,1,1,1,0,0,0,0,0,0,0,0,0,0,0,0],
    [0,0,0,0,0,1,1,1,0,0,0,1,0,0,0,0,0,0,0,0],
    [0,0,0,0,0,1,1,1,0,0,0,1,0,0,0,0,0,0,0,0],
    [0,0,0,0,0,0,0,0,0,0,0,1,1,1,1,1,1,0,0,0],
    [0,1,1,1,1,0,0,0,0,0,0,0,0,0,0,0,0,0,0,0],
    [0,0,0,0,1,0,0,0,0,0,0,0,0,0,0,0,0,0,0,0],
    [0,0,0,0,1,0,0,0,0,0,0,0,1,1,0,0,0,0,0,0],
    [0,0,0,0,0,0,0,0,0,0,0,0,1,1,0,0,0,0,0,0],
    [0,0,0,0,0,0,0,0,0,0,0,0,0,0,0,0,0,0,0,0],
    [0,0,0,0,0,0,0,0,0,0,0,0,0,0,0,0,0,0,0,0],
    [0,0,0,0,0,0,0,0,0,0,0,0,0,0,0,0,0,0,0,0],
    [0,0,0,0,0,0,0,0,0,0,0,0,0,0,0,0,0,0,0,0],
    [0,0,0,0,0,0,0,0,0,0,0,0,0,0,0,0,0,0,0,0],
    [0,0,0,0,0,0,0,0,0,0,0,0,0,0,0,0,0,0,0,0],
    [0,0,0,0,0,0,0,0,0,0,0,0,0,0,0,0,0,0,0,0]
  ]
};
```

次に、「core.onload」関数のフォアグラウンドマップを作成するコードを削除します。「core.onload」関数を次のように変更します。

SOURCE CODE ||「game.js」の「core.onload」関数のコード

```
  core.onload = function() {


    // マップを作成する
    map = new Map(16, 16);
    map.image = core.assets['map1.png'];
```

```
map.loadData(Field.Bg1, Field.Bg2);
map.collisionData = Field.CollisionData;

// 「stage」グループを作成する
stage = new Group();
// 「stage」グループにマップを追加する
stage.addChild(map);

// ... 省略 ...

});

// rootSceneに「stage」グループを追加する
core.rootScene.addChild(stage);

// バーチャルアナログパッドを作成する

// ... 省略 ...
```

次に、「core.onload」関数のrootScene（ルートシーン）の「enterframe」イベントリスナの画面のスクロール処理のコードを削除します。また、敵を出現させる座標の設定も変更します。rootSceneの「enterframe」イベントリスナを、次のように変更します。

SOURCE CODE 「game.js」の「core.onload」関数のrootSceneの「enterframe」イベントリスナのコード

```
// rootSceneの「enterframe」イベントリスナ
core.rootScene.addEventListener('enterframe', function(e) {
  // ゲームが始まってないならリターン
  if (!core.isStart) return;
  // 敵を生成する処理
  if (rand(100) < 10 && core.enemies < MAX_ENEMIES ) {
    // 敵を出現させる座標を求める
    var ex = rand(18) * 16 + 16;
    var ey = rand(18) * 16 + 16;
    // 求めた座標のマップ上に当たり判定がなかったら、

    // ... 省略 ...
```

動作の確認

ブラウザで「index.html」を表示します。320×320のマップが表示されます。

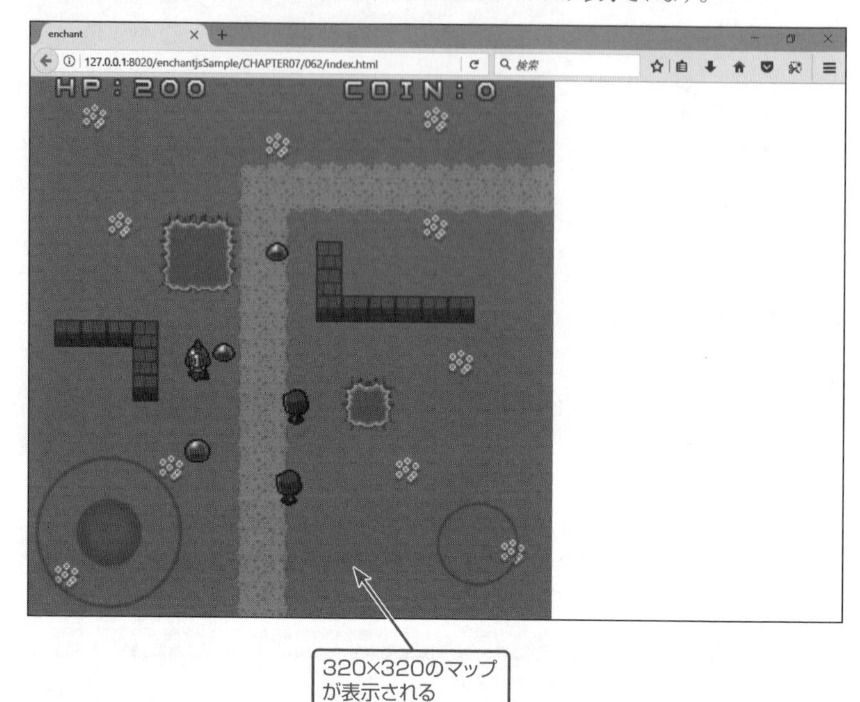

SECTION-063

プレイヤーのアクションを自動化する

実装する機能について

ここでは、プレイヤーのアクションを自動化するため処理を実装します。一番近くの敵キャラを、自動的に捕捉、追従して、攻撃するようにします。

また、コインの取得を自動化する処理も追加します。一定の時間が経過したら、コインを取得したことにし、コインを画面上から消して、所持コインの枚数をカウントアップします。

自動化処理の実装

まず、「Player」クラスのコンストラクタ（「initialize」メソッド）に、プレイヤーのアクションを自動化するため処理を追加します。「Player」クラスのコンストラクタを、次のように変更します。

SOURCE CODE 「game.js」の「Player」クラスのコンストラクタのコード

```
// プレイヤーのスプライトを作成するクラス
var Player = enchant.Class.create(enchant.Sprite, {
  initialize: function(x, y) {
    // ... 省略 ...

    // 攻撃アクション中のフレーム数を保持するプロパティ
    this.acount = 0;

    // ターゲット(攻撃対象の敵)の識別キーを保持するプロパティ
    this.target = null;
    // ターゲットロックフラグ(「false」でロック解除)
    this.targetlock = true;

    // 「enterframe」イベントリスナ
    this.addEventListener('enterframe', function() {
      // ゲームが始まってないないならリターン
      if (!core.isStart) return;

      // プレイヤーの攻撃/移動処理

      // 攻撃アクション時の処理
      if (this.isAction) {
        if (this.acount< 3) {
          // 攻撃アクションのフレーム切り替え
          this.frame = (this.direction + 2) * 3 + this.acount;
          this.acount++;
          // 敵との当たり判定
          for (var i in enemies) {
            // 攻撃が敵に当たったら
            if (enemies[i].intersect(this)) {
```

```
        // コインを生成する
        var coin = new Coin(enemies[i].x, enemies[i].y);
        // 敵を消去する
        enemies[i].remove();
        core.enemies --;

        // ターゲットを開放する
        this.target = null;


      }
    }
  } else {
    // 攻撃アクションが終了したら、
    // 「acount」プロパティを「0」、「isAction」プロパティを「false」にする
    this.acount = 0;
    this.isAction = false;
  }
} else {
  // 攻撃アクションでない(移動、停止時)ときの処理

  var len = 400; // 敵までの距離を比較するための基準値

  // 敵との当たり判定とターゲットの設定

  for (var i in enemies) {
    // 自分とすべての敵の距離をチェックし、一番近い敵をターゲットにする
    var ptoe = calclen(this.x, this.y, enemies[i].x, enemies[i].y)
    if (len > ptoe) {
      this.target = i;
      len = ptoe;
    }
  }

  // ターゲットに攻撃可能な距離まで近づいたら、攻撃アクションを行うように設定する
  if (enemies[this.target]) {
    var len = calclen(this.x, this.y, enemies[this.target].x, enemies[this.target].y);
    if (len < 32) {
      this.isAction = true;
      this.isMoving = false;
    }
  }

  // 歩行アニメーションのフレーム切り替え
  this.frame = this.direction * 3 + this.walk;
  // 移動中の処理
  if (this.isMoving) {
```

```
    // 「vx」「vy」プロパティの分だけ移動する
    this.moveBy(this.vx, this.vy);
    // 歩行アニメーションの基準フレーム番号を取得する
    this.walk = core.frame % 3;
    // 次のマス(16x16が1マス)まで移動しきったら停止する
    if ((this.vx && (this.x - 8) % 16 == 0) || (this.vy && this.y % 16 == 0)) {
      this.isMoving = false;
      this.walk = 0;
    }
  } else {
    // 移動中でないときの処理
    this.vx = this.vy = 0;
    // ターゲットが存在し、ロックしているなら、そのターゲットを追跡するように
    // 向きや移動先を設定する
    if (enemies[this.target] && this.targetlock) {
      if (this.x > enemies[this.target].x) {
        this.direction = 3;
        this.vx = -4;
      } else if (this.x < enemies[this.target].x) {
        this.direction = 6;
        this.vx = 4;
      } else if (this.y > enemies[this.target].y) {
        this.direction = 9;
        this.vy = -4;
      } else if (this.y < enemies[this.target].y) {
        this.direction = 0;
        this.vy = 4;
      }
    } else {
      // ターゲットがいないなら、ランダムに向きや移動先を設定する
      this.mov = rand(4);
      if (this.mov == 1) {
        this.direction = 3;
        this.vx = -4;
      } else if (this.mov == 2) {
        this.direction = 6;
        this.vx = 4;
      } else if (this.mov == 3) {
        this.direction = 9;
        this.vy = -4;
      } else if (this.mov == 0) {
        this.direction = 0;
        this.vy = 4;
      }
    }

    if (this.vx || this.vy) {
```

```
          // 移動先の座標を求める
          var x = this.x + (this.vx ? this.vx / Math.abs(this.vx) * 16 : 0) + 16;
          var y = this.y + (this.vy ? this.vy / Math.abs(this.vy) * 16 : 0) + 16;
          // その座標が移動可能な場所なら
          if (0 <= x && x < map.width && 0 <= y && y < map.height && !map.hitTest(x, y)) {
            // 移動フラグを「true」にする
            this.isMoving = true;
            // ターゲットロックフラグを「true」にする
            this.targetlock = true;
            // 自身(「enterframe」イベントリスナ)を呼び出す
            // (歩行アニメーションをスムーズに表示するため)
            arguments.callee.call(this);
          } else {
            // 移動できない場所なら、ターゲットを開放する
            this.target = null;
            this.targetlock = false;
          }
        }
      }
    }
  });
  stage.addChild(this);
}
});
```

次に、2点間の距離を求めるための「calclen」関数を定義します。「game.js」に、次のように入力します。

SOURCE CODE 「game.js」の「calclen」関数のコード

```
// 2点間の距離を求める関数
var calclen = function(x0, y0, x1, y1) {
  return Math.sqrt((x0 - x1) * (x0 - x1) + (y0 - y1) * (y0 -y1));
}


// マップデータ


// ... 省略 ...
```

最後に、自動化によりアナログパッドが不要になるので削除します。メインプログラムを次のように変更します。

SOURCE CODE 「game.js」のメインプログラムのコード

```
    // ... 省略 ...


    // rootSceneに「stage」グループを追加する
    core.rootScene.addChild(stage);
```

```
// バーチャル「a」ボタンを作成する
btn = new Button(250, 250, 'a');

// ... 省略 ...
```

◆敵キャラの捕捉・追従・攻撃処理

敵キャラの捕捉・追従・攻撃の処理は、次のような流れで行っています。

1. 自分とすべての敵の距離を「calclen」関数でチェックし、一番近い敵キャラのターゲットにする（識別キー（key）を「target」プロパティに保持する）。
2. ターゲットが決まり、ロック状態（「targetlock」プロパティが「true」）なら、そのターゲットを追跡する。
3. 移動途中に障害物（マップ上の衝突判定）がある場合、ロックを解除する（「targetlock」プロパティを「false」にする）。
4. ターゲットとの距離を「calclen」関数でチェックし、「32」ピクセルより小さかったら、攻撃アクションを実行（「isAction」プロパティを「true」）し、ターゲットを開放（「target」プロパティを「null」をセット）する。
5. ターゲットなし、ロック解除中は、ランダムに移動してターゲットを探す。

なお、3の処理は、障害物を挟んでプレイヤーと敵キャラが硬直状態（向きあってどちらも停止したままの状態）にならないようにするために行っています。

コイン取得処理の変更

「Coin」クラスのコンストラクタ（「initialize」メソッド）の「enterframe」イベントリスナのプレイヤーとの当たり判定のコードを変更して、コインを自動的に取得するように変更します。「Coin」クラスのコンストラクタの「enterframe」イベントリスナを、次のように変更します。

SOURCE CODE ｜「game.js」の「Coin」クラスのコンストラクタの「enterframe」イベントリスナのコード

```
// 「enterframe」イベントリスナ
this.addEventListener('enterframe', function() {
  // ... 省略 ...

  // プレイヤーとの当たり判定

  // 30フレーム経過したら、コイン入手
  if (this.tick > 30) {
    // コインを加算して、ラベルの表示を更新する
    core.coin ++;
    coinLabel.text = "COIN:" + core.coin;
    // コインを消去
    this.remove();
  }
  // ... 省略 ...
```

動作の確認

ブラウザで「index.html」を表示します。プレイヤーが敵キャラを自動的に倒し、コインを自動的に取得します。

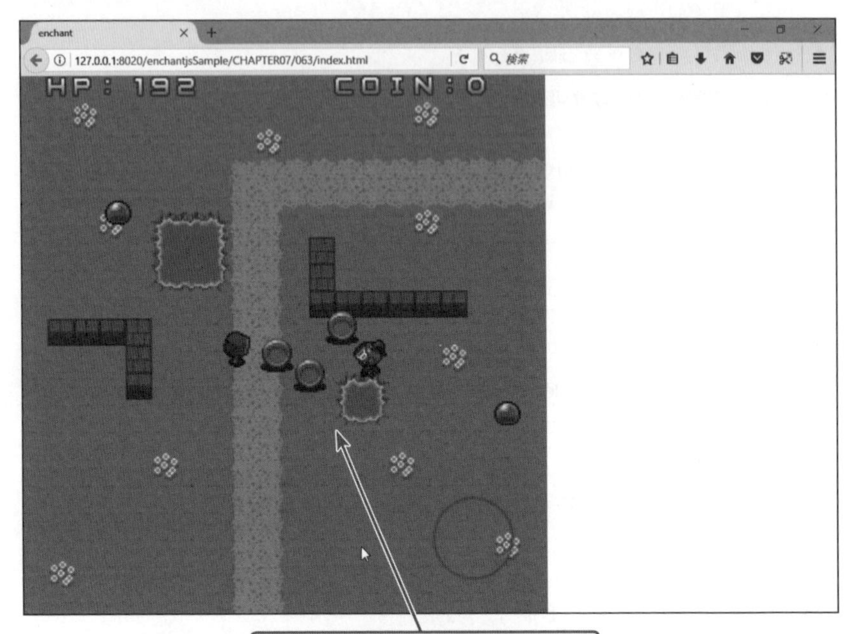

SECTION-064

複数のプレイヤーキャラクターを投入できるようにする

実装する機能について

ここでは、複数のプレイヤーキャラクター(以下、プレイヤーキャラ)をバトルフィールドに投入できるようにします。ゲーム開始時に2キャラ、その後は1キャラ100コインで、最大5キャラまで投入できるようにします。なお、プレイヤーキャラの投入は、「a」ボタン(「X」キー)で行うようにします。

定数・プロパティの定義

プレイヤーキャラの最大数、プレイヤーキャラ投入に必要なコスト、最初の所持コインを設定する定数「MAX_PLAYERS」「PLAYER_COS」「PLAYER_COIN」と、プレイヤーキャラの数を保持する「core.players」プロパティを定義します。「game.js」に、次のように入力します。

SOURCE CODE 「game.js」のコード

```
// 定数

// ... 省略 ...

MAX_PLAYERS = 5;    // プレイヤーキャラの最大数
PLAYER_COST = 100; // プレイヤーキャラ投入に必要なコスト
PLAYER_COIN = 200; // 最初の所持コイン

window.onload = function() {

  // ... 省略 ...

  core.coin = PLAYER_COIN; // 取得したコインの数
  core.isStart = false;    // ゲーム開始フラグ
  core.players = 0;        // 現在のプレイヤーキャラ数

  // ... 省略 ...
```

プレイヤーキャラ投入処理の追加

まず、メインプログラムの「core.onload」関数に、「a」ボタンでプレイヤーキャラを生成する処理を追加します。「core.onload」関数に、次のように入力します。

SOURCE CODE 「game.js」の「core.onload」関数のコード

```
  core.onload = function() {

    // ... 省略 ....
```

```
players = []; // プレイヤーキャラを格納する配列

// rootSceneの「abuttondown」イベントリスナ
core.rootScene.addEventListener('abuttondown', function(e) {
  if (!core.isStart) return;  // ゲームが始まってないならリターン


  // プレイヤーキャラを生成する処理

  // プレイヤーキャラを投入できるだけのコインを所持しており、
  if (core.coin - PLAYER_COST >=  0) {
    // 最大数に達していないなら
    if (core.players < MAX_PLAYERS) {
      // プレイヤーキャラを出現させる座標を求める
      var px = rand(18) * 16 + 16;
      var py = rand(18) * 16 + 16;
      // その座標に当たり判定がなかったら
      if (!map.hitTest(px, py)) {
        // プレイヤーキャラを生成する
        var player = new Player(px, py);
        core.players ++;
        player.key = core.frame;
        players[player.key] = player;
        core.coin -= PLAYER_COST
        coinLabel.text = 'COIN:' + core.coin;
      }
    }
  }
});

// rootSceneに「stage」グループを追加する
// ... 省略 ...
```

次に、動作を確認するための「Enemy」クラスのコンストラクタ(「initialize」メソッド)の「enterframe」イベントリスナを実行しないようにします。「Enemy」クラスのコンストラクタの「enterframe」イベントリスナに、次のように入力します。

SOURCE CODE 「game.js」の「Enemy」クラスのコンストラクタの「enterframe」イベントリスナのコード

```
// 「enterframe」イベントリスナ
this.addEventListener('enterframe', function() {
  // ゲームが始まってないないならリターン
  if (!core.isStart) return;
  return;

  // プレイヤーとの当たり判定
  // ... 省略 ...
```

◆プレイヤーキャラの管理

複数のプレイヤーキャラを生成できるようにしたので、配列変数「players」に、プレイヤーキャラを格納して管理するようにします。プレイヤーキャラを識別するためのキー(「key」プロパティに保持する)と配列のキーには、現在のゲームフレーム数を使います。

HP表示ラベルの削除

メインプログラムからHP表示ラベルを追加するコードを削除します。メインプログラムを、次のように修正します。

SOURCE CODE ｜「game.js」のメインプログラムのコード

```
    // ... 省略 ...

    // バーチャル「a」ボタンを作成する
    btn = new Button(250, 250, 'a');

    // 取得コイン数を表示するラベルを作成する

    // ... 省略 ...
```

プレイヤーキャラ削除メソッドの追加

「Player」クラスに、プレイヤーキャラを削除するための「remove」メソッドを追加します。「Player」クラスに、次のように入力します。

SOURCE CODE ｜「game.js」の「Player」クラスの「remove」メソッドのコード

```
// プレイヤーのスプライトを作成するクラス
var Player = enchant.Class.create(enchant.Sprite, {
  initialize: function(x, y) {

  // ... 省略 ...

    });
    stage.addChild(this);
  },
  remove: function() {
    stage.removeChild(this);
    delete players[this.key];
    delete this;
  }
});
```

◆プレイヤーキャラの削除

プレイヤーキャラを複数にしたことで、プレイヤーの削除する際の処理が面倒になるため、「Player」クラスに「remove」メソッドを追加しておきます。この後は、この「remove」メソッドでプレイヤーキャラを削除します。

プレイヤーキャラのオブジェクトは「players」配列によって管理されているので、任意のプレイヤーキャラを削除するには、「players[key].remove()」の書式で「remove」メソッドを実行します。「key」には削除するプレイヤーキャラの識別キーを指定します。

プレイヤー作成コードの削除

プレイヤーキャラ投入処理のコード中で行うようにしたので、以前のプレイヤーを作成するコードを「core.onload」関数から削除します。「core.onload」関数の次のコードを削除してください。

SOURCE CODE ｜「core.js」の「core.onload」関数のコード

```
// プレイヤーを作成する
player = new Player(6 * 16 - 8, 10 * 16 - 8); // この部分を削除する
```

動作の確認

ブラウザで「index.html」を表示します。「a」ボタン(「X」キー)を押すと、バトルフィールド上にプレイヤーキャラクターが出現します。

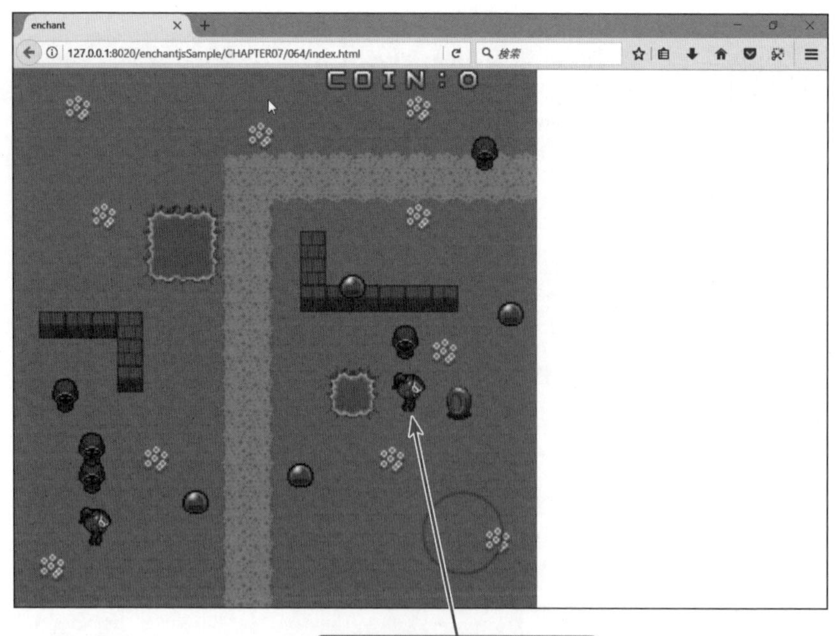

「a」ボタンを押すとプレイヤーキャラクターが出現する

SECTION-065

敵キャラクターの追跡ルーチンを変更する

実装する機能について

ここでは、敵キャラクター（以下、敵キャラ）がプレイヤーキャラクター（以下、プレイヤーキャラ）を追跡する処理（追跡ルーチン）を変更します。追跡ルーチンには、プレイヤーキャラのアクションの自動化処理（285ページ参照）の一部を流用します。

追跡ルーチンの変更

「Enemy」クラスのコンストラクタ（「initialize」メソッド）の「enterframe」イベントリスナのプレイヤーとの当たり判定と、プレイヤーキャラを追跡する処理を変更します。「Enemy」クラスのコンストラクタの「enterframe」イベントリスナを、次のように変更します。

SOURCE CODE ｜「game.js」の「Enemy」クラスのコンストラクタの「enterframe」イベントリスナのコード

```
// 「enterframe」イベントリスナ
this.addEventListener('enterframe', function() {
  // ゲームが始まってないないならリターン
  if (!core.isStart) return;

  // プレイヤーとの当たり判定

  for (var i in players) {
    if (this.within(players[i], 16)) {
    // 当たっていたら(敵に攻撃されたら)、HPからダメージ量を引く
    players[i].hp -= MAX_DAMAGE;
    // HPが「0」以下ならプレイヤーを消去する
      if (players[i].hp <= 0) {
        players[i].hp = 0;
        players[i].remove()
        core.players--;
        // プレイヤー数が「0」になったらゲームオーバー
        if (core.players == 0) {
          core.isStart = false;
          // ゲームオーバー画像を表示する
          gameover.y = 112;
        }
      }
    }
  }

  // 敵の移動処理

  // ... 省略 ...
```

```
// プレイヤーを追跡する処理

// 自分とすべてのプレイヤーの距離をチェックし、一番近いプレイヤーをターゲットにする
var len = 400;
for (var i in players) {
  var ptoe = calclen(this.x, this.y, players[i].x, players[i].y)
  if (len > ptoe) {
    this.target = i;
    len = ptoe;
  }
}
// ターゲットが存在するなら、そのターゲットを追跡するように向きや移動先を設定する
if (players[this.target]) {
  if (this.x > players[this.target].x && this.y == players[this.target].y) {
    this.direction = 2;
    this.vx = -4;
  } else if (this.x < players[this.target].x && this.y == players[this.target].y) {
    this.direction = 4;
    this.vx = 4;
  } else if (this.y > players[this.target].y && this.x == players[this.target].x) {
    this.direction = 6;
    this.vy = -4;
  } else if (this.y < players[this.target].y && this.x == players[this.target].x) {
    this.direction = 0;
    this.vy = 4;
  }
}
// 移動先が決まったら

// ... 省略 ...
```

◆プレイヤーキャラとの当たり判定

当たり判定は、プレイヤーキャラが複数となったので、ループ処理ですべてのプレイヤーキャラとの当たり判定を行うように変更しています。

◆プレイヤーキャラの追跡処理

プレイヤーキャラの追跡処理は、次のような流れで行っています。

1. 自分とすべてのプレイヤーキャラの距離を「calclen」関数でチェックし、一番近いプレイヤーキャラをターゲットにする(識別キー(key)を「target」プロパティに保持する)。
2. ターゲットが決まったなら、そのターゲットを追跡する。
3. ターゲットが決まっていないなら、ランダムに移動してターゲットを探す。

動作の確認

ブラウザで「index.html」を表示します。「a」ボタン（「X」キー）でプレイヤーキャラを2キャラ投入すると、敵キャラがどちらか一方のプレイヤーキャラを追跡します。

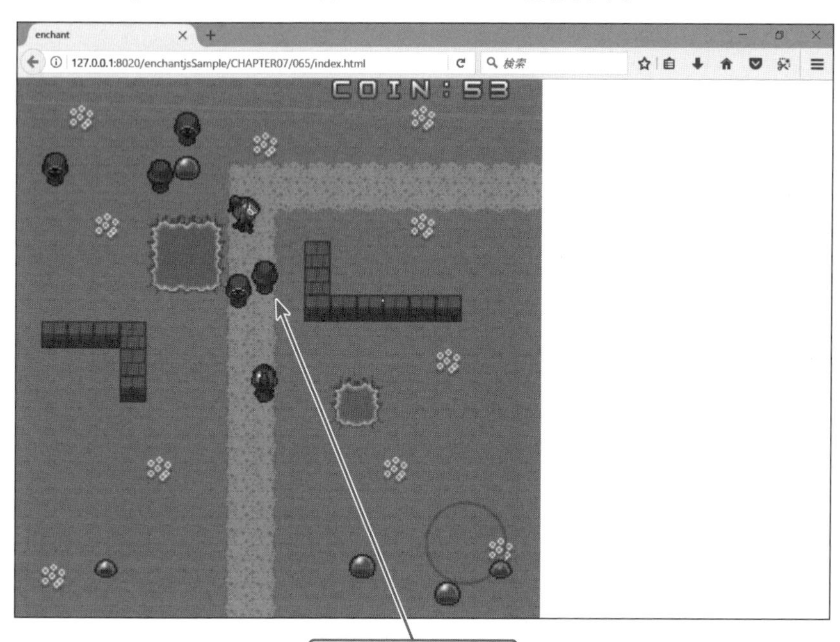

SECTION-066

タッチムーブでプレイヤーキャラクターを移動する

実装する機能について

ここでは、タッチムーブ(ドラッグ&ドロップ)でプレイヤーキャラクター(以下、プレイヤーキャラ)を、バトルフィールド上の任意の場所に移動できるようにします。また、プレイヤーキャラの移動中は、ゲームを一時的に停止するようにします。

移動処理の追加

「Player」クラスのコンストラクタ(「initialize」メソッド)に、タッチムーブで移動するための処理を追加します。「Player」クラスのコンストラクタに、次のように入力します。

SOURCE CODE ||「game.js」の「Player」クラスのコンストラクタのコード

```
// プレイヤーのスプライトを作成するクラス
var Player = enchant.Class.create(enchant.Sprite, {
  initialize: function(x, y) {

  // ... 省略 ...

    // 「touchmove」イベントリスナ
    this.addEventListener('touchmove', function (e) {
      // 敵発生、動きを一時停止
      core.isStart = false;
      // タッチムーブでプレイヤーを移動する
      var px = Math.floor(e.x / 16) * 16;
      var py = Math.floor(e.y / 16) * 16;
      if (!map.hitTest(px, py)) {
        this.x = px;
        this.y = py;
      }
    });

    // 「touchend」イベントリスナ
    this.addEventListener('touchend', function (e) {
      //  敵の発生、動きを再開
      core.isStart = true;
    });

    stage.addChild(this);
  },
  remove: function() {

  // ... 省略 ...
```

◆ゲームの停止処理

このゲームでは、「core.isStart」プロパティを「false」にすることで、ゲームを停止することができるようにしています。このプロパティを「false」にすると、プレイヤーキャラ(「Player」オブジェクト)と敵キャラ(「Enemy」オブジェクト)、および、ルートシーンの定期処理(「enterframe」イベントリスナ)が実行されないようにしています。このプロパティは、ゲームオーバーの処理にも利用します(305ページ参照)。

動作の確認

ブラウザで「index.html」を表示します。タッチムーブ(ドラッグ&ドロップ)でプレイヤーキャラを移動させることができます。

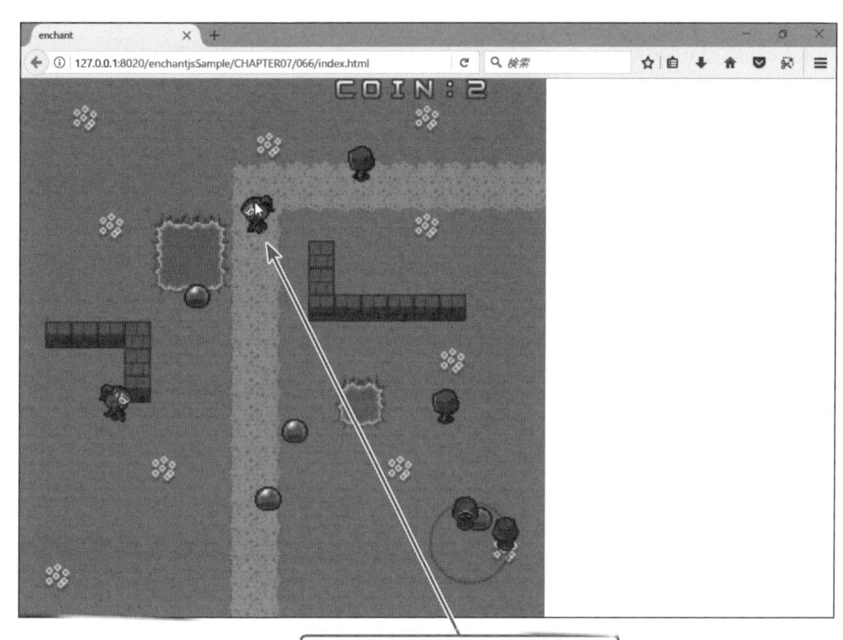

SECTION-067

爆弾を実装する

実装する機能について

ここでは、爆弾を実装します。爆弾は、敵キャラがランダムに落とすようにし、プレイヤーキャラクター（以下、プレイヤーキャラ）が爆弾に触れるとダメージを受けるようにします。また、爆弾はタッチ（クリック）で除去できるようにします。

爆弾生成処理の追加

まず、爆弾ダメージを設定する「BOMB_DAMAGE」定数と、爆弾出現確率を設定する「BOMB_RATE」定数を定義します。「game.js」に、次のように入力します。

SOURCE CODE ||「game.js」のコード

```
// 定数

// ... 省略 ...

PLAYER_COIN = 200; // 最初の所持コイン

BOMB_DAMAGE = 50;  // 爆弾ダメージ
BOMB_RATE = 10;    // 爆弾出現確率(BOMB_RATE/1000)

// ... 省略 ...
```

次に、爆弾を作成するための「Bomb」クラスを追加します。「game.js」に、次のように入力します。

SOURCE CODE ||「game.js」の「Bomb」クラスのコード

```
// 爆弾のスプライトを作成するクラス
var Bomb = enchant.Class.create(enchant.Sprite, {
  initialize: function(x, y) {
    enchant.Sprite.call(this, 16, 16);
    this.image = core.assets['icon0.png'];
    this.frame = 24;
    this.x = x;
    this.y = y;
    // 「touchstart」イベントリスナ
    this.addEventListener('touchstart', function (e) {
      // タッチで消去する
      this.remove();
    })
    // 「enterframe」イベントリスナ
    this.addEventListener('enterframe', function() {
      if (!core.isStart) return;  // ゲーム開始フラグが「false」ならリターン
```

```
      // プレイヤーとの当たり判定

      for (var i in players) {
        // 当たったなら
        if (this.intersect(players[i])) {
          // 爆弾を消去する
          this.remove();
          // プレイヤーのHPから「BOMB_DAMAGE」を引く
          players[i].hp -= BOMB_DAMAGE;
          // プレイヤーのHPが「0」以下なら
          if (players[i].hp <= 0) {
            // プレイヤーを消去する
            players[i].remove();
            // プレイヤー数をデクリメント
            core.players --;
            // プレイヤー数が「0」になったら、ゲームオーバー
            if (core.players == 0) {
              core.isStart = false;
              // ゲームオーバー画像を表示する
              gameover.y = 112;
            }
          }
        }
      }
    });
    stage.addChild(this);
  },
  remove: function() {
    stage.removeChild(this);
    delete this;
  }
});

// 2点間の距離を求める関数

// ... 省略 ...
```

最後に、「Enemy」クラスのコンストラクタ(「initialize」メソッド)の「enterframe」イベントリスナに、爆弾を生成する処理を追加します。「Enemy」クラスのコンストラクタの「enterframe」イベントリスナに、次のように入力します。

SOURCE CODE ‖ 「game.js」の「Enemy」クラスのコンストラクタの「enterframe」イベントリスナのコード

```
    // 「enterframe」イベントリスナ
    this.addEventListener('enterframe', function() {
```

```
// ... 省略 ...

// 爆弾の生成処理

// 1秒おきにランダムな確率で爆弾を生成する
if (core.frame % core.fps == 0 && rand(1000) < BOMB_RATE) {
  var x = this.x + 8;
  var y = this.y + 8;
  if (y > 16) {
    if (!(x > 240 && y > 240)) var bomb = new Bomb(x , y);
  }
}

// 敵の移動処理

// ... 省略 ...
```

◆「Bomb」クラスの定義

「Bomb」クラスは、「Sprite」クラスを継承しています。「Bomb」クラスのコンストラクタでは、使用する画像や表示座標の初期化、プレイヤーとの当たり判定を定義しています。当たり判定の処理は、「Enemy」クラスで行っている処理とほぼ同じで、ダメージ(HPから引く値)が「BOMB_DAMAGE」定数の値になっている点だけが異なります(265ページ参照)。

◆爆弾の生成

爆弾を生成するには、定義した「Bomb」クラスのコンストラクタでオブジェクトを生成します。引数には、x座標とy座標を指定します。ここでは、爆弾の出現場所が敵キャラの中心になる値を計算して渡しています。

動作の確認

ブラウザで「index.html」を表示します。敵キャラがランダムに爆弾を落とします。爆弾にタッチすると、爆弾が除去されます。

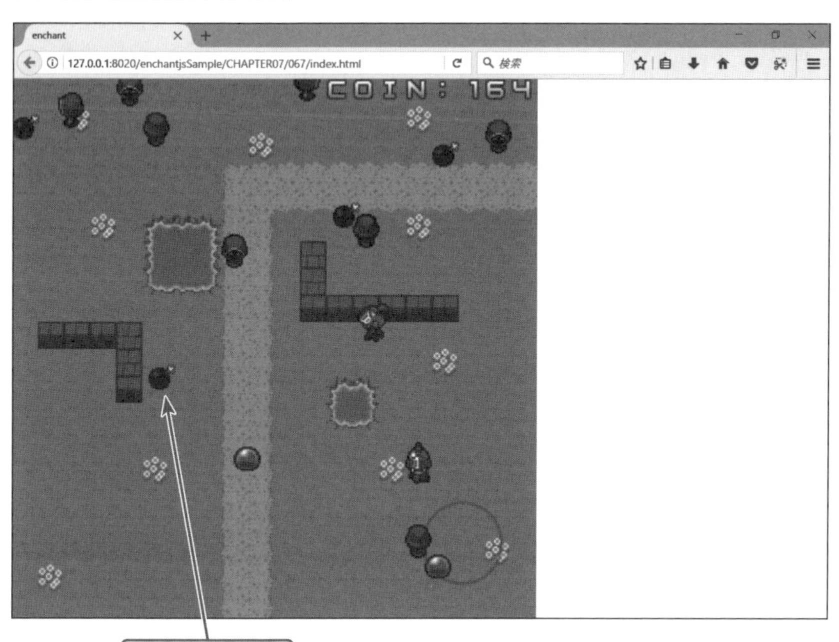

SECTION-068

ゲームクリアの処理を実装する

実装する機能について

ここでは、ゲームクリアの処理を実装します。敵キャラを殲滅(画面上に1体もいない状態)したら、ゲームクリアの画像が表示されるようにします。

ゲームクリア処理の追加

まず、「core.preload」メソッドで読み込む画像に「clear.png」を追加します。「core.preload」メソッドを次のように変更します。

SOURCE CODE 「game.js」の「core.preload」メソッドのコード

```
// 使用する画像ファイルを読み込む
core.preload('map1.png', 'chara5.png', 'chara6.png', 'piece.png',
            'start.png', 'end.png','button.png', 'clear.png');
```

次に、「core.onload」関数にゲームクリアの画像を表示するための処理を追加します。「core.onload」関数に、次のように入力します。

SOURCE CODE 「game.js」の「core.onload」関数のコード

```
core.onload = function() {

  // ... 省略 ...

  // ゲームクリア画像を表示するスプライトを作成する
  gameclear = new Sprite(267, 48);
  gameclear.image = core.assets['clear.png'];
  gameclear.x = 30;
  gameclear.y = -68;
  core.rootScene.addChild(gameclear);

}
core.start();
}
```

次に、「Player」クラスのコンストラクタ(「initialize」メソッド)の「enterframe」イベントリスナに、ゲームクリアの処理を追加します。「Player」クラスの「enterframe」イベントリスナに、次のように入力します。

SOURCE CODE 「game.js」の「Player」クラスのコンストラクタ「enterframe」イベントリスナのコード

```
// 「enterframe」イベントリスナ
this.addEventListener('enterframe', function() {

  // ... 省略 ...
```

```
    // 敵との当たり判定
    for (var i in enemies) {
      // 攻撃が敵に当たったら
      if (enemies[i].intersect(this)) {

     // ... 省略 ...

        // ターゲットを開放する
        this.target = null;

        // ゲームクリア処理

        // すべての敵を倒したら
        if (core.enemies == 0) {
          // ゲーム開始フラグを「false」にする
          core.isStart = false;
          // ゲームクリア画像を表示する
          gameclear.y = 112;
        }
      }
    }
  } else {
    // 攻撃アクションが終了したら、

    // ... 省略 ...
```

最後に、「MAX_DAMAGE」定数の値(敵キャラから受けるダメージ)を変更し、ゲームバランスを調整します。

SOURCE CODE ‖ 「game.js」のコード

```
// 定数
PLAYER_HP = 200;  // プレイヤーのHP
MAX_ENEMIES = 10; // 敵の最大数
MAX_DAMAGE = 20;  // 攻撃ダメージ

// ... 省略 ..
```

動作の確認

ブラウザで「index.html」を表示します。敵キャラを殲滅すると、ゲームクリアの画像が表示されます。

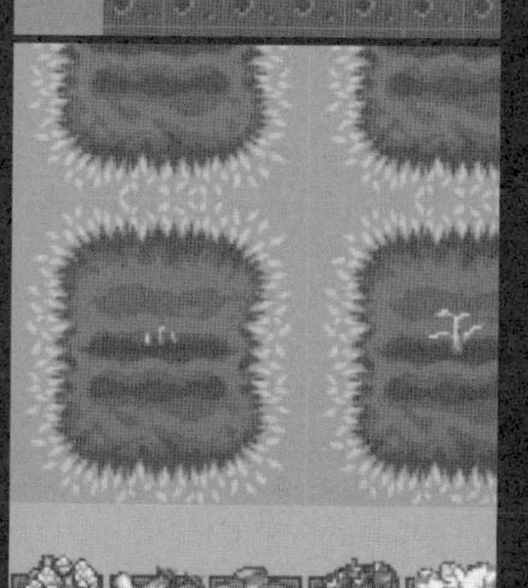

CHAPTER

08

シミュレーションゲームの作成

SECTION-069

シミュレーションゲームを作成する

作成するシミュレーションゲームについて

このCHAPTERでは、シミュレーションゲームを作成していきます。仕様に沿って機能を少しずつ実装していき、ゲームを完成させていきます。作成するシミュレーションゲームの仕様は、次の通りです。

1. 畑に野菜を作付けして、実った野菜を収穫する育成シミュレーション。
2. 畑は6面で、空いている畑をタッチ(クリック)で作付けする。
3. 作付けされる野菜は、7種類からランダムに選ばれる。
4. 野菜は一定の間隔で自動的に成長し、実った野菜を収穫するとポイントゲット。
5. 一定のポイントをためると、レベルがアップし、成長速度がアップする。
6. 実った野菜を放置すると、おじゃまキャラ(豚)が登場して食べてしまう。
7. データをセーブ(保存)できるようにし、セーブした時点から再開できるようにする。

素材について

このゲームで使用する素材(画像やサウンド)は、次の通りです。

◆「enchant.js」に含まれる素材

使用する素材で、「enchant.js」に含まれる素材は、次のようになります。

種類	ファイル名
画像ファイル	apad.png
	end.png
	font0.png
	icon0.png
	indicator.png
	pad.png
	start.png

◆その他の素材

その他の素材は、次のようになります。なお、これらの素材は、ダウンロードサンプルに収録しています。

種類	ファイル名
画像ファイル	box.png
	field.png
	pig_walk.png
	plants.png

「index.html」の作成

このゲームでは、「ui.enchant.js」「nineleap.enchant.js」「memory.enchant.js」の3つのプラグインを使います。なお、2012年12月現在、「memory.enchant.js」にはバグがあるため、「memory.enchant.js」のコードの一部を修正する必要があります（93ページ参照）。

「index.html」には、次のように入力します。

SOURCE CODE 「index.html」コード

```
<!DOCTYPE html>
<html>
  <head>
    <meta charset="utf-8">
    <meta name="viewport" content="width=device-width, user-scalable=no">
    <meta name="apple-mobile-web-app-capable" content="yes">
    <meta name="apple-mobile-web-app-status-bar-style" content="black-translucent">
    <title>enchant</title>
    <script type="text/javascript" src="enchant.js"></script>
    <script type="text/javascript" src="ui.enchant.js"></script>
    <script type="text/javascript" src="nineleap.enchant.js"></script>
    <script type="text/javascript" src="memory.enchant.js"></script>
    <script type="text/javascript" src="game.js"></script>
    <style type="text/css">
      body {margin: 0;}
    </style>
  </head>
  <body>
  </body>
</html>
```

SECTION-070

ゲームのフィールドを実装する

実装する機能について

ここでは、シミュレーションゲームのフィールド(画面)を実装します。フィールドには、畑のスプライトを2行3列に並べて配置します。また、野菜を収穫する箱のスプライト(以下、ボックス)もフィールドに配置します。

フィールドの実装

まず、畑のスプライトを格納するための「fields」配列を定義します。「game.js」に、次のように入力します。

SOURCE CODE 「game.js」のコード

```
var fields = []; // 畑のスプライトを格納する配列
```

次に、畑のスプライトを作成するための「Field」クラスを定義します。「game.js」に、次のように入力します。

SOURCE CODE 「game.js」の「Field」クラスのコード

```
// 畑のスプライトを作成するためのクラス
var Field = enchant.Class.create(enchant.Sprite, {
  initialize: function(x, y) {
    enchant.Sprite.call(this, 96, 96);
    // 画像に「field.png」を設定する
    this.image = core.assets['field.png'];
    this.x = x;
    this.y = y;
    this.set = false; // 作物有無フラグ
    core.rootScene.addChild(this);
  }
});
```

最後に、ゲームのメインプログラムに、フィールドを作成する処理を入力します。また、最初に「enchant.js」をエクスポートしておきます。「game.js」に、次のように入力します。

SOURCE CODE 「game.js」のメインプログラムのコード

```
enchant();

window.onload = function() {

  core = new Core(320, 320);
  core.fps = 16;
```

```
  // ゲームで使用する画像ファイルを指定する
  core.preload('field.png', 'plants.png', 'box.png', 'pig_walk.png');

  // ファイルのプリロードが完了したときに実行される関数
  core.onload = function() {

    // バックグラウンドのスプライトを作成する
    var bg = new Sprite(320, 320);
    // バックグラウンドの背景色を緑色にする
    bg.backgroundColor = "#2f8136";
    core.rootScene.addChild(bg);

    // ボックス(野菜を収穫する箱)のスプライトを作成する
    var box = new Sprite(224, 42);
    // 画像に「box.png」を設定する
    box.image = core.assets['box.png'];
    box.x = 48;  // x座標
    box.y = 240; // y座標
    core.rootScene.addChild(box);

    // 配列のキー(インデックス)に使う変数の初期化
    var key = 0;

    // 畑の画像を表示するスプライトを2行3列で並べる
    for (var j = 0; j < 2; j++) {
      for (var i = 0; i < 3; i++) {
        // 畑の画像を表示するスプライトを作成する
        var f = new Field(i * 96 + 16 , j* 96 + 32);
        // 識別キーに「key」変数の値を代入する
        f.key = key;
        // 配列にスプライトを格納する
        fields[key] = f;
        // 「key」変数をインクリメント
        key ++;
      }
    }

  }
  core.start();
}

var fields = []; // 畑のスプライトを格納する配列

// ... 省略 ...
```

◆畑の管理

6面の畑（スプライト）は、「fields」配列変数に格納して管理するようにします。それぞれの畑を識別するためのキーと配列のインデックスには、「0」から「5」の番号を割り当てます。画面上では、左上から右下に「0」から「5」の順になります。

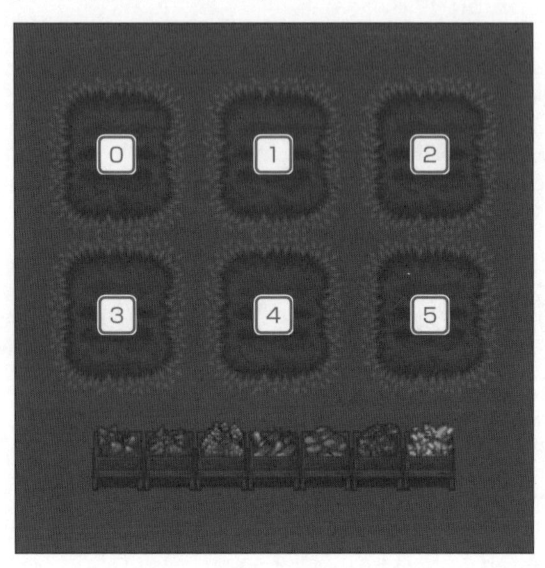

動作の確認

ブラウザで「index.html」を表示します。画面にゲームのフィールド画面が表示されます。

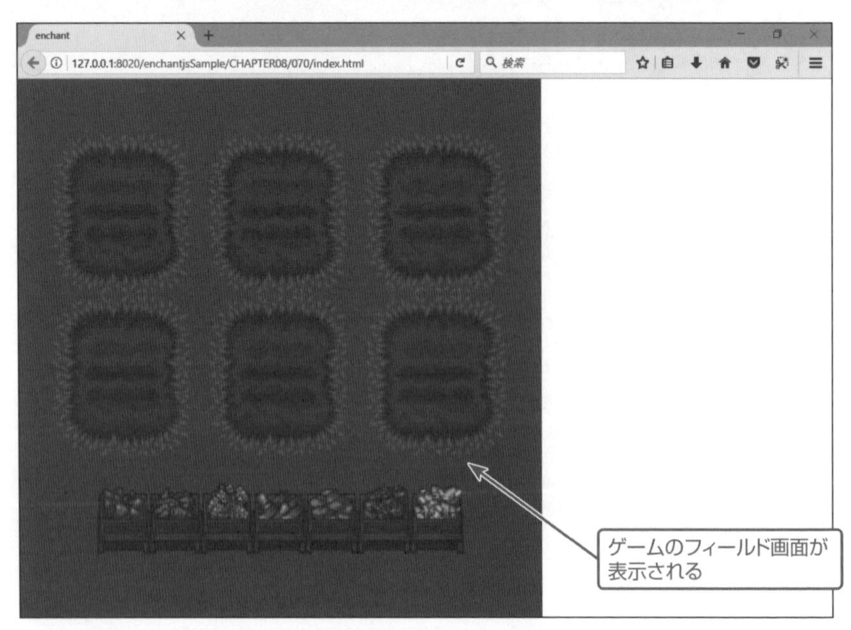

SECTION-071

野菜の作付け・成長処理を実装する

実装する機能について

ここでは、野菜を畑に作付けし、成長させる処理を実装します。野菜はタッチ(クリック)で作付けできるようにします。野菜の成長過程は5段階(「0～4」で表す。作付け時が「0」、野菜が実った状態が「3」、収穫後が「4」)とし、野菜が実った状態の4段階目まで、一定の間隔で自動的に成長するようにします。

「Plant」クラスの実装

野菜の成長過程のスプライト(以下「作物」)を作成するための「Plant」クラスを実装します。まず、作物の状態を格納する配列変数「plantNo」「plantGrow」「plantTick」と、成長率の設定する定数「GROWTH_RAT」を定義します。「game.js」に、次のように入力します。

SOURCE CODE 「game.js」のコード

```
// ... 省略 ...

var fields = [];     // 畑のスプライトを格納する配列
var plantNo = [];    // 各畑の作物の種類を格納する配列
var plantGrow = []; // 各畑の作物の成長度を格納する配列
var plantTick = []; // 各畑の作物が植えられてからの秒数を格納する配列

var GROWTH_RATE = 30;       // 成長率(デフォルト30)
// ... 省略 ...
```

次に、メインプログラムにゲームのレベルを保持する「core.lv」プロパティを追加します。「game.js」に、次のように入力します。

SOURCE CODE 「game.js」のメインプログラムのコード

```
  core.onload = function() {

    core.lv = 1; // レベル(LV)
    // ... 省略 ...
```

次に、「Plant」クラスを定義します。「game.js」に、次のように入力します。

SOURCE CODE 「game.js」の「Plant」クラスのコード

```
// 作物のスプライトを作成するクラス
var Plant = enchant.Class.create(enchant.Sprite, {
  initialize: function(x, y, field_no) {
    enchant.Sprite.call(this, 32, 64);
    // 画像に「plants.png」を設定する
    this.image = core.assets['plants.png'];
    this.x = x;
```

```
    this.y = y;
    this.no = rand(7);      // 作物の種類(乱数で設定)
    this.frame = this.no;
    this.grow = 0;          // 成長度
    this.tick = 0;          // 経過秒数
    // 1段階成長するのにかかる秒数
    this.rate = Math.ceil(GROWTH_RATE / core.lv);

    // 「enterframe」イベントリスナ
    this.addEventListener('enterframe', function(e) {

      // 作物の成長処理

      // 1秒間隔で実行される処理
      if (core.frame % core.fps == 0) {
        this.tick ++; // 秒数をカウント

        // 1段階成長した
        if (this.tick % this.rate == 0) {
          // 成長度が「3」より小さいなら
          if (this.grow < 3) {
            // 成長度をインクリメント
            this.grow ++;
            // 成長度に応じたフレームの画像を表示する
            this.frame = this.no + this.grow * 9;
          }
        }
        // 経過秒数と成長度を配列に格納する
        plantTick[field_no] = this.tick;
        plantGrow[field_no] = this.grow;
      }
    });
    core.rootScene.addChild(this);
  },
  remove: function() {
    core.rootScene.removeChild(this);
    delete this;
  }
});
```

◆「Plant」クラスの定義

「Plant」クラスは、「Sprite」クラスを継承しています。「Plant」クラスのコンストラクタでは、使用する画像や表示座標の初期化、作物の種類、作物の成長処理を定義しています。

作物の成長処理(「enterframe」イベントリスナ)では、一定の秒数(「Math.ceil(GROWTH_RATE / core.lv)秒)ごとに、成長度に応じたフレームの画像を表示して、成長していく過程を表現しています。

◆配列変数の用途

最初に定義した配列変数は、後々、データを保存する際に利用します。それぞれには、次のデータを格納します。

配列変数	格納するデータ
plantNo	作物の種類
plantGrow	作物の成長度
plantTick	作付けからの経過時間

作付け処理の追加

「Field」クラスのコンストラクタ(「initialize」メソッド)に、タッチ(クリック)で作付するための処理を追加します。「Field」クラスのコンストラクタに、次のように入力します。

SOURCE CODE 「game.js」の「Field」クラスのコンストラクタのコード

```
// 畑のスプライトを作成するためのクラス
var Field = enchant.Class.create(enchant.Sprite, {
  initialize: function(x, y) {

   // ... 省略 ...

    this.set = false; // 作物有無フラグ
    // 「touchstart」イベントリスナ
    this.addEventListener('touchstart', function(e) {

      // 畑に作付けする処理

      // 作付されていないなら
      if (this.set == false) {
        // 作物のスプライトを作成する
        var p = new Plant(this.x + 32, this.y - 12, this.key);
        // 作付されている状態にする
        this.set = true;
        // 作物の種類を配列に格納する
        plantNo[this.key] = p.no;
      }
    });
    core.rootScene.addChild(this);
  }
});
```

◆作物の作成

作物を作成するには、定義した「Plant」クラスのコンストラクタでオブジェクトを生成します。引数には、x座標、y座標、畑の番号(キー)を指定します。ここでは、タッチ(クリック)した畑が空いていたら(「this.set」プロパティが「false」)、作物のスプライトを作成(作付け)し、その作物の種類を配列(plantNo)に格納しています。

▶動作の確認

ブラウザで「index.html」を表示します。畑をタッチ(クリック)すると、作付され、一定の間隔で作物(野菜)が成長していきます。

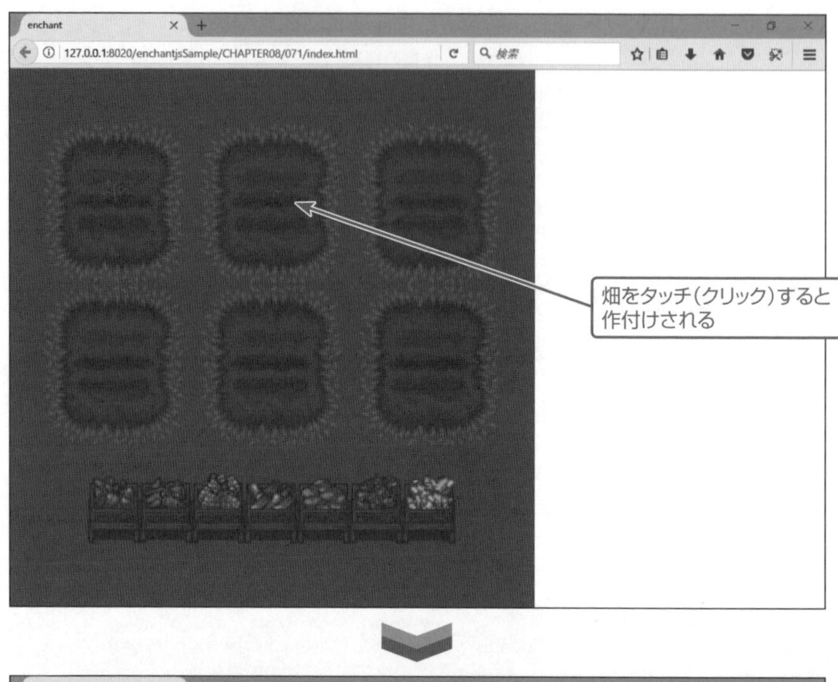

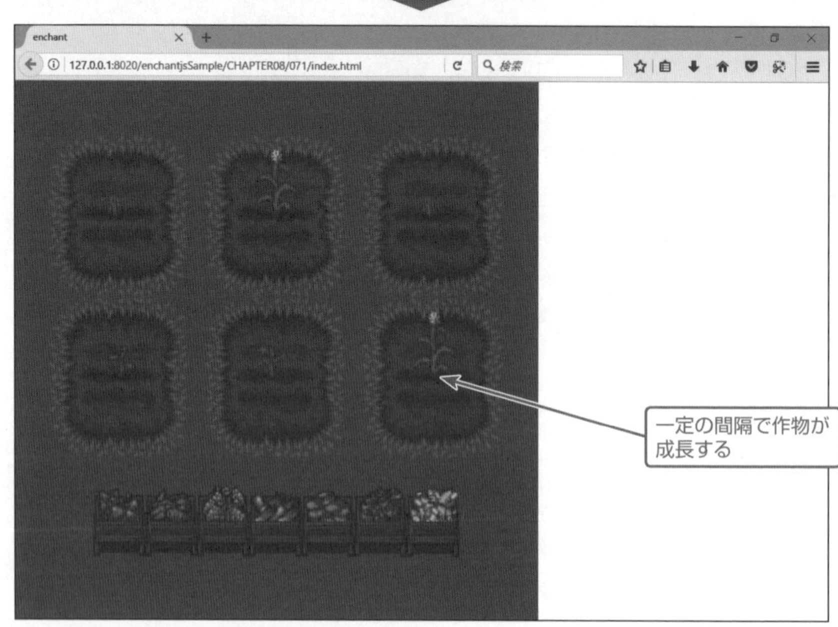

SECTION-072

野菜を収穫する処理を実装する

実装する機能について

ここでは、実った野菜を収穫する処理を実装します。野菜が実っている作物をタッチすると、その野菜をボックスに入れるアニメーションを表示し、ポイント(VP)を加算します。また、収穫後、一定時間経過後に畑から作物を除去し、新規に作付けできるようにします。

「Vegetable」クラスの実装

実った野菜のスプライト(以下、野菜)を作成するための「Vegetable」クラスを定義します。「game.js」に、次のように入力します。

SOURCE CODE ‖ 「game.js」の「Vegetable」クラスのコード

```
// 野菜のスプライトを作成するクラス
var Vegetable = enchant.Class.create(enchant.Sprite, {
  initialize: function(x, y, no) {
    enchant.Sprite.call(this, 32, 64);
    // 画像に「plants.png」を設定する
    this.image = core.assets['plants.png'];
    this.x = x;
    this.y = y;
    this.frame = no + 45;
    this.my = 196 - this.y; // y方向に移動させる距離
    // 「enterframe」イベントリスナ
    this.addEventListener('enterframe', function(e) {
      // ボックスのある位置にタイムラインのアニメーション(イージング)で移動し、
      // タイムラインから削除する
      this.tl.moveBy(0, this.my, 50, enchant.Easing.BOUNCE_EASEOUT).removeFromScene();
    });
    core.rootScene.addChild(this);
  },
  remove: function() {
    core.rootScene.removeChild(this);
    delete this;
  }
});
```

◆「Vegetable」クラスの定義

「Vegetable」クラスは、「Sprite」クラスを継承しています。「Vegetable」クラスのコンストラクタでは、使用する画像や表示座標の初期化、収穫時のアニメーション処理を定義しています。アニメーション処理(「enterframe」イベントリスナ)は、アニメーションエンジンの「moveBy」メソッドを使って、バウンドするアニメーション(enchant.Easing.BOUNCE_EASEOUT)を表示するようにしています。

野菜を作成するには、このクラスのコンストラクタでオブジェクトを生成します。引数には、x座標、y座標、野菜の種類を設定する番号を指定します。

▶収穫処理の追加

まず、「Plant」クラスのコンストラクタ(「initialize」メソッド)に、タッチ(クリック)で野菜を収穫するための処理を追加します。「Plant」クラスのコンストラクタを、次のように変更します。

SOURCE CODE ‖ 「game.js」の「Plant」クラスのコンストラクタのコード

```
// 作物のスプライトを作成するクラス
var Plant = enchant.Class.create(enchant.Sprite, {
  initialize: function(x, y, field_no) {

    // ... 省略 ...

    // 「touchstart」イベントリスナ
    this.addEventListener('touchstart', TouchPlant);
    // 「touchend」イベントリスナ
    this.addEventListener('touchend', TouchPlant);

    // 「enterframe」イベントリスナ
    this.addEventListener('enterframe', function(e) {

        // ... 省略 ...

            // 成長度に応じたフレームの画像を表示する
            this.frame = this.no + this.grow * 9;
          }
          // 収穫済みの状態なら
          if (this.grow == 4) {
            // 畑を作物なしの状態にする
            fields[field_no].set = false;
            // 成長度を「null」にする
            this.grow = null;
            // 作物を削除する
            this.remove();
          }
        }
        // 経過秒数と成長度を配列に格納する

        // ... 省略 ...
```

次に、「Plant」クラス(作物)の「touchstart」「touchend」イベントのリスナを定義します。「game.js」に、次のように入力します。

SOURCE CODE 「game.js」の「Plant」クラスの「touchstart」「touchend」イベントリスナのコード

```
// 作物の「touchstart」「touchend」イベントのリスナ
var TouchPlant = function(e) {

  // 作物が実っているなら
  if (this.grow == 3) {
    // 収穫済みの画像のフレーム番号をセットする
    this.frame = this.no + 36;
    // 成長度を「4」(収穫済み)にする
    this.grow = 4;
    // 野菜のスプライトを作成する
    var v = new Vegetable(this.x, this.y , this.no);
  }
}

// 野菜のスプライトを作成するクラス

// ... 省略 ...
```

◆野菜の収穫処理

野菜の収穫処理は、まず、タッチ(クリック)したときに、作物の成長度をチェックし、成長度が「3」なら、収穫済み(「grow」プロパティを「4」)にして、野菜のスプライトを作成します。このとき、作物の画像も収穫済みの画像に変えます。次に、一定の時間が経過したら、畑から作物を削除して、次の作付けを行えるようにしています。

▶動作の確認

ブラウザで「index.html」を表示します。野菜の実った作物をクリック(タッチ)すると、野菜がボックスに収穫されます。収穫された作物は、一定時間後に消えます。なお、確認の際には「GROWTH_RATE」定数の値を小さくするとよいでしょう。

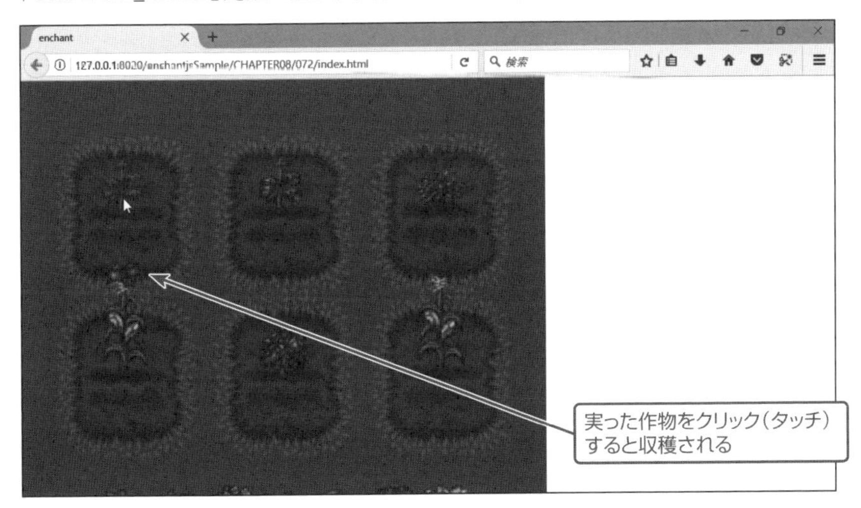

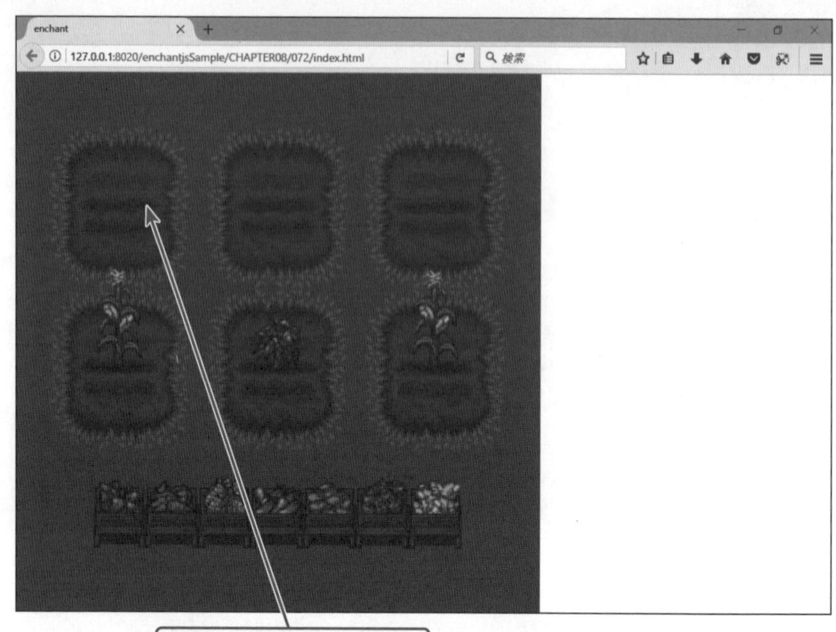
enchant
127.0.0.1:8020/enchantjsSample/CHAPTER08/072/index.html
検索
収穫された作物は一定時間後に消える

SECTION-073

ポイントカウントとレベルアップ処理を実装する

実装する機能について

ここでは、ポイントのカウントとレベルアップの処理を実装します。野菜の種類に応じて、収穫時にポイントを付与し、一定のポイントがたまるとレベルアップして、成長速度がアップするようにします。また、現在のレベルとポイントを画面上に表示します。

定数とプロパティの定義

まず、基準ポイントを設定する「BASE_POINT」定数、レベルアップレートを設定する「LVUP_BASE_RATE」定数を定義します。「game.js」に、次のように入力します。

SOURCE CODE 「game.js」のコード

```
var fields = [];     // 畑のスプライトを格納する配列

// ... 省略 ...

var GROWTH_RATE = 30;       // 成長率(デフォルト30)
var BASE_POINT = 10;        // 基準ポイント(デフォルト10)
var LVUP_BASE_RATE = 1000;  // レベルアップレート(デフォルト1000)

// ... 省略 ...
```

次に、メインプログラムにポイントを保持する「core.point」プロパティを追加します。「game.js」に、次のように入力します。

SOURCE CODE 「game.js」のメインプログラムのコード

```
  core.onload = function() {

    core.lv = 1;     // レベル(LV)
    core.point = 0; // ポイント(VP)

// ... 省略 ...
```

ポイントカウント処理の追加

まず、「Plant」クラスのコンストラクタ(「initialize」メソッド)に、収穫した際に獲得できるポイントを保持する「point」プロパティを定義します。「Plant」クラスのコンストラクタに、次のように入力します。

SOURCE CODE 「game.js」の「Plant」クラスのコンストラクタのコード

```
var Plant = enchant.Class.create(enchant.Sprite, {
  initialize: function(x, y, field_no) {
```

```
    // ... 省略 ...

    // 1段階成長するのにかかる秒数
    this.rate = Math.ceil(GROWTH_RATE / core.lv);

    // 収穫した際に獲得できるポイント
    this.point = (this.no + 1) * BASE_POINT;

    // 「touchstart」イベントリスナ

    // ... 省略 ...
```

次に、「Plant」クラスのコンストラクタの「touchstart」イベントと「touchend」イベントのリスナに、ポイントを加算する処理を追加します。「touchstart」イベントと「touchend」イベントのリスナには、次のように入力します。

SOURCE CODE ‖ 「game.js」の「Plant」クラスのコンストラクタの「touchstart」「touchend」イベントリスナのコード

```
// 作物の「touchstart」「touchend」イベントのリスナ
var TouchPlant = function(e) {

  // ... 省略 ...

    // 野菜のスプライトを作成する
    var v = new Vegetable(this.x, this.y , this.no);
    // ポイントを加算する
    core.point += this.point;
  }
}
```

◆付与されるポイント

収穫時に付与されるポイント(以下、付与ポイント)には、野菜(作物)の種類を表す番号(0〜6)に「1」を加算した値に、「BASE_POINT」定数の値(初期設定で「10」)を乗算した値を設定しています。付与ポイントを変更するには、「BASE_POINT」定数の値を変更します。

レベルアップ処理とポイント/レベル表示用ラベルの追加

メインプログラムに、レベルアップしたときの処理と、ポイントとレベルを表示するためのラベルを追加する処理を追加します。

まず、メッセージを表示するラベルを作成するための「makeMessage」関数を定義します。この関数は、レベルアップ時のメッセージを表示するために使用します。「game.js」に、次のように入力します。

SOURCE CODE ‖ 「game.js」の「makeMessage」関数のコード

```
// メッセージを表示するラベルを作成する関数
var makeMessage = function(text) {
    var label = new Label(text);
```

```
    label.font  = "16px monospace";
    label.color = "rgb(255, 255, 255)";
    label.backgroundColor = "rgba(0, 0, 0, 0.5)";
    label.x     = 20;
    label.y     = 200;
    label.width = 280;
    return label;
}

var fields = [];    // 畑のスプライトを格納する配列

// ... 省略 ...
```

次に、「core.onload」関数にレベル/ポイント表示用のラベルを作成する処理を追加し、rootScene(ルートシーン)の「enterframe」イベントリスナにレベル/ポイント表示ラベルを更新する処理と、レベルアップ処理を定義します。「core.onload」関数に、次のように入力します。

SOURCE CODE ‖ 「game.js」の「core.onload」関数のコード

```
  core.onload = function() {

    // ... 省略 ...

        // 「key」変数をインクリメント
        key ++;
      }
    }

    // rootSceneの「enterframe」イベントリスナ
    core.rootScene.addEventListener('enterframe', function(e) {
      // ポイントの表示を更新する
      vplabel.text = 'VP:' + core.point;
      // 畑のレベルアップ処理
      if (core.point >= core.lv * LVUP_BASE_RATE && core.lv < 100) {
        core.lv ++;
        var mes = makeMessage('畑レベルアップ!成長スピードアップ!')
          core.rootScene.addChild(mes);
          mes.addEventListener('enterframe', function(e) {
            mes.tl.moveBy(0, -100, 80, enchant.Easing.BOUNCE_EASEOUT).removeFromScene();
        });
      }
      // レベルの表示を更新する
      lvlabel.text = 'LV:' + core.lv;
    });

    // ポイント(VP)を表示するためのラベルを作成する
    var vplabel = new MutableText(176, 8);
```

```
    core.rootScene.addChild(vplabel);

    // レベル(LV)を表示するためのラベルを作成する
    var lvlabel = new MutableText(64, 8);
    core.rootScene.addChild(lvlabel);

  }
  core.start();
}
```

◆レベルアップの条件

ここでは、獲得ポイントが現在のレベルと「LVUP_BASE_RATE」を乗算した値以上になったら、レベルアップするようにしています。条件がレベル依存なので、高レベルになるほど、レベルアップに必要なポイントが上昇します。

◆レベルアップメッセージの表示

レベルアップすると、「makeMessage」関数を使って、メッセージラベルを作成してメッセージを表示します。このメッセージは、アニメーションエンジンの「moveBy」メソッド使って、アニメーション表示されるようにしています。

▶動作の確認

ブラウザで「index.html」をします。野菜を収穫すると、ポイントが加算され、一定のポイントがたまると、レベルアップします。なお、確認の際には「GROWTH_RATE」定数の値を小さくするとよいでしょう。

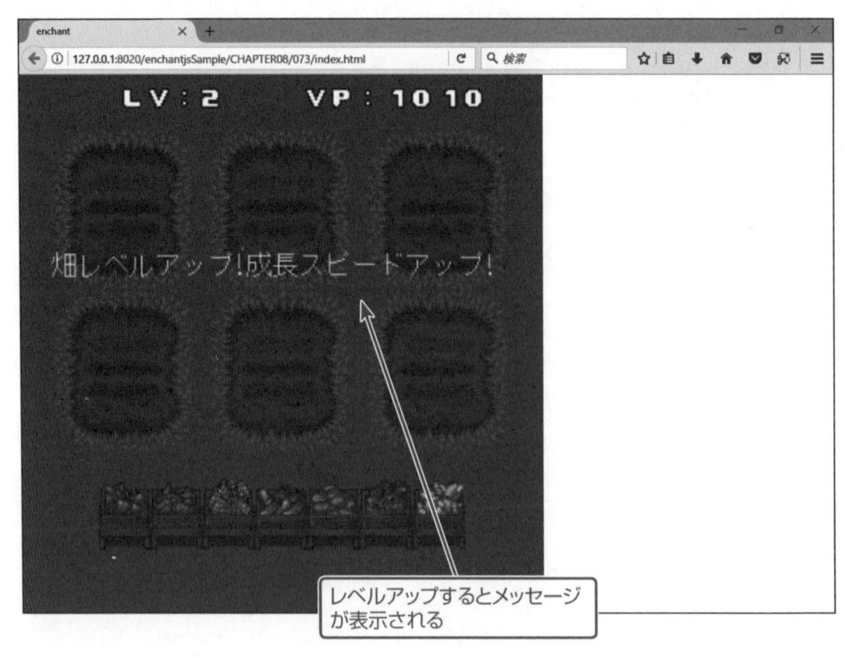

SECTION-074

おじゃまキャラを実装する

実装する機能について

ここでは、おじゃまキャラを実装します。具体的な仕様は、次の通りです。

1 野菜が実った状態の作物を一定時間以上放置すると、おじゃまキャラの豚が出現する。

2 おじゃまキャラは、画面下から上に、目標の野菜めがけて移動する。

3 おじゃまキャラは、野菜たどり着くと、根こそぎ食べつくして、畑を空にする。

4 おじゃまキャラは、タッチ(クリック)で追い払う(消す)ことができる。

定数の定義

まず、野菜が実ってからおじゃまキャラの出現時間を設定する「ENEMY_POP_TIME」定数を定義します。

SOURCE CODE 「game.js」のコード

```
var fields = [];    // 畑のスプライトを格納する配列

// ... 省略 ...

var LVUP_BASE_RATE = 1000; // レベルアップレート(デフォルト1000)
var ENEMY_POP_TIME = 120;  // おじゃまキャラのポップ時間

// ... 省略 ...
```

「Pig」クラスの実装

おじゃまキャラを作成するための「Pig」クラスを定義します。「game.js」に、次のように入力します。

SOURCE CODE 「game.js」の「Pig」クラスのコード

```
// おじゃまキャラを作成するためのクラス
var Pig = enchant.Class.create(enchant.Sprite, {
  initialize: function(x, y) {
    enchant.Sprite.call(this, 128, 128);
    // 画像に「pig_walk.png」を設定する
    this.image = core.assets['pig_walk.png'];
    this.x = x;
    this.y = y;
    this.frame = 0;
    this.direction = 0; // 向き
    this.vx = 0;        // x方向の移動量
    this.vy = 2;        // y方向の移動量
    // 「enterframe」イベントリスナ
    this.addEventListener('enterframe', function(e) {
```

```
      // フレーム番号を切り替えてアニメーション表示する
      this.frame = core.frame % 3 + this.direction;
      this.x += this.vx; // x方向に「vx」プロパティの値だけ移動する
      this.y -= this.vy; // y方向に「-vy」プロパティの値だけ移動する
      // y座標が「0」より小さくなったら、おじゃまキャラを削除する
      if (this.y < 0 ) this.remove();
    });

    // 「touchstart」イベントリスナ
    this.addEventListener('touchstart', function(e) {
      this.remove(); // おじゃまキャラを削除する
    });
    // 「touchmove」イベントリスナ
    this.addEventListener('touchmove', function(e) {
      this.remove(); // おじゃまキャラを削除する
    });
    core.rootScene.addChild(this);
  },
  remove: function() {
    core.rootScene.removeChild(this);
    delete this;
  }
});
```

◆「Pig」クラスの定義

「Pig」クラスは、「Sprite」クラスを継承しています。「Pig」クラスのコンストラクタでは、使用する画像や表示座標の初期化、移動処理、タッチ時の処理を定義しています。

移動処理(「enterframe」イベントリスナ)には、マイナスy方向(下か上)に2ピクセルずつ移動するように定義しています。タッチ時の処理(「touchstart」「touchmove」イベントリスナ)には、自身を削除する処理を定義しています。

おじゃまキャラ出現処理の追加

「Plant」クラスのコンストラクタ(「initialize」メソッド)に、おじゃまキャラを出現させるための処理を追加します。

まず、おじゃまキャラを管理するために使用する「enemy」プロパティと、「enemy_tick」プロパティを追加します。「Plant」クラスのコンストラクタに、次のように入力します。

SOURCE CODE 「game.js」の「Plant」クラスのコンストラクタのコード

```
// 作物のスプライトを作成するクラス
var Plant = enchant.Class.create(enchant.Sprite, {
  initialize: function(x, y, field_no) {

    // ... 省略 ...

```

```
// 収穫した際に獲得できるポイント
this.point = (this.no + 1) * BASE_POINT;

// おじゃまキャラ存在フラグ
this.enemy = false;
// おじゃまキャラが出現するまでの時間をカウントするためのプロパティ
this.enemy_tick = 0;

// 「touchstart」イベントリスナ

// ... 省略 ...
```

次に、「Plant」クラスのコンストラクタの「enterframe」イベントリスナに、おじゃまキャラを出現させるための処理を追加します。「Plant」クラスのコンストラクタの「enterframe」イベントリスナに、次のように入力します。

SOURCE CODE 「game.js」の「Plant」クラスのコンストラクタの「enterframe」イベントリスナのコード

```
    // 経過秒数と成長度を配列に格納する
    plantTick[field_no] = this.tick;
    plantGrow[field_no] = this.grow;

    // おじゃまキャラ出現処理

    // 作物が実った状態かつ、おじゃまキャラが未出現なら
    if (this.grow == 3 && this.enemy == false) {
      // 秒数をカウントする
      this.enemy_tick ++;
      // 「ENEMY_POP_TIME」秒経過したなら
      if (this.enemy_tick % ENEMY_POP_TIME == 0) {
        this.enemy = true;
        var self = this;
        // おじゃまキャラを作成する
        var enemy = new Ply(this.x - 40 , 320 - 32);
        // おじゃまキャラの「enterframe」イベントリスナ
        enemy.addEventListener('enterframe', function(e) {
          // 当たり判定の条件を満たし、かつ作物の成長度が「3」なら
          if (self.within(this, 32) && self.grow == 3) {
            // 作物の成長度を「0」にする
            self.grow = 0;
            // 畑を作物なしの状態する
            fields[field_no].set = false;
            // 作物を削除する
            self.remove();
          }
        });
      }
```


01 02 03 04 05 06 07 CHAPTER 08 シミュレーションゲームの作成 09 10 付録

```
      }
    }
  });
  core.rootScene.addChild(this);

  // ... 省略 ...
```

◆おじゃまキャラの作成

おじゃまキャラを作成するには、定義した「Pig」クラスのコンストラクタでオブジェクトを生成します。引数には、x座標とy座標を指定します。

ここでは、野菜が実っており（「grow」プロパティが「3」）、かつ、おじゃまキャラがまだ存在していない（「enemy」プロパティが「false」）なら、「ENEMY_POP_TIME」秒後におじゃまキャラを作成しています。

◆畑を空にする処理

野菜を食べ尽くして、畑を空にする処理は、おじゃまキャラの「enterframe」イベントリスナに定義しています。この作物自身（「self」は「Plant」クラスのオブジェクトを指す）と、おじゃまキャラが当たっており、かつ、野菜が実っていたら（「grow」プロパティが「3」）、畑から作物を消して、空にしています。

▶動作の確認

ブラウザで「index.html」を表示します。野菜が実った状態でしばらく放置すると、おじゃまキャラが出現します。おじゃまキャラを放置すると、野菜が食べられて畑が空になります。また、タッチ（クリック）でおじゃまキャラが消えます。なお、確認の際には「GROWTH_RATE」と「ENEMY_POP_TIME」定数の値を小さくするとよいでしょう。

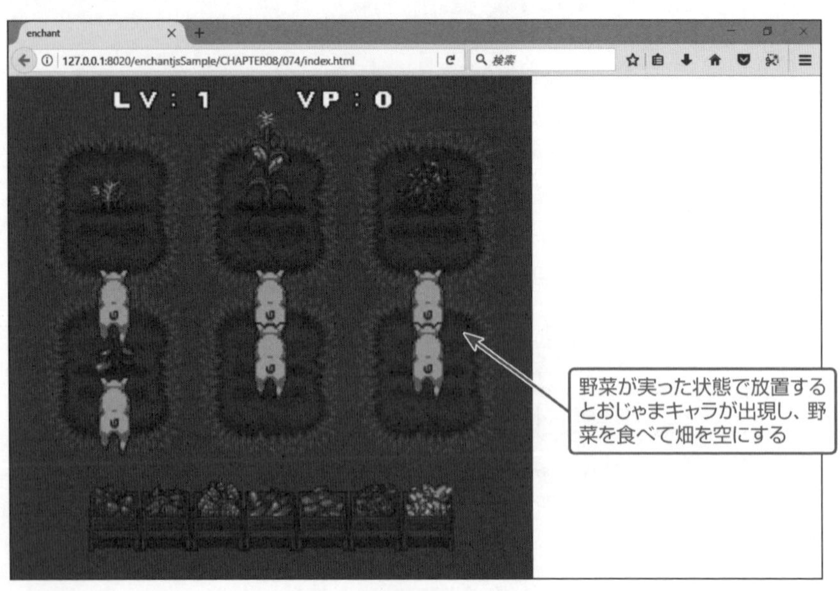

SECTION-075

セーブ機能を実装する

実装する機能ついて

ここでは、セーブ機能を実装します。レベル、ポイント、作物の種類、作物の成長度、作物が作付されてからの秒数の各データを保存し、セーブした時点からゲームを再開できるようにします。セーブは、「SAVE」という文字列（ラベル）をクリックと実行されるようにします。なお、データはLocalStorage（ローカルストレージ）に保存します。セーブ機能の詳細については、89ページを参照してください。

セーブ機能の初期設定

メインプログラムにセーブ機能の初期設定と初期化処理を追加します。ここでは、デバッグ機能を有効にし、LocalStorage（ローカルストレージ）に保存するように設定します。また、任意のゲームIDを設定しておきます。メインプログラムに次のように入力します。

SOURCE CODE ｜「game.js」のメインプログラムのコード

```
window.onload = function() {
  // ... 省略 ...

  // ブラウザのLocalStorageにデータを保存するデバック機能を有効にする
  enchant.nineleap.memory.LocalStorage.DEBUG_MODE = true;
  // ゲームIDを指定する
  enchant.nineleap.memory.LocalStorage.GAME_ID = 'slg001';
  // 自分のデータを読み込む
  core.memory.player.preload();

  core.onload = function() {

    // メモリの初期化
    var save = core.memory.player.data;
    if (save.lv == null) save.lv = 1;
    if (save.point == null) save.point = 0;
    if (save.plant == null) save.plant = [];
    if (save.grow == null) save.grow = [];
    if (save.tick == null) save.tick = [];

    core.lv = 1; // レベル(LV)
    // ... 省略 ...
```

◆メモリの初期化処理

「core.memory.player.data」の「plant」「grow」「grow」プロパティには、配列データを保存するため、配列変数として初期化しています。各プロパティに、セーブ（保存）するデータは、次の通りです。

「core.memory.player.data」のプロパティ	保存するデータ
lv	core.lv
point	core.point
plant	「plantNo」配列
grow	「plantGrow」配列
tick	「plantTick」配列

データ復元処理の追加

「core.onload」関数に、読み込んだデータを復元する処理を追加します。「core.onload」関数に、次のように入力します。

SOURCE CODE ‖ 「game.js」の「core.onload」関数のコード

```
core.onload = function() {
  // ... 省略 ...

  // 読み込んだデータを各プロパティに代入する
  core.lv = save.lv;         // レベル(LV)
  core.point = save.point; // ポイント(VP)

  // バックグラウンドのスプライトを作成する

  // ... 省略 ...

  // 畑の画像を表示するスプライトを2行3列で並べる
  for (var j = 0; j < 2; j++) {
    for (var i = 0; i < 3; i++) {
      // ... 省略 ...

      // 配列にスプライトを格納する
      fields[key] = f;

      // 読み込んだデータから作物の状態を復元する処理

      var pl = save.plant[key]; // 作物の種類
      var gr = save.grow[key];  // 成長度
      if (!(pl == null)) {
        if (!(gr == null)) {
          var p = new Plant(f.x + 32, f.y - 12, f.key);
          p.no = plantNo[key] = save.plant[key]
          p.grow = plantGrow[key] = save.grow[key];
          p.tick = plantTick[key] = save.tick[key];
          p.frame = p.no + p.grow * 9;
          f.set = true;
        }
      }
      // 「key」変数をインクリメント
      key ++;
```

```
    }
  }

  // rootSceneの「enterframe」イベントリスナ
  // ... 省略 ...
```

◆ 畑の復元処理

畑をセーブ時の状態に復元する処理は、次の手順で行っています。

1. 「core.memory.player.data」の「plant」と「grow」プロパティで、セーブ時の畑に作物があったかどうかをチェックする。
2. 作付されていた畑なら、新しく「Plant」オブジェクト（以下、作物）を作成（作付け）する。
3. 読み込んだ「core.memory.player.data」の「plant」「grow」「grow」プロパティの値のそれぞれを、作物の「no」「grow」「tick」プロパティと配列変数「plantNo」「plantGrow」「plantTick」に代入する。
4. 作物の「frame」プロパティにスプライト画像のフレーム番号を代入し、画像を復元する。スプライトのフレーム番号は、作物の「no」「grow」プロパティの値から求める。

上記の処理を、畑の面数（6）だけ繰り返します。

▶ セーブラベルの追加

「core.onload」関数に、データのセーブ処理を実行するラベル（セーブラベル）を追加します。「core.onload」関数に、次のように入力します。

SOURCE CODE ‖ 「game.js」の「core.onload」関数のコード

```
core.onload = function() {
  // ... 省略 ...

    // レベルの表示を更新する
    lvlabel.text = 'LV:' + core.lv;
    // セーブラベルに文字列をセットする
    savelabel.text = 'SAVE';
  });
  // ... 省略 ...

  // レベル(LV)を表示するためのラベルを作成する
  var lvlabel = new MutableText(64, 8);
  core.rootScene.addChild(lvlabel);

  // セーブラベルを作成する
  var savelabel = new MutableText(16, 320 -16);
  // セーブラベルの「touchstart」イベントリスナ
  savelabel.addEventListener('touchstart', function(e) {
    this.backgroundColor = '#F0F0F0';
```

```
    });
    // セーブラベルの「touchend」イベントリスナ
    savelabel.addEventListener('touchend', function(e) {
      this.backgroundColor = '';

      // データの保存処理
      var save = core.memory.player.data;
      // 畑に植えられている作物の種類と成長度をメモリに書き込む
      for (var i =0; i< 6; i++) {
        save.plant[i] = plantNo[i];
        save.grow[i] = plantGrow[i];
        save.tick[i] = plantTick[i];
      }
      // レベル(LV)とポイント(VP)をメモリに書き込む
      save.lv = core.lv;
      save.point = core.point;
      // 保存を実行する
      core.memory.update();
    });
    core.rootScene.addChild(savelabel);
  }
  core.start();
}
```

◆配列データの保存処理

配列変数「plantNo」「plantGrow」「plantTick」には、それぞれ畑の面数分の6つの要素(データ)が格納されています。このため、ループ処理で配列変数の各要素を、メモリ(「core.memory.player.data」の各プロパティ)に代入しています。

動作の確認

ブラウザで「index.html」を表示します。ある程度まで育成したら「SAVE」をタッチ(クリック)して、データを保存します。ページをリロードすると、セーブした時点からゲームが再開します。

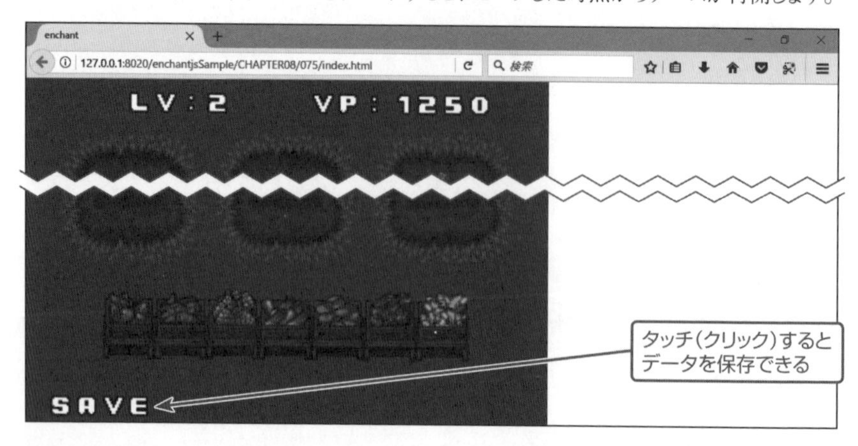

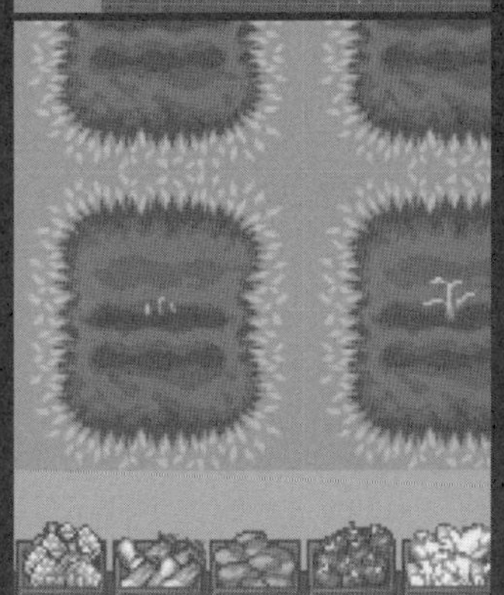

CHAPTER

09

ロールプレイングゲームの作成

SECTION-076

ロールプレイングゲームを作成する

作成するロールプレイングゲームについて

このCHAPTERでは、ロールプレイングゲーム(RPG)を作成していきます。仕様に沿って機能を少しずつ実装していき、ゲームを完成させていきます。作成するロールプレイングゲームの仕様は、次の通りです。

1. 町とバトルフィールドの2つのマップを実装する。マップのサイズは480×480とする。
2. マップ上では、プレイヤーキャラクターは方向キー、および、バーチャルパッドで操作する。
3. 町のマップには、NPC(Non Player Character)を3キャラ配置する。
4. 町に宿屋(NPCの1キャラ)を設け、宿泊することで体力(HP)を回復できるようにする。ただし、宿泊には5コインを消費する。
5. バトルフィールドマップ移動中に、ランダムにエンカウント(モンスターに遭遇し、バトルシーンに切り替わる)を発生させる。
6. バトルシーンは、「avatar.enchant.js」を使って作成する。バトルシステムはアクションバトルにする。
7. モンスターを倒すと、経験値とコインを入手する。一定の経験値を稼ぐとレベルアップし、プレイヤーのステータスが上昇する。
8. モンスターは、現在プレイヤーが装備している武器よりも攻撃力の高い武器を一定の確率で落とす。落とした武器は自動的に装備される。
9. バトルフィールドマップ上の特定のシンボル(建物)に触れると、ボスとの戦闘に入る。ただし、ボスとの戦闘は選択制で回避することができる。
10. データをセーブ(保存)できるようにし、セーブした時点から再開できるようにする。ただし、町マップ上のみでセーブ可能とする。

なお、このゲームでは、全部で7つのシーンを使います。シーンの構成は、次の通りです。

●町マップ

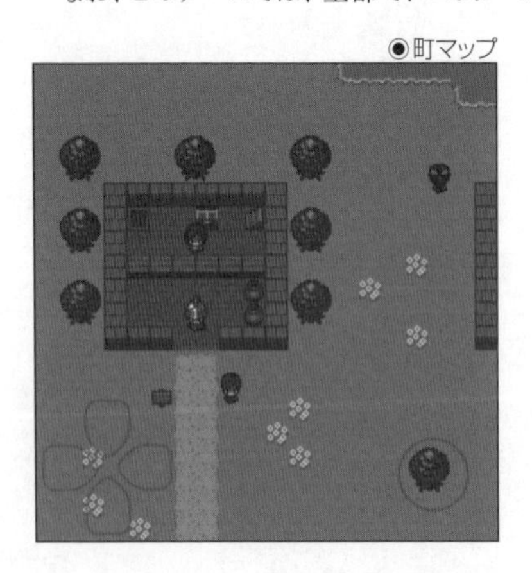

●宿屋シーン

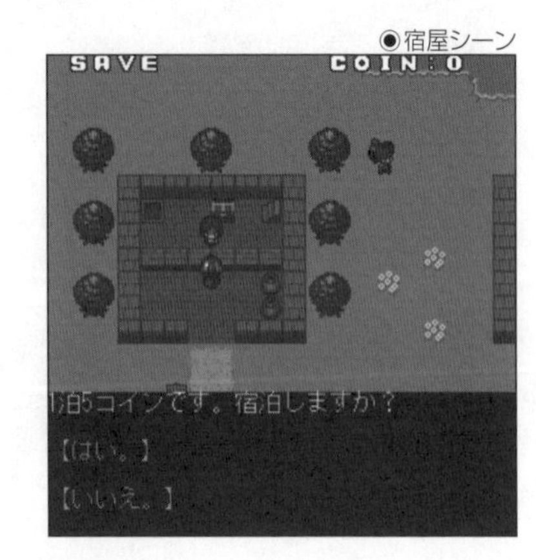

◉バトルフィールドマップ

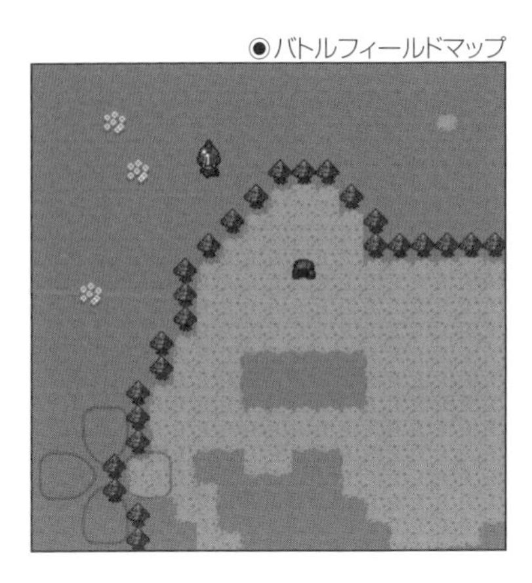

◉バトルシーン

◉戦闘勝利シーン

◉ゲームオーバーシーン

◉ボスイベント

7つのシーンの相関関係は、次の図ようになります。

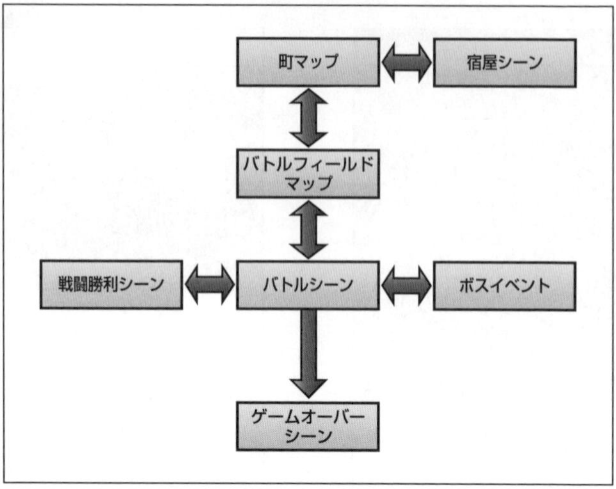

町マップ
宿屋シーン
バトルフィールドマップ
戦闘勝利シーン
バトルシーン
ボスイベント
ゲームオーバーシーン

素材について

このゲームで使用する素材（画像やサウンド）は、次の通りです。

◆「enchant.js」に含まれる素材

使用する素材で、「enchant.js」に含まれる素材は、次のようになります。

種類	ファイル名
画像ファイル	apad.png
	avatarBg1.png
	avatarBg2.png
	avatarBg3.png
	chara0.png
	chara5.png
	end.png
	font0.png
	icon0.png
	indicator.png
	map1.png
	pad.png
	start.png
	bigmonster1.gif
	bigmonster2.gif
	monster1.gif
	monster2.gif
	monster3.gif
	monster4.gif
	monster5.gif
	monster6.gif
	monster7.gif

なお、「bigmonster1.gif」「bigmonster2.gif」と「monster1.gif」～「monster7.gif」の画像ファイルは、「monster」フォルダに入れておきます。

◆その他の素材

その他の素材は、次のようになります。このファイルは、本書のダウンロードサンプルに収録しています。

種類	ファイル名
画像ファイル	button.png

「index.html」の作成

このゲームでは、「avatar.enchant.js」「ui.enchant.js」「nineleap.enchant.js」「memory.enchant.js」の4つのプラグインを使います。なお、2012年12月現在、「avatar.enchant.js」と「memory.enchant.js」にはバグがあるため、それぞれのプラグインのコードの一部を修正する必要があります（「avatar.enchant.js」については180ページ、「memory.enchant.js」については93ページ参照）。

「index.html」には、次のように入力します。

SOURCE CODE 「index.html」コード

```
<!DOCTYPE html>
<html>
  <head>
    <meta charset="utf-8">
    <meta name="viewport" content="width=device-width, user-scalable=no">
    <meta name="apple-mobile-web-app-capable" content="yes">
    <meta name="apple-mobile-web-app-status-bar-style" content="black-translucent">
    <title>enchant</title>
    <script type="text/javascript" src="enchant.js"></script>
    <script type="text/javascript" src="avatar.enchant.js"></script>
    <script type="text/javascript" src="ui.enchant.js"></script>
    <script type="text/javascript" src="nineleap.enchant.js"></script>
    <script type="text/javascript" src="memory.enchant.js"></script>
    <script type="text/javascript" src="game.js"></script>
    <style type="text/css">
      body {margin: 0;}
    </style>
  </head>
  <body>
  </body>
</html>
```

SECTION-077

町マップとプレイヤーキャラクターを実装する

実装する機能について

ここでは、町マップとプレイヤーキャラクター(以下、プレイヤー)を実装します。マップのサイズは480×480とし、バーチャルパッドでプレイヤーを操作できるようにします。また、後で使用するバーチャル「a」ボタンも実装しておきます。

マップデータの定義

町マップを作成するためのマップデータを定義します。「game.js」に、次のように入力します。

SOURCE CODE ||「game.js」のマップデータのコード

```
// 町のマップデータ
var town = {
  'bg1': [
    [20,20,20,20,20,20,20,20,20,20,20,20,20,48,49,49,49,49,33,33,
     33,33,33,33,33,33,33,33,33,33],
    [20,20,20,20,20,20,20,20,20,20,20,20,20,20,20,20,20,20,48,49,
     49,49,49,49,49,49,49,49,49,49],
    [20,20,20,20,20,20,20,20,20,20,20,20,20,20,20,20,20,20,20,20,
     20,20,20,20,20,20,20,20,48,49],
    [20,20,20,20,20,20,20,20,20,20,20,4,20,20,20,20,20,20,20,20,
     20,20,20,20,20,20,20,20,20,20],
    [20,20,20,20,20,20,20,20,20,20,20,20,20,20,20,20,20,20,20,20,
     20,20,20,20,20,20,20,20,20,20],
    [20,20,20,81,81,81,81,81,81,81,81,4,20,20,20,20,20,20,20,81,
     81,81,81,81,81,81,81,20,20,5],
    [20,20,20,81,81,81,81,81,81,81,81,37,37,37,37,20,20,20,20,81,
     81,81,81,81,81,66,66,20,20,5],
    [20,20,20,81,81,81,81,81,81,81,81,37,37,37,37,37,20,20,20,81,
     81,81,81,81,81,81,81,20,20,20],
    [20,20,20,81,81,81,81,81,81,81,81,37,37,37,37,37,37,37,37,81,
     81,81,81,81,81,81,81,20,20,20],
    [20,20,20,81,81,81,81,81,81,81,81,37,37,37,37,37,37,37,37,81,
     81,81,81,81,81,81,81,20,20,20],
    [20,20,20,81,81,81,81,81,81,81,81,37,37,37,37,37,37,37,37,81,
     81,81,81,81,81,81,81,20,20,20],
    [20,20,20,81,81,81,81,81,81,81,81,37,37,37,37,37,37,37,20,81,
     81,81,81,81,81,81,81,20,20,20],
    [20,20,20,20,35,19,83,85,20,20,37,37,37,37,37,37,37,37,20,20,
     20,20,83,85,20,20,20,20,20,20],
    [20,20,20,20,35,19,99,101,20,20,37,37,37,37,37,37,37,37,37,20,
     20,20,99,101,20,20,20,20,20,20],
    [20,20,20,35,35,19,99,101,20,20,37,20,20,20,20,37,20,20,20,20,
```

▼

```
        20,20,99,101,20,20,20,20,20,20],
      [20,20,20,20,20,19,99,101,20,20,20,20,20,20,20,37,20,20,20,20,
        20,20,99,101,20,20,20,20,20,20],
      [20,20,20,20,19,19,99,101,20,20,20,20,20,20,20,20,20,20,20,20,
        20,20,99,101,20,20,20,20,20,20],
      [20,20,20,20,19,19,99,101,20,20,20,20,20,20,20,20,20,20,20,20,
        20,20,99,101,20,20,20,20,20,20],
      [20,20,20,20,19,19,99,101,20,20,20,20,20,20,20,20,20,20,20,20,
        20,20,99,101,20,20,20,20,20,20],
      [20,20,20,20,19,19,99,101,20,20,20,20,20,20,20,20,20,20,20,20,
        20,20,99,101,20,20,20,20,20,20],
      [20,20,20,20,19,19,99,100,84,84,84,84,84,84,84,84,84,84,84,84,
        84,84,100,101,20,20,20,20,20,20],
      [20,20,20,20,19,19,115,116,116,116,116,116,116,116,100,100,116,116,116,116,
        116,116,116,117,20,20,20,20,20,20],
      [20,20,20,20,20,20,20,20,20,20,20,20,20,20,99,101,20,20,20,20,
        20,20,20,20,20,20,20,20,20,20],
      [20,20,20,20,20,20,20,20,20,20,20,20,20,20,99,101,20,20,20,20,
        20,20,20,16,17,17,17,17,17,17],
      [84,84,84,84,84,85,20,20,20,20,20,20,20,20,99,101,20,20,20,20,
        20,20,16,33,33,33,33,33,49,49],
      [100,100,100,100,100,101,20,20,20,20,20,20,20,20,99,101,20,20,20,20,
        20,20,32,33,33,49,49,50,20,20],
      [100,100,100,100,101,132,20,20,20,20,20,20,20,20,99,101,20,20,20,20,
        20,20,32,33,50,20,20,20,20,20],
      [100,100,100,100,117,132,20,20,20,20,20,20,20,20,99,101,20,20,20,20,
        20,20,32,34,20,20,20,20,20,20],
      [100,100,100,101,36,36,20,20,20,20,20,20,20,20,99,101,20,20,20,20,
        20,20,32,34,20,20,20,20,20,20],
      [100,100,100,101,36,20,20,20,20,20,20,20,20,20,99,101,20,20,20,20,
        20,20,32,34,20,20,20,20,20,20]
    ],
    'bg2': [
      [-1,-1,-1,-1,-1,-1,-1,-1,-1,-1,-1,-1,-1,-1,-1,-1,-1,-1,-1,-1,
        -1,-1,-1,-1,-1,-1,-1,-1,-1,-1],
      [-1,-1,-1,-1,-1,-1,-1,-1,-1,-1,-1,-1,-1,-1,-1,-1,-1,-1,-1,-1,
        -1,-1,-1,-1,-1,-1,-1,-1,33,33],
      [-1,-1,-1,-1,-1,-1,-1,-1,-1,-1,-1,-1,-1,-1,-1,-1,-1,-1,-1,-1,
        -1,-1,-1,-1,-1,-1,-1,-1,-1,-1],
      [-1,60,61,-1,-1,-1,60,61,-1,-1,-1,60,61,-1,-1,-1,-1,-1,-1,-1,
        -1,-1,-1,-1,-1,-1,-1,-1,-1,-1],
      [-1,76,77,-1,-1,-1,76,77,-1,-1,-1,76,77,-1,-1,-1,-1,-1,-1,-1,
        -1,-1,-1,-1,-1,-1,-1,-1,-1,-1],
      [-1,-1,-1,7,23,23,23,23,23,23,7,-1,-1,-1,-1,-1,-1,-1,-1,7,
        23,23,23,23,23,23,7,60,61,-1],
      [-1,60,61,7,29,-1,-1,27,-1,13,7,60,61,-1,-1,-1,-1,-1,-1,7,
        29,-1,27,27,-1,13,7,76,77,-1],
```

```
    [-1,76,77,7,-1,-1,-1,-1,-1,-1,7,76,77,-1,-1,-1,-1,-1,-1,7,
     -1,-1,-1,-1,-1,-1,7,-1,-1,-1],
    [-1,-1,-1,7,38,38,38,38,38,38,7,-1,-1,-1,-1,-1,28,-1,-1,7,
     38,38,38,38,38,38,7,60,61,-1],
    [-1,60,61,7,-1,-1,-1,-1,-1,11,7,60,61,-1,28,-1,-1,-1,-1,7,
     11,-1,-1,-1,-1,-1,7,76,77,-1],
    [-1,76,77,7,-1,-1,-1,-1,-1,11,7,76,77,-1,-1,-1,-1,-1,-1,7,
     11,-1,-1,-1,-1,-1,7,-1,-1,-1],
    [-1,-1,-1,23,23,23,-1,-1,23,23,23,-1,-1,-1,-1,-1,28,-1,-1,23,
     23,23,-1,-1,23,23,23,-1,-1,-1],
    [-1,-1,-1,-1,-1,-1,-1,-1,-1,-1,-1,-1,-1,-1,-1,-1,-1,-1,-1,-1,
     -1,-1,-1,-1,-1,-1,-1,-1,-1,-1],
    [-1,-1,-1,-1,-1,59,-1,-1,-1,-1,-1,-1,-1,-1,-1,-1,-1,-1,-1,-1,
     -1,59,-1,-1,-1,-1,-1,28,-1,-1],
    [-1,-1,-1,-1,-1,75,-1,-1,-1,-1,-1,28,-1,-1,-1,-1,-1,-1,-1,-1,
     -1,75,-1,-1,-1,-1,-1,-1,-1,-1],
    [-1,-1,-1,-1,-1,-1,-1,-1,-1,-1,28,-1,-1,-1,-1,-1,-1,-1,-1,-1,
     -1,-1,-1,-1,-1,28,-1,-1,-1,-1],
    [-1,-1,28,-1,-1,-1,-1,-1,-1,-1,-1,28,-1,-1,-1,-1,60,61,-1,-1,
     -1,-1,-1,-1,-1,-1,-1,-1,-1,-1],
    [-1,-1,-1,-1,-1,-1,-1,-1,-1,-1,-1,-1,-1,-1,-1,-1,76,77,-1,-1,
     -1,-1,-1,-1,-1,28,-1,-1,-1,-1],
    [-1,-1,28,-1,-1,-1,-1,-1,-1,-1,-1,-1,-1,-1,-1,-1,-1,-1,-1,-1,
     -1,-1,-1,-1,-1,-1,-1,-1,-1,-1],
    [-1,-1,-1,-1,28,-1,-1,-1,-1,-1,-1,-1,-1,-1,-1,-1,-1,-1,-1,-1,
     -1,-1,-1,-1,-1,-1,-1,-1,-1,-1],
    [-1,-1,-1,-1,-1,-1,-1,-1,-1,-1,-1,-1,-1,-1,-1,-1,-1,-1,-1,-1,
     -1,-1,-1,-1,-1,-1,-1,-1,-1,-1],
    [-1,-1,-1,-1,-1,-1,-1,-1,-1,-1,-1,-1,-1,-1,-1,-1,-1,-1,-1,-1,
     -1,-1,-1,-1,-1,-1,-1,-1,-1,-1],
    [-1,-1,-1,-1,-1,-1,-1,-1,-1,-1,-1,-1,-1,-1,-1,-1,-1,-1,-1,-1,
     -1,-1,-1,-1,-1,-1,-1,-1,-1,-1],
    [-1,-1,-1,-1,-1,-1,-1,-1,-1,-1,-1,-1,-1,-1,-1,-1,-1,-1,-1,-1,
     -1,-1,-1,-1,-1,-1,-1,-1,-1,-1],
    [-1,-1,-1,-1,-1,-1,-1,-1,-1,60,61,-1,-1,-1,-1,-1,-1,-1,-1,-1,
     -1,-1,-1,-1,-1,-1,-1,-1,-1,-1],
    [-1,-1,-1,-1,-1,-1,-1,-1,-1,76,77,-1,-1,-1,-1,-1,-1,-1,-1,-1,
     -1,-1,-1,-1,-1,-1,-1,-1,-1,-1],
    [-1,-1,-1,-1,-1,-1,-1,-1,-1,-1,-1,-1,-1,-1,-1,-1,-1,-1,-1,-1,
     -1,-1,-1,-1,-1,-1,-1,-1,-1,-1],
    [-1,-1,-1,-1,-1,-1,-1,-1,-1,-1,-1,-1,-1,-1,-1,-1,-1,-1,-1,-1,
     -1,-1,-1,-1,-1,-1,28,-1,28,-1],
    [-1,-1,-1,-1,-1,-1,-1,-1,-1,-1,-1,-1,-1,-1,-1,-1,-1,-1,-1,-1,
     -1,-1,-1,-1,-1,28,-1,28,-1,-1],
    [-1,-1,-1,-1,-1,-1,-1,-1,-1,-1,-1,-1,-1,-1,-1,-1,-1,-1,-1,-1,
     -1,-1,-1,-1,-1,-1,-1,-1,-1,-1]
],
```

```
collisionData: [
  [0,0,0,0,0,0,0,0,0,0,0,0,0,1,1,1,1,1,1,1,1,1,1,1,1,1,1,1,1,1],
  [0,0,0,0,0,0,0,0,0,0,0,0,0,0,0,0,0,0,1,1,1,1,1,1,1,1,1,1,1,1],
  [0,0,0,0,0,0,0,0,0,0,0,0,0,0,0,0,0,0,0,0,0,0,0,0,0,0,0,0,1,1],
  [0,0,0,0,0,0,0,0,0,0,0,0,0,0,0,0,0,0,0,0,0,0,0,0,0,0,0,0,0,0],
  [0,1,1,0,0,0,1,1,0,0,0,1,1,0,0,0,0,0,0,0,0,0,0,0,0,0,0,0,0,0],
  [0,0,0,1,1,1,1,1,1,1,1,0,0,0,0,0,0,0,0,1,1,1,1,1,1,1,1,0,0,0],
  [0,0,0,1,1,0,0,1,0,1,1,0,0,0,0,0,0,0,0,1,1,0,1,1,0,1,1,1,1,0],
  [0,1,1,1,0,0,0,0,0,0,1,1,1,0,0,0,0,0,0,1,0,0,0,0,0,0,1,0,0,0],
  [0,0,0,1,1,1,1,1,1,1,1,0,0,0,0,0,0,0,0,1,1,1,1,1,1,1,1,0,0,0],
  [0,0,0,1,0,0,0,0,0,1,1,0,0,0,0,0,0,0,0,1,1,0,0,0,0,0,1,1,1,0],
  [0,1,1,1,0,0,0,0,0,1,1,1,1,0,0,0,0,0,0,1,1,0,0,0,0,0,1,0,0,0],
  [0,0,0,1,1,1,0,0,1,1,1,0,0,0,0,0,0,0,0,1,1,1,0,0,1,1,1,0,0,0],
  [0,0,0,0,0,0,0,0,0,0,0,0,0,0,0,0,0,0,0,0,0,0,0,0,0,0,0,0,0,0],
  [0,0,0,0,0,0,0,0,0,0,0,0,0,0,0,0,0,0,0,0,0,0,0,0,0,0,0,0,0,0],
  [0,0,0,0,0,1,0,0,0,0,0,0,0,0,0,0,0,0,0,0,0,1,0,0,0,0,0,0,0,0],
  [0,0,0,0,0,0,0,0,0,0,0,0,0,0,0,0,0,0,0,0,0,0,0,0,0,0,0,0,0,0],
  [0,0,0,0,0,0,0,0,0,0,0,0,0,0,0,0,0,0,0,0,0,0,0,0,0,0,0,0,0,0],
  [0,0,0,0,0,0,0,0,0,0,0,0,0,0,0,0,1,1,0,0,0,0,0,0,0,0,0,0,0,0],
  [0,0,0,0,0,0,0,0,0,0,0,0,0,0,0,0,0,0,0,0,0,0,0,0,0,0,0,0,0,0],
  [0,0,0,0,0,0,0,0,0,0,0,0,0,0,0,0,0,0,0,0,0,0,0,0,0,0,0,0,0,0],
  [0,0,0,0,0,0,0,0,0,0,0,0,0,0,0,0,0,0,0,0,0,0,0,0,0,0,0,0,0,0],
  [0,0,0,0,0,0,0,0,0,0,0,0,0,0,0,0,0,0,0,0,0,0,0,0,0,0,0,0,0,0],
  [0,0,0,0,0,0,0,0,0,0,0,0,0,0,0,0,0,0,0,0,0,0,0,0,0,0,0,0,0,0],
  [0,0,0,0,0,0,0,0,0,0,0,0,0,0,0,0,0,0,0,0,0,0,1,1,1,1,1,1,1,1],
  [0,0,0,0,0,0,0,0,0,0,0,0,0,0,0,0,0,0,0,0,0,1,1,1,1,1,1,1,1,1],
  [0,0,0,0,0,0,0,0,0,1,1,0,0,0,0,0,0,0,0,0,0,0,1,1,1,1,1,1,0,0],
  [0,0,0,0,0,0,0,0,0,0,0,0,0,0,0,0,0,0,0,0,0,0,1,1,1,0,0,0,0,0],
  [0,0,0,0,0,0,0,0,0,0,0,0,0,0,0,0,0,0,0,0,0,0,1,1,0,0,0,0,0,0],
  [0,0,0,0,0,0,0,0,0,0,0,0,0,0,0,0,0,0,0,0,0,0,1,1,0,0,0,0,0,0],
  [0,0,0,0,0,0,0,0,0,0,0,0,0,0,0,0,0,0,0,0,0,0,1,1,0,0,0,0,0,0]
],
fg: [
  [-1,-1,-1,-1,-1,-1,-1,-1,-1,-1,-1,-1,-1,-1,-1,-1,-1,-1,-1,-1,
   -1,-1,-1,-1,-1,-1,-1,-1,-1,-1],
  [-1,-1,-1,-1,-1,-1,-1,-1,-1,-1,-1,-1,-1,-1,-1,-1,-1,-1,-1,-1,
   -1,-1,-1,-1,-1,-1,-1,-1,33,33],
  [-1,-1,-1,-1,-1,-1,-1,-1,-1,-1,-1,-1,-1,-1,-1,-1,-1,-1,-1,-1,
   -1,-1,-1,-1,-1,-1,-1,-1,-1,-1],
  [-1,60,61,-1,-1,-1,60,61,-1,-1,-1,60,61,-1,-1,-1,-1,-1,-1,-1,
   -1,-1,-1,-1,-1,-1,-1,-1,-1,-1],
  [-1,-1,-1,-1,-1,-1,-1,-1,-1,-1,-1,-1,-1,-1,-1,-1,-1,-1,-1,-1,
   -1,-1,-1,-1,-1,-1,-1,-1,-1,-1],
  [-1,-1,-1,-1,-1,-1,-1,-1,-1,-1,-1,-1,-1,-1,-1,-1,-1,-1,-1,-1,
   -1,-1,-1,-1,-1,-1,-1,60,61,-1],
  [-1,60,61,-1,-1,-1,-1,-1,-1,-1,-1,60,61,-1,-1,-1,-1,-1,-1,-1,
   -1,-1,-1,-1,-1,-1,-1,-1,-1,-1],
```

```
    [-1,-1,-1,-1,-1,-1,-1,-1,-1,-1,-1,-1,-1,-1,-1,-1,-1,-1,-1,-1,
     -1,-1,-1,-1,-1,-1,-1,-1,-1,-1],
    [-1,-1,-1,-1,-1,-1,-1,-1,-1,-1,-1,-1,-1,-1,-1,-1,-1,-1,-1,-1,
     -1,-1,-1,-1,-1,-1,-1,60,61,-1],
    [-1,60,61,-1,-1,-1,-1,-1,-1,-1,-1,60,61,-1,-1,-1,-1,-1,-1,-1,
     -1,-1,-1,-1,-1,-1,-1,-1,-1,-1],
    [-1,-1,-1,-1,-1,-1,-1,-1,-1,-1,-1,-1,-1,-1,-1,-1,-1,-1,-1,-1,
     -1,-1,-1,-1,-1,-1,-1,-1,-1,-1],
    [-1,-1,-1,-1,-1,-1,-1,-1,-1,-1,-1,-1,-1,-1,-1,-1,-1,-1,-1,-1,
     -1,-1,-1,-1,-1,-1,-1,-1,-1,-1],
    [-1,-1,-1,-1,-1,-1,-1,-1,-1,-1,-1,-1,-1,-1,-1,-1,-1,-1,-1,-1,
     -1,-1,-1,-1,-1,-1,-1,-1,-1,-1],
    [-1,-1,-1,-1,-1,-1,-1,-1,-1,-1,-1,-1,-1,-1,-1,-1,-1,-1,-1,-1,
     -1,-1,-1,-1,-1,-1,-1,-1,-1,-1],
    [-1,-1,-1,-1,-1,-1,-1,-1,-1,-1,-1,-1,-1,-1,-1,-1,-1,-1,-1,-1,
     -1,-1,-1,-1,-1,-1,-1,-1,-1,-1],
    [-1,-1,-1,-1,-1,-1,-1,-1,-1,-1,-1,-1,-1,-1,-1,-1,-1,-1,-1,-1,
     -1,-1,-1,-1,-1,-1,-1,-1,-1,-1],
    [-1,-1,-1,-1,-1,-1,-1,-1,-1,-1,-1,-1,-1,-1,-1,-1,60,61,-1,-1,
     -1,-1,-1,-1,-1,-1,-1,-1,-1,-1],
    [-1,-1,-1,-1,-1,-1,-1,-1,-1,-1,-1,-1,-1,-1,-1,-1,-1,-1,-1,-1,
     -1,-1,-1,-1,-1,-1,-1,-1,-1,-1],
    [-1,-1,-1,-1,-1,-1,-1,-1,-1,-1,-1,-1,-1,-1,-1,-1,-1,-1,-1,-1,
     -1,-1,-1,-1,-1,-1,-1,-1,-1,-1],
    [-1,-1,-1,-1,-1,-1,-1,-1,-1,-1,-1,-1,-1,-1,-1,-1,-1,-1,-1,-1,
     -1,-1,-1,-1,-1,-1,-1,-1,-1,-1],
    [-1,-1,-1,-1,-1,-1,-1,-1,-1,-1,-1,-1,-1,-1,-1,-1,-1,-1,-1,-1,
     -1,-1,-1,-1,-1,-1,-1,-1,-1,-1],
    [-1,-1,-1,-1,-1,-1,-1,-1,-1,-1,-1,-1,-1,-1,-1,-1,-1,-1,-1,-1,
     -1,-1,-1,-1,-1,-1,-1,-1,-1,-1],
    [-1,-1,-1,-1,-1,-1,-1,-1,-1,-1,-1,-1,-1,-1,-1,-1,-1,-1,-1,-1,
     -1,-1,-1,-1,-1,-1,-1,-1,-1,-1],
    [-1,-1,-1,-1,-1,-1,-1,-1,-1,-1,-1,-1,-1,-1,-1,-1,-1,-1,-1,-1,
     -1,-1,-1,-1,-1,-1,-1,-1,-1,-1],
    [-1,-1,-1,-1,-1,-1,-1,-1,-1,60,61,-1,-1,-1,-1,-1,-1,-1,-1,-1,
     -1,-1,-1,-1,-1,-1,-1,-1,-1,-1],
    [-1,-1,-1,-1,-1,-1,-1,-1,-1,-1,-1,-1,-1,-1,-1,-1,-1,-1,-1,-1,
     -1,-1,-1,-1,-1,-1,-1,-1,-1,-1],
    [-1,-1,-1,-1,-1,-1,-1,-1,-1,-1,-1,-1,-1,-1,-1,-1,-1,-1,-1,-1,
     -1,-1,-1,-1,-1,-1,-1,-1,-1,-1],
    [-1,-1,-1,-1,-1,-1,-1,-1,-1,-1,-1,-1,-1,-1,-1,-1,-1,-1,-1,-1,
     -1,-1,-1,-1,-1,-1,-1,-1,-1,-1],
    [-1,-1,-1,-1,-1,-1,-1,-1,-1,-1,-1,-1,-1,-1,-1,-1,-1,-1,-1,-1,
     -1,-1,-1,-1,-1,-1,-1,-1,-1,-1],
    [-1,-1,-1,-1,-1,-1,-1,-1,-1,-1,-1,-1,-1,-1,-1,-1,-1,-1,-1,-1,
     -1,-1,-1,-1,-1,-1,-1,-1,-1,-1]
]
```

```
}
```

◆マップデータの構造

マップデータの構造は、次の通りです。各データは30×30の2次元配列になります。

```
var town = {
  bg1 : [ // バックグラウンドのデータ(レイヤー1) ],
  bg2 : [// バックグラウンドのデータ(レイヤー2) ],
  CollisionData : [ // バックグラウンドマップの衝突判定 ],
  fg : [// フォアグラウンドのデータ(レイヤー3) ],
}
```

「Player」クラスの実装

プレイヤーを作成するため、「Player」クラスを定義します。「game.js」に、次のように入力します。

SOURCE CODE 「game.js」の「Player」クラスのコード

```
// プレイヤーを作成するクラス
var Player = enchant.Class.create(enchant.Sprite, {
  initialize: function(x , y, map) {
    enchant.Sprite.call(this, 32, 32);
    this.x = x;
    this.y = y;
    var image = new Surface(96, 128);
    image.draw(core.assets['chara5.png'], 0, 0, 96, 128, 0, 0, 96, 128);
    this.image =image;
    this.isMoving = false; // 移動フラグ(移動中なら「true」)
    this.direction = 0;    // 向き
    // 歩行アニメーションの基準フレーム番号を保持するプロパティ
    this.walk = 0;
    // 攻撃アクション中のフレーム数を保持するプロパティ
    this.acount = 0;
    // 「enterframe」イベントリスナ
    this.addEventListener('enterframe', function() {

      // プレイヤーの移動処理

      // 歩行アニメーションのフレーム切り替え
      this.frame = this.direction * 3 + this.walk;
      // 移動中の処理
      if (this.isMoving) {
        // 「vx」「vy」プロパティの分だけ移動する
        this.moveBy(this.vx, this.vy);
        // 歩行アニメーションの基準フレーム番号を取得する
        this.walk = core.frame % 3;
```

```
          // 次のマス(16x16が1マス)まで移動しきったら停止する
          if ((this.vx && (this.x - 8) % 16 == 0) || (this.vy && this.y % 16 == 0)) {
            this.isMoving = false;
            this.walk = 0;
          }
      } else {
        // 移動中でないときは、パッドやキーの入力に応じて、向きや移動先を設定する
        this.vx = this.vy = 0;
        if (core.input.left) {
          this.direction = 1;
          this.vx = -4;
        } else if (core.input.right) {
          this.direction = 2;
          this.vx = 4;
        } else if (core.input.up) {
          this.direction = 3;
          this.vy = -4;
        } else if (core.input.down) {
          this.direction = 0;
          this.vy = 4;
        }
        // 移動先が決まったら、
        if (this.vx || this.vy) {
          // 移動先の座標を求める
          var x = this.x + (this.vx ? this.vx / Math.abs(this.vx) * 16 : 0) + 16;
          var y = this.y + (this.vy ? this.vy / Math.abs(this.vy) * 16 : 0) + 16;
          // その座標が移動可能な場所なら
          if (0 <= x && x < map.width && 0 <= y && y < map.height && !map.hitTest(x, y)) {
            // 移動フラグを「true」にする
            this.isMoving = true;
            // 自身(「enterframe」イベントリスナ)を呼び出す
            // (歩行アニメーションをスムーズに表示するため)
            arguments.callee.call(this);
          }
        }
      }
    });
  }
});

// 町のマップデータ

// ... 省略 ...
```

◆「Player」クラスの定義

「Player」クラスは、「Sprite」クラスを継承しています。「Player」クラスのコンストラクタでは、使用する画像や表示座標の初期化、攻撃や移動の処理を定義しています。プレイヤー

を作成するには、このクラスのコンストラクタでオブジェクトを生成します。引数には、x座標、y座標、「Map」オブジェクトを指定します。

◆プレイヤーの移動処理

プレイヤーは、マップのタイルのサイズ(16×16)を1マスとして、1マスずつ移動するようにしています。方向キー(上下左右ボタン)が押されると、まず移動先のマスの座標を求め、そのマスが移動可能(マップ画面の範囲内で衝突判定がない)なら、1マス移動します。

「Button」クラスの実装

バーチャルボタンを作成するための「Button」クラスを定義します。「game.js」に、次のように入力します。

SOURCE CODE 「game.js」の「Button」クラスのコード

```
// バーチャルボタンを作成するクラス
var Button = enchant.Class.create(enchant.Sprite, {
  initialize: function(x, y, mode) {
    enchant.Sprite.call(this, 50, 50);
    this.image = core.assets['button.png'];
    this.x = x;
    this.y = y;
    this.buttonMode = mode; // ボタンモード
  }
});

// プレイヤーを作成するクラス

// ... 省略 ...
```

◆バーチャルボタンの作成

バーチャルボタンを作成するには、定義した「Button」クラスのコンストラクタでオブジェクトを生成します。引数には、表示位置のx座標、表示位置のy座標、ボタンモードの順に指定します。

メインプログラムの作成

ゲームのメインプログラムに作成します。メインプログラムには、マップ、プレイヤー、バーチャルパッド、バーチャル「a」ボタンを作成する処理を入力します。また、最初に「enchant.js」をエクスポートしておきます。「game.js」には、次のように入力します。

SOURCE CODE 「game.js」のメインプログラムのコード

```
enchant();

window.onload = function() {

  core = new Core(320, 320);
  core.fps = 16;
```

```
core.keybind(88, 'a');

core.preload('button.png', 'map1.png','chara0.png', 'chara5.png',
             'avatarBg1.png','avatarBg2.png','avatarBg3.png',
             'monster/monster1.gif', 'monster/monster2.gif',
             'monster/monster3.gif' ,'monster/monster4.gif',
             'monster/monster5.gif', 'monster/monster6.gif',
             'monster/monster7.gif', 'monster/bigmonster1.gif',
             'monster/bigmonster2.gif', 'end.png');

core.onload = function() {

  // マップを作成する
  var map = new Map(16, 16);
  map.image = core.assets['map1.png'];
  map.loadData(town.bg1, town.bg2);
  map.collisionData = town.collisionData;
  // フォアグラウンドマップを作成する
  var foregroundMap = new Map(16, 16);
  foregroundMap.image = core.assets['map1.png'];
  foregroundMap.loadData(town.fg);

  var stage = new Group();
  stage.addChild(map);

  // プレイヤーを作成する
  var player = new Player(96, 152, map);
  stage.addChild(player);

  stage.addChild(foregroundMap);
  core.rootScene.addChild(stage);

  // rootSceneの「enterframe」イベントリスナ
  core.rootScene.addEventListener('enterframe', function(e) {
    // マップのスクロール処理
    var x = Math.min((core.width  - 16) / 2 - player.x, 0);
    var y = Math.min((core.height - 16) / 2 - player.y, 0);
    x = Math.max(core.width,  x + map.width)  - map.width;
    y = Math.max(core.height, y + map.height) - map.height;
    stage.x = x;
    stage.y = y;
  });


  // バーチャルパッドを作成する
  var pad = new Pad();
  pad.x = 0;
```

```
    pad.y = 220;
    core.rootScene.addChild(pad);

    // バーチャル「a」ボタンを作成する
    var btn = new Button(250, 250, 'a');
    core.rootScene.addChild(btn);

  }
  core.start();
}

// バーチャルボタンを作成するクラス

// ... 省略 ...
```

◆ マップのスクロール

マップは、プレイヤーの位置に応じてスクロールします。このため、マップとプレイヤーは同じグループ(「stage」グループ)にまとめています。スクロールする際には、プレイヤーが画面の中央になるようにしています。マップをスクロールすることで、ゲーム画面より大きなマップ全体を移動できるようになります。

なお、プレイヤーは表示オブジェクトツリーの順番で、バックグラウンドマップとフォアグラウンドマップの間になるように追加します。これにより、木の後ろに移動したときに、体の下半分が隠れて見えるようになります。

動作の確認

ブラウザで「index.html」を表示します。町マップが表示され、方向キー、または、バーチャルパッドでプレイヤーが移動します。

SECTION-078

NPCを実装する

実装する機能について

ここでは、NPCを実装します。マップ上を自由に動きまわるNPCを2キャラ、動かないNPCを1キャラ、町マップに追加します。なお、NPCとは、「Non Player Character」の略で、プレイヤーが操作できない、プログラムで動かすキャラクターのことです。

NPCの実装

まず、NPCを作成するための「Npc」クラスを定義します。「game.js」に、次のように入力します。

SOURCE CODE ||「game.js」の「Npc」クラスのコード

```
// NPCを作成するクラス
var Npc = enchant.Class.create(enchant.Sprite, {
  initialize: function(x, y , no , map) {
    enchant.Sprite.call(this, 32, 32);
    this.x = x;
    this.y = y;
    this.kind = no; // NPCの種類
    // サーフィスを作成する
    var image = new Surface(96, 128);
    // NPCの種類に応じた領域の画像をサーフィスに描画する
    switch (this.kind) {
      case 0: image.draw(core.assets['chara0.png'], 0, 0, 96, 128, 0, 0, 96, 128);
        break;
      case 1: image.draw(core.assets['chara0.png'], 96, 0, 96, 128, 0, 0, 96, 128);
        break;
      case 2: image.draw(core.assets['chara0.png'], 192, 0, 96, 128, 0, 0, 96, 128);
        break;
    }
    this.image = image; // サーフィスの画像をスプライトの画像に設定する
    this.isMoving = false; // 移動フラグ(移動中なら「true」)
    this.noMoving = false; // 動くNPCなら「false」、動かないNPCなら「true」
    this.direction = 0;    // 向き
    // 歩行アニメーションの基準フレーム番号を保持するプロパティ
    this.walk = 0;
    this.frame = 0;
    // 「enterframe」イベントリスナ
    this.addEventListener('enterframe', function() {
      if (this.noMoving) return; // 動かないNPCならリターン

      // NPCの移動処理
```

▼

```
      // 歩行アニメーションのフレーム切り替え
      this.frame = this.direction * 3 + this.walk;

      // 移動中の処理
      if (this.isMoving) {
        this.moveBy(this.vx, this.vy);
        this.walk = core.frame % 3;
        if ((this.vx && (this.x-8) % 16 == 0) || (this.vy && this.y % 16 == 0)) {
          this.isMoving = false;
          this.walk = 0;
        }
      } else {
        // 移動中でないときは、ランダムに移動方向を設定する
        this.vx = this.vy = 0;
        this.mov = rand(4);
        if (this.mov == 1) {
          this.direction = 1;
          this.vx = -4;
        } else if (this.mov == 2) {
          this.direction = 2;
          this.vx = 4;
        } else if (this.mov == 3) {
          this.direction = 3;
          this.vy = -4;
        } else if (this.mov == 0) {
          this.direction = 0;
          this.vy = 4;
        }
        // 移動先が決まったら
        if (this.vx || this.vy) {
          // 移動先の座標を求める
          var x = this.x + (this.vx ? this.vx / Math.abs(this.vx) * 16 : 0) + 16;
          var y = this.y + (this.vy ? this.vy / Math.abs(this.vy) * 16 : 0) + 16;
          // その座標が移動可能な場所なら
          if (0 <= x && x < map.width && 0 <= y && y < map.height && !map.hitTest(x, y)) {
            // 移動フラグを「true」にする
            this.isMoving = true;
            // 自身(「enterframe」イベントリスナ)を呼び出す
            // (歩行アニメーションをスムーズに表示するため)
            arguments.callee.call(this);
          }
        }
      }
    });
  }
});
```

```
// 町のマップデータ

// ... 省略 ...
```

次に、「core.onload」関数に、NPCを3キャラ作成する処理を追加します。「core.onload」関数に、次のように入力します。

SOURCE CODE ‖ 「game.js」の「core.onload」関数のコード

```
core.onload = function() {

  // ... 省略 ...

  // プレイヤーを作成する
  var player = new Player(96, 152, map);
  stage.addChild(player);

  // NPCを3キャラ作成する
  var npc1 = new Npc(192, 160, 0, map);
  stage.addChild(npc1);

  var npc2 = new Npc(192, 64, 2, map);
  stage.addChild(npc2);

  var npc3 = new Npc(96, 96, 1, map);
  npc3.noMoving = true; // 動くNPCかどうかの設定(「true」で動かない)
  stage.addChild(npc3);

  stage.addChild(foregroundMap);

  // ... 省略 ...
```

◆「Npc」クラスの定義

「Npc」クラスは、「Sprite」クラスを継承しています。「Npc」クラスのコンストラクタでは、使用する画像や表示座標の初期化、移動の処理を定義しています。

NPCを作成するには、このクラスのコンストラクタでオブジェクトを生成します。引数には、x座標、y座標、NPCの種類を指定する番号、「Map」オブジェクトを指定します。なお、NPCが動くか動かないかは「noMoving」プロパティで指定します。「true」で動かないNPC、「false」で動くNPCになります。

◆NPCの移動処理

動くNPC(「noMoving」プロパティが「false」)は、ランダムに移動方向を決定し、移動先のマス(「16×16」が1マス)に衝突判定がなければ、1マス移動します。移動先に衝突判定がある場合は停止し、次の移動方向をランダムに決定します。

動作の確認

ブラウザで「index.html」を表示します。NPCが3キャラ表示され、うち2キャラが自由に動きまわります。

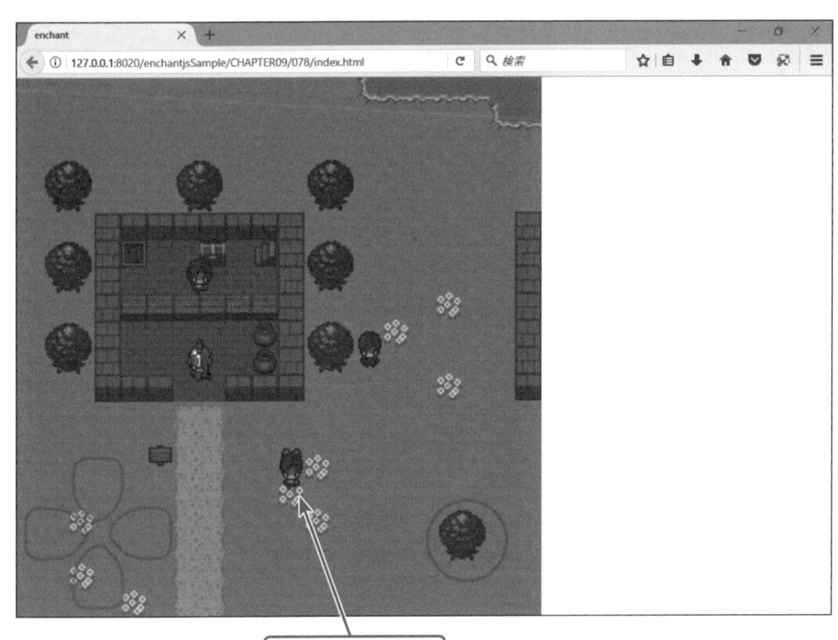

SECTION-079

バトルフィールドマップを実装する

実装する機能について

ここでは、バトルフィールドマップを実装します。マップのサイズは480×480とし、町マップと相互に切り替えられるようにします。なお、マップの切り替えには、シーン(「Scene」オブジェクト)を利用します。

マップデータの定義

バトルフィールドマップのマップデータを定義します。「game.js」に、次のように入力します。

SOURCE CODE 「game.js」のバトルフィールドマップのマップデータのコード

```
// バトルフィールドのマップデータ
var field = {
  'bg1': [
    [36,36,36,36,36,36,36,36,36,36,36,36,36,36,36,36,36,36,36,36,
     36,36,36,36,36,36,36,36,36,36],
    [36,36,36,36,36,36,36,36,36,36,36,36,36,36,36,36,36,36,36,36,
     36,36,36,36,36,36,36,36,36,36],
    [36,36,36,36,36,36,36,36,36,36,36,36,36,36,36,36,36,67,36,36,
     36,19,19,19,19,19,19,19,19,19],
    [36,36,36,36,36,36,36,36,36,36,36,36,36,36,36,36,36,36,36,36,
     36,36,36,36,36,36,36,36,36,16],
    [36,36,36,36,36,36,36,36,36,36,36,36,36,36,36,36,36,36,36,36,
     36,36,36,36,36,36,36,36,16,33],
    [36,36,36,36,36,36,36,36,36,36,83,100,84,36,36,36,36,36,36,36,
     36,36,36,36,36,36,16,17,33,33],
    [36,36,36,36,36,36,36,36,36,83,100,100,100,84,36,36,36,36,36,36,
     36,36,36,36,36,16,33,33,33,33],
    [36,36,36,36,36,36,36,36,83,100,100,100,100,100,36,36,36,36,36,36,
     36,36,36,36,16,33,33,33,33,33],
    [36,36,36,36,36,36,36,83,100,100,100,100,100,100,84,84,84,84,100,85,
     36,36,36,52,32,33,33,33,33,33],
    [36,36,36,36,36,36,36,100,100,100,100,100,100,100,100,100,100,100,100,100,
     85,36,36,36,48,33,33,33,33,33],
    [36,36,36,36,36,36,36,100,100,100,100,100,100,100,100,100,100,100,100,100,
     101,36,36,36,36,48,33,33,33,33],
    [36,36,36,36,36,36,83,100,100,116,116,116,116,116,100,100,100,100,100,100,
     101,36,36,36,36,36,48,33,33,33],
    [36,36,36,36,36,36,100,100,101,36,36,36,36,36,99,100,100,100,100,100,
     101,36,36,36,36,36,36,48,33,33],
    [36,36,36,36,36,83,100,100,101,36,36,36,36,36,99,100,100,100,100,100,
     100,85,36,36,36,36,36,36,48,33],
    [36,36,36,36,36,100,100,100,100,84,84,84,84,84,100,100,100,100,100,100,
```

```
        100,101,36,36,36,36,36,36,36,48],
      [36,36,36,36,36,99,100,116,116,100,100,116,116,100,100,100,100,100,100,100,
        100,101,36,36,36,36,36,36,36,36],
      [36,36,36,36,83,100,101,36,36,116,116,36,36,99,100,100,100,100,100,100,
        100,101,36,36,36,36,36,36,36,36],
      [36,36,36,36,115,116,100,85,36,36,36,36,36,115,100,100,100,100,100,100,
        100,100,84,84,84,85,36,36,36,36],
      [36,36,36,36,36,36,115,101,36,36,36,36,36,36,115,100,100,100,100,116,
        116,100,116,116,116,100,36,36,36,36],
      [36,36,36,36,36,36,36,100,85,36,36,36,36,36,36,99,100,116,117,36,
        36,101,36,36,21,115,85,36,36,36],
      [36,36,36,36,36,36,36,115,100,36,36,36,36,36,36,115,117,36,36,36,
        83,101,36,36,36,21,115,85,36,36],
      [36,36,36,36,36,36,36,36,100,84,85,36,36,36,36,36,36,36,36,83,
        100,117,36,36,36,36,36,100,36,36],
      [36,36,36,36,36,36,36,36,116,100,101,36,36,36,36,83,100,116,116,116,
        116,16,17,17,17,17,17,17,17,17],
      [36,36,36,36,36,36,36,36,36,116,100,84,84,84,84,116,117,36,36,36,
        36,32,33,33,49,49,49,49,49,49],
      [36,36,36,36,36,36,36,36,36,36,115,116,116,116,117,36,36,36,36,36,
        36,32,33,50,20,20,20,20,20,20],
      [36,36,36,36,36,36,36,36,36,36,36,36,36,36,36,36,36,36,36,36,
        36,32,34,20,36,36,36,36,36,36],
      [36,36,36,36,36,36,36,36,36,36,36,36,36,36,36,36,36,36,36,36,
        36,32,34,36,36,36,36,36,36,36],
      [36,36,36,36,67,36,36,36,36,36,36,36,36,36,36,36,36,36,36,36,
        36,32,34,36,36,36,36,36,36,36],
      [36,36,36,36,36,36,36,36,36,36,36,36,36,36,36,36,36,36,36,36,
        36,32,34,36,36,36,36,36,36,36],
      [36,36,36,36,36,36,36,36,36,36,36,36,36,36,36,36,36,36,36,36,
        36,32,34,36,36,36,36,36,36,36]
    ],
    'bg2': [
      [-1,-1,-1,-1,-1,-1,-1,-1,-1,-1,-1,-1,-1,-1,-1,-1,-1,-1,-1,-1,
        7,7,7,7,7,7,7,7,7,7],
      [-1,-1,-1,-1,-1,-1,-1,-1,-1,-1,-1,-1,-1,-1,-1,-1,-1,-1,-1,-1,
        23,23,23,23,23,23,23,23,23,23],
      [-1,-1,-1,28,-1,-1,-1,-1,-1,-1,-1,-1,-1,-1,-1,-1,-1,-1,-1,-1,
        -1,-1,-1,-1,-1,-1,-1,-1,28,-1],
      [-1,-1,-1,-1,-1,-1,-1,-1,-1,-1,-1,-1,-1,-1,-1,-1,-1,-1,-1,-1,
        -1,-1,-1,-1,-1,-1,-1,-1,-1,-1],
      [-1,-1,-1,-1,28,-1,-1,-1,-1,-1,107,107,107,-1,-1,-1,-1,-1,-1,-1,
        -1,-1,-1,-1,-1,-1,28,-1,-1,-1],
      [-1,-1,-1,-1,-1,-1,-1,-1,-1,107,-1,-1,-1,107,-1,-1,-1,-1,-1,-1,
        -1,-1,-1,-1,-1,28,-1,-1,-1,-1],
      [-1,-1,-1,-1,-1,-1,-1,-1,107,-1,-1,-1,-1,-1,107,-1,-1,-1,-1,-1,
        -1,-1,-1,28,-1,-1,-1,-1,-1,-1],
```

```
    [-1,-1,-1,-1,-1,-1,-1,107,-1,-1,-1,-1,-1,-1,107,107,107,107,107,107,
     -1,-1,-1,-1,-1,-1,-1,-1,-1,-1],
    [-1,-1,-1,-1,-1,-1,107,-1,-1,-1,-1,-1,-1,-1,-1,-1,-1,-1,-1,-1,
     107,-1,-1,28,-1,-1,-1,-1,-1,-1],
    [-1,-1,28,-1,-1,-1,107,-1,-1,-1,-1,-1,-1,-1,-1,-1,-1,-1,-1,-1,
     -1,107,-1,-1,-1,-1,-1,-1,-1,-1],
    [-1,-1,-1,-1,-1,-1,107,-1,-1,-1,-1,-1,-1,-1,-1,-1,-1,-1,-1,-1,
     -1,107,-1,-1,28,-1,-1,-1,-1,-1],
    [-1,-1,-1,-1,-1,107,-1,-1,-1,-1,-1,-1,-1,-1,-1,-1,-1,-1,-1,-1,
     -1,107,-1,-1,-1,-1,-1,-1,-1,-1],
    [-1,-1,-1,-1,-1,107,-1,-1,-1,-1,-1,-1,-1,-1,-1,-1,-1,-1,-1,-1,
     -1,107,-1,-1,-1,-1,28,-1,-1,-1],
    [-1,-1,-1,-1,107,-1,-1,-1,-1,-1,-1,-1,-1,-1,-1,-1,-1,-1,-1,-1,
     -1,-1,107,-1,-1,-1,-1,28,-1,-1],
    [-1,-1,-1,-1,107,-1,-1,-1,-1,-1,-1,-1,-1,-1,-1,-1,-1,-1,-1,-1,
     -1,-1,107,-1,-1,-1,-1,-1,-1,-1],
    [-1,-1,-1,-1,107,-1,-1,-1,-1,-1,-1,-1,-1,-1,-1,-1,-1,-1,-1,-1,
     -1,-1,107,-1,-1,-1,-1,-1,-1,28],
    [-1,-1,-1,107,-1,-1,-1,-1,-1,-1,-1,-1,-1,-1,-1,-1,-1,-1,-1,-1,
     -1,-1,107,107,107,107,-1,-1,-1,-1],
    [-1,-1,-1,107,-1,-1,-1,-1,-1,-1,-1,-1,-1,-1,-1,-1,-1,-1,-1,-1,
     -1,-1,-1,-1,-1,-1,107,-1,-1,-1],
    [-1,-1,-1,-1,107,-1,-1,-1,-1,-1,-1,-1,-1,-1,-1,-1,-1,-1,-1,-1,
     -1,-1,-1,-1,-1,-1,107,107,-1,-1],
    [-1,-1,-1,-1,107,-1,-1,-1,-1,-1,-1,-1,-1,-1,-1,-1,-1,-1,-1,-1,
     -1,-1,-1,-1,-1,-1,-1,107,-1,-1],
    [-1,-1,-1,-1,107,-1,-1,-1,-1,-1,-1,-1,-1,-1,-1,-1,-1,-1,-1,-1,
     -1,-1,-1,-1,-1,59,-1,-1,107,-1],
    [-1,-1,-1,-1,107,-1,-1,107,-1,-1,-1,-1,-1,-1,-1,-1,-1,-1,-1,-1,
     -1,-1,-1,-1,-1,75,-1,-1,107,-1],
    [-1,-1,-1,-1,107,-1,-1,107,-1,-1,-1,-1,-1,-1,-1,-1,-1,-1,-1,-1,
     -1,-1,-1,-1,-1,-1,-1,6,-1,-1],
    [-1,-1,-1,-1,-1,-1,59,107,107,-1,-1,-1,-1,-1,-1,-1,-1,107,107,107,
     107,-1,-1,-1,-1,-1,-1,6,-1,-1],
    [-1,-1,-1,-1,-1,-1,75,107,107,107,-1,-1,-1,-1,-1,107,107,-1,-1,-1,
     -1,-1,-1,-1,-1,-1,-1,-1,-1,-1],
    [-1,-1,-1,-1,107,-1,-1,107,107,107,107,107,107,107,107,-1,-1,-1,-1,-1,
     -1,-1,-1,-1,-1,-1,107,-1,107,107],
    [-1,-1,-1,-1,-1,-1,-1,-1,-1,-1,-1,-1,-1,-1,-1,-1,-1,-1,-1,-1,-1,
     -1,-1,-1,-1,107,107,-1,107,107],
    [-1,-1,-1,-1,-1,-1,-1,-1,-1,-1,-1,-1,-1,-1,-1,-1,-1,-1,-1,-1,
     -1,-1,-1,-1,107,107,-1,-1,-1,107],
    [-1,-1,-1,-1,-1,-1,-1,-1,-1,-1,-1,-1,-1,-1,-1,-1,-1,-1,-1,-1,-1,
     -1,-1,-1,107,107,107,-1,107,107],
    [-1,-1,-1,-1,-1,-1,-1,-1,-1,-1,-1,-1,-1,-1,-1,-1,-1,-1,-1,-1,
     -1,-1,-1,-1,107,107,107,107,107,107]
],
```

```
  collisionData: [
    [0,0,0,0,0,0,0,0,0,0,0,0,0,0,0,0,0,0,0,0,1,1,1,1,1,1,1,1,1,1],
    [0,0,0,0,0,0,0,0,0,0,0,0,0,0,0,0,0,0,0,0,1,1,1,1,1,1,1,1,1,1],
    [0,0,0,0,0,0,0,0,0,0,0,0,0,0,0,0,0,0,0,0,0,0,0,0,0,0,0,0,0,0],
    [0,0,0,0,0,0,0,0,0,0,0,0,0,0,0,0,0,0,0,0,0,0,0,0,0,0,0,0,0,1],
    [0,0,0,0,0,0,0,0,0,0,1,1,1,0,0,0,0,0,0,0,0,0,0,0,0,0,0,0,1,1],
    [0,0,0,0,0,0,0,0,0,1,0,0,0,1,0,0,0,0,0,0,0,0,0,0,0,0,1,1,1,1],
    [0,0,0,0,0,0,0,0,1,0,0,0,0,1,0,0,0,0,0,0,0,0,0,0,0,1,1,1,1,1],
    [0,0,0,0,0,0,0,1,0,0,0,0,0,0,1,1,1,1,1,1,0,0,0,0,1,1,1,1,1,1],
    [0,0,0,0,0,0,1,0,0,0,0,0,0,0,0,0,0,0,0,0,1,0,0,0,1,1,1,1,1,1],
    [0,0,0,0,0,0,1,0,0,0,0,0,0,0,0,0,0,0,0,0,0,1,0,0,1,1,1,1,1,1],
    [0,0,0,0,0,0,1,0,0,0,0,0,0,0,0,0,0,0,0,0,0,1,0,0,0,1,1,1,1,1],
    [0,0,0,0,0,1,0,0,0,0,0,0,0,0,0,0,0,0,0,0,0,1,0,0,0,0,1,1,1,1],
    [0,0,0,0,0,1,0,0,0,0,0,0,0,0,0,0,0,0,0,0,0,1,0,0,0,0,0,1,1,1],
    [0,0,0,0,1,0,0,0,0,0,0,0,0,0,0,0,0,0,0,0,0,0,1,0,0,0,0,0,1,1],
    [0,0,0,0,1,0,0,0,0,0,0,0,0,0,0,0,0,0,0,0,0,0,1,0,0,0,0,0,0,1],
    [0,0,0,0,1,0,0,0,0,0,0,0,0,0,0,0,0,0,0,0,0,0,1,0,0,0,0,0,0,0],
    [0,0,0,1,0,0,0,0,0,0,0,0,0,0,0,0,0,0,0,0,0,0,1,1,1,1,0,0,0,0],
    [0,0,0,1,0,0,0,0,0,0,0,0,0,0,0,0,0,0,0,0,0,0,0,0,0,0,1,0,0,0],
    [0,0,0,0,1,0,0,0,0,0,0,0,0,0,0,0,0,0,0,0,0,0,0,0,0,0,1,1,0,0],
    [0,0,0,0,1,0,0,0,0,0,0,0,0,0,0,0,0,0,0,0,0,0,0,0,0,0,0,1,0,0],
    [0,0,0,0,1,0,0,0,0,0,0,0,0,0,0,0,0,0,0,0,0,0,0,0,0,0,0,0,1,0],
    [0,0,0,0,1,0,0,1,0,0,0,0,0,0,0,0,0,0,0,0,0,0,0,0,0,1,0,0,1,0],
    [0,0,0,0,1,0,0,1,0,0,0,0,0,0,0,0,0,0,0,0,0,1,1,1,1,1,1,0,1,1],
    [0,0,0,0,0,0,0,1,1,0,0,0,0,0,0,0,0,1,1,1,1,1,1,1,1,1,1,0,1,1],
    [0,0,0,0,0,0,1,1,1,1,0,0,0,0,0,1,1,0,0,0,0,1,1,1,0,0,0,0,0,0],
    [0,0,0,0,1,0,0,1,1,1,1,1,1,1,1,0,0,0,0,0,0,1,1,0,0,0,0,0,0,0],
    [0,0,0,0,0,0,0,0,0,0,0,0,0,0,0,0,0,0,0,0,0,1,1,0,0,0,0,0,0,0],
    [0,0,0,0,0,0,0,0,0,0,0,0,0,0,0,0,0,0,0,0,0,1,1,0,0,0,0,0,0,0],
    [0,0,0,0,0,0,0,0,0,0,0,0,0,0,0,0,0,0,0,0,0,1,1,0,0,0,0,0,0,0],
    [0,0,0,0,0,0,0,0,0,0,0,0,0,0,0,0,0,0,0,0,0,1,1,0,0,0,0,0,0,0]
  ]
}
```

◆ マップデータの構造

バトルフィールドマップでは、フォアグラウンドは定義しません。マップデータの構造は、次の通りです。各データは、30×30の2次元配列になります。

```
var field = {
  bg1 : [ // バックグラウンドのデータ(レイヤー1) ],
  bg2 : [ // バックグラウンドのデータ(レイヤー2) ],
  CollisionData : [ // バックグラウンドマップの衝突判定 ]
}
```

バトルフィールドシーンの実装

メインプログラムにバトルフィールドマップのシーン(バトルフィールドシーン)を作成するための

「core.field」関数を定義します。「game.js」のメインプログラムに、次のように入力します。

SOURCE CODE 「game.js」のメインプログラムの「core.field」関数のコード

```
window.onload = function() {

  // ... 省略 ...

  core.onload = function() {

    // ... 省略 ...

  }

  // バトルフィールドシーン
  core.field = function(px, py) {
    // シーンを作成する
    var scene = new Scene();
    // マップを作成する
    var map = new Map(16, 16);
    map.image = core.assets['map1.png'];
    map.loadData(field.bg1, field.bg2);
    map.collisionData = field.collisionData;

    var stage = new Group();
    stage.addChild(map);

    // プレイヤーを作成する
    var player = new Player(px + 8, 16, map);
    stage.addChild(player);

    // シーンに「stage」グループを追加する
    scene.addChild(stage);
    // シーンの「enterframe」イベントリスナ
    scene.addEventListener('enterframe', function(e) {
      // マップのスクロール処理
      var x = Math.min((core.width  - 16) / 2 - player.x, 0);
      var y = Math.min((core.height - 16) / 2 - player.y, 0);
      x = Math.max(core.width,  x + map.width)  - map.width;
      y = Math.max(core.height, y + map.height) - map.height;
      stage.x = x;
      stage.y = y;
      // プレイヤーを画面の上端まで移動したら、前のシーン(町)へ戻す
      if (player.y < 1 ) core.popScene();
    });

    // バーチャルパッドを作成する
    var pad = new Pad();
```

```
    pad.x = 0;
    pad.y = 220;
    scene.addChild(pad);

    return scene;

  }
  core.start();
}

// バーチャルボタンを作成するクラス

// ... 省略 ...
```

◆シーンの作成

シーンを作成するには、まず、新しいシーンを作成するための関数を定義します。次にその中で「Scene」コンストラクタでシーンを生成し、スプライトやラベル、マップなどの描画オブジェクトを追加します。最後に「return」文で作成したシーンを呼び出し元に返すようにします。

マップ切り替え処理の追加

rootScene（ルートシーン）の「enterframe」イベントリスナに、町マップからバトルフィールドのマップに切り替えるための処理を追加します。rootSceneの「enterframe」イベントリスナに、次のように入力します。

SOURCE CODE ||「game.js」のrootSceneの「enterframe」イベントリスナのコード

```
    // rootSceneの「enterframe」イベントリスナ
    core.rootScene.addEventListener('enterframe', function(e) {

      // ... 省略 ...

      stage.y = y;
      // プレイヤーを画面の下端に移動すると、町からバトルフィールドへシーンを切り替える
      if (player.y > 445) core.pushScene(core.field(player.x, player.y));
    });

    // ... 省略 ...
```

◆シーンの切り替え

シーンを切り替えるには、「Core」オブジェクトの「pushScene」メソッドを使います。引数には、次のシーンを作成する関数を指定します。また、元のシーンに戻るには、「Core」オブジェクトの「popScene」メソッドを使います。シーンは、ルートシーンをベースにしたスタック構造になっており、新しいシーンを「push」すると上に積み重ねられていき、「pop」すると上から順に削除される仕組みになっています。

動作の確認

ブラウザで「index.html」を表示します。プレイヤーを町マップの下のほうに移動していくと、バトルフィールドマップに切り替わります。プレイヤーをバトルフィールドマップの上のほうに移動していくと、町マップに切り替わります。

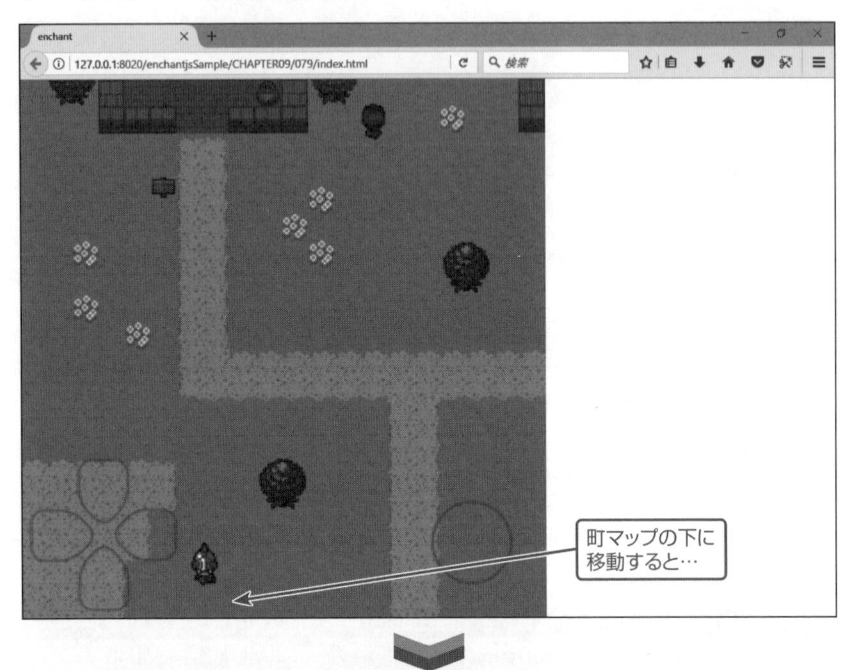

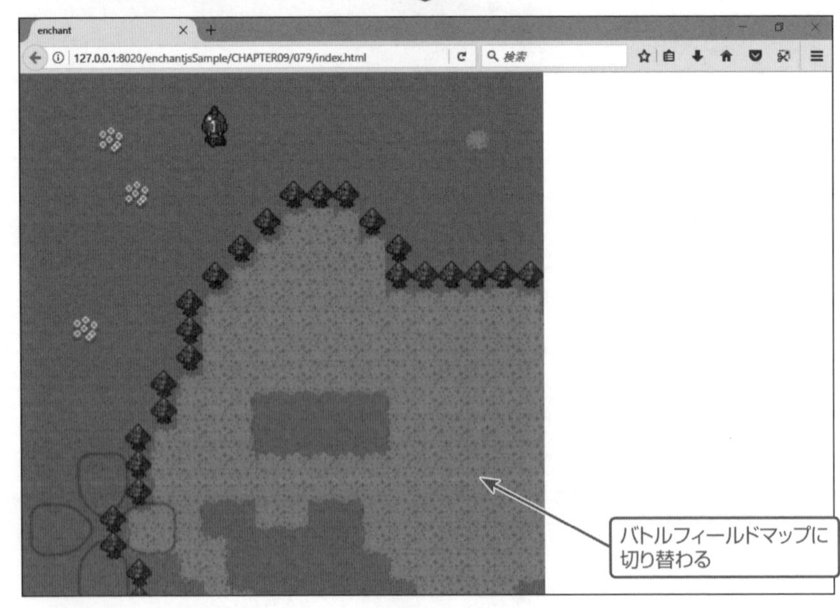

SECTION-080

バトルシステムを実装する

実装する機能について

ここでは、バトルシステムを実装します。具体的な仕様は、次の通りです。

1. バトルフィールドマップの移動中に、ランダムにエンカウント(モンスターに遭遇し、バトルシーンに切り替わる)を発生させる。
2. バトルシーンはアバター(「avatar.enchant.js」)を使ったアクションバトルにする。
3. バトルシーンの操作は、左右ボタン(方向キー左右)で移動、「a」ボタン(「X」キー)で攻撃する。
4. モンスターを倒すと、コインを獲得する。
5. モンスターを倒して勝利すると勝利シーンに、負けるとゲームオーバーシーンに移行する。
6. 勝利シーンでは、勝利メッセージを表示する。
7. ゲームオーバーシーンでは、敗退メッセージとゲームオーバー画像を表示する。

定数・データテーブル(オブジェクト変数)の定義

エンカウント確率を設定する定数「ENCOUNT_BASE_RATE」、モンスターテーブル「monstorTable」、プレイヤーのステータスを格納する「playerStatus」、武器テーブル「weapon」を定義します。「game.js」に、次のように入力します。

SOURCE CODE ||「game.js」のコード

```
// 定数

// エンカウント確率(5 / ENCOUNT_BASE_RATE)
ENCOUNT_BASE_RATE = 1000;

// モンスターテーブル(JSON)
//  image : モンスターの画像ファイル名
//  hp    : モンスターのHP
//  speed : モンスターの移動スピード
//  exp   : 取得経験値
//  attack: モンスターの攻撃力
//  coin  : 取得コイン
//  drop  : 落とす武器
//  rate  : 武器を落とす確率の分子
var monstorTable = {
  0: {image:'monster/monster1.gif', hp:100, speed:1, exp:10,
     attack:1, coin:10, drop:3, rate:50},
  1: {image:'monster/monster2.gif', hp:200, speed:2, exp:20,
     attack:2, coin:20, drop:4, rate:40},
  2: {image:'monster/monster3.gif', hp:300, speed:2, exp:30,
     attack:3, coin:30, drop:5, rate:30},
  3: {image:'monster/monster4.gif', hp:400, speed:1, exp:40,
```

```
      attack:4, coin:40, drop:6, rate:25},
  4: {image:'monster/monster5.gif', hp:700, speed:1, exp:20,
      attack:5, coin:60, drop:7, rate:20},
  5: {image:'monster/monster6.gif', hp:800, speed:1, exp:30,
      attack:5, coin:60, drop:8, rate:15},
  6: {image:'monster/monster7.gif', hp:500, speed:2, exp:50,
      attack:5, coin:15, drop:9, rate:10},
  7: {image:'monster/bigmonster1.gif', hp:3000, speed:4, exp:1000,
      attack:30, coin:1000, drop:13, rate:50},
  8: {image:'monster/bigmonster2.gif', hp:4000, speed:3, exp:1000,
      attack:40, coin:1000, drop:14, rate:100},
}

var playerStatus = {
  lv: 1,          // レベル
  maxhp: 1000,    // 最大HP
  hp: 1000,       // 現在HP
  exp: 0,         // 経験値
  attack: 1,      // 攻撃力
  coin: 0,        // 所持コイン
  weapon: 0,      // 装備武器
}

// 武器テーブル
// no    : 番号
// name  : 名前
// attack: 攻撃力
var weapon = {
  0: {no:2002, name:'ブロンズソード', attack:1},
  1: {no:2004, name:'ブラスソード', attack:2},
  2: {no:2005, name:'アイアンソード', attack:3},
  3: {no:2009, name:'スチールソード', attack:4},
  4: {no:2010, name:'ヘヴィソード', attack:5},
  5: {no:2019, name:'ブロードソード', attack:6},
  6: {no:2020, name:'クレイモア', attack:6},
  7: {no:2054, name:'スラッシュレイピア', attack:7},
  8: {no:2055, name:'サーベル', attack:8},
  9: {no:2044, name:'ブレイズソード', attack:9},
  10: {no:2091, name:'ブレイズブレイド', attack:10},
  11: {no:2091, name:'アクアブレイド', attack:11},
  12: {no:2073, name:'バラの宝剣', attack:12},
  13: {no:2098, name:'ドラゴンキラー', attack:13},
  14: {no:2506, name:'王家の剣', attack:14},
  15: {no:2514, name:'ダークブレイド', attack:15},
  16: {no:2597, name:'プロミネンスソード', attack:20},
}
```

```
// 町のマップデータ

// ... 省略 ...
```

メッセージ作成・選択肢作成関数の実装

メッセージを作成するための「makeMessage」関数と、選択肢を作成するための「makeSelect」関数を定義します。「game.js」に、次のように入力します。

SOURCE CODE ‖ 「game.js」の「makeMessage」関数と「makeSelect」関数のコード

```
  // ... 省略 ...

  core.start();
}

// メッセージを作成する関数
var makeMessage = function(text) {
    var label = new Label(text);
    label.font  = "16px monospace";
    label.color = "rgb(255,255,255)";
    label.backgroundColor = "rgba(0, 0, 0, 1.0)";
    label.y     = 320 - 32 * 3;
    label.width = 320;
    label.height = 32 * 3;
    return label;
}

// 選択肢を作成する関数
var makeSelect = function(text, y) {
    var label = new Label(text);
    label.font  = "16px monospace";
    label.color = "rgb(255,200,0)";
    label.y     = y;
    label.width = 320;
    return label;
}

// バーチャルボタンを作成するクラス

// ... 省略 ...
```

◆「makeMessage」関数と「makeSelect」関数の用途

「makeMessage」関数は、会話イベント（宿屋やボスバトル前など）や戦闘終了時にメッセージを表示するために使います。「makeSelect」関数は、会話イベントの際に提示する選択肢を作成するために使います。

バトルシーンの実装

メインプログラムに、バトルシーンを作成するための「core.battle」関数を定義します。メインプログラムに、次のように入力します。

SOURCE CODE 「game.js」のメインプログラムの「core.battle」関数のコード

```
window.onload = function() {

    // ... 省略 ...

  // バトルフィールドシーン
  core.field = function(px, py) {

    // ... 省略 ...

  }

  // バトルシーン
  core.battle = function(no) {

    // プレイヤーステータスのバトル中フラグを「true」にする
    core.isBattle = true;

    // シーンを作成する
    var scene = new Scene();
    // シーンの背景色を白色にする
    scene.backgroundColor="#FFFFFF";
    // アバターの背景を作成する
    bg =new AvatarBG(1);
    bg.y=50;
    scene.addChild(bg);

    var m; // モンスターのデータを格納する変数
    // no(モンスター番号)が「7」「8」なら対応するモンスターデータを設定する
    if (no == 7 || no == 8) {
      m = monstorTable[no];
    } else {
    // それ以外の場合は、no6までのモンスターデータをランダムに設定する
      m = monstorTable[rand(6)];
    }

    // 「m」変数に設定されたモンスターデータを元にモンスターを作成する
    var monster = new AvatarMonster(core.assets[m.image]);
    monster.x = 200;
    monster.y = 100;
    monster.hp = m.hp * playerStatus.lv; // HP
    monster.speed = m.speed;             // スピード
    monster.attack = m.attack;           // 攻撃力
```

▼

```
monster.exp = m.exp;                    // 取得経験値
monster.coin = m.coin;                  // 取得コイン
monster.drop = m.drop;                  // ドロップするアイテム
monster.rate = m.rate;                  // ドロップ確率
monster.no = no;                        // 種類
monster.vx = -2 * monster.speed;        // 移動量
monster.death = false;                  // 死亡フラグ
monster.action = 'appear'               // アクション
scene.addChild(monster);

// モンスターの「enterframe」イベントリスナ
monster.addEventListener('enterframe', function() {
  // バトル中でなければリターン
  if (core.isBattle == false) return;

  // 「attack」「appear」「disappear」アクションならリターン
  if (this.action == "attack" || this.action == "appear" || this.action == "disappear") return;
  // モンスターの移動処理
  this.x += this.vx * this.speed;

  // キャラとの当たり判定

  // キャラとモンスターの中心点の同士の距離が「16」ピクセル以下なら
  if (chara.within(this, 16)) {
    // 「attack」アクションにする
    this.action ="attack";
    // 移動量に「this.speed * 2」を代入する
    this.vx = this.speed * 2;
    // キャラのHPから、攻撃xレベルを引く
    chara.hp -= this.attack * chara.lv;
    // キャラのHPが「0」以下になったら、キャラのHPを「0」にする
    if (chara.hp < 0) chara.hp = 0;
    // HP表示ラベルを更新する
    hpLabel.text = 'HP:' + chara.hp + '/' + chara.maxhp;
    pLabel.text = String(chara.hp);
    // キャラのHPが「0」以下になったら、ゲームオーバーシーンを表示する
    if (chara.hp <= 0) core.pushScene(core.lose());
  // 当たってないなら、「attack」アクションにする
  } else this.action = "walk";

  // 「モンスターのx座標 - キャラのx座標」の絶対値が「100」より大きい、
  // または、「モンスターのx座標」が「320 - モンスターの幅」以上なら
  if ((Math.abs(this.x - chara.x) > 100) || (this.x >= 320 - this.width)) {
    // モンスターの「vx」プロパティに左方向に移動させるための値を設定する
    this.vx = -2 * this.speed;
  }
```

```
  // モンスターのx座標が「0」以下なら、x座標を「320」にする
  // (左端までいったら、右から出現し直す)
  if (this.x < 0) this.x = 320;
});

// 「wp」変数に、現在装備している武器のデータを代入する
var wp = weapon[playerStatus.weapon];
// プレイヤーキャラクター(キャラ)を作成する
var chara = new Avatar("1:2:1:"+ wp.no +":21011:2211");
scene.addChild(chara);
chara.x = 50;
chara.y = 100;
chara.scaleX = -1;                    // x方向の倍率
chara.scaleY = 1;                     // y方向の倍率
chara.vx = 4;                         // x方向の移動量
chara.tick = 0;                       // フレーム数カウンタ
chara.lv = playerStatus.lv;           // レベル
chara.maxhp = playerStatus.maxhp;     // 最大HP
chara.hp = playerStatus.hp;           // 現在HP
chara.exp = playerStatus.exp;         // 経験値
chara.attack = playerStatus.attack; // 攻撃力
chara.coin = playerStatus.coin;       // 所持コイン
chara.weapon = playerStatus.weapon; // 装備武器
// キャラの「enterframe」イベントリスナ
chara.addEventListener('enterframe', function() {

  // モンスターが生存中(画面上いるとき)の処理
  if (!monster.death) {
    // モンスターラベルを空にする
    mLabel.text = '';

    // キャラの攻撃、移動処理

    // 右ボタンが押され、かつキャラのx座標が「ゲーム幅-64」より小さいなら
    if (core.input.right && this.x < core.width-64) {
      // キャラを右向きにする
      this.scaleX = -1;
      // キャラを「run」アクション
      this.action = "run";
      // 右方向に「vx」プロパティの値ずつ移動させる
      this.x += this.vx;
      // モンスターは左方向に1ずつ移動させる
      monster.x --;
      // バックグラウンドをキャラの動きに合わせてスクロールする
      bg.scroll(this.x);
```

```
// 左ボタンが押され、かつキャラのx座標が「0」より大きいなら
} else if (core.input.left && this.x > 0) {
  // キャラを左向きにする
  this.scaleX = 1;
  // キャラを「run」アクション
  this.action = "run";
  // 左方向に「vx」プロパティの値ずつ移動させる
  this.x -= this.vx;
  // モンスターは右方向に1ずつ移動させる
  monster.x ++;
  // バックグラウンドをキャラの動きに合わせてスクロールする
  bg.scroll(this.x);

// 「a」ボタンが押されたなら
} else if (core.input.a) {

  // キャラを「attack」アクション
  this.action = "attack";

  // モンスターとの当たり判定

  if (monster.intersect(this)) {
    // 当たったら、モンスターの頭上に「Hit!」と表示する
    mLabel.text = ' Hit!';
    // x方向の移動量を「4」にする
    this.vx = 4;
    // モンスターのHPから、キャラの攻撃力+武器の攻撃力を引く
    monster.hp -= (this.attack +  wp.attack);
    // モンスターのHPが「0」以下なら
    if (monster.hp <= 0) {
      // モンスターラベルを空にする
      mLabel.text = "";
      // 死亡フラグを「true」にする
      monster.death = true;
      // 所持コインに取得コインを加算する
      this.coin += monster.coin;
      // モンスターをシーンから削除する
      scene.removeChild(monster);
      // 所持コインを更新
      playerStatus.coin = this.coin;
      // バトル終了
      core.isBattle = false;
      // 勝利シーンを表示する
      core.pushScene(core.win());
    }
  }
} else {
```

```
        // ボタンが何も押されたいないなら、「stop」アクション
        this.action = "stop";
      }
    } else {
      // モンスターを倒したら、48フレーム待って、前のシーン(バトルフィールド)に戻る
      chara.tick ++;
      if (chara.tick > 48) core.popScene();
    }
  });

  // シーンの「enterframe」イベントリスナ
  scene.addEventListener('enterframe', function() {
    // バトル中でなければ、前のシーン(バトルフィールド)に戻る
    if (core.isBattle == false) core.popScene();
    // プレイヤーラベルとモンスターラベルの表示位置を更新する
    pLabel.x = chara.x + 16;
    pLabel.y = chara.y - 16;
    mLabel.x = monster.x + 16;
    mLabel.y = monster.y - 16;
  });

  // バーチャルパッドを作成する
  var pad = new Pad();
  pad.x = 0;
  pad.y = 220;
  scene.addChild(pad);

  // バーチャル「a」ボタンを作成する
  var btn = new Button(250, 250, 'a');
  scene.addChild(btn);

  // 最大HP/現在HP表示ラベルを作成する
  hpLabel = new MutableText(10, 32);
  hpLabel.text = 'HP:' + playerStatus.hp + '/' + playerStatus.maxhp;
  scene.addChild(hpLabel);

  // プレイヤーラベルを作成する
  pLabel = new Label();
  pLabel.color = '#FFFFFF';
  pLabel.x = 0;
  pLabel.y = -200;
  pLabel.text = ''
  scene.addChild(pLabel);

  // モンスターラベルを作成する
  mLabel = new Label();
  mLabel.color = '#FF0000';
```

```
    mLabel.x = 0;
    mLabel.y = -200;
    mLabel.text = '';
    scene.addChild(mLabel);
    return scene;
  }
  core.start();
}
```

◆モンスターの作成

モンスターを作成するには、「AvatarMonster」クラスのコンストラクタでオブジェクトを生成します。引数には、モンスターの画像を指定します。モンスターの作成後、表示位置やステータスをプロパティにセットし、定期処理(「enterframe」イベントリスナ)にモンスターの挙動(移動や攻撃の処理)を定義します。

モンスター画像やステータスは、乱数で決めた番号(0〜6)、または、指定の番号(7か8)に対応するデータを、モンスターテーブルから読み込んでセットしています。

◆プレイヤーキャラクターの作成

プレイヤーキャラクター(以下、キャラ)を作成するには、「Avatar」クラスのコンストラクタでオブジェクトを生成します。引数には、アバターコードを指定します。アバターコードは、アバターエディタ(http://9leap.net/games/1383)で取得することができます。

キャラの作成後、表示位置やステータスをプロパティにセットし、定期処理(「enterframe」イベントリスナ)にキャラの挙動(移動や攻撃の処理)を定義します。ステータスには、先に定義した「playerStatus」変数のデータをセットしています。

◆装備武器の設定

アバターコードの形式は、「性別:髪型:髪色:武器:防具:アクセサリ」となっています。このゲームでは、任意の武器をセットできるように、武器コードの部分を変数にしています。この変数には、武器テーブル「weapon」から読み込んだデータ(wp.no)を使います。

勝利/ゲームオーバーシーンの実装

まず、メインプログラムに、勝利シーンを作成するための「core.win」関数を定義します。メインプログラムに、次のように入力します。

SOURCE CODE ｜「game.js」のメインプログラムの「core.win」関数のコード

```
window.onload = function() {

  // ... 省略 ...

  // 勝利シーン
  core.win = function() {
    // シーンを作成する
    var scene = new Scene();
```

```
    // 表示するメッセージを設定する
    var mes = "モンスターを倒した！";
    // メッセージを表示する
    scene.addChild(makeMessage(mes));

    //【戻る】選択肢を表示する
    var select0 = makeSelect("【戻る】", 320 - 32);
    select0.addEventListener(Event.TOUCH_START, function(e) {
      core.popScene(); //【戻る】タッチで前のシーンに戻る
    });
    scene.addChild(select0);

    return scene;
  }
  core.start();
}
```

次に、メインプログラムに、ゲームオーバーシーンを作成するための「core.lose」関数を定義します。メインプログラムに、次のように入力します。

SOURCE CODE ‖ 「game.js」のメインプログラムの「core.lose」関数のコード

```
window.onload = function() {

  // ... 省略 ...

  // ゲームオーバーシーン
  core.lose = function() {

    // シーンを作成する
    var scene = new Scene();
    // メッセージを表示する
    scene.addChild(makeMessage("モンスターに倒された....."));

    // ゲームオーバー画像のスプライトを作成する
    var gameover = new Sprite(189, 97);
    gameover.image = core.assets['end.png'];
    gameover.x = 60;
    gameover.y = 112;
    scene.addChild(gameover);

    return scene;
  }
  core.start();
}
```

◆シーンの偏移

モンスターを倒し、戦闘に勝利すると、バトルシーンから勝利シーンに切り替わります。勝利シーンでは、メッセージを表示したのちにバトルシーンに戻ります。その後(48フレーム後)、バトルフィールドシーン(バトルフィールドマップ)に戻ります。

一方、モンスターに倒された場合、ゲームオーバーシーンに切り替わります。ゲームオーバーシーンでは、メッセージとゲームオーバー画像を表示します。このシーンからの遷移はありません。

エンカウント処理の追加

「core.field」関数(バトルフィールドシーン)のシーンの「enterframe」イベントリスナに、エンカウントの処理を追加します。シーンの「enterframe」イベントリスナに、次のように入力します。

SOURCE CODE ‖ 「game.js」の「core.field」関数のシーンの「enterframe」イベントリスナのコード

```
// シーンの「enterframe」イベントリスナ
scene.addEventListener('enterframe', function(e) {

  // ... 省略 ...

   // プレイヤーを画面の上端まで移動したら、前のシーン(町)へ戻す
   if (player.y < 1 ) core.popScene();
   // 移動中にランダムな確率でバトル発生(バトルシーンに移行させる)
   if (player.isMoving && rand(ENCOUNT_BASE_RATE) < 5) {
     core.pushScene(core.battle());
   }
});

// バーチャルパッドを作成する

// ... 省略 ...
```

◆エンカウントの発生率

エンカウントは、プレイヤーの移動中に「5 / ENCOUNT_BASE_RATE」(初期設定で「5/1000」)の確率で発生するようにしています。この処理は、フレームごと(1秒間にfps回)に実行されるので、低い確率設定で充分です。エンカウント率を上げるには、定数「ENCOUNT_BASE_RATE」の値を小さく設定します。

動作の確認

ブラウザで「index.html」を表示します。バトルフィールドマップ上を移動していると、エンカウントが発生し、バトルシーンに切り替わります。モンスターを倒すと、勝利メッセージの後にバトルフィールドマップに戻ります。モンスターに倒されると、ゲームオーバー画面が表示されます。

なお、この時点では、バトルに勝つとHPが初期値に戻ります。HPの値を保持する処理は、378ページで実装します。

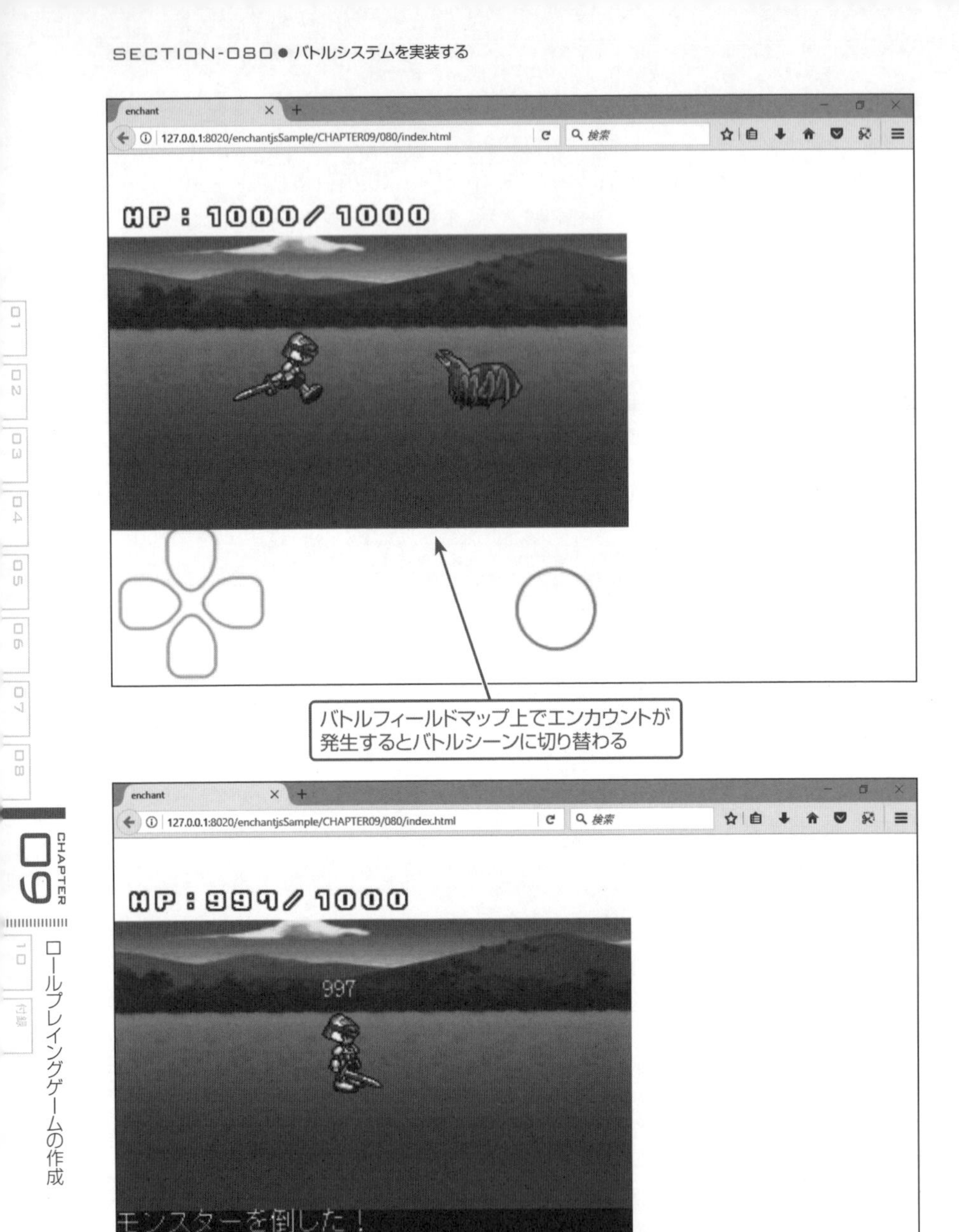
enchant
127.0.0.1:8020/enchantjsSample/CHAPTER09/080/index.html
HP : 1000/ 1000
バトルフィールドマップ上でエンカウントが
発生するとバトルシーンに切り替わる
enchant
127.0.0.1:8020/enchantjsSample/CHAPTER09/080/index.html
HP : 997/ 1000
997
モンスターを倒した！
【戻る】
モンスターを倒すとこの
メッセージが表示される

enchant
127.0.0.1:8020/enchantjsSample/CHAPTER09/080/index.html
検索
HP : 0/ 1000
GAME
OVER
モンスターに倒された.....
モンスターを倒されるとこの
メッセージが表示される

SECTION-081

コインラベルと宿屋シーンを実装する

実装する機能について

ここでは、コインラベル(コインの所持数を表示するラベル)と宿屋シーンを実装します。コインラベルは、町マップのみで表示されるようにします。宿屋シーンの具体的な仕様は、次の通りです。

1. 宿屋のNPCに近づいて「a」ボタン(「X」キー)を押すか、宿屋のNPCをタッチすると、宿屋シーンに切り替え、宿泊確認のメッセージと「はい」「いいえ」の選択肢を表示する。
2. 5コイン以上所持で「はい」を選択した場合は、5コイン消費して体力を回復し、シーン終了(町マップに戻る)。
3. 5コイン以下で「はい」を選択した場合は、「コインが足りません。」と表示する。
4. 「いいえ」を選択した場合は、シーン終了。

コインラベルの追加

メインプログラムの「core.onload」関数に、コインラベルを追加する処理を追加します。「core.onload」関数に、次のように入力します。

SOURCE CODE ｜「game.js」のメインプログラムの「core.onload」関数のコード

```
core.onload = function() {

  // ... 省略 ...

  // バーチャル「a」ボタンを作成する
  var btn = new Button(250, 250, 'a');
  core.rootScene.addChild(btn);

  // コインラベル(コインの所持数を表示するラベル)を作成する
  coinLabel = new MutableText(192, 0);
  core.rootScene.addChild(coinLabel);

}

  // ... 省略 ...
```

宿屋シーンの実装

メインプログラムに宿屋シーンを作成するための「core.Hotel」関数を定義します。メインプログラムに、次のように入力します。

SOURCE CODE ｜「game.js」のメインプログラムの「core.Hotel」関数のコード

```
core.onload = function() {
```

```
  // ... 省略 ...

}

// 宿屋シーン(会話イベント)
core.Hotel = function() {
  // シーンを作成する
  var scene = new Scene();
  // メッセージを表示する
  scene.addChild(makeMessage("1泊5コインです。宿泊しますか？ "));

  // 選択肢を表示する

  // 1つ目の選択肢を作成する
  var select0 = makeSelect("【はい。】", 320 - 32 * 2);
  // 1つ目の選択肢の「touchstart」イベントリスナ
  select0.addEventListener('touchstart', function(e) {
    // 5コイン以上持っていなければ、
    if (playerStatus.coin < 5) {
      // メッセージを表示する
      scene.addChild(makeMessage("コインが足りません。"));
      // 「戻る」(前のシーンに戻るための選択肢)を表示する
      var select3 = makeSelect("【戻る】", 320 - 32 * 2);
      select3.addEventListener('touchstart', function(e) {
        core.popScene(); // 【戻る】タッチで前のシーンに戻る
      });
      scene.addChild(select3);
    } else {
    // 5コイン以上持っていたら、
      // 所持コインから5コイン引く
      playerStatus.coin -= 5;
      // プレイヤーのHPを回復する
      playerStatus.hp = playerStatus.maxhp;
      // 前のシーンに戻る
      core.popScene();
    }
  });
  scene.addChild(select0);

  // 1つ目の選択肢を作成する
  var select1 = makeSelect("【いいえ。】", 320 - 32);
  // 2つ目の選択肢の「touchstart」イベントリスナ
  select1.addEventListener('touchstart', function(e) {
    // 何もせずに前のシーンに戻る
    core.popScene();
  });
  scene.addChild(select1);
```

```
    return scene;
  }

  // バトルフィールドシーン

  // ... 省略 ...
```

◆宿屋シーンについて

宿屋シーンでは、ロールプレイングゲーム(RPG)でよく見られる、宿屋での会話シーン(イベント)を再現しています。このようなNPCとの会話シーンやイベントを「enchant.js」で実装する場合、「Scene」オブジェクト(シーン)を使うと簡単です。ここでは、1キャラに対して、1シーンを使用していますが、NPCに識別番号を割り当てて分岐処理すれば、複数のNPCとの会話シーンを1シーンで実装することもできます(385ページの「ボスイベントシーンの実装」参照)。

宿屋シーンへの切り替え処理の追加

まず、2点間の距離を求める「calclen」関数を定義します。「game.js」に、次のように入力します。

SOURCE CODE 「game.js」のコード

```
  // ... 省略 ...

  core.start();
}
// 2点間の距離を求める関数
var calclen = function(x0, y0, x1, y1){
  return Math.sqrt((x0 - x1) * (x0 - x1) + (y0 - y1) * (y0 -y1));
}

// メッセージを作成する関数

// ... 省略 ...
```

次に、「core.onload」関数のNPC(npc3)の「touchstart」イベントリスナに、宿屋シーンに切り替えるための処理を定義します。「core.onload」関数に、次のように入力します。

SOURCE CODE 「game.js」の「core.onload」関数のnpc3の「touchstart」イベントリスナのコード

```
  core.onload = function() {

  // ... 省略 ...

    var npc3 = new Npc(96, 96, 1, map);
    npc3.noMoving = true; // 動くNPCかどうかの設定(「true」で動かない)
    stage.addChild(npc3);
    // npc3の「touchstart」イベントリスナ
    npc3.addEventListener('touchstart', function(e) {
```

```
        // プレイヤーとnpc3の距離が48ピクセル以内なら、
        if (calclen(npc3.x, npc3.y, player.x, player.y) <= 48) {
          // 宿屋シーンを実行する
          core.pushScene(core.Hotel());
        }
      });

      stage.addChild(foregroundMap);

      // ... 省略 ...
```

最後に、「core.onload」関数のrootScene(ルートシーン)の「enterframe」イベントリスナに、宿屋シーンに切り替えるための処理を追加します。また、コインラベルを更新する処理も追加します。rootScene(ルートシーン)の「enterframe」イベントリスナに、次のように入力します。

SOURCE CODE 「game.js」の「core.onload」関数のrootSceneの「enterframe」イベントリスナのコード

```
      // rootSceneの「enterframe」イベントリスナ
      core.rootScene.addEventListener('enterframe', function(e) {
        // コインラベルを更新する
        coinLabel.text = 'COIN:' + playerStatus.coin;

        // ... 省略 ...

        // プレイヤーを画面の下端に移動すると、町からバトルフィールドへシーンを切り替える
        if (player.y > 445) core.pushScene(core.field(player.x, player.y));

        // npc3に近づいて(48ピクセル以内)、「a」ボタンを押すと、
        if (calclen(npc3.x, npc3.y, player.x, player.y) <= 48 && core.input.a) {

          // 宿屋シーンを表示する
          core.pushScene(core.Hotel());
        }
      });

      // バーチャルパッドを作成する

      // ... 省略 ...
```

◆NPCの「touchstart」イベントリスナについて

NPC(npc3)の「touchstart」イベントリスナは、スマートフォンやタブレットでの操作性を向上させるために入れています。ただし、若干、わかりづらいので、プレイヤーがNPCに近づいたときに、NPCの頭上に操作のガイドメッセージ(たとえば、「TOUCH!」)が表示されるようにすると、ユーザビリティが向上します。

動作の確認

ブラウザで「index.html」を表示します。宿屋のNPCに話しかける（近づいて「a」ボタンを押す）と、会話シーンが表示されます。5コイン以上所持で、「はい」を選択すると、HPが回復します。

COLUMN 顔グラフィックの表示

シーンには、描画オブジェクトを自由に追加することできるので、会話シーンでキャラクターの顔グラフィックなどを表示することもできます。たとえば、宿屋シーンでNPCの顔グラフィック「npc.png」を表示するには、まず、「core.preload」メソッドに「npc.png」追加し、画像をプリロードします。

```
core.preload('button.png', 'map1.png','chara0.png', 'chara5.png',
              'avatarBg1.png','avatarBg2.png','avatarBg3.png',
              'monster/monster1.gif', 'monster/monster2.gif',
              'monster/monster3.gif' ,'monster/monster4.gif',
              'monster/monster5.gif', 'monster/monster6.gif',
              'monster/monster7.gif', 'monster/bigmonster1.gif',
              'monster/bigmonster2.gif','end.png',
              'npc.png'); // 「npc.png」を追加
```

次に「core.Hotel」関数に、次のように入力します。

```
// 宿屋シーン(会話イベント)
core.Hotel = function() {
  // シーンを作成する
  var scene = new Scene();

  // NPCのイメージ画像を表示する
  var npc = new Sprite(320, 427);
  npc.image = core.assets['npc.png'];
  npc.x = - 50;
  scene.addChild(npc);
```

SECTION-082

レベルアップ処理を実装する

実装する機能について

ここでは、レベルアップ処理を実装します。具体的な仕様は、次の通りです。

1. モンスターを倒すと、モンスターの種類に応じた経験値を獲得する。
2. 一定の経験値が貯まると、プレイヤーのレベルがアップする。
3. レベルアップでステータスアップ(最大HPと攻撃力を上昇)する。

レベルアップ処理の実装

まず、レベルアップに必要な経験値を設定する定数「LVUP_RATE」と、レベルアップ時のHP増量を設定する定数「HPUP_RATE」を定義します。「game.js」に、次のように入力します。

SOURCE CODE 「game.js」のコード

```
// 定数

// エンカウント確率(5 / ENCOUNT_BASE_RATE)
ENCOUNT_BASE_RATE = 1000;
// レベルアップに必要な経験値(レベル x LVUP_RATE)
LVUP_RATE = 200;
// レベルアップ時のHP増量(レベル x HPUP_RATE))
HPUP_RATE = 100;

// ... 省略 ...
```

次に、「core.battle」関数(バトルシーン)のプレイヤーキャラクター(以下、キャラ)の「enterframe」イベントリスナに、レベルアップの処理を追加します。キャラの「enterframe」イベントリスナに、次のように入力します。

SOURCE CODE 「game.js」の「core.battle」関数のキャラの「enterframe」イベントリスナのコード

```
  // バトルシーン
  core.battle = function(no) {

  // ... 省略 ...

    // キャラの「enterframe」イベントリスナ
    chara.addEventListener('enterframe', function() {

    // ... 省略 ...

            // モンスターのHPが「0」以下なら
            if (monster.hp <= 0) {
```

```
    // ... 省略 ...

    // モンスターをシーンから削除する
    scene.removeChild(monster);

    // レベルアップ処理

    // 経験値に取得経験値を加算する
    this.exp += monster.exp;
    // 一定の経験値に達したら
    if (this.exp >= this.lv * LVUP_RATE) {

      // レベルアップフラグを「true」にする
      var lvup = true;
      // レベル1UP
      this.lv ++;
      // レベルに応じて最大HP上昇
      this.maxhp += this.lv * HPUP_RATE
      // 攻撃力1UP
      this.attack ++;
    }
    // プレイヤーステータスにキャラのレベルアップ後の値を代入する
    playerStatus.lv = this.lv;
    playerStatus.maxhp = this.maxhp;
    playerStatus.hp = this.hp;
    playerStatus.exp = this.exp;
    playerStatus.attack = this.attack;

    // 所持コインを更新
    playerStatus.coin = this.coin;
    // バトル終了
    core.isBattle = false;
    // 勝利シーンを表示する
    core.pushScene(core.win(lvup));
  }

  // ... 省略 ...
```

最後に、「core.win」関数を変更して、レベルアップ時にメッセージが表示されるようにします。「core.win」関数を次のように変更します。

SOURCE CODE ‖ 「game.js」の「core.win」関数のコード

```
// 勝利シーン
core.win = function(lvup) {
  // シーンを作成する
  var scene = new Scene();
```

```
    // 表示するメッセージを設定する
    var mes = "モンスターを倒した！ ";
    // レベルアップしたら、上がったレベルをメッセージに入れる
    if (lvup) {
      mes +=  "LV" + playerStatus.lv +"になった!";
    }
    // メッセージを表示する
    scene.addChild(makeMessage(mes));

    // ... 省略 ...

    return scene;
}
```

◆レベルアップの条件

ここでは、経験値が現在のレベルと「LVUP_RATE」を乗算した値以上になったら、レベルアップするようにしています。条件がレベル依存なので、高レベルになるほど、レベルアップに必要な経験値が上昇します。

◆ステータスの上昇値

最大HPはレベルアップごとに、現在のレベルと「HPUP_RATE」を乗算した値だけ上昇するようにしています。レベル依存なので、高いレベルになるほど、最大HPが上昇します。攻撃力は、レベルアップごとに1ずつ増加するようにしています。

動作の確認

ブラウザで「index.html」を表示します。モンスターを倒して経験値を稼いでいくと、レベルアップします。

SECTION-083

武器ドロップ処理を実装する

実装する機能について

ここでは、武器ドロップ処理を実装します。モンスターを倒すと、一定の確率で特定の武器を落とすようにします。ただし、プレイヤーが現在装備している武器より、性能のよい武器の場合にだけに落とすようにします。

武器ドロップ処理の実装

まず、武器のドロップ確率を設定する定数「DROP_BASE_RATE」を定義します。「game.js」に、次のように入力します。

SOURCE CODE 「game.js」のコード

```
// 定数

// ... 省略 ...

// レベルアップ時のHP増量(レベル x HPUP_RATE))
HPUP_RATE = 100;
// 武器ドロップ確率(rate / DROP_BASE_RATE)
DROP_BASE_RATE = 256;

// ... 省略 ...
```

次に、「core.battle」関数(バトルシーン)のプレイヤーキャラクター(以下、キャラ)の「enter frame」イベントリスナに、武器ドロップの処理の処理を追加します。キャラの「enterframe」イベントリスナに、次のように入力します。

SOURCE CODE 「game.js」の「core.battle」関数のキャラの「enterframe」イベントリスナのコード

```
 // バトルシーン
 core.buttle = function(no) {

 // ... 省略 ...

   // キャラの「enterframe」イベントリスナ
   chara.addEventListener('enterframe', function() {

   // ... 省略 ...

           // モンスターのHPが「0」以下なら
           if (monster.hp <= 0) {

             // ... 省略 ...
```

```
        // モンスターをシーンから削除する
        scene.removeChild(monster);

        // 武器ドロップの処理

        // 装備中の武器より、モンスターが落とす武器の性能がよければ、
        if (this.weapon < monster.drop) {
          // 一定の確率で武器を落とさせる
          if (rand(DROP_BASE_RATE) < monster.rate) {
            // 落とした武器を装備する
            this.weapon = monster.drop;
            // ドロップフラグを「true」にする
            var drop = true;
          }
        }

        // レベルアップ処理

         // ... 省略 ...

        // バトル終了
        core.isBattle = false;

        // 装備武器を更新する
        playerStatus.weapon = this.weapon;

        // 勝利シーンを表示する
        core.pushScene(core.win(lvup, drop));
      }

    // ... 省略 ...
```

最後に、「core.win」関数を変更して、入手した武器名が表示されるようにします。「core.win」関数を次のように変更します。

SOURCE CODE 「game.js」の「core.win」関数のコード

```
// 勝利シーン
core.win = function(lvup, drop) {
  // シーンを作成する
  var scene = new Scene();

  // 表示するメッセージを設定する
  var mes = "モンスターを倒した！";
  // 武器ドロップがあったら、入手した武器の名前をメッセージに入れる
  if (drop) {
    var wp = weapon[playerStatus.weapon].name;
    mes += wp + "を手に入れた!";
```

```
    }
    // レベルアップしたら、上がったレベルをメッセージに入れる
    if (lvup) {
      mes +=  "LV" + playerStatus.lv +"になった!";
    }

    // メッセージを表示する

    // ... 省略 ...

    return scene;
  }
```

◆武器ドロップの条件

武器は、倒したモンスターが落とす武器が装備中の武器より高性能なら、「モンスターテーブルの「rate」の値 / DROP_BASE_RATE」の確率で落とすようにしています。ドロップ率を上げるには、定数「DROP_BASE_RATE」の値を小さく設定します。なお、モンスターの落とす武器の番号は、モンスターテーブルの「drop」に定義しています。武器の性能は、武器テーブルで番号が大きいほど高性能になります。

動作の確認

ブラウザで「index.html」を表示します。モンスターを倒すと、低確率で武器を入手します。なお、確認する際は、定数「DROP_BASE_RATE」の値を小さくして、ドロップ確率を上げるとよいでしょう。

SECTION-084

ボスイベントを実装する

実装する機能について

ここでは、ボスイベントを実装します。具体的な仕様は、次の通りです。

1. バトルフィールドマップ上にボスイベントを発生させるシンボル(スプライト)を2つ配置する。
2. プレイヤーがシンボルに触れると、バトルシーンに突入し、ボスイベント(会話シーン)に切り替わる。
3. ボスイベントでは、確認のメッセージと「はい」「いいえ」の選択肢を表示する。
4. 「はい」を選択すると、バトルに突入、「いいえ」を選択すると、バトルフィールドマップに戻る。

シンボルの実装

まず、シンボル(マップ上に重ねるスプライト)を作成するための「Symbol」クラスを定義にします。「game.js」に、次のように入力します。

SOURCE CODE 「game.js」のコード

```
// シンボルを作成するクラス
var Symbol = enchant.Class.create(enchant.Sprite, {
  initialize: function(x, y , w, h, no) {
    enchant.Sprite.call(this, w, h);
    this.x = x;
    this.y = y;
    this.frame = no;
    this.image = core.assets['map1.png'];
  }
});

// 定数

// ... 省略 ...
```

次に、「core.field」関数(バトルフィールドシーン)に、シンボルを2つ作成する処理を追加します。「core.field」関数に、次のように入力します。

SOURCE CODE 「game.js」の「core.field」関数のコード

```
  // バトルフィールドシーン
  core.field = function(px, py) {

    // ... 省略 ...

    var stage = new Group();
    stage.addChild(map);
```

```
// シンボル(マップ上に重ねるスプライト)を2つ設置する

// 1つ目のシンボルを作成する
var symbol1 = new Symbol(16 * 27 , 16 * 27, 16, 16, 91);
stage.addChild(symbol1);
// 1つ目のシンボルの「enterframe」イベントリスナ
symbol1.addEventListener('enterframe', function(e) {
  // プレイヤーがシンボルに触れたら、
  if (player.within(this, 10)) {
    // プレイヤーをシンボルに触れない位置に移動する
    player.x -= 16;
    // バトルシーンを表示する
    core.pushScene(core.battle(8));
  }
});

// 2つ目のシンボルを作成する
var symbol2 = new Symbol(16 * 11 , 16 * 8, 16, 16, 93);
stage.addChild(symbol2);
// 2つ目のシンボルの「enterframe」イベントリスナ
symbol2.addEventListener('enterframe', function(e) {
  if (player.within(this, 10)) {
    player.x -= 16;
    core.pushScene(core.battle(7));
  }
});

// プレイヤーを作成する
// ... 省略 ...
```

◆シンボルの作成

シンボルを作成するには、定義した「Symbol」クラスのコンストラクタでオブジェクトを生成します。引数には、x座標、y座標、幅、高さ、スプライトの画像のフレーム番号の順に指定します。

シンボルの定期処理(「enterframe」イベントリスナ)には、プレイヤーがシンボルに触れたときにバトルシーンに切り替える処理を定義しています。このとき、プレイヤーをシンボルに触れない位置に移動しているのは、復帰後に再度、バトルシーンに切り替わらないようにするためです。

◆ボスバトルの指定

バトルがボスバトルであるかどうかは、「core.battle」メソッドの引数で決まります。引数に「7」、または、「8」を指定した場合はボスバトルに、引数を指定しない場合はボス以外のモンスターとのバトルになるように「core.battle」関数で定義しています。

ボスイベントシーンの実装

まず、メインプログラムにボスイベントのシーンを作成するための「core.BossEvent」関数を定義します。メインプログラムに、次のように入力します。

SOURCE CODE 「game.js」のメインプログラムの「core.BossEvent」関数のコード

```
window.onload = function() {

   // ... 省略 ...


  // ボスイベントシーン
  core.BossEvent = function(no) {
    // シーンを作成する
    var scene = new Scene();

    // メッセージを表示する

    // noが「7」のモンスターの場合
    if (no == 7) {
      scene.addChild(makeMessage("か弱き者よ、我に挑むか?"));
    }
    // noが「8」のモンスターの場合
    if (no == 8) {
       scene.addChild(makeMessage("俺様とやると言うのか？ "));
    }

    // 【はい。】【いいえ。】の選択肢を表示する

    var select0 = makeSelect("【はい。】", 320 - 32 * 2);
    select0.addEventListener('touchstart', function(e) {
      // 【はい。】が選択(タッチ)されたなら、そのままバトルシーン戻って、ボスとの戦闘に突入する
      core.popScene();
    });
    scene.addChild(select0);

    var select1 = makeSelect("【いいえ。】", 320 - 32);
    select1.addEventListener('touchstart', function(e) {
      // 【いいえ。】がが選択(タッチ)されたなら、バトル中フラグを「false」にして、
      // バトルシーンに戻り、ボスとの戦闘を回避する
      core.isBattle = false;
      core.popScene();
    });
    scene.addChild(select1);

    return scene;
  }
  core.start();
}

// 2点間の距離を求める関数
// ... 省略 ...
```

次に、「core.battle」関数(バトルシーン)に、ボスイベントに切り替えるための処理を追加します。「core.battle」関数に、次のように入力します。

SOURCE CODE ‖ 「game.js」の「core.battle」関数のコード

```
// バトルシーン
core.battle = function(no) {

// ... 省略 ...
  scene.addChild(monster);

  // ボスイベントフラグ
  var bossEvent = false;

  // モンスターの「enterframe」イベントリスナ
  monster.addEventListener('enterframe', function() {
    // バトル中でなければリターン
    if (core.isBattle == false) return;

    // モンスターの種類がボス(noが「7」か「8」)なら
    if (this.no > 6 && !bossEvent) {
      // ボスイベントフラグを「true」にする
      bossEvent = true;
      // ボスイベントシーンを表示する
      core.pushScene(core.BossEvent(this.no));
    }

    // 「attack」「appear」「disappear」アクションならリターン

    // ... 省略 ...
```

◆ ボスイベントのシーンの切り替え

バトルフィールドマップ上のシンボルにプレイヤーが触れると、まず、「core.battle」関数を呼び出して、バトルシーンに切り替わります。このとき、引数に「7」、または、「8」が渡されるので、モンスターの「enterframe」イベントリスナの処理で、ボスイベントシーンに切り替わります。

ボスイベントシーンの「core.BossEvent」関数では、渡された引数に応じて、メッセージを切り替えて表示します。「はい」を選択すると、バトルシーンに戻り、そのまま戦闘に入ります。「いいえ」を選択すると、バトルフィールドマップに戻ります。戦闘を回避するかどうかは、「core.isBattle」プロパティ(バトル中フラグ)で設定します。「true」で戦闘突入、「false」で戦闘回避になります。

動作の確認

ブラウザで「index.html」を表示します。バトルフィールドマップ上のシンボルに触れると、ボスイベントに切り替わります。

enchant
127.0.0.1:8020/enchantjsSample/CHAPTER09/084/index.html

1つ目のシンボルに
触れると…

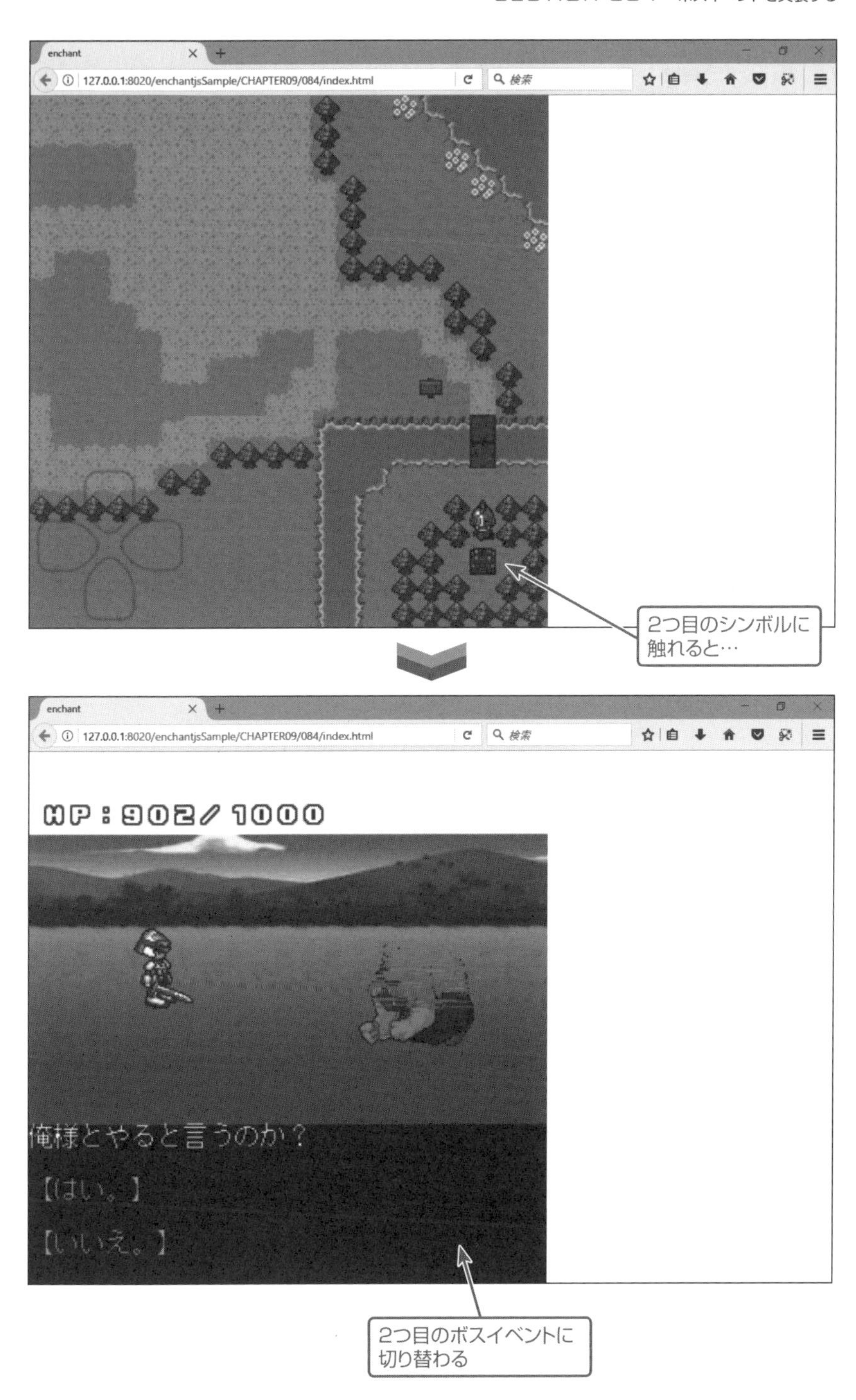
enchant
127.0.0.1:8020/enchantjsSample/CHAPTER09/084/index.html
検索
2つ目のシンボルに
触れると…
enchant
127.0.0.1:8020/enchantjsSample/CHAPTER09/084/index.html
検索
HP：902／1000
俺様とやると言うのか？
【はい。】
【いいえ。】
2つ目のボスイベントに
切り替わる

SECTION-085

セーブ機能を実装する

実装する機能について

ここでは、セーブ機能を実装します。プレイヤーのステータスデータ(「playerStatus」オブジェクト変数のデータ)を保存し、セーブした時点からゲームを再開できるようにします。セーブは、「SAVE」ラベルのクリック(タッチ)で実行されるようにします。ただし、町マップのみでセーブ可能とします。なお、データはLocalStorage(ローカルストレージ)に保存します。セーブ機能の詳細については、89ページを参照してください。

セーブ機能の初期化とデータ復元処理の追加

メインプログラムにセーブ機能の初期設定と初期化処理、データの復元処理を追加します。ここでは、デバッグ機能を有効にし、LocalStorage(ローカルストレージ)に保存するように設定します。また、任意のゲームIDを設定しておきます。メインプログラムに、次のように入力します。

SOURCE CODE 「game.js」のメインプログラムのコード

```
window.onload = function() {

  // ... 省略 ...

  // ブラウザのLocalStorageにデータを保存するデバック機能を有効にする
  // 9leapのデータベースに保存する場合は、「false」
  enchant.nineleap.memory.LocalStorage.DEBUG_MODE = true;

  // ゲームIDを設定する
  // 9leapのデータベースに保存する場合は、
  // 9leapの「ゲームID」(9leapにアップロードしたゲームのURLの末尾の数字)を設定する
  enchant.nineleap.memory.LocalStorage.GAME_ID = 'rpg001';
  // 自分のデータを読み込む
  core.memory.player.preload();

  core.onload = function() {

    // メモリの初期化
    var save = core.memory.player.data;
    if (save.playerStatus == null) {
      save.playerStatus = [1, 1000, 1000, 0, 1, 0, 0];
    }

    // データ復元
    // 読み込んだデータをプレイヤーステータスの各プロパティに代入する
    playerStatus.lv = save.playerStatus[0];
    playerStatus.maxhp = save.playerStatus[1];
```

```
    playerStatus.hp = save.playerStatus[2];
    playerStatus.exp = save.playerStatus[3];
    playerStatus.attack = save.playerStatus[4];
    playerStatus.coin = save.playerStatus[5];
    playerStatus.weapon = save.playerStatus[6];

    // マップを作成する

    // ... 省略 ...
```

◆メモリのデータ構造

ここではプレイヤーのステータスを、配列データにまとめて保存するようにしています。メモリ（「core.memory.player.data.playerStatus」）のデータ構造は、次の通りです。

```
[ レベル, 最大HP, 現在HP, 経験値, 攻撃力, 所持コイン,装備武器 ]
```

セーブラベルの追加

まず、「core.onload」関数に、データのセーブ処理を実行するラベル（セーブラベル）を追加します。「core.onload」関数に、次のように入力します。

SOURCE CODE ｜ 「game.js」の「core.onload」関数のコード

```
core.onload = function() {

    // ... 省略 ...

    // コインラベル(コインの所持数を表示するラベル)を作成する
    coinLabel = new MutableText(192, 0);
    core.rootScene.addChild(coinLabel);

    // セーブラベル(データをセーブするためのラベル)を作成する
    var savelabel = new MutableText(16, -100);
    savelabel.text = 'SAVE';
    // セーブラベルの「touchstart」イベントリスナ
    savelabel.addEventListener('touchstart', function(e) {
      this.backgroundColor = '#F0F0F0'; // 背景を白色にする
    });
    // セーブラベルの「touchend」イベントリスナ
    savelabel.addEventListener('touchend', function(e) {
      this.backgroundColor = ''; // 背景を透明にする
      // データをメモリに書き込む
      var save = core.memory.player.data;
      save.playerStatus[0] = playerStatus.lv;
      save.playerStatus[1] = playerStatus.maxhp;
      save.playerStatus[2] = playerStatus.hp;
      save.playerStatus[3] = playerStatus.exp;
      save.playerStatus[4] = playerStatus.attack;
```

```
      save.playerStatus[5] = playerStatus.coin;
      save.playerStatus[6] = playerStatus.weapon;
      // 保存を実行する
      core.memory.update();
    });
    core.rootScene.addChild(savelabel);
  }

  // 宿屋シーン(会話イベント)

  // ... 省略 ...
```

次に、「core.onload」関数のrootScene（ルートシーン）の「enterframe」イベントリスナに、セーブラベルを表示するための処理を追加します。rootScene（ルートシーン）の「enterframe」イベントリスナに、次のように入力します。

SOURCE CODE ‖ 「game.js」のrootScene（ルートシーン）の「enterframe」イベントリスナのコード

```
    // rootSceneの「enterframe」イベントリスナ
    core.rootScene.addEventListener('enterframe', function(e) {
      // セーブラベルを表示する
      savelabel.y = 0;
      // コインラベルを更新する

      // ... 省略 ...
```

◆セーブラベルの表示

セーブラベルは、最初に見えない位置（y座標「-100」）に作成し、その後、rootScene（ルートシーン）の「enterframe」イベントリスナの中で見える位置（y座標「0」）に移動して表示しています。これにより、ゲームスタートしてからセーブラベルが表示されるようになります。

▶動作の確認

ブラウザで「index.html」を表示します。「SAVE」ラベルをタッチ（クリック）すると、データが保存されます。セーブ後にページをリロードすると、セーブした時点からゲームを再開することができます。

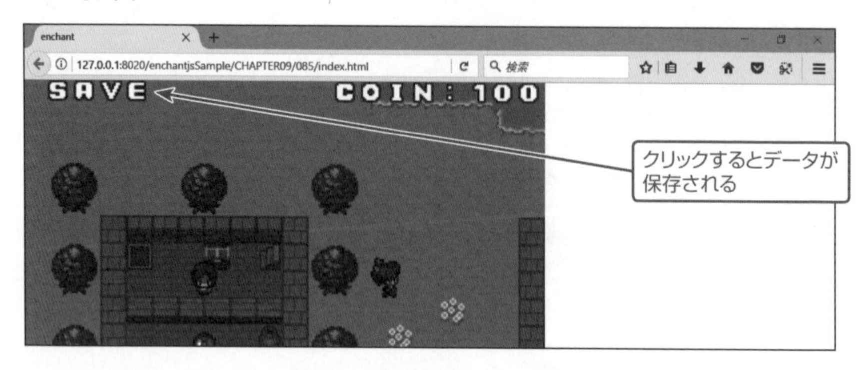

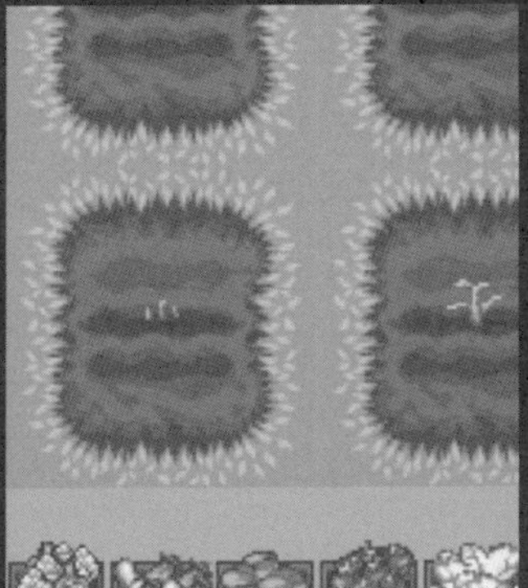

CHAPTER

10

アドベンチャーゲーム エンジンの作成

SECTION-086

アドベンチャーゲームエンジンを作成する

作成するアドベンチャーゲームエンジンについて

このCHAPTERでは、ノンプログラミングでアドベンチャーゲームを作成するためのゲームエンジンを作成します。機能(コマンド)を少しずつ実装していき、アドベンチャーゲームエンジンを完成させていきます。最後には、アドベンチャーゲームエンジンを使って、簡単なアドベンチャーゲームを作成します。

シナリオについて

アドベンチャーゲームエンジンでは、「シナリオ」に沿ってゲームを進行させます。「シナリオ」は、「シーン」で構成され、「シーン」は「コマンド」で構成されます。シナリオの構成要素の仕様は、次のようになります。

◆シーンの書式

シーンの書式は、次のようになります。

```
シーン名 = {
  'コマンド1': ・・・・・・,
  'コマンド2': ・・・・・・,
    ・
    ・
    ・
  'コマンドn': ・・・・・・,
}
```

コマンドは、いくつでも指定することができます。最初のシーン名は、「start」にする必要があります。その後のシーン名については任意です。

なお、ここでいう「シーン」とは、アドベンチャーゲームエンジンでの定義です。「Scene」オブジェクトのことではありません。

◆コマンドの基本書式

コマンドの基本書式は、次のようになります。文字列の引数は、「'」(クォーテション)または「"」(ダブルクォーテション)で囲って指定します。

◉引数が1つの場合

```
'コマンド': 引数
```

◉引数が複数の場合

```
'コマンド': [ 引数1, 引数2, ・・・引数n ]
```

◆背景画像/登場人物画像定義コマンドの書式

背景画像と登場人物の画像を定義するためのコマンドの書式は、次の通りです。

```
背景画像 = {
  '識別名1': 'ファイル名',
  '識別名2': 'ファイル名',
    ・
    ・
  '識別名n': 'ファイル名',
}

登場人物 = {
  '識別名1': 'ファイル名',
  '識別名2': 'ファイル名',
    ・
    ・
  '識別名n': 'ファイル名',
}
```

識別名には、任意の名前を付けます。背景画像と登場人物画像の定義は、シナリオの前に記述する必要があります。

素材について

このアドベンチャーゲームエンジンで使用する素材(画像やサウンド)は、次の通りです。

◆「enchant.js」に含まれる素材

使用する素材で、「enchant.js」に含まれる素材は、次のようになります。

種類	ファイル名
画像ファイル	apad.png
	end.png
	font0.png(「font1.png」をリネーム)
	icon0.png
	indicator.png
	pad.png
	start.png

◆その他の素材

キャラクタ画像と背景画像は、シナリオ用です。アドベンチャーゲームエンジン本体には必要ありません。なお、背景画像は「bg」フォルダに入れます。これらの素材は、本書のダウンロードサンプルに収録しています。

種類	ファイル名
キャラクタ画像	chara_1.png
背景画像	classroom.png
	entrance.png
	passage.png
	school.png
	toilet.png

「index.html」の作成

アドベンチャーゲームエンジンでは、「ui.enchant.js」「nineleap.enchant.js」「memory.enchant.js」の3つのプラグインを使います。また、シナリオは「scenario.js」に記述します。なお、2012年12月現在、「memory.enchant.js」にはバグがあるため、「memory.enchant.js」のコードの一部を修正する必要があります(93ページ参照)。

「index.html」には、次のように入力します。

SOURCE CODE 「index.html」コード

```
<!DOCTYPE html>
<html>
  <head>
    <meta charset="UTF-8">
    <meta name="viewport" content="width=device-width, user-scalable=yes">
    <meta name="apple-mobile-web-app-capable" content="yes">
    <meta name="apple-mobile-web-app-status-bar-style" content="black-translucent">
    <script type="text/javascript" src="enchant.js"></script>
    <script type="text/javascript" src="ui.enchant.js"></script>
    <script type="text/javascript" src="nineleap.enchant.js"></script>
    <script type="text/javascript" src="memory.enchant.js"></script>
    <script type="text/javascript" src="scenario.js"></script>
    <script type="text/javascript" src="game.js"></script>
    <style type="text/css">
      body {margin: 0;}
    </style>
  </head>
  <body>
  </body>
</html>
```

アドベンチャーゲームエンジンのベースプログラムの作成

アドベンチャーゲームエンジンのベースプログラムを作成します。「game.js」には、次のように入力します。

SOURCE CODE 「game.js」のコード

```
enchant();

// コンストラクタ
function interpreter() {
  // プロパティ
  this.images = 背景画像;
  this.charas = 登場人物;
};

// シナリオを実行する関数
function exec(scenario) {
```

```
  for (var command in scenario) {
    var s = (interpreter[command])(scenario[command]);
  }
}

window.onload = function() {

  // 使用する画像を格納する配列
  images = Array();

  // 使用する背景画像を配列にプッシュ
  for (var key in 背景画像) {
    images.push(背景画像[key]);
  }
  // 使用する人物画像を配列にプッシュ
  for (var key in 登場人物) {
    images.push(登場人物[key]);
  }

  // 「interpreter」オブジェクトを生成する
  interpreter = new interpreter();

  core = new Core(320, 320);
  core.fps = 16;
  core.preload(images);



  core.onload = function() {



    // 画像表示用のグループを作成する
    imageLayer = new Group();
    core.rootScene.addChild(imageLayer);

    // テキスト表示用のグループを作成する
    textLayer = new Group();
    core.rootScene.addChild(textLayer);

    // 「start」からを実行する
    exec(eval('start'));

  }

  core.start();

}
```

◆ベースプログラムの処理の流れ

ベースプログラムの処理の流れは、次の通りです。

1 「interpreter」プロトタイプのオブジェクトを生成する。
2 「Core」オブジェクトを生成する。
3 背景画像と登場人物に定義されている画像をプリロードする。
4 画像とテキスト表示用のグループを作成する。
5 「exec」関数に「start」シーンを渡して、定義されているコマンドを実行する。

「exec」関数は、引数で渡されたシーンのコマンドを順に実行する関数です。コマンドと引数を解析して、該当する「interpreter」オブジェクトのメソッドを実行します。アドベンチャーゲームエンジンのコマンドは、「interpreter」プロトタイプのメソッドとして追加していきます。

◆「eval」関数について

「eval」関数は、文字列をJavaScriptのコードとして評価する関数です。たとえば、「eval」関数の実行結果は、次のようになります。

```
eval(' 3 + 6 ' );     // 「9」を返す
eval('a = 3 + 6' );  // 変数「a」に9を代入し、変数「a」を返す
```

ここでは、文字列の「start」を変数として扱えるように変換しています。「eval」関数を使わずに、直接、「strat」変数を指定すればよいのですが、後々、セーブ機能を実装する際に必要となる処理のため、この段階で入れています。

ベースシナリオの作成

アドベンチャーゲームエンジンで使用するベースシナリオを作成します。「scenario.js」には、次のように入力します。

SOURCE CODE 「scenario.js」のコード

```
// 背景、登場人物の画像を定義する
背景画像 = {


}


登場人物 = {


}


// シナリオ


start = {


}
```

SECTION-087
背景やキャラを表示するコマンドを実装する

実装するコマンドについて

ここでは、背景画像(バックグラウンドイメージ)を設定する「背景画像」コマンドと、登場人物(以下、キャラ)を表示する「キャラ1」「キャラ2」コマンドを実装します。なお、画面上に同時に出現できるキャラは、2キャラとします。

◆コマンドの書式

コマンドの書式は、次の通りです。

●背景画像を表示するコマンド

```
'背景画像': ['画像名', 幅, 高さ, , x座標(オプション), y座標(オプション)]
```

●キャラ(1人目)を表示するコマンド

```
'キャラ1': ['人物画像名', 幅, 高さ, x座標(オプション), y座標(オプション)]
```

●キャラ(2人目)を表示するコマンド

```
'キャラ2': ['人物画像名', 幅, 高さ, x座標(オプション), y座標(オプション)]
```

コマンドの実装

まず、「interpreter」コンストラクタに、背景とキャラを保持するためのプロパティを追加します。「interpreter」コンストラクタに、次のように入力します。

SOURCE CODE 「interpreter」コンストラクタのコード

```
// コンストラクタ
function interpreter() {
  // プロパティ
  this.images = 背景画像;
  this.charas = 登場人物;
  this.bg = null;          // バックグラウンド
  this.chara =[];          // キャラ
};
```

次に、「interpreter」プロトタイプに、「背景画像」コマンドと「キャラ1」「キャラ2」コマンドを追加します。「game.js」に、次のように入力します(シナリオを実行する関数の前に追加する)。

SOURCE CODE 「interpreter」プロトタイプの「背景画像」メソッドのコード

```
// 背景画像を表示するコマンド(メソッド)
// '背景画像': ['画像名', 幅, 高さ, , x座標(オプション), y座標(オプション)]
interpreter.prototype.背景画像 = function(args) {
  var bg = new Sprite(args[1], args[2]);
  bg.image = core.assets[this.images[args[0]]];
  bg.x = args[3] ? args[3] : 0;
```

```
  bg.y = args[4] ? args[4] : 0;
  imageLayer.addChild(bg);
  this.bg = bg;
}
```

SOURCE CODE ||「interpreter」プロトタイプの「キャラ1」メソッドのコード

```
// キャラ(1人目)を表示するコマンド(メソッド)
// 'キャラ1': ['人物画像名', 幅, 高さ, x座標(オプション), y座標(オプション)]
interpreter.prototype.キャラ1 = function(args) {
  var chara = new Sprite(args[1], args[2]);
  chara.image = core.assets[this.charas[args[0]]];
  chara.x = args[3] ? args[3] : 0;
  chara.y = args[4] ? args[4] : 0;
  imageLayer.addChild(chara);
  this.chara[args[0]] = chara;
}
```

SOURCE CODE ||「interpreter」プロトタイプの「キャラ2」メソッドのコード

```
// キャラ(2人目)を表示するコマンド(メソッド)
// 'キャラ2': ['人物画像名', 幅, 高さ, x座標(オプション), y座標(オプション)]
interpreter.prototype.キャラ2 = function(args) {
  var chara = new Sprite(args[1], args[2]);
  chara.image = core.assets[this.charas[args[0]]];
  chara.x = args[3] ? args[3] : 0;
  chara.y = args[4] ? args[4] : 0;
  imageLayer.addChild(chara);
  this.chara[args[0]] = chara;
}
```

◆プロトタイプへのメソッドの追加

プロトタイプにメソッドやプロパティを追加する書式は、次の通りです。

◉メソッドの追加

```
プロトタイプ名.prototype.メソッド名 = 関数;
```

◉プロパティの追加

```
プロトタイプ名.prototype.プロパティ名 = 変数;
```

シナリオの作成

動作を確認するためのシナリオを作成します。「scenario.js」に、次のように入力します。

SOURCE CODE ||「scenario.js」のコード

```
// 背景、登場人物の画像を定義する
背景画像 = {
  'エントランス': 'bg/entrance.png',
  '教室1': 'bg/classroom.png',
```

```
  '廊下': 'bg/passage.png'
}

登場人物 = {
  'まゆ': 'chara_1.png',
}

// シナリオ

start = {
  '背景画像': ['エントランス', 426, 320],
  'キャラ1': ['まゆ', 160, 480, 180, 50],
}
```

動作の確認

ブラウザで「index.html」を表示します。背景画像とキャラが表示されます。

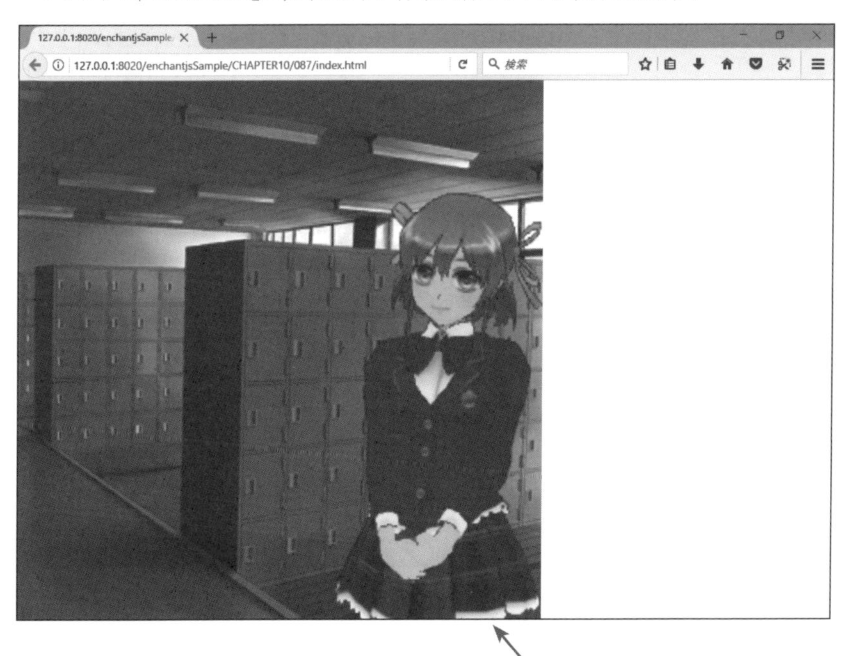

背景画像とキャラが
表示される

SECTION-088

キャラの位置・ズーム・回転を制御するコマンドを実装する

実装するコマンドについて

ここでは、キャラの位置(ポジション)を変更する「ポジション」コマンド、キャラをズーム(拡大・縮小・反転)する「ズーム」コマンド、キャラを回転する「回転」コマンドを実装します。

◆コマンドの書式

コマンドの書式は、次の通りです。

◉キャラのポジションを変更するコマンド

```
'ポジション': ['人物画像名', x座標, y座標]
```

◉キャラをズームするコマンド

```
'ズーム': ['人物画像名', x方向の拡大率, y方向の拡大率(オプション)]
```

y方向の拡大率を省略すると縦横同じ比率で拡大縮小し、負の数を指定すると反転します。

◉キャラを回転するコマンド

```
'回転': ['人物画像名', 角度]
```

コマンドの実装

「interpreter」プロトタイプに「ポジション」コマンド、「ズーム」コマンド、「回転」コマンドを追加します。「game.js」に、次のように入力します(シナリオを実行する関数の前に追加する)。

SOURCE CODE ｜「interpreter」プロトタイプの「ポジション」メソッドのコード

```
// キャラのポジションを変更するコマンド(メソッド)
// 'ポジション': ['人物画像名', x座標, y座標]
interpreter.prototype.ポジション = function(args) {
  this.chara[args[0]].x = args[1];
  this.chara[args[0]].y = args[2];
}
```

SOURCE CODE ｜「interpreter」プロトタイプの「ズーム」メソッドのコード

```
// キャラをズームするコマンド(メソッド)
// 'ズーム': ['人物画像名', x方向の拡大率, y方向の拡大率(オプション)]
// y方向の拡大率を省略すると縦横同じ比率で拡大縮小
// 負の数を指定すると反転
interpreter.prototype.ズーム = function(args) {
  this.chara[args[0]].scaleX = args[1];
  this.chara[args[0]].scaleY = args[2] ? args[2] : args[1];
}
```

SOURCE CODE 「interpreter」プロトタイプの「回転」メソッドのコード

```
// キャラを回転するコマンド(メソッド)
// '回転': ['人物画像名', 角度]
interpreter.prototype.回転 = function(args) {
  this.chara[args[0]].rotation = args[1];
}
```

シナリオの作成

動作を確認するためのシナリオを作成します。「scenario.js」に、次のように入力します。

SOURCE CODE 「scenario.js」のコード

```
// ... 省略 ...

// シナリオ

start = {
  '背景画像': ['エントランス', 426, 320],
  'キャラ1': ['まゆ', 160, 480, 180, 50],
  'ポジション': ['まゆ', -30, 50],
  'ズーム': ['まゆ', -1, 1],
  '回転': ['まゆ', 20]
}
```

動作の確認

ブラウザで「index.html」を表示します。キャラが画面左側に20度傾いて、反転表示されます。

SECTION-089

セリフを表示するコマンドを実装する

実装するコマンドについて

ここでは、セリフを表示する「セリフ」コマンドを実装します。また、セリフをクリアする「セリフクリア」コマンドも実装します。

◆コマンドの書式

コマンドの書式は、次の通りです。

◉セリフを表示するコマンド

```
'セリフ': ['名前ラベル', 'テキスト']
```

◉セリフをクリアするコマンド

```
'セリフクリア': null
```

コマンドの実装

まず、「interpreter」コンストラクタに、名前ラベルとテキストを保持するためのプロパティを追加します。「interpreter」コンストラクタに、次のように入力します。

SOURCE CODE ||「interpreter」コンストラクタのコード

```
// コンストラクタ
function interpreter() {
  // プロパティ


  // ... 省略 ...


  this.name = null;        // 名前
  this.text = null;        // テキスト
};
```

「interpreter」プロトタイプに、「セリフ」コマンドと「セリフクリア」コマンドを追加します。「game.js」に、次のように入力します（シナリオを実行する関数の前に追加する）。

SOURCE CODE ||「interpreter」プロトタイプの「セリフ」メソッドのコード

```
// セリフを表示するコマンド(メソッド)
// 'セリフ': ['名前ラベル', 'テキスト']
interpreter.prototype.セリフ = function(args) {
  if (args[0]==undefined) args[0] = "";
  if (args[1]==undefined) args[1] = "";
  var name = new Label(args[0]);
  name.font = "16px monospace";
  name.color = "rgb(255, 255, 255)";
  name.backgroundColor = "rgba(0, 0, 0, 0.6)";
```

▼

```
  name.y = 320 - 32 * 3;
  name.width = 320;
  name.height = 32 * 3;
  textLayer.addChild(name);
  this.name = name;

  var text = new Label(args[1]);
  text.font  = "16px monospace";
  text.color = "rgb(255, 255, 255)";
  text.y     = 320 - 32 * 2;
  text.width = 320;
  textLayer.addChild(text);
  this.text = text;
}
```

SOURCE CODE ‖ 「interpreter」プロトタイプの「セリフクリア」メソッドのコード

```
// セリフをクリアするコマンド(メソッド)
// 'セリフクリア': null
interpreter.prototype.セリフクリア = function() {
  textLayer.removeChild(this.name);
  textLayer.removeChild(this.text);
  textLayer.removeChild(this.next);
  delete this.name;
  delete this.text;
  delete this.next;
}
```

シナリオの作成

動作を確認するためのシナリオを作成します。「scenario.js」に、次のように入力します。

SOURCE CODE ‖ 「scenario.js」のコード

```
// ... 省略 ...

// シナリオ

start = {
  '背景画像': ['エントランス', 426, 320],
  'キャラ1': ['まゆ', 160, 480, 180, 50],
  'セリフ': ['[まゆ]', 'おはよう'],
}
```

動作の確認

ブラウザで「index.html」を表示します。セリフが表示されます。

SECTION-090

次のシーンにジャンプするコマンドを実装する

実装するコマンドについて

ここでは、次のシーンにジャンプする「ジャンプ」コマンドを実装します。また、指定したシーンに自動的にジャンプする「オートジャンプ」コマンドも実装しておきます。

◆コマンドの書式

コマンドの書式は、次の通りです。

◉指定したシーンにジャンプするコマンド

```
'ジャンプ': 'シーン名'
```

◉自動的に指定したシーンにジャンプさせるコマンド

```
'オートジャンプ': 'シーン名'
```

コマンドの実装

まず、「interpreter」コンストラクタに、次のシーン名を保持するためのプロパティを追加します。「interpreter」コンストラクタに、次のように入力します。

SOURCE CODE 「interpreter」コンストラクタのコード

```
// コンストラクタ
function interpreter() {
  // プロパティ


  // ... 省略 ...


  this.next = null;        // 次のシーン名
};
```

次に、「interpreter」プロトタイプに、「ジャンプ」コマンドと「オートジャンプ」コマンドを追加します。「game.js」に、次のように入力します(シナリオを実行する関数の前に追加する)。

SOURCE CODE 「interpreter」プロトタイプの「ジャンプ」メソッドのコード

```
// 指定したシーンにジャンプするコマンド(メソッド)
// 'ジャンプ': 'シーン名'
interpreter.prototype.ジャンプ = function(args) {
  var self = this;
  var next = new Label('【次へ】');
  next.font  = "16px monospace";
  next.color = "rgb(255,200,0)";
  next.x     = 320 - 64;
  next.y     = 320 - 32;
  next.width = 320;
```

▼

```
    textLayer.addChild(next);
    this.next = next;
    next.addEventListener(Event.TOUCH_START, function(e) {
        self.セリフクリア();
        exec(eval(args));
    });
}
```

SOURCE CODE 「interpreter」プロトタイプの「オートジャンプ」メソッドのコード

```
// 自動的に指定したシーンにジャンプさせるコマンド(メソッド)
// 'オートジャンプ': 'シーン名'
interpreter.prototype.オートジャンプ = function(arg) {
  exec(eval(arg));
}
```

シナリオの作成

動作を確認するためのシナリオを作成します。「scenario.js」に、次のように入力します。

SOURCE CODE 「scenario.js」のコード

```
// ... 省略 ...

// シナリオ

start = {
  '背景画像': ['エントランス', 426, 320],
  'キャラ1': ['まゆ', 160, 480, 180, 50],
  'セリフ': ['[まゆ]', 'おはよう'],
  'ジャンプ': '教室'
}

教室 = {
  '背景画像': ['教室1', 426, 320],
}
```

動作の確認

ブラウザで「index.html」を表示します。「【次へ】」をタッチ(クリック)すると、次のシーン(教室)にジャンプします。

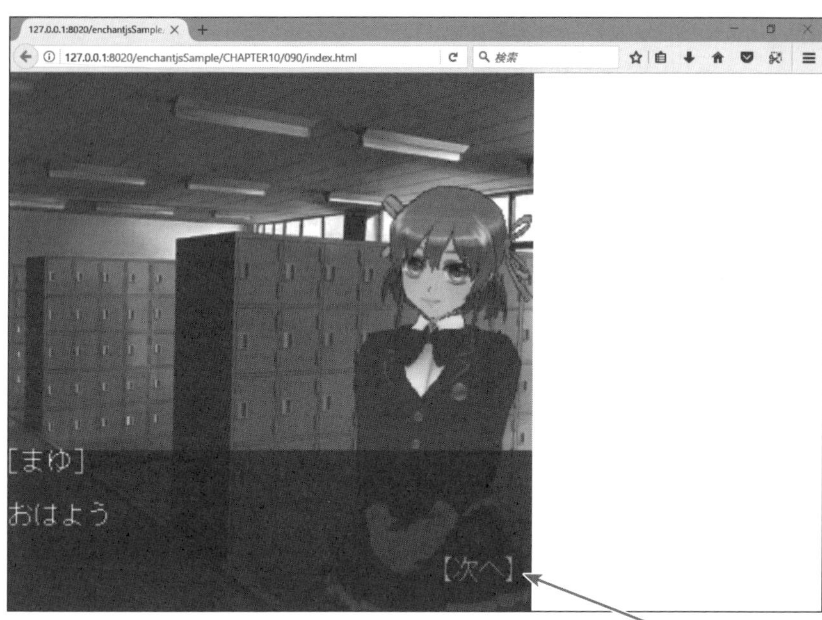

「【次へ】」をタッチ(クリック)すると…

次のシーンにジャンプする

SECTION-091

選択肢を表示するコマンドを実装する

実装するコマンドについて

ここでは、選択肢(2択)を表示し、その選択結果によって処理を分岐する「選択肢」コマンドを実装します。また、選択肢をクリアする「選択肢クリア」コマンドも実装します。

◆コマンドの書式

コマンドの書式は、次の通りです。

◉選択肢を表示するコマンド

```
'選択肢': ['テキスト', '選択肢1', 'シーン1', '選択肢2' , 'シーン2']
```

「選択肢1」を選択すると「シーン名1」に指定したシーンにジャンプし、「選択肢2」を選択すると「シーン名2」に指定したシーンにジャンプします。

◉選択肢をクリアするコマンド

```
'選択肢クリア': null
```

コマンドの実装

まず、「interpreter」コンストラクタに、選択肢を保持するためのプロパティを追加します。「interpreter」コンストラクタに、次のように入力します。

SOURCE CODE 「interpreter」コンストラクタのコード

```
// コンストラクタ
function interpreter() {
  // プロパティ

  // ... 省略 ...

  this.selectText = null; // 選択肢のテキスト
  this.select1 = null;    // 選択肢1
  this.select2 = null;    // 選択肢2
};
```

次に、「interpreter」プロトタイプに、「選択肢」コマンドと「選択肢クリア」コマンドを追加します。「game.js」に、次のように入力します(シナリオを実行する関数の前に追加する)。

SOURCE CODE 「interpreter」プロトタイプの「選択肢」メソッドのコード

```
// 選択肢を表示するコマンド(メソッド)
// '選択肢': ['テキスト', '選択肢1', 'シーン1', '選択肢2' , 'シーン2']
// 「選択肢1」を選択すると「シーン名1」に指定したシーンにジャンプ
// 「選択肢2」を選択すると「シーン名2」に指定したシーンにジャンプ
interpreter.prototype.選択肢 = function(args) {
  var self = this;
```

```
  var text = new Label(args[0]);
  text.font  = "16px monospace";
  text.color = "rgb(255,255,255)";
  text.backgroundColor = "rgba(0,0,0,0.6)";
  text.y      = 320 - 32*3;
  text.width = 320;
  text.height = 32 * 3;
  textLayer.addChild(text);
  this.selectText = text;

  var select1 = new Label('【'+args[1]+'】');
  select1.font  = "16px monospace";
  select1.color = "rgb(255,125,0)";
  select1.y      = 320 - 32*2;
  select1.width = 320;
  textLayer.addChild(select1);
  select1.addEventListener(Event.TOUCH_START, function(e) {
    self.選択肢クリア();
    exec(eval(args[2]));
  });
  this.select1 = select1;

  var select2 = new Label('【'+args[3]+'】');
  select2.font  = "16px monospace";
  select2.color = "rgb(255,125,0)";
  select2.y      = 320 - 32;
  select2.width = 320;
  textLayer.addChild(select2);
  select2.addEventListener(Event.TOUCH_START, function(e) {
    self.選択肢クリア();
    exec(eval(args[4]));
  });
  this.select2 = select2;

}
```

SOURCE CODE ||「interpreter」プロトタイプの「選択肢クリア」メソッドのコード

```
// 選択肢をクリアするコマンド(メソッド)
// '選択肢クリア': null
interpreter.prototype.選択肢クリア = function() {
  textLayer.removeChild(this.selectText);
  textLayer.removeChild(this.select1);
  textLayer.removeChild(this.select2);
  delete this.selectText;
  delete this.select1;
  delete this.select2;
}
```

シナリオの作成

動作を確認するためのシナリオを作成します。「scenario.js」に、次のように入力します。

SOURCE CODE ｜「scenario.js」のコード

```
// ... 省略 ...

// シナリオ

start = {
  '背景画像': ['エントランス', 426, 320],
  '選択肢': ['どうしようかな？','教室に行く', '教室', '寄り道する', '廊下'],
}

教室 = {
  '背景画像': ['教室1', 426, 320],
  'キャラ1': ['まゆ', 160, 480, 180, 50],
  'セリフ': ['[まゆ]', 'おはよう'],
}

廊下 = {
  '背景画像': ['廊下', 426, 320],
}
```

動作の確認

ブラウザで「index.html」を表示します。選択肢によって違うシーンが表示されます。

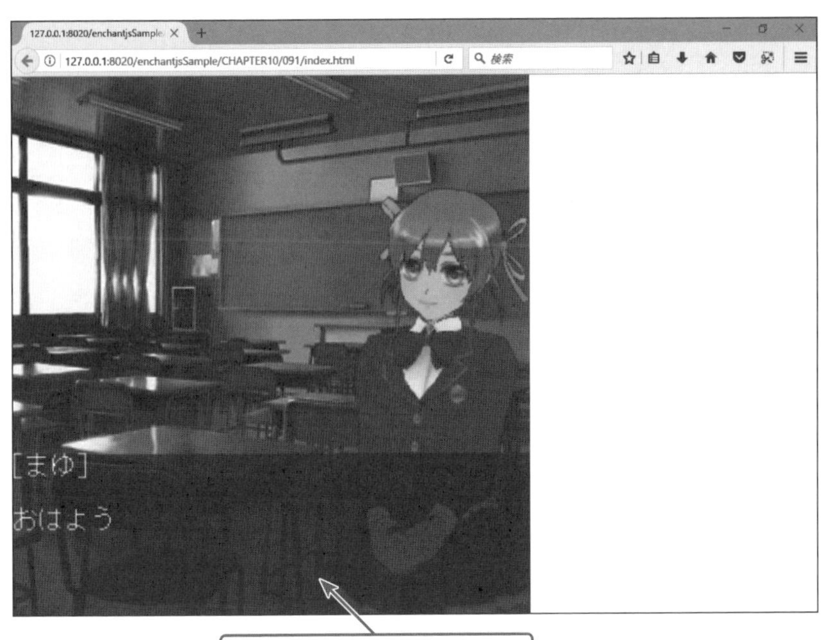

「【教室に行く】」を選択した場合は、このシーンが表示される

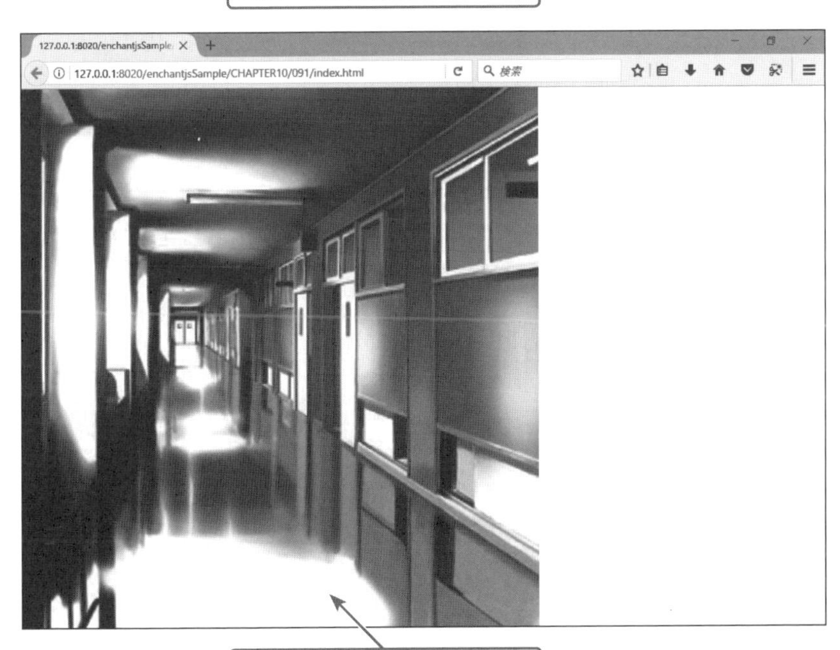

「【寄り道する】」を選択した場合は、このシーンが表示される

SECTION-092
背景やキャラを削除するコマンドを実装する

実装するコマンドについて

ここでは、背景を削除する「背景クリア」コマンドと、キャラを削除する「退場」コマンドを実装します。

◆コマンドの書式

コマンドの書式は、次の通りです。

◉背景画像を削除するコマンド

```
'背景クリア': null
```

◉キャラを削除するコマンド

```
'退場': '人物画像名'
```

コマンドの実装

「interpreter」プロトタイプに、「背景クリア」コマンドと「退場」コマンドを追加します。「game.js」に、次のように入力します（シナリオを実行する関数の前に追加する）。

SOURCE CODE | 「interpreter」プロトタイプの「背景クリア」メソッドのコード

```
// 背景画像を削除するコマンド(メソッド)
// '背景クリア': null
interpreter.prototype.背景クリア = function() {
  imageLayer.removeChild(this.bg);
  delete this.bg;
}
```

SOURCE CODE | 「interpreter」プロトタイプの「退場」メソッドのコード

```
// キャラを削除するコマンド(メソッド)
// '退場': '人物画像名'
interpreter.prototype.退場 = function(arg) {
  imageLayer.removeChild(this.chara[arg]);
  delete this.chara[arg];
}
```

シナリオの作成

動作を確認するためのシナリオを作成します。「scenario.js」に、次のように入力します。

SOURCE CODE | 「scenario.js」のコード

```
// ... 省略 ...

// シナリオ
```

```
start = {
  '背景画像': ['エントランス', 426, 320],
  'キャラ1': ['まゆ', 160, 480, 180, 50],
  '選択肢': ['どうしようかな？','背景をクリアしてみる', '背景クリア', 'キャラを削除してみる',
'キャラ削除'],
}

背景クリア = {
  '背景クリア': null
}

キャラ削除 = {
  '退場': 'まゆ'
}
```

動作の確認

ブラウザで「index.html」を表示します。「【背景をクリアしてみる】」を選択すると、背景画像が削除され、「【キャラを削除してみる】」を選択すると、キャラが削除されます。

「【背景をクリアしてみる】」を選択すると
背景画像が削除される

「【キャラを削除してみる】」を選択すると
背景画像が削除される

SECTION-093

キャラにイベントリスナを設定するコマンドを追加する

実装するコマンドについて

ここでは、キャラにイベントリスナを設定する「イベント」コマンドを実装します。

◆コマンドの書式

コマンドの書式は、次の通りです。

◉イベントリスナを設定するコマンド(メソッド)

```
'イベント': ['人物画像名', 'イベント' , 'リスナ']
```

イベントには、「enchant.js」のサポートするイベントタイプを指定することができます。

コマンドの実装

「interpreter」プロトタイプに、「イベント」コマンドを追加します。「game.js」に、次のように入力します(シナリオを実行する関数の前に追加する)。

SOURCE CODE ｜「interpreter」プロトタイプの「イベント」メソッドのコード

```
// イベントリスナを設定するコマンド(メソッド)
// 'イベント': ['人物画像名', 'イベント' , 'リスナ']
interpreter.prototype.イベント = function(args) {
  this.chara[args[0]].addEventListener(args[1], eval(args[2]));
}
```

シナリオの作成

動作を確認するためのシナリオを作成します。「scenario.js」に、次のように入力します。

SOURCE CODE ｜「scenario.js」のコード

```
// ... 省略 ...

// シナリオ

start = {
  '背景画像': ['エントランス', 426, 320],
  'キャラ1': ['まゆ', 160, 480, 180, 50],
  'イベント': ['まゆ', 'touchstart' , 'move'],
}



// リスナ(関数)
var move = function(e){
  this.x = 0;
  this.scaleX = -1;
}
```

動作の確認

ブラウザで「index.html」を表示します。キャラをタッチ(クリック)すると、リスナが実行され、キャラが右側に移動して反転表示されます。

SECTION-094

式と条件分岐を処理するコマンドを実装する

実装するコマンドについて

ここでは、式を実行する「式」コマンドと、条件式よってシーンを分岐させる「条件分岐」コマンドを実装します。

◆コマンドの書式

コマンドの書式は、次の通りです。

●式を実行するコマンド(メソッド)

```
'式': '実行する式'
```

●条件式によって分岐させるコマンド(メソッド)

```
'条件分岐': ['条件式', 'シーン1', 'シーン2']
```

「条件式」が真(true)なら「シーン1」に指定したシーンに、偽(false)なら「シーン2」に指定したシーンに分岐します。なお、式や条件式では、演算子と変数や数値を、半角スペースで区切って入力する必要があります。

コマンドの実装

まず、「interpreter」コンストラクタに、変数を保持するためのプロパティを追加します。「interpreter」コンストラクタに、次のように入力します。

SOURCE CODE 「interpreter」コンストラクタのコード

```
// コンストラクタ
function interpreter() {
  // プロパティ

  // ... 省略 ...

  this.variables = [];    // 変数
};
```

次に、「interpreter」プロトタイプに、「式」コマンドと「条件分岐」コマンドを追加します。「game.js」に、次のように入力します(シナリオを実行する関数の前に追加する)。

SOURCE CODE 「interpreter」プロトタイプの「式」メソッドのコード

```
// 式を実行するコマンド(メソッド)
// '式': '実行する式'
interpreter.prototype.式 = function(args){
  var val = args.split(" ");
  this.variables[val[0]] = eval(args);
}
```

SOURCE CODE 「interpreter」プロトタイプの「条件分岐」メソッドのコード

```
// 条件式によって分岐させるコマンド(メソッド)
// '条件分岐': ['条件式', 'シーン1', 'シーン2']
// 「条件式」が真(true)ならシーン1、偽(false)ならシーン2に分岐
interpreter.prototype.条件分岐 = function(args) {
  var val = args[0].split(" ");
  var condition = this.variables[val[0]] + val[1] +val[2];
  if (eval(condition)) {
    exec(eval(args[1]));
  } else exec(eval(args[2]));
}
```

シナリオの作成

動作を確認するためのシナリオを作成します。「scenario.js」に、次のように入力します。

SOURCE CODE 「scenario.js」のコード

```
// ... 省略 ...

// シナリオ

start = {
  '背景画像': ['エントランス', 426, 320],
  '選択肢': ['どうしようかな？','教室に行く', '教室', '寄り道する', '廊下'],
}

教室 = {
  '背景画像': ['教室1', 426, 320],
  'キャラ1': ['まゆ', 160, 480],
  'ポジション': ['まゆ', 180, 50],
  'セリフ': ['[まゆ]', 'おはよう'],
  'イベント': ['まゆ', 'touchstart' , 'move'],
  'ジャンプ': '会話イベント'
}

// リスナ(関数)
var move = function(e){
  this.x = 80;
}

会話イベント = {
  '式': 'まゆ好感度 = 10',
  '選択肢': ['どうしようかな?', 'おはよう', '好感度アップ', '・・・・・・' , '好感度ダウン']
}

好感度アップ = {
  '式': 'まゆ好感度 += 6',
```

```
  'ジャンプ': '分岐1'
}

好感度ダウン = {
  '式': 'まゆ好感度 -= 6',
  '退場': 'まゆ',
  'ジャンプ': '分岐1'
}

分岐1 = {
  '条件分岐': ['まゆ好感度 >= 10', '廊下', '廊下2']
}

廊下 = {
  '背景画像': ['廊下', 426, 320],
  'キャラ1': ['まゆ', 160, 480],
   'ズーム': ['まゆ', -1, 1],
  'ポジション': ['まゆ', 0, 50],
  'セリフ': ['[まゆ]', 'こんにちは'],
}

廊下2 = {
  '背景画像': ['廊下', 426, 320],
  'セリフ': ['[主人公]','誰もいない・・・']
}
```

動作の確認

ブラウザで「index.html」を表示します。教室に移動し、会話の選択肢で挨拶を返した場合は、次のシーン(廊下)に女の子が登場します。挨拶を返さなった場合は、次のシーン(廊下)に女の子は登場しません。

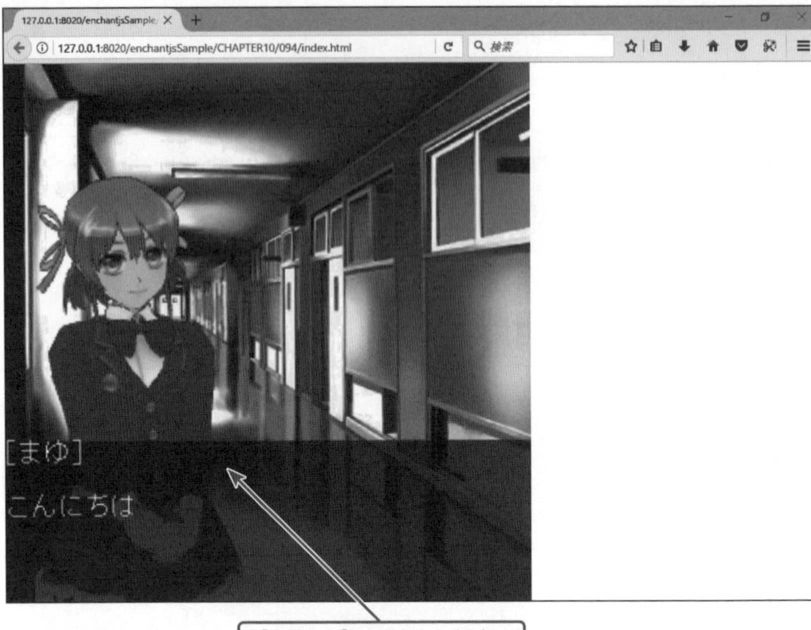

「【おはよう】」を選択した場合は
女の子が登場する

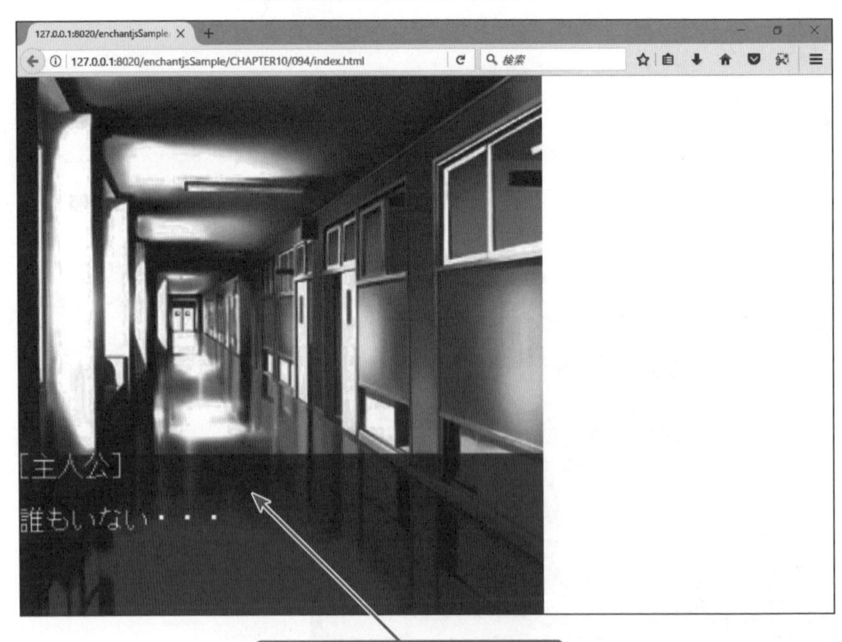

「【・・・・・・】」を選択した場合は
女の子が登場しない

SECTION-095

セーブ機能を実装する

実装する機能とコマンドについて

ここでは、セーブするシーン名を設定する「シーン」コマンドと、セーブ機能を実装します。「シーン」コマンドでシーン名が設定されているシーンはセーブされ、設定されないシーンはセーブされません。

◆コマンドの書式

コマンドの書式は、次の通りです。

◉セーブするシーン名を設定するコマンド

```
'シーン': 'シーン名'
```

「シーン名」は、シーンのシーン名と同じ名前を指定します。

「シーン」コマンドの実装

まず、「interpreter」コンストラクタに、シーン名を保持するためのプロパティを追加します。「interpreter」コンストラクタに、次のように入力します。

SOURCE CODE ‖ 「interpreter」コンストラクタのコード

```
// コンストラクタ
function interpreter() {
  // プロパティ

  // ... 省略 ...

  this.scene = null;      // シーン
};
```

次に、「interpreter」プロトタイプに、「シーン」コマンド(メソッド)を追加します。「game.js」に、次のように入力します(シナリオを実行する関数の前に追加する)。

SOURCE CODE ‖ 「interpreter」プロトタイプの「シーン」メソッドのコード

```
// セーブするシーン名を設定するコマンド(メソッド)
// 'シーン': 'シーン名'
interpreter.prototype.シーン = function(arg) {
  this.scene = arg;
}
```

セーブ機能の実装

まず、セーブ機能の初期設定と初期化処理、データの復元処理を追加します。ここでは、デバッグ機能を有効にし、LocalStorage(ローカルストレージ)に保存するように設定します。また、任意のゲームIDを設定しておきます。「game.js」に、次のように入力します。なお、セーブ機能の詳細については、89ページを参照してください。

SOURCE CODE 「game.js」のコード

```
window.onload = function() {

  // ... 省略 ...

  // ブラウザのLocalStorageにデータを保存するデバック機能を有効にする
  // 9leapのデータベースに保存する場合は、「falese」
  enchant.nineleap.memory.LocalStorage.DEBUG_MODE = true;

  // ゲームIDを設定する
  // ゲームIDはシナリオ「scenario.js」の冒頭で指定する
    enchant.nineleap.memory.LocalStorage.GAME_ID = GAME_ID;

  // 自分のデータを読み込む
  core.memory.player.preload();

  core.onload = function() {

    // メモリの初期化
    var save = core.memory.player.data;
    if (save.scene == null) save.scene = 'start';
    if (save.variables == null) save.variables = [];

    // データ復元
    for (var i in save.variables) {
      interpreter.variables[save.variables[i][0]] = save.variables[i][1]
    }

    // 画像表示用のグループを作成する

    // ... 省略 ...
```

次に、「core.onload」関数に、データのセーブ処理を実行するラベル(セーブラベル)を追加します。また、「exec」関数の引数にメモリから読み込んだシーン(save.scene)を渡すように変更します。「core.onload」関数に、次のように入力します。

SOURCE CODE 「game.js」の「core.onload」関数のコード

```
core.onload = function() {

  // ... 省略 ...

  // テキスト表示用のグループを作成する
  textLayer = new Group();
  coer.rootScene.addChild(textLayer);
```

```
    // セーブしたシーン(最初は「start」)からを実行する
    exec(eval(save.scene));

    // セーブラベルを作成する
    var savelabel = new MutableText(16, -100);
    savelabel.text = 'SAVE'
    // セーブラベルの「touchstart」イベントリスナ
    savelabel.addEventListener('touchstart', function(e) {
      this.backgroundColor = '#F0F0F0';
    });
    // セーブラベルの「touchend」イベントリスナ
    savelabel.addEventListener('touchend', function(e) {
      this.backgroundColor = '';
      var save = core.memory.player.data;
      // シーン名をメモリに書き込む
      save.scene = interpreter.scene;
      // シナリオ中で定義した変数やフラグをメモリに書き込む
      var count =0;
      for (var i in interpreter.variables) {
        save.variables[count] = [i,interpreter.variables[i]];
        count++;
      }
      // 保存を実行する
      core.memory.update();
    });
    savelabel.addEventListener('enterframe', function(e) {
      this.y =  0; // セーブラベルを見える位置へ
    });
    core.rootScene.addChild(savelabel);

  }
  coer.start();
}
```

◆ゲームIDの設定

ゲームIDは、シナリオ(ゲーム)ごとにユニーク(固有)なIDを指定する必要があるため、シナリオ「scenario.js」で設定できるようにしています。たとえば、「adv001」というゲームIDを設定するには、「scenario.js」の「start」シーンの前に、「GAME_ID = 'adv001';」と記述します。

シナリオの作成

動作を確認するためのシナリオを作成します。「scenario.js」に、次のように入力します。

SOURCE CODE 「scenario.js」のコード

```
// ... 省略 ...

// セーブ用のゲームIDを設定する
```

```
// 9leapのデータベースに保存する場合は、
// 9leapの「ゲームID」(9leapにアップロードしたゲームのURLの末尾の数字)を設定する
GAME_ID = 'adv001'

// シナリオ

start = {
  'シーン': 'start',
  '背景画像': ['エントランス', 426, 320],
  '選択肢': ['どうしようかな？ ','教室に行く', '教室', '寄り道する', '廊下'],
}

教室 = {
  'シーン': '教室',
  '背景画像': ['教室1', 426, 320],
  'キャラ1': ['まゆ', 160, 480],
  'ポジション': ['まゆ', 180, 50],
  'セリフ': ['[まゆ]', 'おはよう'],
  'イベント': ['まゆ', 'touchstart' , 'move'],
  'ジャンプ': '会話イベント'
}

// リスナ(関数)
var move = function(e){
  this.x = 80;
}

会話イベント = {
  '式': 'まゆ好感度 = 10',
  '選択肢': ['どうしようかな?', 'おはよう', '好感度アップ', '・・・・・・' , '好感度ダウン']
}

好感度アップ = {
  '式': 'まゆ好感度 += 6',
  'ジャンプ': '分岐1'
}

好感度ダウン = {
  '式': 'まゆ好感度 -= 6',
  '退場': 'まゆ',
  'ジャンプ': '分岐1'
}

分岐1 = {
  '条件分岐': ['まゆ好感度 >= 10', '廊下', '廊下2']
}
```

```
廊下 = {
  'シーン': '廊下',
  '背景画像': ['廊下', 426, 320],
  'キャラ1': ['まゆ', 160, 480],
   'ズーム': ['まゆ', -1, 1],
  'ポジション': ['まゆ', 0, 50],
  'セリフ': ['[まゆ]', 'こんにちは'],
}

廊下2 = {
  'シーン': '廊下2',
  '背景画像': ['廊下', 426, 320],
  'セリフ': ['[主人公]','誰もいない・・・']
}
```

動作の確認

ブラウザで「index.html」を表示します。「start」「教室」「廊下」「廊下2」シーンをセーブすることできます。なお、「会話イベント」シーンでセーブを実行した場合、直前の「教室」シーンがセーブされます。

SECTION-096

シナリオを記述して アドベンチャーゲームを作成する

作成するアドベンチャーゲームについて

ここでは、アドベンチャーゲームエンジン用のシナリオを記述して、アドベンチャーゲームを作成します。プレイヤーの行動によって、シナリオを分岐させたり、女の子の好感度を変化させたりして、異なるエンディングを迎えるようにします。

素材について

このアドベンチャーゲームで使用する素材(画像やサウンド)は、次の通りです。これらの素材は、本書のダウンロードサンプルに収録しています。

種類	ファイル名
キャラクタ画像	chara1_Dislike.png
	chara1_Like.png
	chara1_Normal.png
	chara2_angry.png
	chara2_Dislike.png
	chara2_Like.png
	chara2_Normal.png
	chara3.png
背景画像	classroom.png
	entrance.png
	passage.png
	school.png
	toilet.png

なお、キャラクタ画像は「chara」フォルダに、背景画像は「bg」フォルダに入れます。

シナリオの作成

アドベンチャーゲームエンジン用のシナリオを作成します。「scenario.js」には、次のように入力します。

SOURCE CODE 「scenario.js」のコード

```
// 背景、登場人物の画像を定義する
背景画像 = {
  '学校': 'bg/school.png',
  'エントランス': 'bg/entrance.png',
  '教室1': 'bg/classroom.png',
  '廊下': 'bg/passage.png',
  'トイレ': 'bg/toilet.png',
  'ゲームオーバー': 'end.png'
}

登場人物 = {
```

```
  'まゆ通常': 'chara/chara1_Normal.png',
  'まゆ好き': 'chara/chara1_Like.png',
  'まゆ嫌悪': 'chara/chara1_Dislike.png',
  'しぐれ通常': 'chara/chara2_Normal.png',
  'しぐれ好き': 'chara/chara2_Like.png',
  'しぐれ嫌悪': 'chara/chara2_Dislike.png',
  'しぐれ怒り': 'chara/chara2_angry.png',
  '丈太郎': 'chara/chara3.png',
}

// セーブ用のゲームIDを設定する
// 9leapのデータベースに保存する場合は、
// 9leapの「ゲームID」(9leapにアップロードしたゲームのURLの末尾の数字)を設定する
GAME_ID = 'adv002';

// シナリオ

start = {
  'シーン': 'start',
  '背景画像': ['学校', 426, 320],
  '選択肢': ['どうしようかな?', '入る', 'エントランス', '帰る', 'ゲームオーバー'],
}

ゲームオーバー  = {
  '背景画像': ['ゲームオーバー', 189, 97, 70, 110],
}

// ルート分岐

エントランス  = {
  'シーン': 'エントランス',
  '背景画像': ['エントランス', 426, 320],
  '選択肢': ['どうしようかな?', '教室に行く', 'まゆルート1 ',
                        '走ってトイレにいく', 'しぐれルート1'],
}


// まゆルート

まゆルート1 = {
  'シーン': 'まゆルート1',
  '背景画像': ['教室1', 426, 320],
  'キャラ1': ['まゆ通常', 160, 480, 180, 50],
  'セリフ': ['[まゆ]', 'おはよう'],
  'ジャンプ': 'まゆルート行動選択1'
}
```

01 02 03 04 05 06 07 08 09 CHAPTER 10 アドベンチャーゲームエンジンの作成 付録

```
まゆルート行動選択1 = {
  '式': 'まゆ好感度 = 10',
  '選択肢': ['どうしようかな?', 'おはよう', 'まゆ好感度アップ1',
                              '・・・・・・', 'まゆ好感度ダウン1']
}

まゆ好感度アップ1 = {
  '式': 'まゆ好感度 += 5',
  '退場': 'まゆ通常',
  'オートジャンプ': 'まゆルート行動選択2'
}

まゆ好感度ダウン1 = {
  '式': 'まゆ好感度 -= 5',
  '退場': 'まゆ通常',
  'オートジャンプ': 'まゆルート行動選択2 '
}

まゆルート行動選択2 = {
  '選択肢': ['休み時間だ。', '教室でくつろぐ', 'まゆルート分岐1',
                           'トイレに行く', 'まゆルートトイレ']
}

まゆルートトイレ = {
  'シーン': 'トイレ',
  '背景画像': ['トイレ', 426, 320],
  'キャラ1': ['丈太郎', 160, 480, 180, 50],
  'セリフ': ['[丈太郎]', 'うぃっす！'],
  'ジャンプ': 'まゆルート教室2'
}

まゆルート教室2 = {
  'シーン': 'まゆルート教室2',
  '背景画像': ['教室1', 426, 320],
  'オートジャンプ': 'まゆルート行動選択4'
}

まゆルート分岐1 = {
  '条件分岐': ['まゆ好感度 >= 10', 'まゆルート会話イベント1', 'まゆルート行動選択4']
}

まゆルート会話イベント1  = {
  'キャラ1': ['まゆ通常', 160, 480, 180, 50],
  'セリフ': ['[まゆ]', 'ねぇねぇ、このプリント配るの手伝ってくれないかなぁ？'],
  'ジャンプ': 'まゆルート行動選択3'
}
```

```
まゆルート行動選択3 = {
  '選択肢': ['めんどくさいなぁ・・', 'でも手伝う', 'まゆ好感度アップ2',
                                    '手伝わない', 'まゆ好感度ダウン2']
}

まゆ好感度アップ2 = {
  '式': 'まゆ好感度 += 5',
  '退場': 'まゆ通常',
  'オートジャンプ': 'まゆルート行動選択4'
}

まゆ好感度ダウン2 = {
  '式': 'まゆ好感度 -= 5',
  '退場': 'まゆ通常',
  'オートジャンプ': 'まゆルート行動選択4'
}

まゆルート行動選択4 = {
  '選択肢': ['放課後だ。', '帰る', 'まゆルート分岐2', 'まだ帰らない', 'まゆルート行動選択4']
}

まゆルート分岐2 = {
  '条件分岐': ['まゆ好感度 >= 20', 'まゆルートend', 'まゆルートbadend']
}


まゆルートend = {
  'シーン': 'まゆルートend',
  '背景画像': ['エントランス', 426, 320],
  'キャラ1': ['まゆ好き', 160, 480, 180, 50],
  'セリフ': ['[まゆ]', 'ねぇ、いっしょに帰ろう'],
}

まゆルートbadend = {
  'シーン': 'まゆルートbadend',
  '背景画像': ['エントランス', 426, 320],
  'キャラ1': ['まゆ嫌悪', 160, 480, 180, 50],
  'セリフ': ['[まゆ]', '・・・・・・・'],
}

// しぐれルート

しぐれルート1 = {
  'シーン': 'しぐれルート1',
  '背景画像': ['廊下', 426, 320],
  'キャラ1': ['しぐれ怒り', 160, 480],
  'セリフ': ['[しぐれ]', 'こら!、そこのバカ、廊下は走らない!!'],
```

```
  'ジャンプ': 'しぐれルート行動選択1'
}

しぐれルート行動選択1 = {
  '式': 'しぐれ好感度 = 10',
  '選択肢': ['うるさいのに見つかったな・・', 'とりあえず謝っておく', 'しぐれ好感度アップ1',
                                        '漏れそうなので無視する', 'しぐれ好感度ダウン1'],
}

しぐれ好感度アップ1 = {
  '式': 'しぐれ好感度 += 5',
  'オートジャンプ': 'しぐれルートトイレ'
}

しぐれ好感度ダウン1 = {
  '式': 'しぐれ好感度 -= 5',
  'オートジャンプ': 'しぐれルートトイレ'
}

しぐれルートトイレ = {
  'シーン': 'しぐれルートトイレ',
  '背景画像': ['トイレ', 426, 320],
  'キャラ1': ['丈太郎', 160, 480, 180, 50],
  'セリフ': ['[丈太郎]', 'うぃっす！'],
  'ジャンプ': 'しぐれルート教室 '
}

しぐれルート教室 = {
  'シーン': 'しぐれルート教室',
  '背景画像': ['教室1', 426, 320],
  'オートジャンプ': 'しぐれルート行動選択2'
}

しぐれルート行動選択2 = {
  '選択肢': ['休み時間だ。', '教室でくつろぐ', 'しぐれルート行動選択4',
                          '走ってトイレに行く', 'しぐれルート2']
}

しぐれルート2 = {
  'シーン': 'しぐれルート2',
  '背景画像': ['廊下', 426, 320],
  'キャラ1': ['しぐれ怒り', 160, 480],
  'セリフ': ['[しぐれ]', 'ちょっと！、そこのタコ、廊下は走らない！！'],
  'ジャンプ': 'しぐれルート行動選択3'
}

しぐれルート行動選択3 = {
```

```
  '選択肢': ['こんどはタコか・・', 'でも謝る', 'しぐれ好感度アップ2',
                              'ムカツイタので無視する', 'しぐれ好感度ダウン2'],
}

しぐれ好感度アップ2 = {
  '式': 'しぐれ好感度 += 5',
  'オートジャンプ': 'しぐれルートトイレ2'
}

しぐれ好感度ダウン2 = {
  '式': 'しぐれ好感度 -= 5',
  'オートジャンプ': 'しぐれルートトイレ2'
}

しぐれルートトイレ2 = {
  'シーン': 'しぐれルートトイレ2',
  '背景画像': ['トイレ', 426, 320],
  'キャラ1': ['丈太郎', 160, 480, 180, 50],
  'セリフ': ['[丈太郎]', 'よく会うな。'],
  'ジャンプ': 'しぐれルート教室2'
}

しぐれルート教室2 = {
  'シーン': 'しぐれルート教室2',
  '背景画像': ['教室1', 426, 320],
  'オートジャンプ': 'しぐれルート行動選択4'
}


しぐれルート行動選択4 = {
  '選択肢': ['放課後だ。', '帰る', 'しぐれルート分岐2',
                         'まだ帰らない', 'しぐれルート行動選択4']
}

しぐれルート分岐2 = {
  '条件分岐': ['しぐれ好感度 >= 20', 'しぐれルートend', 'しぐれルートbadend']
}


しぐれルートend = {
  'シーン': 'しぐれルートend',
  '背景画像': ['エントランス', 426, 320],
  'キャラ1': ['しぐれ好き', 160, 480, 180, 50],
  'セリフ': ['[しぐれ]', 'い。。いっしょに帰るわよ！'],
}

しぐれルートbadend = {
```

```
  'シーン': 'しぐれルートbadend',
  '背景画像': ['エントランス', 426, 320],
  'キャラ1': ['しぐれ嫌悪', 160, 480, 180, 50],
  'セリフ': ['[しぐれ]', '・・・・・・・'],
}
```

動作の確認

ブラウザで「index.html」を表示します。シナリオに沿ってゲームが進行し、プレイヤーの行動によって、異なるエンディングを迎えます。

127.0.0.1:8020/enchantjsSample/CHAPTER10/096/index.html
SAVE
[しぐれ]
こら！、そこのバカ、廊下は走らない！！
【次へ】
選んだ選択肢によって
シーンが変わる

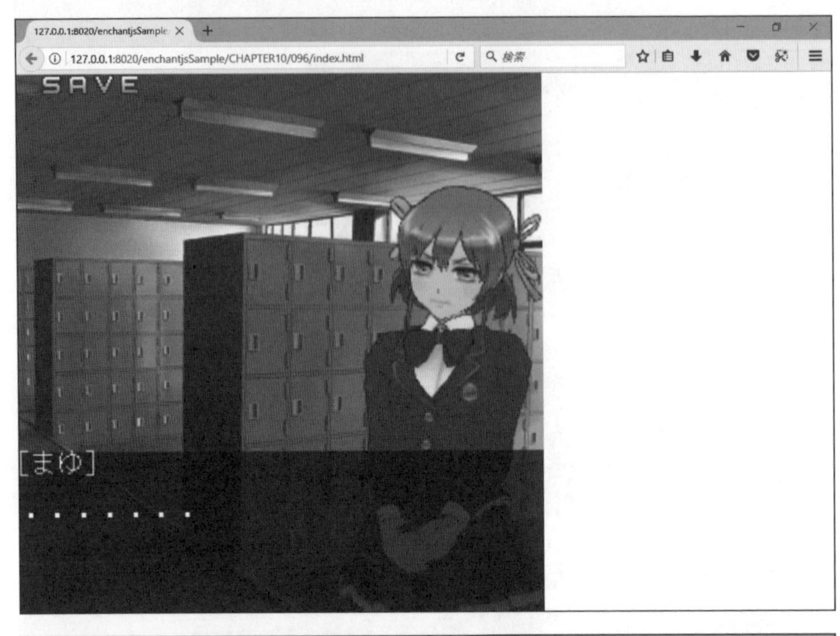

選んだ選択肢によってエンディングが変わる

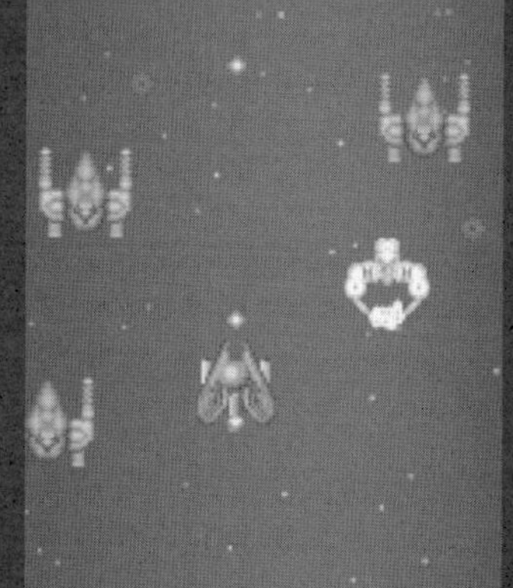
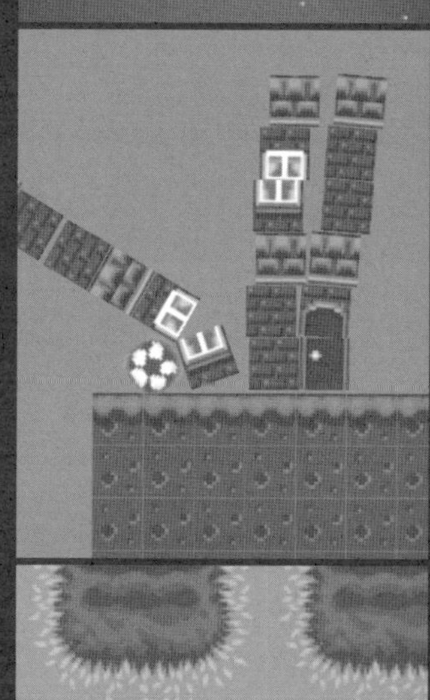
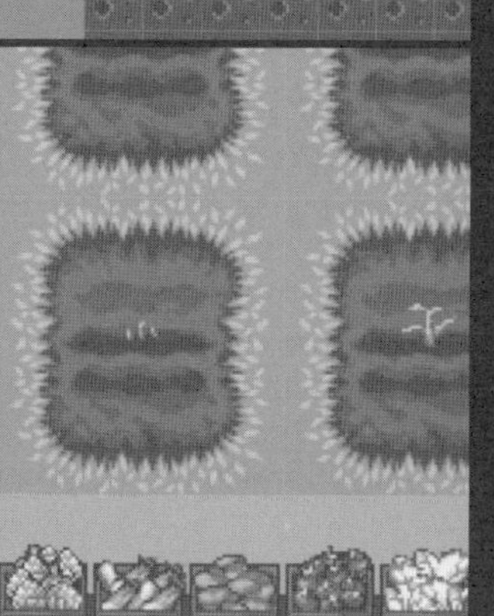

APPENDIX

アプリ化と簡易リファレンス

SECTION-097

「enchant.js」ゲームのアプリ化

「enchant.js」ゲームのアプリ化のアプリ化について

ここでは、「enchant.js」で作成したゲームを、「Adobe PhoneGap」(以下、PhoneGap)を使ってAndroid端末やiOS端末(iPadやiPhone)のアプリにする方法を解説します。

※Windowsは、Windows 10での操作例を解説しています。

「PhoneGap Desktop」アプリのインストール

WindowsおよびMacに「PhoneGap Desktop」アプリをインストールする方法について解説します。

◆Windowsへのインストール

Windowsに「PhoneGap Desktop」アプリをインストールするには、次のように操作します。

❶ ブラウザで「https://phonegap.com/」を表示し、[START NOW]をクリックします。

❷ 「1 install our desktop app」の「Windows」のリンクをクリックします。Chromeでは、ここでダウンロードが始まります。

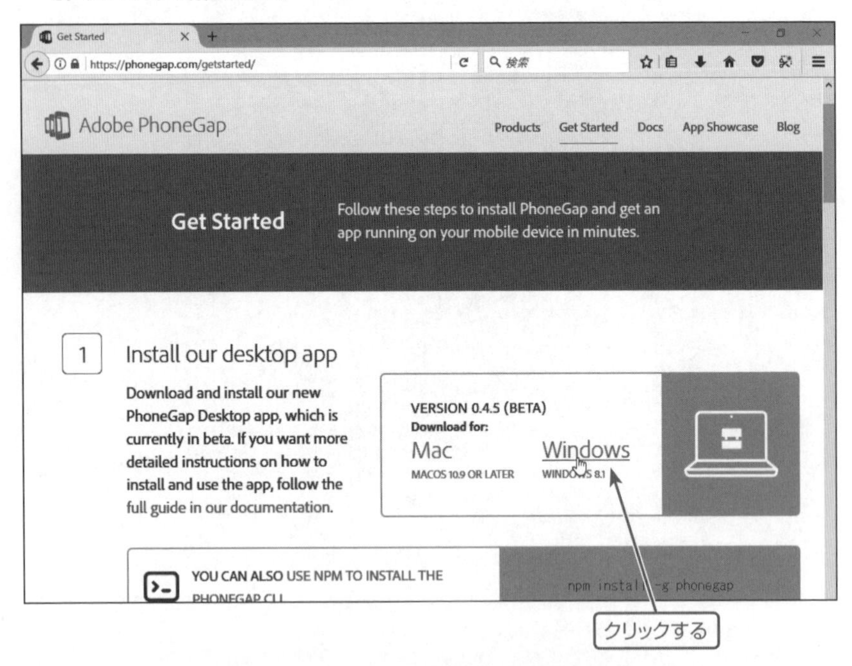

❸ Internet Explorerは[保存(S)]を、Microsoft Edgeは[保存]ボタンを、Firefoxは[ファイルを保存]ボタン(または[ファイルを保存する]をON→[OK])をクリックします。

❹ ダウンロードしたファイル「PhoneGapSetup-win32.exe」を実行します。

❺ 「ユーザーアカウント制御」ダイアログボックスが表示されたら、[はい]ボタンをクリックします。

❻ [I accept the agreement]をONにし、[Next]ボタンをクリックします。
❼ インストール先のフォルダを確認し、[Next]ボタンをクリックします。
❽ [スタート]メニューへの登録名を確認し、[Next]ボタンをクリックします。
❾ [Install]ボタンをクリックします。
❿ インストールが完了したら、[Finish]ボタンをクリックします。

◆Macへのインストール

Macに「PhoneGap Desktop」アプリをインストールするには、次のように操作します。

❶ ブラウザで「https://phonegap.com/」を表示し、[START NOW]をクリックします。
❷ 「1 install our desktop app」の「Mac」のリンクをクリックします。Safari、Chromeでは、ここでダウンロードが始まります。
❸ Firefoxは[ファイルを保存]ボタン(または[ファイルを保存する]をON→[OK])をクリックします。
❹ ダウンロードしたファイル「PhoneGapDesktop.dmg」を実行します。
❺ 使用承諾書を確認し、[Agree]ボタンをクリックします。
❻ 「PhoneGap」を「Application」にドラッグします。

「PhoneGap Developer」(Mobileアプリ)のインストール

Android端末は「Google Play」から、iOS端末はAppleの「App Store」から、Windows端末は「Windows Store」から、各端末用のPhoneGapのMobileアプリ「PhoneGap Developer」をインストールします。

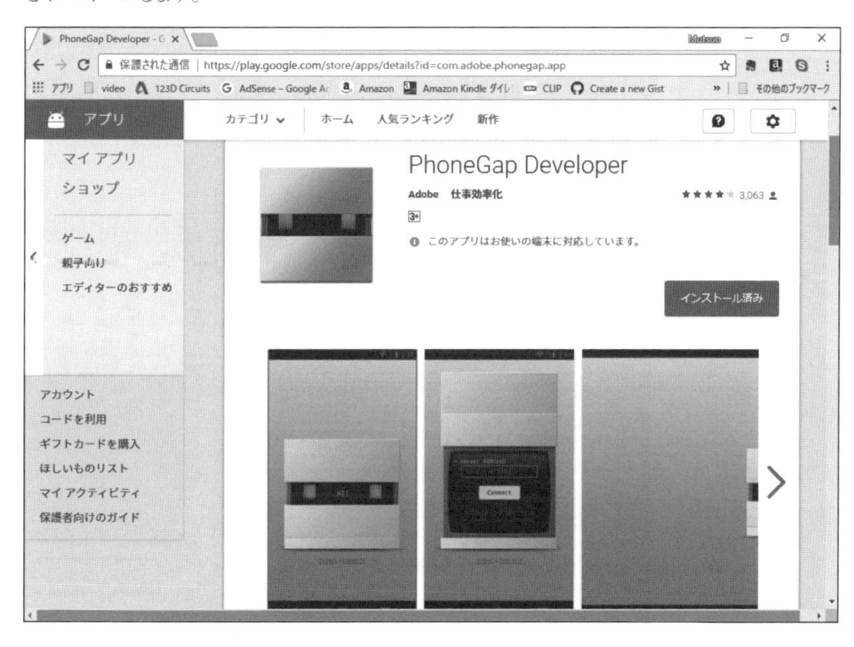

「enchant.js」ゲームのアプリ化

PhoneGap Desktopで「enchant.js」ゲームを携帯端末用アプリにするには、次のように操作します。

❶ Windowsでは[スタート]メニューから「Adobe」→「PhoneGap Desktop」を選択します。Macでは、初回のみ「Control」キーを押しながら「PhoneGap」をクリックして[開く]を選択します(次回以降は「PhoneGap」をダブルクリック)。

❷ [+]をクリックし、「Create new PhoneGap project」をクリックします。

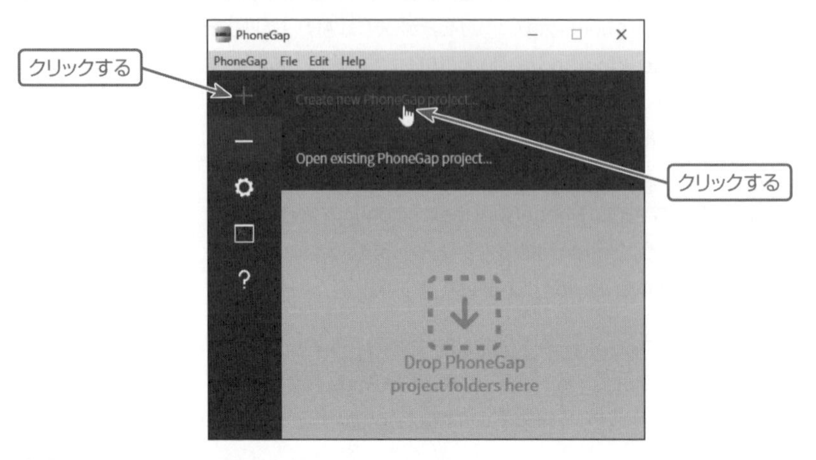

❸ 「Blank」をONにし、[Next]ボタンをクリックします。

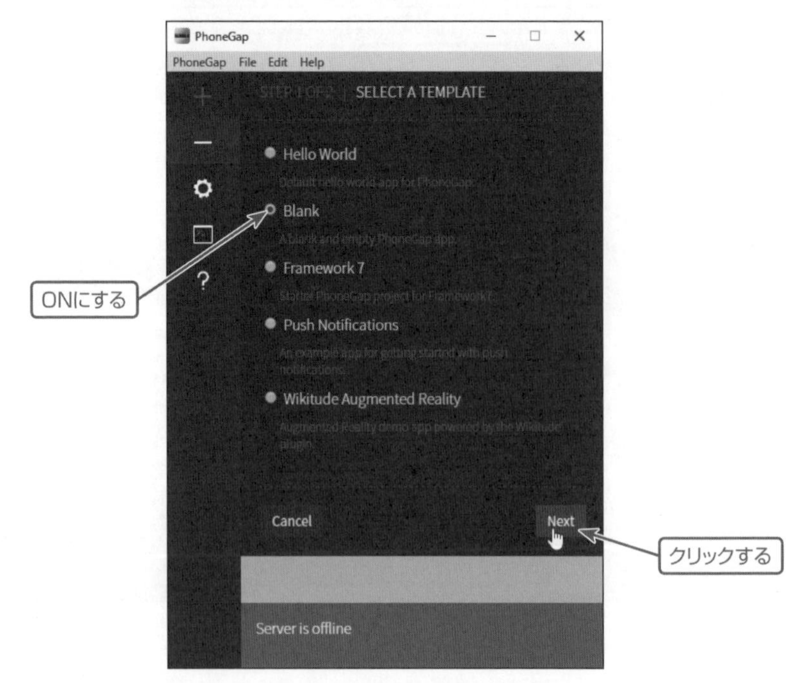

❹ プロジェクトを作成するパス、アプリ名(プロジェクト名)、オプションのID(識別子)を入力(未入力でも可)し、[Create project]ボタンをクリックします。なお、IDフィールドは、Android のパッケージ識別子、iOSのバンドル識別子とも呼ばれます。

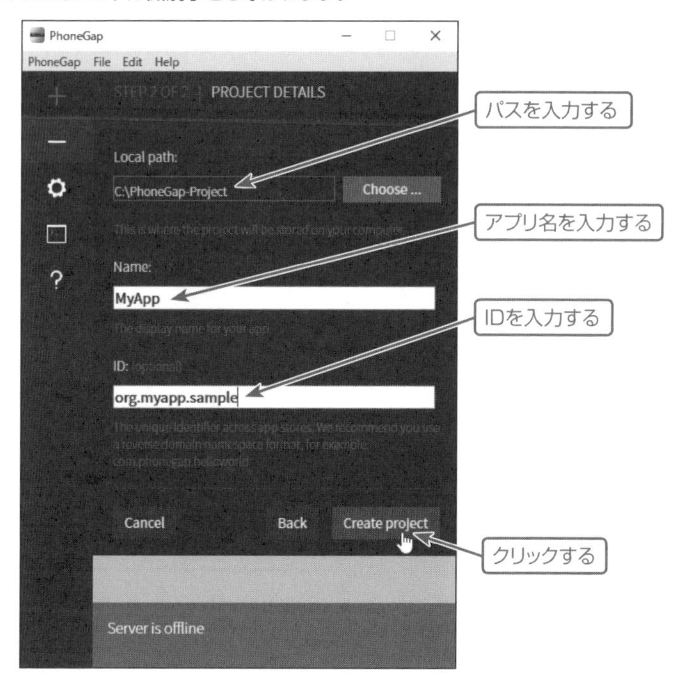

❺ 「Windowsセキュリティの重要な警告」ダイアログボックスが表示されたら、[アクセスを許可する(A)]ボタンをクリックします。

❻ 「Local path」のリンクをクリックし、プロジェクトフォルダを開きます。

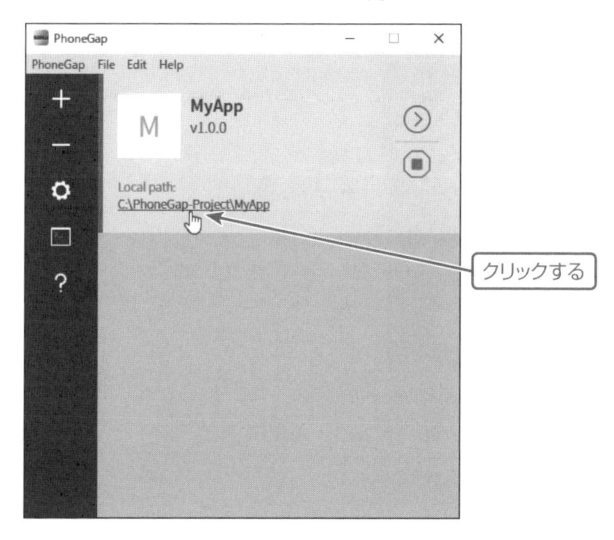

❼ 「www」フォルダに「enchant.js」ゲームの構成ファイルをすべてコピーします(「index.html」は上書きする)。なお、日本語(2バイト文字)名のファイルが含まれると、PhoneGap buildでビルドする際にエラーとなるので注意してください。

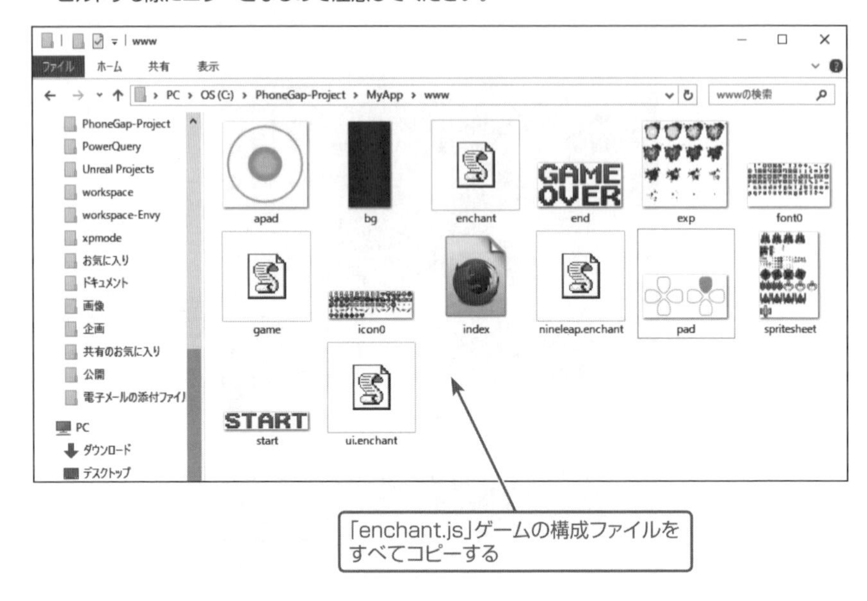

アプリのプレビュー

作成したアプリを携帯端末でプレビューするには、次のように操作します。

❶ 下部の緑色のバーに表示されているIPアドレス(「http://」を除く数値部分)を確認します。なお、サーバーアドレスは複数表示される場合があります。その場合は、一番下に表示されるIPアドレスを確認してください。

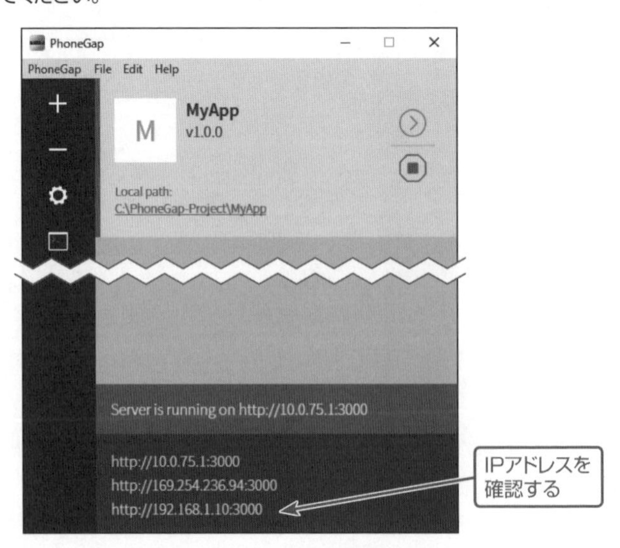

❷ 携帯端末で「PhoneGap Developer」を起動し、「Server Address」に❶で確認したIPアドレスを入力し、[Connect]をタップします。アクセスできない場合は、別なアドレスを入力してください。

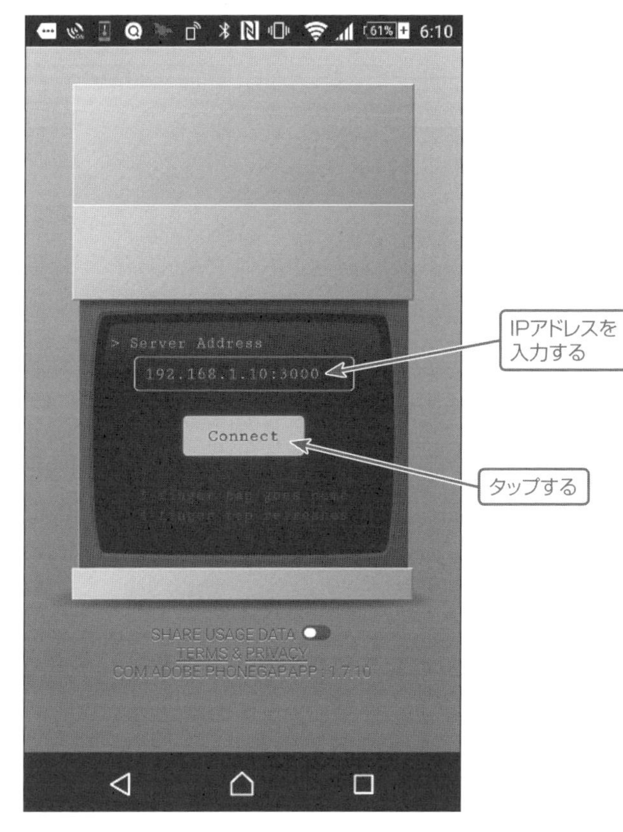

❸ 携帯端末上でゲームが実行されることを確認します。

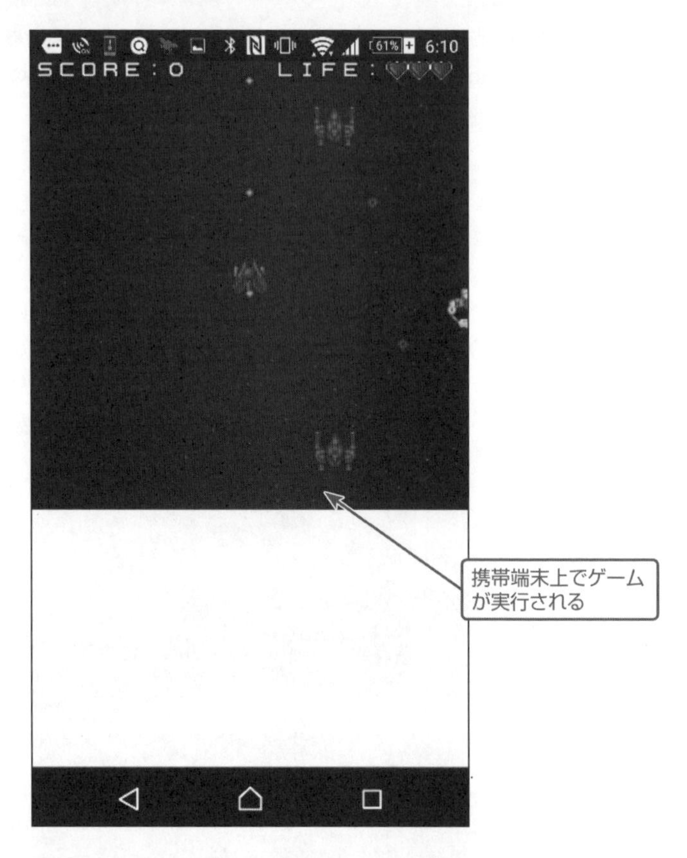

「PhoneGap Build」でのアプリ化

「PhoneGap Build」は、クラウド上で、HTML/JavaScriptで開発したアプリを、モバイルアプリに変換(ビルド)することができるサービスです。「PhoneGap Build」のサービス内容については、次のWebページを参照してください。

- PHONEGAP BUILDの使い方

  URL http://www.adobe.com/jp/devnet/phonegap/articles/phonegap_build_instructions.html

◆アプリのビルド

「enchant.js」ゲームを「PhoneGap Build」でプライベートアプリに変換するには、次のように操作します。

※ここでは、「PhoneGap Build」にサインイン済みのこととします。また、OSはWindows、ブラウザは「Firefox」での操作を例に解説します。

❶「enchant.js」ゲームのアプリ化」の手順で「PhoneGap Desktop」でプロジェクトを作成します。

❷ 作成したプロジェクトのフォルダ(アプリ名以下のフォルダ)をZip形式に圧縮します。

❸ [Upload a .zip file]ボタンをクリックし、❷で作成したZipファイルを選択して[開く(O)]ボタンをクリックします。

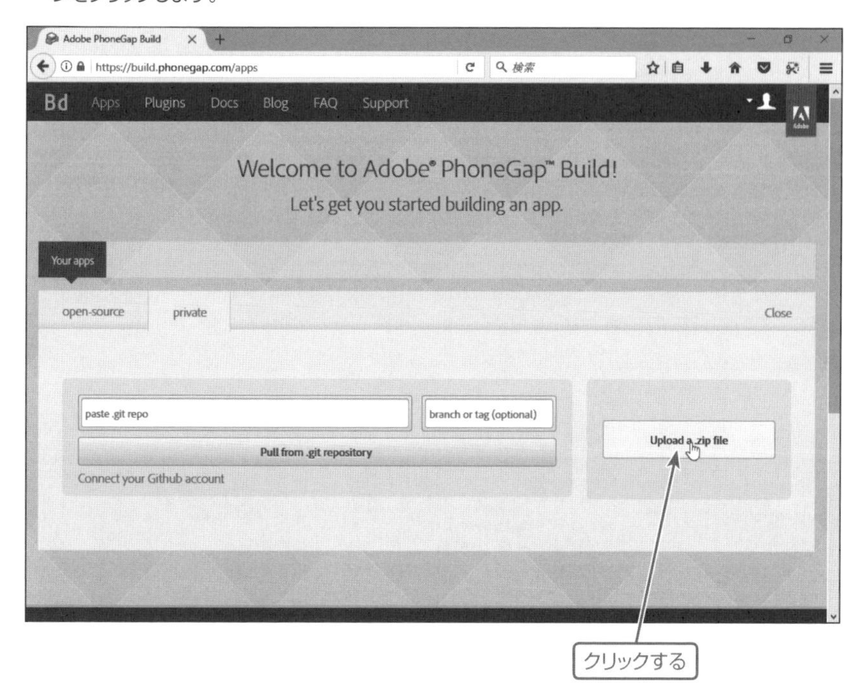

❹ アップロードが完了したら、[Ready to build]ボタンをクリックします。

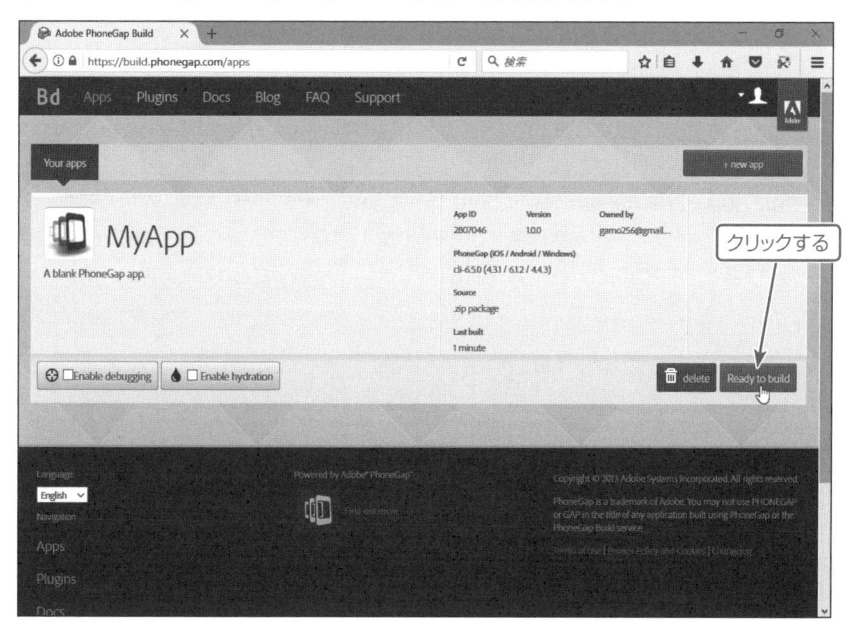

この後、プラットフォームごとにビルドが行われます。ビルドが終了すると、各プラットフォームのビルド状況が表示されます。「赤」で表示された場合はビルド失敗を表します。

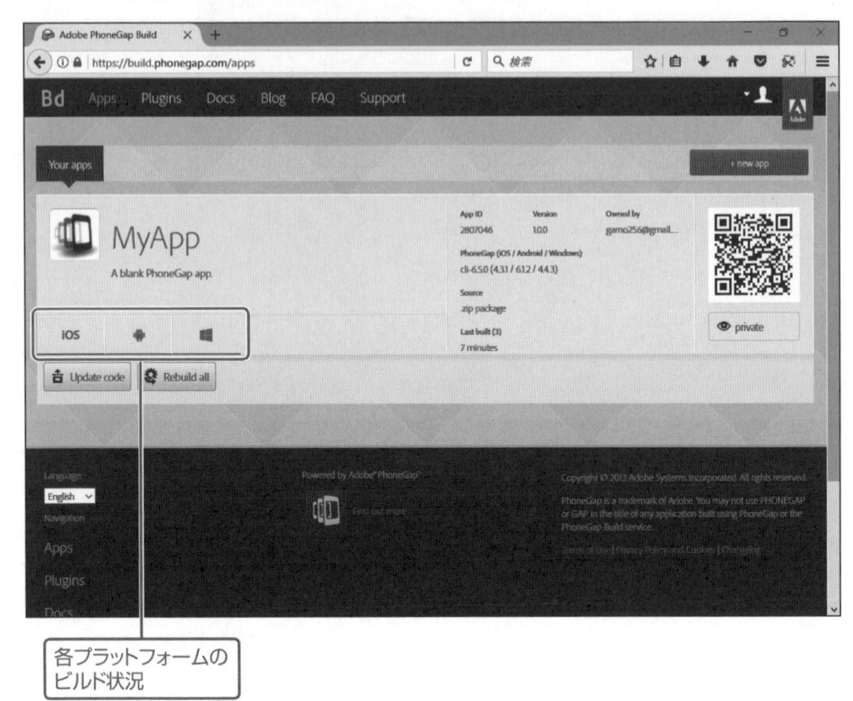

iOSの場合、デバイスにインストールするには証明書やプロビジョニングプロファイルが必要なため、エラーとなります。また、Androidなどでもアプリストアに登録するには証明書が必要です。これらの設定は、アプリの詳細画面で行います。

◆ アプリのインストール

ビルドしたアプリを端末にインストールして実行するには、次のように操作します。

※ここでは、Androidを例に解説します。

❶ 表示されているQRコードを携帯端末で読み取ります。なお、プラットフォームのアイコンをクリックすると、アプリのインストールファイルをダウンロードすることができます。

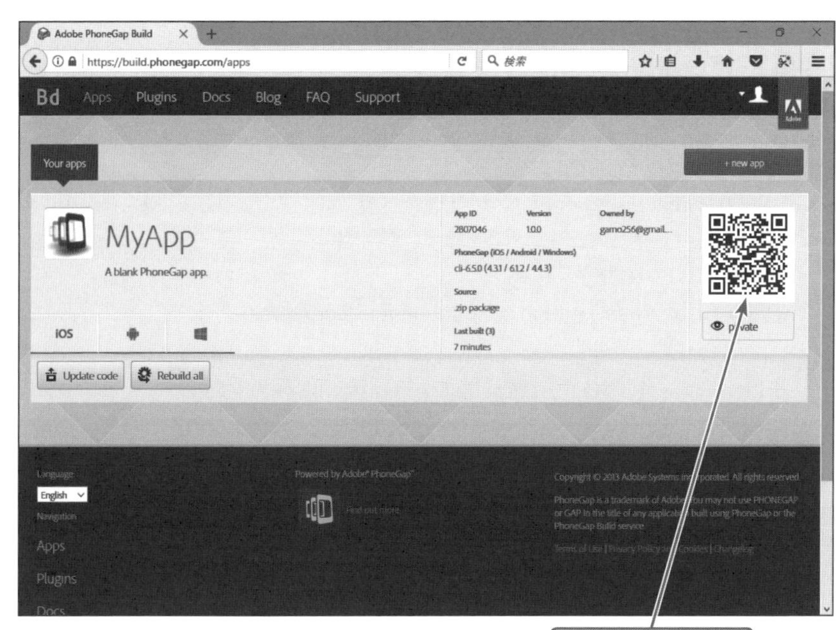

❷ ダウンロードしたアプリを開いて、[インストール]をタップし、インストールを実行します。

❸ [開く]をタップします。

SECTION-098

「enchant.js」簡易リファレンス

基本的なオブジェクトのリファレンス

ここでは、「enchant.js」の基本的なオブジェクトのリファレンスを掲載しています。詳細については、「enchant.js」の公式ドキュメントを参照してください。

- 「enchant.js」の公式ドキュメント

  URL http://wise9.github.com/enchant.js/doc/core/ja/

◆Sprite(スプライト)

「Sprite」(スプライト)の書式・機能・プロパティは、次のようになります。

書式	Sprite(幅, 高さ)
機能	「Sprite」オブジェクト(スプライト)を生成する

プロパティ	値
frame	表示するフレーム番号(インデックス)
image	スプライトで表示する画像

◆Label(ラベル)

「Label」(ラベル)の書式・機能・プロパティは、次のようになります。

書式	Label(テキスト)
機能	「Label」オブジェクト(ラベル)を作成する

プロパティ	値
color	文字色
font	フォント
text	表示するテキスト
textAlign	テキストの水平位置

◆Map(マップ)

「Map」(マップ)の書式・機能・プロパティ・メソッドは、次のようになります。

書式	Map(タイルの幅, タイルの高さ)
機能	「Map」オブジェクト(マップ)を作成する

プロパティ	値
collisionData	タイルが衝突判定を持つかを表す値の二元配列
image	マップで表示するタイルセット画像
tileHeight	マップのタイルの高さ
tileWidth	マップのタイルの幅

メソッド([]内はオプション)	機能
checkTile(x座標, y座標)	指定した座標のタイルが何か調べる
hitTest(x座標, y座標)	マップの指定した座標上に障害物があるかどうかを判定する
loadData(データ)	マップのデータ(2次元配列)を設定する

◆Entity(エンティティ)

「Entity」(エンティティ)の書式・機能・プロパティ・メソッドは、次のようになります。

書式	Entity.メソッド
	Entity.プロパティ
機能	「Entity」オブジェクト(マップ)の機能を設定・取得する

プロパティ	値
backgroundColor	Entityの背景色
buttonMode	Entityにボタンの機能を設定する
buttonPressed	Entityが押されているかどうか
compositeOperation	Entityを描画する際の合成処理を設定する
height	Entityの高さ
opacity	Entityの透明度
originX	回転・拡大縮小の基準点のx座標
originY	回転・拡大縮小の基準点のy座標
rotation	スプライトの回転角(度数法)
scaleX	スプライトのx軸方向の倍率
scaleY	スプライトのy軸方向の倍率
touchEnabled	Entityのタッチを有効にするかどうかを指定する
visible	Entityの可視
width	Entityの横幅

メソッド([]内はオプション)	機能
disableCollection()	インスタンスをコレクションの対象から除外する
enableCollection()	インスタンスをコレクションの対象にする
intersect(他のEntity)	Entityの衝突判定
rotate(deg)	スプライトを回転する
scale(x, y)	スプライトを拡大縮小する
within(他のEntity, 距離)	中心点間の距離(ピクセル単位)でEntityの衝突判定を行う

◆Scene(シーン)

「Scene」(シーン)の書式・機能・プロパティは、次のようになります。

書式	Scene()
機能	「Scene」オブジェクト(シーン)を作成する

プロパティ	値
backgroundColor	背景色

◆Group(グループ)

「Group」(グループ)の書式・機能・プロパティ・メソッドは、次のようになります。

書式	Group()
機能	「Group」オブジェクト(グループ)を作成する

プロパティ	値
childNodes	子ノード
firstChild	最初の子ノード
lastChild	最後の子ノード

メソッド([]内はオプション)	機能
addChild(ノード)	グループに指定のノードを追加する
insertBefore(ノード, 挿入位置の前にあるノード)	グループに指定のノードを挿入する
removeChild(ノード)	グループから指定のノードを削除する
originX	回転・拡大縮小の基準点のx座標
originY	回転・拡大縮小の基準点のy座標
rotation	Groupの回転角(度数法)
scaleX	Groupのx軸方向の倍率
scaleY	Groupのy軸方向の倍率

◆Surface(サーフィス)

「Surface」(サーフィス)の書式・機能・プロパティ・メソッドは、次のようになります。

書式	Surface(幅, 高さ)
機能	「Surface」オブジェクト(サーフィス)を作成する

書式	Surface.load(画像ファイル名)
機能	画像ファイルを読み込んで「Surface」オブジェクトを作成する

プロパティ	値
context	サーフィスの描画コンテキスト
height	サーフィスの高さ
width	サーフィスの横幅

メソッド([]内はオプション)	機能
clear()	全ピクセルをクリアし、透明度「0」の黒に設定する
clone()	サーフィスを複製する
draw(image)	サーフィスに対して引数で指定されたサーフィスを描画する
getPixel(x, y)	サーフィスから1ピクセル取得する
setPixel(x, y, r, g, b, a)	サーフィスに1ピクセル設定する
toDataURL()	サーフィスからdataスキームのURLを生成する

◆Node(ノード)

「Node」(ノード)の書式・機能・プロパティ・メソッドは、次のようになります。

書式	Node.メソッド
	Node.プロパティ
機能	「Node」オブジェクト(ノード)の機能を設定・取得する

プロパティ	値
age	Nodeが画面に表示されてから経過したフレーム数
parentNode	ノードの親ノード
scene	ノードが属しているシーン
x	ノードのx座標
y	ノードのy座標

メソッド([]内はオプション)	機能
moveBy(x座標, y座標)	ノードを指定の座標に移動する
moveTo(x座標, y座標)	ノードを指定の座標に移動する

◆ Core(コア)

Core(コア)の書式・機能・プロパティ・メソッドは、次のようになります。

書式	Core(幅, 高さ)
機能	「Core」オブジェクト(ゲーム画面)を作成する

プロパティ	値
assets	ロードされた画像を保存するオブジェクト
currentScene	現在のシーン
fps	フレームレート
frame	フレーム数
height	高さ
input	ボタン(キー)入力状態を保存するオブジェクト
rootScene	ルートシーン
running	ゲームの実行状態
scale	表示倍率
width	幅

メソッド([]内はオプション)	機能
debug()	ゲームをデバッグモードで実行する
keybind(キー, ボタン)	キー(キーコード)をボタン(left,right,up,down,a,b)に割り当てる
load(パス[, コールバック])	パスで指定したファイルをロード、コールバックにはロード完了時に呼び出す関数を指定する
pause()	ゲームを一時停止する
popScene()	呼び出し元のシーンに戻る
preload(パス[, パス, …])	パスで指定されたファイルをプリロードする
pushScene(シーン)	指定のシーンに切り替える
removeScene(シーン)	指定のシーンを削除する
replaceScene(シーン)	現在のシーンを指定のシーンに置き換える
resume()	ゲームを再開する
start()	ゲームを開始する
stop()	ゲームを停止する

◆ EventTarget(イベントターゲット)

「EventTarget」(イベントターゲット)の書式・機能・メソッドは、次のようになります。

書式	EventTarget.メソッド
機能	EventTargetのイベントを管理する

メソッド([]内はオプション)	機能
addEventListener(イベントタイプ, リスナ)	イベントリスナを追加する
clearEventListener(イベントタイプ)	すべてのイベントリスナを削除する
dispatchEvent(e)	イベントを発行する
on(イベントタイプ, リスナ)	「addEventListener」メソッドと同じ
removeEventListener(イベントタイプ, リスナ)	イベントリスナを削除する

◆Sound(サウンド)

「Sound」(サウンド)の書式・機能・プロパティ・メソッドは、次のようになります。

書式	Sound.load(サウンドファイル名, MIMEタイプ)
機能	サウンドファイルを読み込んで「Surface」オブジェクトを作成する

プロパティ	値
currentTime	現在の再生位置(秒)
duration	サウンドの再生時間(秒)
volume	ボリューム(0〜1)

メソッド([]内はオプション)	機能
clone()	サウンドを複製する
pause()	再生を中断する
play()	再生を開始する
stop()	再生を停止する

INDEX

記号・数字

英字

あ行

か行

■著者紹介

蒲生 睦男（がもう むつお） 1997年にテクニカルライターに転身。パソコン、ゲーム機などハイテクな電子機器を弄るのが大好き。福島県在住。

編集担当：吉成明久

●特典がいっぱいのWeb読者アンケートのお知らせ

C&R研究所ではWeb読者アンケートを実施しています。アンケートにお答えいただいた方の中から、抽選でステキなプレゼントが当たります。詳しくは次のURLのトップページ左下のWeb読者アンケート専用バナーをクリックし、アンケートページをご覧ください。

C&R研究所のホームページ **http://www.c-r.com/**

携帯電話からのご応募は、右のQRコードをご利用ください。

改訂2版 はじめて学ぶ enchant.jsゲーム開発

2018年3月1日　　初版発行

著　者　蒲生睦男

発行者　池田武人

発行所　株式会社　シーアンドアール研究所
新潟県新潟市北区西名目所4083-6(〒950-3122)
電話　025-259-4293　FAX　025-258-2801

印刷所　株式会社　ルナテック

ISBN978-4-86354-239-6 C3055